大型火电厂新员工培训教材

电厂化学分册

托克托发电公司 编

中国电力出版社
CHINA ELECTRIC POWER PRESS

内 容 提 要

本套《大型火电厂新员工培训教材》丛书包括锅炉、汽轮机、电气一次、电气二次、集控运行、电厂化学、热工控制及仪表、环保、燃料共九个分册，是内蒙古大唐国际托克托发电有限公司在多年员工培训实践工作及经验积累的基础上编写而成。以 600MW 及以上容量机组技术特点为主，本套书内容全面系统，注重结合生产实践，是新员工培训以及生产岗位专业人员学习和技能提升的理想教材。

本书为丛书之一《电厂化学分册》，主要内容包括电厂化学基础、锅炉补给水处理、火电厂废水处理、凝结水精处理、冷却水处理、发电机定子冷却水处理、锅炉给水处理及化学监督、水化学工况、热力设备腐蚀与防护、制氢设备、电厂用煤、电力用油等知识。全书内容充实、突出实际应用特色，反映了当前我国火力发电技术电厂化学专业发展水平，实用性强。

本书可作为火电厂的化学专业新员工培训教材、岗位培训教材、职业技术资格鉴定教材，还可供电力、化工、石油、冶金等单位从事电厂化学研究、设计和应用的工程技术人员和管理人员学习参考。

图书在版编目（CIP）数据

大型火电厂新员工培训教材 . 电厂化学分册/托克托发电公司编 . —北京：中国电力出版社，2020.6

ISBN 978-7-5198-2913-1

Ⅰ.①大… Ⅱ.①托… Ⅲ.①火电厂—电厂化学—技术培训—教材 Ⅳ.①TM621

中国版本图书馆 CIP 数据核字（2019）第 009821 号

出版发行：中国电力出版社
地   址：北京市东城区北京站西街 19 号（邮政编码 100005）
网   址：http：//www.cepp.sgcc.com.cn
责任编辑：宋红梅 关 童
责任校对：黄 蓓 常燕昆
装帧设计：王红柳
责任印制：吴 迪

印   刷：北京天宇星印刷厂
版   次：2020 年 6 月第一版
印   次：2020 年 6 月北京第一次印刷
开   本：787 毫米×1092 毫米 16 开本
印   张：20.5
字   数：473 千字
印   数：0001—2000 册
定   价：86.00 元

《大型火电厂新员工培训教材》

丛书编委会

主　　任　张茂清

副 主 任　高向阳　　宋　琪　　李兴旺　　孙惠海

委　　员　郭洪义　　韩志成　　曳前进　　张洪彦

　　　　　王庆学　　张爱军　　李海峰　　沙素侠

　　　　　郭佳佳　　王建廷

本分册编审人员

主　　编　郭晓宇　韩志远

参编人员　（按姓氏笔画排序）

　　　　　庄艳萍　　刘建国　　李冠超　　谷立志

　　　　　张泽文　　张雪飞　　陈永平　　赵国年

　　　　　周　艳　　郑永斌　　孟洪金　　曾繁军

审核人员　杨立君　王　锐

序

习近平在中共十九大报告中指出，人才是实现民族振兴、赢得国际竞争主动的战略资源。电力行业是国民经济的支柱行业，近十多年来我国电力发展坚持以科学发展观为指导，在清洁低碳、高效发展方面取得了瞩目的成绩。目前，我国燃煤发电技术已经达到世界先进水平，部分领域达到世界领先水平，同时，随着电力体制改革纵深推进，煤电企业开启了转型发展升级的新时代，不仅需要一流的管理和研究人才，更加需要一流的能工巧匠，可以说，身处时代洪流中的煤电企业，对技能人才的渴望无比强烈、前所未有。

作为国有控股大型发电企业，同时也是世界在役最大火力发电厂，内蒙古大唐国际托克托发电有限责任公司始终坚持"崇尚技术、尊重人才"理念，致力于打造一支高素质、高技能的电力生产技能人才队伍。多年来，该企业不断探索电力企业教育培训的科学管理模式与人才评价的有效方法，形成了以员工职业生涯规划为引领的科学完备的培训体系，尤其是在生产技能人才培养的体制机制建立、资源投入、培训方法创新等方面积累了丰富且成功的经验，并于2017年被评为中电联"电力行业技能人才培育突出贡献单位"，2018年被评为国家人力资源及社会保障部"国家技能人才培育突出贡献单位"。

本套《大型火电厂新员工培训教材》丛书自2009年起在企业内部试行，经过十余年的实践、反复修订和不断完善，取精用弘，与时俱进，最终由各专业经验丰富的工程师汇编而成。丛书共分为锅炉、汽轮机、电气一次、电气二次、集控运行、电厂化学、热工控制及仪表、燃料、环保九个分册，集中体现了内蒙古大唐国际托克托发电有限责任公司各专业新员工技能培训的最高水平。实践证明，这套丛书对于培养新员工基本知识、基本技能具有显著的指导作用，是目前行业内少有的能够全面涵盖煤电企业各专业新员工培训内容的教材；同时，因其内容全面系统，并注重结合生产实践，也是生产岗位专业人员学习和技能提升的理想教材。

　　本套丛书的出版有助于促进大型火力发电机组生产技能人员的整体技术素质和技能水平的提高，从而提高发电企业安全经济运行水平。我们希望通过本套丛书的编写、出版，能够为发电企业新员工技能培训提供一个参考，更好地推进电力生产人才技能队伍建设工作，为推动电力行业高质量发展贡献力量。

2019 年 12 月 1 日

前　言

火力发电厂是我国国民经济发展行业中的重要组成部分，其稳定和安全运行对于我国社会进步和经济发展具有相当重要的意义。电厂化学工作是火力发电厂安全生产的保障，同时也是火力发电厂节能减排、降耗、环保运行的基础。全面、稳定的电厂化学工作对电力生产具有重要意义。

电厂化学专业历史悠久，伴随电力生产的迅速发展和科技进步，机组容量、参数、自动化水平不断提高，对电厂化学各项技术和管理工作提出了更高的要求。电厂化学工作内容复杂，涉及水、煤或天然气、油、氢气全部工作介质；电厂化学监督是全方位、全过程的管理，化学技术监督的任务是保证电力设备长期稳定运行，提高设备健康水平，采用适应电力生产发展的科学的管理方法、完善的管理制度和先进的检测手段，对水、汽、气（氢气、六氟化硫等）、油及燃料等的质量监督，防止和减缓热力设备腐蚀、结垢、沉积物及油（气）质量劣化，掌握机组参数和设备状态，及时发现变压器等充油（气）电气设备潜伏性故障，消除与化学监督有关的发、供电设备隐患，提高设备的安全性，延长使用寿命，提高机组运行的经济性。

电厂化学各项技术和管理水平不断提高和成熟，为了加强技术管理和运行管理，提高运行人员技术素养和生产责任心，保证制水系统、炉内系统及其他相关辅助系统的稳定运行和正常运行，确保火力发电厂发电机组安全、经济、满发、多供，作者根据多年来从事电厂化学生产实际及相关研究、培训的经验，在参考大量文献的基础上，结合电厂实际情况编著本书，系统和全面地介绍了电厂化学工作内容和相关理论、技术。

全书内容充实，突出实际应用的特色，将相关专业理论与生产实践紧密结合，反映了当前我国火力发电技术电厂化学专业发展的水平，体现了专业及理论基础面向生产实际并为企业服务的原则，并且本教材的作者和审稿人均为长年工作在生产第一线的技术人员，有较好的理论基础和丰富的实践经验、培训经验，教材的实用性很强。

本书可作为大专院校电厂化学、电力技术类专业的教材或教学参考书，也可作为企业岗位培训教材、职业技术资格鉴定教材，还可供电力、化工、石油、冶金和纺织等单位从事电厂化学研究、设计和应用的工程技术人员和管理人员参考。

本书由郭晓宇、韩志远主编，参加编写的有张泽文、李冠超等，全书由张雪飞、杨立君统稿。

在本书的编写过程中，参考了国内外许多专家学者的经验和文献资料，在参考文献中没有一一列出，在此表示衷心的感谢。

由于本书涉及内容丰富，编者水平有限，不妥和疏漏之处在所难免，敬请读者批评指正，以便在后续工作中加以改进和完善。

编者

2019 年 12 月

目　录

第一章

电厂化学基础

在火力发电厂中，锅炉、汽轮机及其他附属设备组成热力系统。水进入锅炉吸收燃料燃烧变成蒸汽放出热能，在汽轮机内蒸汽的热能转变成机械能，汽轮机带动发电机，将机械能转变成电能。因此，油、煤炭是燃料，负责提供能量，而水是能量转换的重要工作物质。为了保证锅炉、汽轮机安全、稳定、经济运行，必须提供高品质锅炉用水，并对电力用煤、油、水、汽（气）进行实时监测、分析，这是火力发电厂化学专业的主要工作方向。作为火力发电厂化学工作者，应做好以下工作：

（1）净化原水、制备热力系统所需充足、质量合格的补给水；

（2）对给水进行除氧、加药处理；

（3）对汽包锅炉进行锅炉水处理和排污，称为炉内处理；

（4）对直流锅炉机组、亚临界汽包锅炉机组进行凝结水净化处理；

（5）对各类工业废水、污水进行净化、回用处理，达标排放及尽可能减少废水排放量；

（6）在热电厂中，对生产返回水进行除油、除铁等净化处理；

（7）对冷却水进行防垢、防腐和防止有机附着物等处理；

（8）对热力系统的水、汽质量进行监督；

（9）对电力用油、煤质量、指标进行监督分析。

目前，机组参数不断升高，对水、汽的品质要求也越来越严格。要做好电厂化学工作，需增强从业者专业知识，拓宽知识面，高质量做好化水设备的安装、检修和运行工作。

第一节　电厂常见化学反应类型与术语

一、火力发电厂常见化学反应类型

化学反应贯穿于电厂化学的水汽品质监督、炉内加药调节、炉外水或废水处理、烟气净化、炉内腐蚀及结垢理化过程等环节中，实际反应多样，具体类型可以归纳为以下几种。

1. 中和反应

中和反应的实质是 $H^+ + OH^- \Longrightarrow H_2O$，酸碱中和及电离平衡反应是测定水溶液 pH 及进行酸碱滴定的基础。电厂常用的中和反应：

（1）用标准硫酸溶液标定配制的氢氧化钠溶液；

（2）炉水碱度的测定；

（3）循环冷却水加酸处理；

（4）废水调节 pH 达标排放。

典型反应方程式：$2NaOH + H_2SO_4 == Na_2SO_4 + 2H_2O$

2. 沉淀反应

电厂常用的沉淀反应：

（1）水汽、垢成分的重量分析：根据反应生成物的重量来确定欲测组分含量的定量分析法；

（2）石灰软化处理；

（3）炉内磷酸盐处理；

（4）废水处理。

典型反应方程式：

$$CaSO_4 + Na_2CO_3 \longrightarrow CaCO_3 \downarrow + Na_2SO_4$$
$$CaCl_2 + Na_2CO_3 \longrightarrow CaCO_3 \downarrow + 2NaCl$$
$$MgSO_4 + Na_2CO_3 \longrightarrow MgCO_3 \downarrow + Na_2SO_4$$
$$MgCO_3 + Ca(OH)_2 \longrightarrow CaCO_3 \downarrow + Mg(OH)_2 \downarrow$$

3. 电解方程

制氢系统的工作原理是利用水电解反应的原理，电解过程是在 NaOH 溶液中进行的，当直流电通过 NaOH 溶液时，将水分解为氢气和氧气，其电极反应如下：

阴极上：$4H_2O + 4e \longrightarrow 2H_2 \uparrow + 4OH^-$

阳极上：$4OH^- - 4e \longrightarrow 2H_2O + O_2 \uparrow$

总反应式：$2H_2O \longrightarrow 2H_2 \uparrow + O_2 \uparrow$

4. 氧化还原反应

氧化还原法的实质是：参加化学反应的原子或离子有电子的得失，因而引起化合价的升高或降低。失去电子的过程叫氧化，得到电子的过程叫还原，氧化还原总是同时发生的。得到电子的物质称氧化剂，失去电子的物质称还原剂。

氧化还原反应通式：氧化剂＋还原剂＝还原剂＋氧化剂

（氧化态 1）＋（还原态 2）＝（还原态 1）＋（氧化态 2）

电厂常用的氧化还原反应：

（1）废水处理或消毒，向废水中投加氧化剂，氧化废水中的有机物和有害物质，使其转变为无毒无害的或毒性小的新物质的方法，通常所加的氧化剂有氯、空气、臭氧等；

（2）高锰酸钾溶液的标定；

（3）水汽指标测定，如化学耗氧量（COD）；

（4）脱除余氯；

（5）烟气脱硫脱硝。

典型反应方程式：$Cl_2 + H_2O \longrightarrow HCl + HOCl$

$2HOCl + C（活性炭）\longrightarrow CO_2 + 2HCl$

烟气脱硫反应：$CaO + SO_2 + 1/2O_2 \longrightarrow CaSO_4$

5. 络合反应

由一个正离子或原子和一定数目的中性分子或负离子以配位键结合形成的，能稳定存在的复杂离子或分子叫络离子。含有络离子的化合物叫络合物，有络离子或络分子生成的反应叫络合反应。

电厂常用的络合剂（也叫螯合剂）是 EDTA（乙二胺四乙酸二钠盐），它能同许多金属离子形成稳定的络合物，因此在分析化学等许多领域得到应用。除将 EDTA 用于络合滴定外，在比色分析中也常用到络合反应。在循环冷却水处理中，有许多水处理药剂的作用原理就是与水中的一些易于结垢的金属离子进行络合（或螯合）。

所有化学反应均遵循等物质的量原则，即在化学反应中，相互反应的物质的量相等。

二、化学药品类术语

1. 化学药品

化学药品又称化学试剂，简称试剂，试剂是电厂进行化验分析的重要药剂；化学药品是电厂加药调节、烟气净化、锅炉补给水处理和循环冷却水处理等的常规材料。

2. 化学试剂的分类

试剂分类的方法较多，具体分类如下：

（1）根据危险试剂的性质和贮存要求分为：易燃、易爆试剂，毒害性试剂，氧化性试剂，腐蚀性试剂。

（2）根据非危险试剂的性质和贮存要求可分为：遇光易变质的试剂、遇热易变质的试剂、易冻结试剂、易风化试剂、易潮解试剂。

毒性试剂主要有汞盐、铬盐、铅盐、砷化合物、亚硝酸盐化合物、多环芳香烃及其衍生物、含氯含磷有机物等；按规定严格执行"五双制度"，即双人保管、双人收发、双人领用、双本账、双锁管理。放毒品的试剂室应通风良好，防止挥发和分解出的毒气在室内积聚；盛放毒品的试剂瓶要密封良好，移动时轻拿轻放，以杜绝人与毒品接触。

腐蚀性试剂主要有浓硫酸、氢氟酸、液氯、液溴等物质。搬运时应轻取轻放，严禁撞击、摔碰和强烈振动，严禁肩扛背负。强腐蚀品一定要放置在牢固的试剂柜内，不要放在顶层或内层等取用困难的位置。

气态易燃物有氢气、煤气、液化气、氧气等。石油醚、汽油等易燃液体闪点低、易着火、挥发性大、黏度小、密度低、易扩散。固体易燃物包括白磷、金属钾、钠、镁、铝粉、硫磺以及众多的无机、有机类化合物，其中有些物质有自燃性，许多物质对热、摩擦、碰撞极为敏感，大多数易燃物的燃烧释放有毒气体。

3. 化学试剂纯度

试剂规格基本上按纯度（杂质含量的多少）划分，常见的有优级纯、分析纯和化学纯等，见表 1-1。电厂炉内低磷处理加药的 Na_3PO_4 通常用分析纯。

表 1-1　　　　　　　　　　电厂常用化学试剂及用途

级别	1 级	2 级	3 级	4 级	工业纯
中文名	优级纯	分析纯	化学纯	实验试剂	工业产品
英文标志	GR	AR	CP	LR	TP
标签颜色	绿	红	蓝	棕黄	

级别	1级	2级	3级	4级	工业纯
纯度	99.8%	99.7%	≥99.5%		纯度低于四级品
用途	精密分析和科研工作	重要分析及一般研究	一般分析	一般化学实验及定性检验	一般化学实验及工业原材料

4. 指示剂

指示剂是用来判别物质的酸碱性、测定溶液酸碱度或容量分析中用来指示达到滴定终点的物质。指示剂一般都是有机弱酸或弱碱，在一定的 pH 范围内，变色灵敏，易于观察。用量很小，一般为每 10mL 溶液加入 1 滴指示剂。不同类别的酸碱滴定应当选用适宜的指示剂，强酸滴定强碱或强碱滴定强酸时，可选用甲基橙、甲基红或酚酞试液作指示剂；强碱滴定弱酸时，则需选用百里酚酞或百里酚蓝试液为指示剂，若是强酸滴定弱碱时，应当选择溴甲酚绿或溴酚蓝试液。常见酸碱滴定指示剂见表1-2。

表 1-2　　　　　　　　　　　　常见酸碱滴定指示剂

指示剂	变色范围 pH	颜色变化	浓度	用量(滴/100mL 试液)
甲基橙	3.1~4.4	红~黄	0.05%的水溶液	1
溴酚蓝	3.0~4.6	黄~紫	0.1%的20%乙醇溶液或其钠盐水溶液	1
溴甲酚绿	4.0~5.6	黄~蓝	0.1%的20%乙醇溶液或其钠盐水溶液	1~3
甲基红	4.4~6.2	红~黄	0.1%的20%乙醇溶液或其钠盐水溶液	1
石蕊	5.0~8.0	红~蓝	0.05%~1%的水溶液	1~3
酚酞	8.0~10.0	无~红	0.05%的90%乙醇溶液	1~3
百里酚蓝	8.0~9.6	黄~蓝	0.05%的90%乙醇溶液	1~4
百里酚酞	9.4~10.6	无~蓝	0.05%的90%乙醇溶液	1~2

5. 火力发电厂常用化学品

（1）酸：化学上是指在水溶液中电离时产生氢离子的化合物。可分为无机酸、有机酸。电厂主要用盐酸，硫酸，很少有用硝酸的，主要是用来再生阳离子交换树脂，以及用于化学清洗去除炉内、循环冷却水系统、反渗透系统的结垢。

盐酸为无色液体，一般含有杂质而呈黄色，是一种强酸，有强烈的腐蚀性，能腐蚀金属，对动植物纤维和人体肌肤均有腐蚀作用。其气体对动植物有害，是极强的无机酸。

锅炉等化学清洗中还有可能用到氢氟酸等，氢氟酸是氟化氢气体的水溶液，为无色透明至淡黄色冒烟液体，有刺激性气味，可经皮肤吸收，对皮肤有强烈刺激性和腐蚀性。氢氟酸中的氢离子对人体组织有脱水和腐蚀作用，皮肤与氢氟酸接触后，氟离子不断解离并渗透到深层组织，溶解细胞膜，造成表皮、真皮、皮下组织乃至肌层液化坏死。氟离子还可干扰烯醇化酶的活性使皮肤细胞摄氧能力受到抑制。吸入高浓度的氢氟酸酸雾，会引起支气管炎和出血性肺水肿。

（2）碱：化学上是指在水溶液中电离时产生氢氧根离子的化合物。电厂主要使用氢氧化钠，用于阴离子交换树脂的再生、碱洗和调节 pH、反渗透系统的清洗。

氢氧化钠也称烧碱，市售烧碱分固态、液态，纯固体烧碱呈白色，有块状、片状、棒状、粒状，纯液体烧碱呈无色透明体。氢氧化钠有强碱性，对皮肤、织物、纸张等有强蚀性。

（3）混凝剂：电厂一般使用聚合氯化铝、硫酸铝、硫酸亚铁、明矾等一类的药品，用于补给水处理或废水处理去除胶体杂质，在澄清池中起混凝作用。

（4）助凝剂：一般采用聚丙烯酰胺、聚甲基丙烯酸钠等用来帮助混凝剂起混凝作用的。

（5）杀菌剂：采用次氯酸钠、次氯酸钙、二氧化氯、氯、臭氧等起杀菌作用。

（6）还原剂：电厂锅炉补给水处理系统反渗透进水对余氯有要求，为了还原所加的过量的杀菌剂，通常采用亚硫酸氢钠作还原剂。

（7）氨水：用来调节给水及凝结水的 pH 值。

（8）联氨：用于炉内化学除氧，防止腐蚀。

（9）阻垢剂：能够防止水垢和污垢产生，或抑制其沉积生长的化学试剂，包括阻垢剂、阻垢缓蚀剂和阻垢分散剂。阻垢剂通常用于反渗透系统运行维护。

（10）缓蚀剂：能使金属基体免除或减缓腐蚀的物质叫缓蚀剂，缓蚀剂通常用于锅炉或辅助系统化学清洗；缓蚀阻垢剂通常用于循环冷却水系统的运行维护。

（11）六氟化硫（SF_6）：六氟化硫（SF_6）为无色、无味、无臭、无毒的惰性非燃烧气体。纯净的六氟化硫气体是无毒的，但在其生产过程中或在高能因子作用下，会分解产生若干有毒甚至剧毒、强腐蚀性有害杂质，如 SF_4、SOF_2、SF_2、SO_2F_2、HF 等均为毒性和腐蚀性极强的化合物，对人体危害极大。

在电力工业中，SF_6 是一种重要的介质，它用作封闭式中、高压开关的灭弧和绝缘气体。SF_6 气体的卓越性能实现了装置经济化、低维护化的操作。

在分析化验水、煤、油、气等试验过程中，不同程度地使用并接触到一些危险化学分析药品，如遇高温、摩擦引起剧烈化学反应的硝酸铵等爆炸品，氢气、乙炔、甲烷等易燃气体，丙酮、乙醚、甲醇、苯等易燃液体，高锰酸钾、过氧化氢、氯酸钾等强氧化剂，强酸、强碱等腐蚀性药品，氰化钾、三氧化二砷、氯化钡等剧毒品。在化学水处理设备、管道及某些主设备防腐工作中，使用并经常接触到苯类、酮类、树脂类、橡胶类等易燃、易爆、有毒的试剂，需要根据化学药品使用和管理、存放规则合理使用、管理。

目前大多数大型火电厂常用的危险化学品主要有：氢气、氯气、氨水、联氨、强酸强碱、抗燃油、六氟化硫等。这些化学品具有易燃、易爆、有毒、有害的特点，大多数危险化学品同时具有这些性质，因此，在安全管理工作中必须综合考虑。

6. 与水汽指标化验分析有关的概念

物质的量：表示构成物质的基本单元的数目量，用 n 表示，单位为摩尔，mol。

溶液浓度：百分浓度指在 100mL 溶液中所含溶质的克数，符号为 %（W/V）；体积浓度指液体试剂与溶剂按一定的体积关系配制而成的溶液，符号为（$m+n$）；物质的量浓度指在 1L 溶液中所含溶质的物质的量，单位为 mol/L。

滴定终点：在滴定分析过程中，指示剂变色点称为滴定终点。

标准溶液：在分析中，已知准确浓度的溶液。

空白试验和空白值：在一般的测定方法中，为提高分析结果的准确度，以试剂水代替水样，用测定水样的方法和步骤进行测定，其测定值为空白值。

三、电厂化学设计类术语

水源水质：与锅炉补给水处理工艺选择有关的水质指标。

热化学试验：即按照预定计划，使锅炉在各种不同工况下运行，寻求获得良好蒸汽品质的最优运行条件的试验。

蒸汽品质：指蒸汽中含有硅酸、钠盐等物质量的多少。

机械携带：蒸汽因携带炉水水滴而带入某些物质的现象。

溶解携带：饱和蒸汽因溶解而携带水中某些杂质的现象。

锅炉补给水：原水经过各种方法净化处理后，用来补充热力发电厂汽、水损失的水。

腐蚀：金属表面和其周围介质发生化学或电化学变化而遭到破坏的现象。

结垢：由于锅内水质不良，经过一段时间运行后，在受热面与水接触的管壁上生成一些固态附着物的现象。

水渣：在锅炉水中析出呈悬浮状态和沉渣状态的物质。

盐类暂时消失：当锅炉负荷增高时，锅炉水中某些易溶钠盐的浓度明显降低；而当锅炉负荷减少或停炉时，这些钠盐的浓度重新增高的现象。

凝汽器泄漏：当凝汽器的管因制造或安装有缺陷，或者因腐蚀而出现裂纹、穿孔和破损，以及焊接处的严密性遭到破坏使进入凝结水中的冷却水量比正常时高。

浓缩倍率：循环水中盐类的浓度与补充水中盐类浓度之比称为循环水的浓缩倍率。

极限碳酸盐硬度：将循环水的补充水，在其工作温度下进行蒸发，通常可以发现在其浓缩的初期水中碳酸盐硬度随着升高，但当达到某一极限值时，它便不再升高，而是停留在某一数值上。这个值称为此循环水在此温度下的极限碳酸盐硬度。

废水：在生产、生活过程中，被使用过的水的水质可能发生很大变化，以至于水不经过专门的处理，就无法继续使用或排入外部环境，所以这样的水通常叫做"废水"。

污染指数 SDI 值：表征反渗透系统进水水质的重要指标。

混床：将按照一定的比例并充分混合的阴树脂、阳树脂装填在同一台离子交换器中，用于对水进行除盐处理的设备。

填充床电渗析（CDI 或 EDI）：以电渗析装置为基本结构，在阴膜和阳膜之间装填强酸阳离子交换树脂和强碱阴离子交换树脂，使阳膜和阴膜间形成混床的除盐装置。

凝结水精处理：对汽轮机排汽凝结成的水进行纯化处理的过程，称为凝结水精处理。

还原性全挥发处理 AVT：除了对给水进行热力除氧，还向给水中加氨和还原剂（主要是联氨）进行化学除氧，维持一个除氧碱性水工况，使得水的氧化还原电位小于 $-200mV$，由于所加药品都是挥发性的，所以这种给水处理方式称为全挥发处理（AVT）。

氧化性全挥发处理 AVT(O)：与 AVT(R) 相比，这种给水调节方式只向水中加氨。因此给水具有一定的氧化性，氧化还原电位在 $0 \sim 80mV$ 之间。

中性加氧处理 NWT：利用溶解氧的钝化原理，在锅炉给水中不加或少加挥发碱，加入适量的氧化剂，以促进金属表面的钝化，达到减少锅炉金属腐蚀的目的。

给水加氨、加氧联合处理（CWT）：添加少量氨，将给水 pH 值由 6.5～7.0 提高到 8.0～8.5，同时采用加氧处理的方法，来达到抑制腐蚀的目的。

第二节　电厂化学常用管道

一、管道分类

按工作压力分类：真空管道、低压管道、高压管道、超高压管道；

按材质分类：金属管道、非金属管道；

按介质温度分类：低温管道、常温管道、中温管道、高温管道；

按制造方法分类：有缝管道（直缝管、螺旋管）、无缝管道（冷轧管、热轧管）；

按输送介质分类：给排水管道、压缩空气管道、氢气管道、氧气管道、乙炔管道、热力管道、燃气管道、燃油管道、剧毒流体管道、有毒流体管道、酸碱管道、制冷管道、净化纯气管道、纯水管道。

二、管道材质选择与管道设计

主蒸汽管道、高温再热蒸汽管道、低温再热蒸汽管道及高压给水管道是火力发电厂汽水管道的重要组成部分，四大类典型的管道的设计和选择关系到建设投资、运行安全性和节能降耗，因此对管道材料的机械特性及高温性能提出了更高的要求。管材的选择及安装质量直接影响机组运行的可靠性及经济性。

目前常用的耐高温钢材主要为珠光体耐热钢及高强度马氏体耐热钢。珠光体耐热钢代表材料有 12Cr1MoV、10CrMo9-10、A335P22，工作温度最高可达 580℃，有良好的高温蠕变强度及工艺性能，且导热性好，膨胀系数小。高强度马氏体耐热钢代表材料有 A335P91、A335P92，这类钢含有大量的 Cr 元素，抗氧化性及热强度性均很高，最高工作温度稍高于珠光体耐热钢。具体选择管材需要根据机组整体参数要求选择，同时考虑管道重量的减轻，土建结构荷载相应减小，管道安装费用、土建费用，一般亚临界、超临界机组，主蒸汽管道推荐采用 A335P91 材料，超超临界机组推荐采用 A335P92 材料。亚临界机组高温再热蒸汽管道推荐采用 A335P22 材料，超临界或超超临界由于受管材 A335P22 机械特性及高温性能的制约，宜选取 A335P91 或 A335P92 材料。低温再热蒸汽管道可以选择 20 号无缝钢管或与 20 号钢性能相当的 A672B70CL32 电熔焊钢管。给水管道无需耐热，比较简单，普通无缝钢管即可，亚临界以上机组采用 15NiCu-MoNb5-6-4 材料，可以有效地降低工程造价。

设计压力大于 1.6MPa 或设计温度大于 200℃ 的低压流体输送采用焊接钢管，不应采用螺纹连接方式。

化学加药管道、低压配气及配药用水管道宜采用不锈钢管。取样管及冷却水管采用不锈钢管。

水处理系统如反渗透系统管路材质的选择应满足压力等级和耐腐蚀性的要求，通常采用不锈钢管。

火力发电厂化学水处理中箱、槽、管道设计和选择时必须考虑防腐。凡接触腐蚀性介质或对出水质量有影响的设备、管道、阀门、排水沟等，在其接触介质的表面上均应涂衬合适的防腐层，或用耐腐蚀材料制造。设计中应注明设备及管道防腐的工艺要求。同一工程中不宜选用过多的防腐方法。

管道布置应力求管线短、附件少、整齐美观、扩建方便、便于支吊，并宜采用标准管件和减少流体阻力损失。对于衬胶管、塑料管和玻璃钢管，应适当增多支吊点。

经常有人通行的地方，浓酸、碱液及浓氨液管道不宜架空敷设，必须架空敷设时，对法兰、接头等应采取防护措施。浓硫酸、浓碱液贮存设备及管道应有防止低温凝固的措施。

凝结水精处理系统入口管道至出口管道、排污及排气管道采用无缝钢管，采用 $\phi57\mathrm{mm}\times3\mathrm{mm}$ 无缝钢管，管道材质为 20 号钢，不能使用塑料管路和阀门。管道法兰材质为 20 号钢，螺栓螺母材质为 35 号钢，法兰间垫片采用增强柔性石墨垫片。管道、阀门支吊架材料采用碳钢。

第三节　化学常用阀门

阀门是流体管路的控制装置，其基本功能是接通或切断管路介质的流通，改变介质的流动方向，调节介质的压力和流量，保护管路和设备的正常运行。

随着现代工业的不断发展，阀门使用量大，但往往由于制造、使用选型、维修不当，发生跑、冒、滴、漏现象，由此引起火焰、爆炸、中毒、烫伤事故，因此除了要合理选用、正确操作阀门之外，还要及时维护、修理阀门，使阀门的"跑、冒、滴、漏"及各类事故降到最低限度。

一、阀门的分类

1. 按作用和用途分类

（1）截断类：如闸阀、截止阀、旋塞阀、球阀、蝶阀、针型阀、隔膜阀等。截断类阀门又称闭路阀，截止阀，其作用是接通或截断管路中的介质。

（2）止回类：如止回阀，止回阀又称单向阀或逆止阀，止回阀属于一种自动阀门，其作用是防止管路中的介质倒流、防止泵及驱动电机反转，以及容器介质的泄漏。水泵吸水关的底阀也属于止回阀类。

（3）安全类：如安全阀、防爆阀、事故阀等。安全阀的作用是防止管路或装置中的介质压力超过规定数值，从而达到安全保护的目的。

（4）调节类：如调节阀、节流阀和减压阀，其作用是调节介质的压力、流量等参数。

（5）分流类：如分配阀、三通阀、疏水阀。其作用是分配、分离或混合管路中的介质。

（6）特殊用途类：如清管阀、放空阀、排污阀、排气阀、过滤器等。排气阀是管道系统中必不可少的辅助元件，广泛应用于锅炉、空调、石油天然气、给排水管道中。排气阀往往安装在制高点或弯头等处，可排除管道中多余气体，提高管路使用效率及降低能耗。

2. 按公称压力分类

（1）真空阀：指工作压力低于标准大气压的阀门。

（2）低压阀：指公称压力 PN 不大于 1.6MPa 的阀门。

（3）中压阀：指公称压力 PN 为 2.5MPa、4.0MPa、6.4MPa 的阀门。

（4）高压阀：指公称压力 PN 为 10.0～80.0MPa 的阀门。

（5）超高压阀：指公称压力 PN 不小于 100.0MPa 的阀门。

（6）过滤器：指公称压力 PN 为 1.0MPa、1.6MPa 的阀门。

3. 按工作温度分类

（1）超低温阀：用于介质工作温度 $t<-101℃$ 的阀门。

（2）低温阀：用于介质工作温度 $-101℃≤t≤-29℃$ 的阀门。

（3）常温阀：用于介质工作温度 $-29℃<t<120℃$ 的阀门。

（4）中温阀：用于介质工作温度 $120℃≤t≤425℃$ 的阀门。

（5）高温阀：用于介质工作温度 $t>425℃$ 的阀门。

4. 按驱动方式分类

（1）自动阀：自动阀是指不需要外力驱动，而是依靠介质自身的能量来使阀门动作的阀门，如安全阀、减压阀、疏水阀、止回阀、自动调节阀等。

（2）动力驱动阀：动力驱动阀可以利用各种动力源进行驱动，分为电动阀、气动阀、液动阀等。电动阀：借助电力驱动的阀门。气动阀：借助压缩空气驱动的阀门。液动阀：借助油等液体压力驱动的阀门。

（3）手动阀：手动阀借助手轮、手柄、杠杆、链轮，由人力来操纵阀门动作。当阀门启闭力矩较大时，可在手轮和阀杆之间设置齿轮或蜗轮减速器。必要时，也可以利用万向接头及传动轴进行远距离操作。

5. 按公称通径分类

（1）小通径阀门：公称通径 DN 不大于 40mm 的阀门。

（2）中通径阀门：公称通径 DN 为 50～300mm 的阀门。

（3）大通径阀门：公称阀门 DN 为 350～1200mm 的阀门。

（4）特大通径阀门：公称通径 DN 不小于 1400mm 的阀门。

6. 按结构特征分类

（1）截门形：关闭件沿着阀座中心移动，如截止阀。

（2）旋塞和球形：关闭件是柱塞或球，围绕本身的中心线旋转，如旋塞阀、球阀。

（3）门形：关闭件沿着垂直阀座中心移动，如闸阀、闸门等。

（4）旋启形：关闭件围绕阀座外的轴旋转，如旋启式止回阀等。

（5）蝶形：关闭件的圆盘，围绕阀座内的轴旋转，如蝶阀、蝶形止回阀等。

（6）滑阀形：关闭件在垂直于通道的方向滑动，如滑阀。

7. 按连接方法分类

（1）螺纹连接阀门：阀体带有内螺纹或外螺纹，与管道螺纹连接。

（2）法兰连接阀门：阀体带有法兰，与管道法兰连接。

（3）焊接连接阀门：阀体带有焊接坡口，与管道焊接连接。

（4）卡箍连接阀门：阀体带有夹口，与管道夹箍连接。

（5）卡套连接阀门：与管道采用卡套连接。

（6）对夹连接阀门：用螺栓直接将阀门及两头管道穿夹在一起的连接形式。

8. 按阀体材料分类

（1）金属材料阀门：其阀体等零件由金属材料制成，如铸铁阀门、铸钢阀、合金钢阀、铜合金阀、铝合金阀、钛合金阀、蒙乃尔合金阀等。

（2）非金属材料阀门：其阀体等零件由非金属材料制成，如塑料阀、搪瓷阀、陶瓷阀、玻璃钢阀等。

（3）金属阀体衬里阀门：阀体外形为金属，内部凡与介质接触的主要表面均为衬里，如衬胶阀、衬塑料阀、衬陶阀等。

二、阀门的基本参数

1. 阀门的公称直径

阀门进出口通道的名义直径叫做阀门的公称直径，用 DN 表示，单位 mm。它表示阀门规格的大小，一般阀门公称直径与实际直径是一致的。

2. 阀门的公称压力

阀门公称压力是指阀门在基准温度下的允许承受的最大工作压力，即阀门的名义压力，用 PN 表示。

3. 阀门的适用介质

阀门工作介质的种类繁多，有些介质具有很强的腐蚀性，有些介质具有相当高的温度，这些不同性质的介质对阀门材料有不同的要求。

4. 阀门的适用温度

不同的阀门有不同的适用温度。对于同一阀门，在不同的温度下允许采用的最大工作压力不同，所以选用阀门时，适用温度也是必须考虑的参数。

5. 阀门的型号

阀门型号通常应表示出阀门类型、驱动方式、连接形式、结构特点、密封面材料、阀体材料和公称压力等要素。阀门型号的标准化对阀门的设计、选用、销售提供了方便。NB/T 47037—2013《电站阀门型号编制方法》规定，国产任何阀门都必须有一个特定的型号。阀门型号由七个单元组成，图 1-1 是标准的阀门型号编写方法里各代号的顺序。

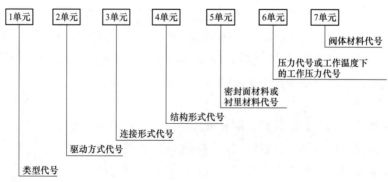

图 1-1　标准的阀门型号编写方法里各代号的顺序

例如阀门型号："Z961Y-100I DN150"这是个完整的闸阀型号，编制里不包括最后的"DN150"，这个是阀门口径为150mm的意思。前面部分："Z961Y-100I"根据上面的顺序图对号入座如下：

"Z"是1单元；"9"是2单元；"6"是3单元；"1"是4单元；"Y"是5单元；"100"是6单元；"I"是7单元。

这个阀门型号意义为：闸阀、电动驱动、焊接连接、楔式单闸板、硬质合金密封、10MPa压力、铬钼钢阀体材质。

（1）一单元：阀门类型代号见表1-3。

表1-3　　　　　　　　　　　　　　　　　阀门类型代号

类型	安全阀	蝶阀	隔膜阀	止回阀（底阀）	截止阀	节流阀	排污阀	球阀	疏水阀	柱塞阀	旋塞阀	减压阀	闸阀
代号	A	D	G	H	J	L	P	Q	S	U	X	Y	Z

具有其他作用功能或带有其他特异机构的阀门，在阀门类型代号前再加注一个汉语拼音字母，按表1-4的规定。

（2）二单元：传动方式见表1-4。

表1-4　　　　　　　　　　　　　　　　　传动方式

传动方式	电磁动	电磁-液动	电-液动	蜗轮	正齿轮	伞齿轮	气动	液动	气-液动	电动	手柄手轮
代号	0	1	2	3	4	5	6	7	8	9	无代号

（3）三单元：连接形式见表1-5。

表1-5　　　　　　　　　　　　　　　　　连接形式

连接方式	内螺纹	外螺纹	两不同连接	法兰	焊接	对夹	卡箍	卡套
代号	1	2	3	4	6	7	8	9

（4）四单元：常用阀门的结构形式代号见表1-6～表1-16。

闸阀结构形式代号见表1-6。

表1-6　　　　　　　　　　　　　　　　　闸阀结构形式代号

结构形式			代号
阀杆升降式（明杆）	楔式闸板	弹性闸板	0
		刚性闸板 单闸板	1
		刚性闸板 双闸板	2
	平行式闸板	刚性闸板 单闸板	3
		刚性闸板 双闸板	4
阀杆非升降式（暗杆）	楔式闸板	刚性闸板 单闸板	5
		刚性闸板 双闸板	6
	平行式闸板	刚性闸板 单闸板	7
		刚性闸板 双闸板	8

截止阀、节流阀和柱塞阀结构形式代号见表1-7。

表1-7   截止阀、节流阀和柱塞阀结构形式代号

结构形式		代号	结构形式		代号
阀瓣非平衡式	直通流道	1	阀瓣平衡式	直通流道	6
	Z形流道	2		角式流道	7
	三通流道	3		—	—
	角式流道	4		—	—
	直流流道	5			

球阀结构形式代号见表1-8。

表1-8   球阀结构形式代号

结构形式		代号	结构形式		代号
浮动球	直通流道	1	固定球	直通流道	7
	Y形三通流道	2		四通流道	6
	L形三通流道	4		T形三通流道	8
	T形三通流道	5		L形三通流道	9
	—	—		半球直通	0
	直通流道	1		直通流道	7

蝶阀结构形式代号见表1-9。

表1-9   蝶阀结构形式代号

结构形式		代号	结构形式		代号
密封型	单偏心	0	非密封型	单偏心	5
	中心垂直板	1		中心垂直板	6
	双偏心	2		双偏心	7
	三偏心	3		三偏心	8
	连杆机构	4		连杆机构	9

隔膜阀结构形式代号见表1-10。

表1-10   隔膜阀结构形式代号

结构形式	代号	结构形式	代号
屋脊流道	1	直通流道	6
直流流道	5	Y形角式流道	8

旋塞阀结构形式代号见表1-11。

表1-11   旋塞阀结构形式代号

结构形式		代号	结构形式		代号
填料密封	直通流道	3	油密封	直通流道	7
	T形三通流道	4		T形三通流道	8
	四通流道	5		—	—

止回阀结构形式代号见表 1-12。

表 1-12　　　　　　　　　　　止回阀结构形式代号

结构形式		代号	结构形式		代号
升降式阀瓣	直通流道	1	旋启式阀瓣	单瓣结构	4
	立式结构	2		多瓣结构	5
	角式流道	3	蝶形止回式	双瓣结构	6
—	—	—		7	

安全阀结构形式代号见表 1-13。

表 1-13　　　　　　　　　　　安全阀结构形式代号

结构形式		代号	结构形式		代号
弹簧载荷弹簧密封结构	带散热片全启式	0	弹簧载荷弹簧不封闭且带扳手结构	微启式、双联阀	3
	微启式	1		微启式	7
	全启式	2		全启式	8
弹簧载荷弹簧密封结构	带扳手全启式	4	弹簧载荷弹簧不封闭且带扳手结构	—	—
	带散热片全启式	0		微启式、双联阀	3
杠杆式	单杠杆	2	带控制机构全启式		6
	双杠杆	4	脉冲式		9

减压阀结构形式代号见表 1-14。

表 1-14　　　　　　　　　　　减压阀结构形式代号

结构形式	代号	结构形式	代号
薄膜式	1	波纹管式	4
弹簧薄膜式	2	杠杆式	5
活塞式	3	—	—

蒸汽疏水阀结构形式代号见表 1-15。

表 1-15　　　　　　　　　　　蒸汽疏水阀结构形式代号

结构形式	代号	结构形式	代号
浮球式	1	蒸汽压力式或膜盒式	6
浮桶式	3	双金属片式	7
液体或固体膨胀式	4	脉冲式	8
钟形浮子式	5	圆盘热动力式	9
结构形式	代号	结构形式	代号

排污阀结构形式代号见表 1-16。

表 1-16 排污阀结构形式代号

结构形式		代号	结构形式		代号
液面连接排放	截止型直通式	1	液底间断排放	截止型直流式	5
	截止型角式	2		截止型直通式	6
	—	—		截止型角式	7
	—	—		浮动闸板型直通式	8

（5）五单元：密封面及衬里材料代号见表 1-17。

表 1-17 密封面及衬里材料代号

密封面或衬里材料	锡基轴承合金（巴氏合金）	搪瓷	渗氮钢	氟塑料	陶瓷	Cr13系不锈钢	衬胶	蒙乃尔合金	尼龙塑料	渗硼钢	衬铅	奥氏体不锈钢	塑料	铜合金	橡胶	硬质合金
代号	B	C	D	F	G	H	J	M	N	P	Q	R	S	T	X	Y

（6）六单元：公称压力数值，用阿拉伯数字直接表示，该数值是 MPa 单位下数值的 10 倍。

（7）七单元：阀体材料见表 1-18。

表 1-18 阀体材料

阀体材料	钛及钛合金	碳钢	Cr13系不锈钢	铬钼钢	可锻铸铁	铝合金	18-8系不锈钢	球墨铸铁	Mo2Ti系不锈钢	塑料	铜及铜合金	铬钼钒钢	灰铸铁
代号	A	C	H	I	K	L	P	Q	R	S	T	V	Z

三、常用阀门工作原理与性能特性

1. 闸阀

（1）工作原理。

闸阀的启闭件是一个闸板，闸板的运动方向与流体方向相垂直，闸阀只能做全开和全关。闸阀在管路中主要作切断用。闸阀是使用很广的一种阀门，一般口径 DN 不小于 50mm 的切断装置都选用它，有时口径很小的切断装置也选用闸阀。

（2）性能特征。

闸阀优点：流体阻力小；开闭所需外力较小；介质的流向不受限制；全开时，密封面受工作介质的冲蚀比截止阀小；体形比较简单，铸造工艺性较好。

闸阀也有不足之处：外形尺寸和开启高度都较大，安装所需空间较大；开闭过程中，密封面间有相对摩擦，容易引起擦伤现象；闸阀一般都有两个密封面，给加工、研磨和维修增加一些困难。

2. 截止阀

（1）工作原理。

截止阀的启闭件是塞形的阀瓣，密封面上呈平面或圆锥面，阀瓣沿阀座的中心线作直线运动。由于该类阀门的阀杆开启和关闭行程相对较短，而且具有非常可靠的切断功能，又由于阀座通口的变化和阀瓣的行程成正比例关系，非常适合于对流量的调节。

（2）性能特征。

截止阀是关闭件（阀瓣）沿阀座中心线移动，在开闭过程中密封面的摩擦力比闸阀小，耐磨；开启高度小；通常只有一个密封面，制造工艺好，便于维修。截止阀使用较为普遍，但由于开闭力矩较大，结构长度较长，一般公称通径都限制在 DN 不大于 200mm。截止阀的流体阻力损失较大，因而限制了截止阀更广泛的使用。

3. 球阀

（1）工作原理。

球阀和旋塞阀是同属一个类型的阀门，只是它的关闭件是个球体，球体绕阀体中心线作旋转来达到开启、关闭的一种阀门，它只需要用旋转 90°的操作和很小的转动力矩就能关闭严密。

（2）性能特征。

球阀在管路中主要用来做切断、分配和改变介质的流动方向，其特点是：流体阻力小，其阻力系数与同长度的管段相等；结构简单、体积小、重量轻；紧密可靠，目前球阀的密封面材料广泛使用塑料、密封性好，在真空系统中也已广泛使用；操作方便，开闭迅速，从全开到全关只要旋转 90°，便于远距离的控制；维修方便，球阀结构简单，密封圈一般都是活动的，拆卸更换都比较方便；在全开或全闭时，球体和阀座的密封面与介质隔离，介质通过时，不会引起阀门密封面的侵蚀；适用范围广，通径从小到几毫米，大到几米，从高真空至高压力都可应用。

4. 蝶阀

（1）工作原理。

蝶阀是指关闭件为圆盘，围绕阀轴旋转来达到开启与关闭的一种阀，在管道上主要起切断和节流的作用。蝶阀启闭件是一个圆盘形的蝶板。在阀体内绕自身的轴线旋转，从而达到启闭或调节的目的。

（2）性能特征。

蝶阀结构简单，外形尺寸小，结构紧凑，长度短，体积小，重量轻，适用于大口径的阀门。流体阻力小，全开时，阀座通道有效流通面积较大，因而流体阻力较小。启闭方便迅速，调节性能好，蝶板旋转 90°即可完成启闭。通过改变蝶板的旋转角度可以分级控制流量。启闭力矩较小，由于转轴两侧蝶板受介质作用基本相等，而产生转矩的方向相反，因而启闭较省力。低压密封性能好，密封面材料一般采用橡胶、塑料，故密封性能好。受密封圈材料的限制，蝶阀的使用压力和工作温度范围较小。但硬密封蝶阀的使用压力和工作温度范围，都有了很大的提高。

5. 隔膜阀

（1）工作原理。

隔膜阀用耐腐蚀衬里的阀体和耐腐蚀隔膜代替阀芯组件，利用隔膜的移动起调节作用。隔膜阀的阀体材料采用铸铁、铸钢或铸造不锈钢，并衬以各种耐腐蚀或耐磨材料、隔膜材料橡胶及聚四氟乙烯。衬里的隔膜耐腐蚀性能强，适用于强酸、强碱等强腐蚀性介质的调节。隔膜阀的流量特性接近快开特性，在60%行程前近似为线性，60%后的流量变化不大。

（2）性能特征。

隔膜阀的结构形式与一般阀门大不相同，是一种特殊形式的截断阀，它的启闭件是一块用软质材料制成的隔膜，把阀体内腔与阀盖内腔及驱动部件隔开，常用的隔膜阀有衬胶隔膜阀、衬氟隔膜阀、无衬里隔膜阀、塑料隔膜阀。隔膜阀流体阻力小；能用于含硬质悬浮物的介质；由于介质只与阀体和隔膜接触，所以无需填料函，不存在填料函泄漏问题，对阀杆部分无腐蚀可能；适用于有腐蚀性、黏性、浆液性介质；不能用于压力较高的场合。

6. 止回阀

（1）工作原理。

止回阀是指依靠介质本身流动而自动开、闭阀瓣，用来防止介质倒流的阀门。止回阀属于一种自动阀门，其主要作用是防止介质倒流、防止泵及驱动电动机反转，以及容器介质的泄放。

（2）性能特征。

止回阀的作用是只允许介质向一个方向流动，而且阻止反方向流动。通常这种阀门是自动工作的，在一个方向流动的流体压力作用下，阀瓣打开；流体反方向流动时，由于流体压力和阀瓣的自重于阀座，从而切断流动。

7. 安全阀

（1）工作原理。

安全阀是启闭件受外力作用下处于常闭状态，当设备或管道内的介质压力升高超过规定值时，通过向系统外排放介质来防止管道或设备内介质压力超过规定数值的特殊阀门。安全阀主要用于锅炉、压力容器和管道上，控制压力不超过规定值，对人身安全和设备运行起重要保护作用。安全阀必须经过压力试验才能使用。

（2）性能特征。

在重锤杠杆式安全阀、弹簧微启式安全阀和脉冲式安全阀中用的比较普遍的是弹簧微启式安全阀。弹簧微启式安全阀性能特征：结构轻便紧凑，灵敏度也比较高，安装位置不受限制，而且因为对振动的敏感性小，所以可以用于移动式的压力容器上。缺点是所加的载荷会随着阀的开启而发生变化，即随着阀瓣的升高，弹簧的压缩量增大，作用在阀瓣上的力也跟着增加，这对安全阀的迅速开启是不利的。另外，阀上的弹簧会由于长时间受高温的影响使弹力减小。

四、阀门的维护

对阀门的维护，可分两种情况：一种是保管维护，另一种是使用维护。

1. 保管维护

保管维护的目的是不让阀门在保管中损坏，或降低质量。实际上，保管不当是阀门损坏的重要原因之一。

（1）阀门保管应该井井有条，小阀门放在货架上，大阀门可在库房地面上整齐排列，不能乱堆乱垛，不要让法兰连接面接触地面。这不仅为了美观，主要是保护阀门不致碰坏。

（2）由于保管和搬运不当，手轮打碎，阀杆碰歪，手轮与阀杆的固定螺母松脱丢失等，这些不必要的损失，应该避免。

（3）对短期内暂不使用的阀门，应取出石棉填料，以免产生电化学腐蚀，损坏阀杆。

（4）对刚进库的阀门，要进行检查，如在运输过程中进了雨水或污物，要擦拭干净，再予存放。

（5）阀门进出口要用蜡纸或塑料片封住，以防进去脏东西。

（6）对能在大气中生锈的阀门加工面要涂防锈油，加以保护。

（7）放置室外的阀门，必须盖上油毡或苦布之类防雨、防尘。存放阀门的仓库要保持清洁干燥。

2. 使用维护

使用维护的目的，在于延长阀门寿命和保证启闭可靠。

（1）阀杆螺纹，经常与阀杆螺母摩擦，要涂一点黄油、二硫化钼或石墨粉，起润滑作用。

（2）不经常启闭的阀门，也要定期转动手轮，对阀杆螺纹添加润滑剂，以防咬住。

（3）室外阀门，要对阀杆加保护套，以防雨、雪、尘土锈污。

（4）如阀门系机械带动，要按时对变速箱添加润滑油。

（5）要经常保持阀门的清洁。

（6）要经常检查并保持阀门零部件完整性。如手轮的固定螺母脱落，要配齐，不能凑合使用，否则会磨圆阀杆上部的四方，逐渐失去配合可靠性，乃至不能开动。

（7）不要依靠阀门支持其他重物，不要在阀门上站立。

（8）阀杆，特别是螺纹部分，要经常擦拭，对已经被尘土弄脏的润滑剂要换成新的，因为尘土中含有硬杂物，容易磨损螺纹和阀杆表面，影响使用寿命。

五、阀门常见故障与处理方法

（一）阀门常见故障

1. 阀杆转动不灵或卡死

阀杆转动不灵或卡死，其主要原因是：填料压得过紧，填料装入填料箱时不合规范；阀杆与阀杆衬套采用同一种材料或者材料选用不当；阀杆与衬套的间隙不够；阀杆发生弯曲；螺纹表面粗糙度不合要求等。

2. 密封面泄漏

密封面泄漏的主要原因是：密封面损伤，如压痕、擦伤、中间有断线；密封面之间有污物附着或密封圈连接不好等。

3. 填料处泄漏

填料处泄漏的原因是：填料压板没有压紧；填料不够；填料因保管不善而失效；阀杆圆度超过规定或阀杆表面有划痕、刻线、拉毛和粗糙等缺陷；填料的品种、结构尺寸或质量不符合要求等。

4. 阀体与阀盖连接处泄漏

阀杆与阀盖连接处泄漏发生的主要原因是：法兰连接处螺栓紧固不均匀造成法兰的倾斜，或者紧固螺栓的紧力不够，阀体与阀盖连接面损伤；垫片损坏或不符合要求；法兰结合面不平行，法兰加工面不好；阀杆衬套与阀杆螺纹加工不良使阀盖严重倾斜。

（二）故障处理方法

1. 阀体渗漏

（1）对怀疑裂纹处抛光，用4‰的硝酸溶液浸蚀，如有裂纹就可显现出来；

（2）对裂纹处进行挖补处理。

2. 阀杆及配合的丝母螺纹损坏或阀杆头折断、阀杆弯曲

（1）改进操作，不可开关用力过大，检查限位装置，检查过力矩保护装置；

（2）选择合适材料，装配公差符合要求；

（3）更换备品。

3. 阀盖结合面渗漏

（1）重紧螺栓或使门盖法兰间隙一致；

（2）更换垫片；

（3）解体修研门盖密封面。

4. 阀门泄漏

（1）改进操作，重新开启或关闭；

（2）阀门解体，阀芯、阀座密封面重新研磨；

（3）调整阀芯与阀杆间隙或更换阀瓣；

（4）阀门解体，消除卡涩；

（5）重新更换或堆焊密封圈。

5. 阀芯与阀杆脱离，造成开关失灵

（1）检修时注意检查；

（2）更换耐腐蚀材质的阀杆；

（3）操作时不可强力开关，或不可全开后继续开启；

（4）检查更换损坏备品。

6. 阀芯、阀座有裂纹

对有裂纹处进行补焊，按规定进行热处理，车光并研磨。

7. 阀杆升降不灵或开关不动

（1）对阀体加热后用力缓慢试开或开足并紧时再稍关；

（2）稍松填料压盖后试开；

（3）适当增大阀杆间隙；

（4）更换阀杆与丝母；

（5）重新调整填料压盖螺栓；

（6）校至阀杆或进行更换；

（7）阀杆采用纯净石墨粉做润滑剂。

8. 填料泄漏

（1）正确选择填料；

（2）检查并调整填料压盖，防止压偏；

（3）按正确的方法加装填料；

（4）修理或更换阀杆。

第四节　化学转动机械设备

转动机械的种类较多，电厂化学设备使用最多的是计量泵、离心泵、罗茨风机等转动设备。转动设备的管理、检修和保养是电厂化学水处理设备管理的重要部分，直接关系到水处理系统的生产效率和经济效益，同时也严重影响到现场的文明生产。

一、计量泵

计量泵是一种可以满足各种严格的工艺流程需要，精准的进行调节，流量可以在0～100％范围内无级调节，开车和停车时均可调节，用来输送各种介质液体的（特别是腐蚀性液体）一种特殊容积泵。计量泵也称定量泵或比例泵，属于往复式容积泵，选型时应根据实际要求进行选择。在此介绍计量泵工作原理、分类、作用及特点等。

（一）计量泵的工作原理

计量泵主要由动力驱动、流体输送和调节控制三部分组成。动力驱动装置经由机械联杆系统带动流体输送隔膜（活塞）实现往复运动。

隔膜（活塞）于冲程的前半周将被输送流体吸入并于后半周将流体排出泵头，所以，改变冲程的往复运动频率或每一次往复运动的冲程长度即可达至调节流体输送量的目的。精密的加工精度保证了每次泵出量进而实现被输送介质的精密计量。

（二）计量泵的分类

因其动力驱动和流体输送方式的不同，计量泵可以大致划分成柱塞式和隔膜式两大种类。

1. 柱塞式计量泵

主要有普通有阀泵和无阀泵两种。柱塞式计量泵因其结构简单和耐高温高压等优点。针对高黏度介质在高压力工况下普通有阀柱塞泵的不足，一种无阀旋转柱塞式计量泵受到愈来愈多的重视，被广泛应用于糖浆、巧克力和石油添加剂等高黏度介质的计量添加。因被计量介质和泵内润滑剂之间无法实现完全隔离这一结构性缺点，柱塞式计量泵在高防污染要求流体计量应用中受到诸多限制。

2. 隔膜式计量泵

隔膜式计量泵利用特殊设计加工的柔性隔膜取代活塞，在驱动机构作用下实现往复运动，完成吸入、排出过程。由于隔膜的隔离作用，在结构上真正实现了被计量流体与驱动润滑机构之间的隔离。高科技的结构设计和新型材料的选用已经大大提高了隔膜的使用寿命，加上复合材料优异的耐腐蚀特性，隔膜式计量泵目前已经成为流体计量应用中的主力泵型。在隔膜式计量泵家族成员里，液力驱动式隔膜泵由于采用了液压油均匀地驱动隔膜，克服了机械直接驱动方式下泵隔膜受力过分集中的缺点，提升了隔膜寿命和工作压力上限。为了克服单隔膜式计量泵可能出现的因隔膜破损而造成的工作故障，有的计量泵配备了隔膜破损传感器，实现隔膜破裂时自动连锁保护；具有双隔膜结构泵头的计量进一步提高了其安全性，适合对安全保护特别敏感的应用场合。作为隔膜式计量泵的一种，电磁驱动式计量泵以电磁铁产生脉动驱动力，省却了电机和变速机构，使得系统小巧紧凑，是小量程低压计量泵的重要分支。

现在，精密计量泵技术已经非常成熟，其流体计量输送能力最大可达 0～100 000L/h，工作压力最高达 4000bar（1bar＝0.1MPa），工作范围覆盖了工业生产所有领域的要求。

（三）计量泵的作用和特点

柱塞泵是将直流电动机带动柱塞往复运动将液体吸入，加压后排出，由于其柱塞裸露，且柱塞在液体中工作，在液体研磨作用下柱塞磨损非常快，一旦配备口径较大的喷嘴，其柱塞往复频率提高，加剧柱塞的磨损，机器寿命短。更换柱塞价格非常昂贵，如果电压不正常也将直接导致工作直流电的不正常。另外，由于大幅度来回往复运动，柱塞泵的工作脉动很大，使得流量不稳定，但柱塞泵初始吸料较快是其长处。

隔膜式计量泵，其设计是在柱塞泵基础上得到了更大的改进，原理为用电动机带动活塞往复工作（注意：活塞并不直接接触液体），再推动隔膜运动，将液体吸收加压后推出，由于其活塞在防磨损的油中工作，工作环境大大优化，寿命大大提高，经过渗透硬化处理的活塞更是不易损坏，加上高分子材料制成的高抗绞隔膜更使隔膜泵寿命进一步提高。运行可靠是隔膜泵的又一长处，故障率极低，对电压要求低，对环境要求低，维修容易，维修费用仅为柱塞泵的五分之一左右。

（四）J型计量泵结构组成

J系列往复式容积控制泵结构如图 1-2 所示，它由传动箱和液缸头两部分组成，传动箱部件由曲柄连杆机构和行程调节机构组成，传动箱减速机构采用蜗轮、蜗杆减速，行

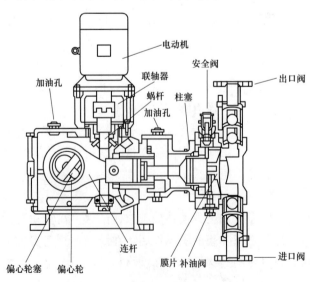

图 1-2　J系列往复式容积控制泵

程调节机构采用准确性高的 N 轴结构，利用 N 轴直接改变旋转偏心，来达到改变行程的目的，液缸部件由吸入阀、排气阀、柱塞和填料密封组成，隔膜式泵头还有隔膜和限制板，并在缸体上装有安全补油阀。

（五）计量泵的维护注意事项和故障处理

计量泵的故障处理见表 1-19。

表 1-19　　　　　　　　　　　　　　　计量泵的故障处理

序号	故障现象	故障原因	处理方法
1	电动机不能启动	（1）电源无电。 （2）电源一相或二相断电	（1）检查电源供电情况。 （2）检查熔丝及接触器接点是否良好
2	不排液或排液量不足	（1）吸入管堵塞或吸入管路阀门未打开。 （2）吸入管路漏气。 （3）吸入管太长，急转弯多。 （4）吸入阀或排出阀阀面损坏，或落入外来杂物，使阀面密封不严。 （5）隔膜腔内残存空气。 （6）补油阀组或隔膜腔等处漏气、漏油。 （7）安全阀、补油阀动作不正常。 （8）补油系统的油有杂质，阀垫密封不严。 （9）柱塞填料处泄漏严重。 （10）电动机转速不足或不稳定。 （11）吸入液面太低	（1）检查吸入管过滤器，打开阀门。 （2）将漏气部位封严。 （3）加粗吸入管，减少急转弯。 （4）检查阀的密封性，必要时更换阀、阀座。 （5）重新灌油排出气体。 （6）找出泄漏部位并封严。 （7）重新调节。 （8）换干净的油。 （9）调节填料压盖或更换新填料。 （10）稳定电动机转速。 （11）调整吸入液面高度
3	泵的压力达不到性能参数	（1）吸入、排出阀损坏。 （2）柱塞填料处漏损严重。 （3）隔膜处或排出管接头密封不严	（1）更换新阀。 （2）调节填料压盖或更换新填料。 （3）找出漏气部位并封严
4	计量精度降低	（1）与序号 2 中（4）～（11）条相同。 （2）柱塞零点偏移	（1）与序号 2 中（4）～（11）条相同。 （2）重新调整柱塞零点
5	零件过热	（1）传动机构油箱的油量过多或不足，油有杂质。 （2）各运动副润滑情况不好。 （3）填料压得过紧	（1）更换新油使油量适宜。 （2）检查并清洗各油孔。 （3）调整填料压盖
6	泵内有冲击响声	（1）各运动副磨损严重。 （2）阀升程太高	（1）调节或更换零件。 （2）调节升程高度，避免泵的滞后

二、离心泵

离心泵是利用叶轮旋转而使流体产生离心力来工作的。离心泵在启动前，必须使泵壳和吸水管内充满液体，然后启动电机，使泵轴带动叶轮和流体做高速旋转运动，液体在离心力的作用下，被甩向叶轮外缘，经蜗形泵壳的流道流入水泵的出水管路。水泵叶轮中心处，由于流体在离心力的作用下被甩出后形成真空，液体在大气压力的作用下被压进泵壳内，叶轮通过不停地转动，使得液体在叶轮的作用下不断流入与流出，达到了输送水的目的。

（一）离心泵的种类

（1）按叶轮数目分类。

1）单级泵：即在泵轴上只有一个叶轮。

2）多级泵：即在泵轴上有两个或两个以上的叶轮，这时泵的总扬程为 n 个叶轮产生的扬程之和。

（2）按工作压力分类。

1）低压泵：压力低于 100m 水柱（相当于 1MPa）。

2）中压泵：压力在 100～650m 水柱（100m 水柱压力相当于 1MPa）之间。

3）高压泵：压力高于 650m 水柱（100m 水柱压力相当于 1MPa）。

（3）按叶轮吸入方式分类。

1）单侧进水式泵：又叫单吸泵，即叶轮上只有一个进水口。

2）双侧进水式泵：又叫双吸泵，即叶轮两侧都有一个进水口。它的流量比单吸式泵大一倍，可以近似看作是两个单吸泵叶轮背靠背地放在了一起。

（4）按泵壳结合方式分类。

1）水平中开式泵：即在通过轴心线的水平面上有结合缝。

2）垂直结合面泵：即结合面与轴心线相垂直。

（5）按泵轴位置分类。

1）卧式泵：泵轴位于水平位置。

2）立式泵：泵轴位于垂直位置。

（6）按叶轮出水方式分类。

1）蜗壳泵：水从叶轮出来后，直接进入具有螺旋线形状的泵壳。

2）导叶泵：水从叶轮出来后，进入它外面设置的导叶，之后进入下一级或流入出口管。

（7）按安装高度分类。

1）自灌式离心泵：泵轴低于吸水池池面，启动时不需要灌水，可自动启动。

2）吸入式离心泵（非自灌式离心泵）：泵轴高于吸水池池面。启动前，需要先用水灌满泵壳和吸水管道，然后驱动电动机，使叶轮高速旋转运动，水受到离心力作用被甩出叶轮，叶轮中心形成负压，吸水池中的水在大气压作用下进入叶轮，又受到高速旋转的叶轮作用，被甩出叶轮进入出水管道。

（8）根据用途也可进行分类：如油泵、水泵、凝结水泵、排灰泵、循环水泵等。

（二）离心泵常见的故障原因及处理方法

离心泵常见故障的原因及处理方法见表 1-20。

表 1-20　　　　　　　　　　离心泵常见故障的原因及处理方法

序号	故障现象	故障原因	处理方法
1	泵液体压力表剧烈振动	（1）吸入管内有空气（漏汽）。 （2）供液不足。 （3）泵内有空气。 （4）反转	（1）消除漏汽。 （2）提高液位。 （3）排除空气。 （4）改变转向

序号	故障现象	故障原因	处理方法
2	泵出口压力表有指示，但出力不足，或无力	(1) 泵反转。 (2) 叶轮堵塞。 (3) 转速低。 (4) 密封环与叶轮间隙大	(1) 倒电动机转向。 (2) 清除堵塞。 (3) 增加转速。 (4) 更换密封环
3	水泵振动	(1) 叶轮不平衡。 (2) 轴承间隙大。 (3) 电动机与泵轴不同心。 (4) 地脚螺栓松动。 (5) 泵产生气蚀	(1) 叶轮找平衡。 (2) 更换轴承。 (3) 找正。 (4) 拧紧地脚螺栓。 (5) 排汽以冷却泵体
4	轴承发热，噪声大	(1) 电动机与泵轴不同心。 (2) 轴承磨损。 (3) 轴承缺油。 (4) 轴承外圈跑圈	(1) 找正。 (2) 更换磨损件。 (3) 加油。 (4) 更换轴承，处理磨损的轴承座孔
5	密封泄漏	(1) 轴封压兰松动。 (2) 盘根已磨损。 (3) 摩擦副严重磨损。 (4) 动静环接触不均匀	(1) 拧紧压兰螺栓。 (2) 更换盘根。 (3) 更换磨损零件，并调整弹簧压力以减少磨损。 (4) 重新调整位置

三、罗茨风机

（一）罗茨风机的作用和特点

罗茨风机是回转容积式鼓风机的一种，其主要特点是当鼓风机的出口阻力在一定范围变化时，对输送风量的影响不大，输气具有强制性。如当工艺系统的阻力增加时，在工作转速不变的情况下，只能引起电机负荷的增加，而输送的风量不会有显著的减小。这类鼓风机结构简单，运行稳定，效率高，转子不需润滑，所输送的气体纯净、干燥，但检修工艺较为复杂，转动部件和机壳内壁加工精度要求较高，各部件安装的时间调整比较困难，运行中噪声较大。

罗茨风机是一种容积式风机，它输送的风量与转数成一定的比例。罗茨风机各支叶轮始终由同步齿轮保持正确的相位，不会出现互相碰撞的现象，所以可以高速化，不需要内部润滑，而且结构简单，运转平稳，性能稳定，已经被广泛应用于多个领域。具体来说，主要有以下几方面的特点：

（1）罗茨鼓风机的机壳是由进排气口遮壁线组成，形成螺旋式结构，与叶轮顶部的直线所构成的三角形进排气口随着叶轮的旋转而循序开闭，运行时噪声很低，并且没有排气脉动的现象。

（2）罗茨鼓风机的叶轮为三叶直线型，叶轮之间只要确保侧面间隙就可以，与同样尺寸的传统二叶型罗茨鼓风机相比，效率更高。

（3）罗茨风机的齿轮采用特殊钢，经过适当的淬火处理，严格按照高精度齿轮研削制造，因而可以将来自齿轮对产品的不良干扰完全排除。

(4) 罗茨鼓风机广泛应用于轻工、化工、纺织、冶金、电力、矿井、化肥、石油、煤气站、港口、水产养殖、污水处理、重油、喷燃和气力输送等国民经济部门，在火电厂水处理中常用作废水中的搅拌、离子交换树脂的空气擦洗、过滤设备滤料的松动、污水处理"爆气"工艺的气源等。

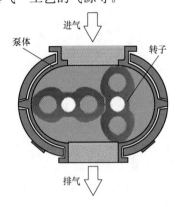

图 1-3　两叶罗茨风机工作原理示意

（二）罗茨风机的工作原理

罗茨风机的工作原理如图 1-3、图 1-4 所示，它是通过主从动轴上的齿轮传动，是两个"8"字形渐开线叶轮等速反向旋转而完成吸气、压缩和排气过程的，即气体由入口侧吸入，随着旋转时所形成的工作室容积的减小，气体受到压缩，最后从出口侧排出。

罗茨风机是一种双转子压缩机械，两转子的轴线互相平行，由原动机通过一对同步齿轮驱动，作方向相反的等速旋转。罗茨风机为容积式风机，输送的风量与转数成比例，三叶型叶轮每转动一次由 2 个叶轮进行 3 次吸、排气。在同步齿轮的带动下风从风机进风口沿壳体内壁输送到排出的一侧。

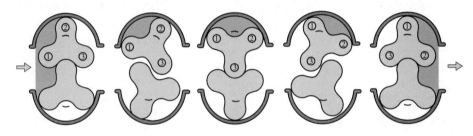

图 1-4　三叶罗茨风机工作原理示意

（三）罗茨风机常见的故障及处理方法

罗茨风机常见故障及处理方法见表 1-21。

表 1-21　　　　　　　　　　　罗茨风机常见故障及处理方法

序号	故障现象	故障原因	处理方法
1	风量不足	(1) 间隙增大。 (2) 系统漏汽。 (3) 进口堵塞。 (4) 皮带打滑，转速不够	(1) 调整间隙或更换转子。 (2) 修复漏点。 (3) 清洗进口消声器过滤网。 (4) 调整皮带的张力
2	过热	(1) 压力增大。 (2) 叶轮与汽缸有磨损。 (3) 润滑油量不合适。 (4) 润滑油脏、油温过高。 (5) 齿轮副啮合不良或侧隙过小。 (6) 系统阻力过大或进气温度过高	(1) 检查进汽压力及负载的情况 (2) 调整间隙。 (3) 控制油标的油位。 (4) 更换润滑油或检查冷却系统。 (5) 调整齿轮副啮合。 (6) 降低系统阻力和进气温度
3	异响	(1) 齿轮损坏。 (2) 轴承损伤。 (3) 升压波动大	(1) 更换齿轮。 (2) 更换轴承。 (3) 检查管路及负载

序号	故障现象	故障原因	处理方法
4	振动大	(1) 地脚螺栓或其他紧固件松动。 (2) 轴承磨损。 (3) 叶轮平衡精度过低。 (4) 机组承受进出口管道拉力	(1) 紧固各部件。 (2) 更换轴承。 (3) 校正平衡。 (4) 消除管道拉力
5	叶轮与前后墙板有摩擦	(1) 叶轮前后间隙调整不当。 (2) 轴承轴向游隙过大。 (3) 叶轮端面有异物或结块	(1) 调整间隙。 (2) 更换轴承。 (3) 消除异物
6	两叶轮有摩擦碰撞现象	(1) 叶轮间隙不均匀。 (2) 齿轮磨损。 (3) 主从动轴弯曲变形。 (4) 轴承磨损。 (5) 机壳内混入异物或输送介质结块。 (6) 齿圈与齿轮毂配合松动。 (7) 叶轮键松动。 (8) 齿轮毂键松动。 (9) 齿轮毂孔与轴配合不良	(1) 调整间隙。 (2) 更换齿轮副。 (3) 更换新轴。 (4) 更换新轴承。 (5) 消除异物。 (6) 检查定位销及螺母是否松动。 (7) 更换叶轮键。 (8) 检查配合面、轴端圆螺母和止动垫圈的锁紧情况
7	叶轮外径与机壳内壁有摩擦现象	(1) 叶轮与机壳间隙不均匀，超过允许值。 (2) 轴承磨损，径向间隙过大。 (3) 主、从轴弯曲变形	(1) 检查间隙并调整，检查墙板与机壳结合的定位销是否松动，并进行修复。 (2) 更换轴承。 (3) 调直或更换新轴
8	系统负荷超载	(1) 管网堵塞。 (2) 空气滤清器中滤料含尘量过大	(1) 检查是否有堵塞现象，予以排除。 (2) 清洗或更换滤料
9	噪声超过标准规定	(1) 消声器失效。 (2) 由于振动原因，使吸声材料下坠，造成消声效果降低	(1) 更换或修理消声器。 (2) 拆除消声器，加入适当的吸声材料

 # 思考题

1. 火电厂常见化学反应类型有哪些？
2. 化学试剂的分类有哪些？
3. 火电厂常用化学药品有哪些？
4. 火电厂常用设计术语有哪些？
5. 火电厂常用管道分类有哪些？
6. 常见阀门的性能特点是什么？

7. 计量泵的结构组成及工作原理是什么？

8. 隔膜式计量泵的特点是什么？

9. 离心泵解体检修应检查、测量的项目有哪些？

10. 离心泵怎样区分低、中、高压泵？

11. 罗茨风机常见故障有哪些？

第二章

锅炉补给水处理

第一节 水 质 概 述

水在火力发电厂的生产工艺中既是热力系统的工作介质，也是某些热力设备的冷却介质。

当火力发电厂运行时，几乎所有的热力设备中都有水蒸气在流动，所以水质的优劣是影响发电厂安全、经济运行的重要因素。

水在热力设备系统中的相变过程是与机组的工作过程相对应的，如给水进入锅炉加热后变成蒸汽，流经过热器进一步加热后变成过热蒸汽，再冲转汽轮机后带动发电机发电，做功后蒸汽进入凝汽器被冷却成凝结水，经过低压加热器、除氧器、给水泵、高压加热器又回到锅炉中，完成一个完整的循环。在此循环过程中，水质决定着与之密切接触的锅炉炉管工作状况（如结垢、积盐、腐蚀等）与服役寿命，因此锅炉补给水处理与水工况调节是事关机组经济、安全运行的大事。

一、天然水的水质概况

（一）天然水中的杂质

天然水中杂质的种类很多，但在一般情况下，它们都是由一些常见元素组成的酸、碱、盐之类的化合物，只有少量是呈单质或复杂化合物的形态。我们通常按这些杂质的分散态进行分类，分散体系是以杂质颗粒大小为基础建立的，按照杂质的颗粒粒径由大到小将水中杂质分为悬浮物、胶体和溶解物质。

（二）天然水的特点

天然水是分布在自然界的水体，根据分布区域不同，通常分为地面水、地下水和海水。由于它们接触环境的差异，其水质各具有明显的特点。

1. 地面水

指静止或流动在陆地表面上的水，它包括范围很广，诸如江河、湖泊、水库等，海水虽然属于地面水，但其水质特殊。

（1）江河水。江河水易受自然条件影响，是水源中最为活跃的部分。这种水的化学组分具有多样性与易变性。因为这种水在时间与空间上都有很大的差异。通常河水中悬浮物和胶体杂质含量较多，浊度高于地下水。

江河水的含盐量及硬度较低，含盐量一般在 $50\sim500\mathrm{mg/L}$，硬度一般在 $50\sim400\mathrm{mg/L}$（以 CaO 计）。江河水最大的缺点是易受工业废水、生活污水及其他各种人为污染，因而水的色、臭、味变化大，有毒或有害物质大量进入水体。水温不稳定，夏季常不能满足工业用水要求。

（2）湖泊及水库水。湖泊及水库水主要由河水补给，水质与河水类似。但由于湖水流动性小，储存时间长，经过长期自然沉淀，浊度较低，只有在风浪时浊度上升。水的流动性小，透明度高，又给水中生物特别是藻类的繁殖创造了良好的条件，因而，湖水一般含藻类较多，使水产生色、臭、味。因为湖水进出水交替缓慢，停留时间比河水长，当含有较多的氮与磷时，就会使湖水富营养化。一般认为，只要总磷与无机氮的含量分别超过 $20\mu g/L$ 和 $300\mu g/L$ 时，就认为水体已处于富营养化状态。由于湖水不断得到补给，又不断蒸发，故含盐量往往比河水高。按含盐量分，分为淡水湖、微咸水湖和咸水湖，前两种基本上可作为工业用水源，而后一种则完全不行。

2. 地下水

水在地层渗透过程中，悬浮物和胶体已基本或大部分去除，水质清澈，且水源不易受到外界污染，因而水质较稳定。由于地下水流经岩层时，溶解了各种可溶性物质，因而水中含盐量通常高于地表水（海水除外）。至于含盐量的多少及盐类的成分，则取决于地下水流经地层的矿物质成分、地下水埋深和与岩石接触时间等。我国水文地质条件比较复杂，各地区地下水含量相差很大，但大部分含盐量在 $200\sim500mg/L$ 之间。一般情况下，多雨地区如东南沿海地区及西南地区，由于地下水受大量雨水补给，可溶性盐大部分早已溶失，故含盐量少；干旱地区如西北、内蒙古等地，地下水含盐量较高，并且地下水在地层中不能通畅流动，溶解氧量很少，例如在土壤中含有较多有机物时，氧气将消耗于生物进行厌氧分解，产生 CO_2、H_2S 等气体，此气体溶于水中，使水具有还原性。还原性的水可以溶解一些金属如铁、锰等，故地下水含铁、锰比地表水高。

对同一口井或同一井群来说，水质一般终年很稳定，很少受季节或外界条件的影响，但井群之间或井群与井群之间，水质往往差别很大。对于河床附近的浅井水，其水质情况常因季节或外界条件的影响而有较大的差别。

总之，由于我国幅员辽阔，地质与气候条件复杂，使水质相差悬殊。所以，在确定锅炉用水水源时，摸清水源水质及受外界影响的情况是相当重要的。

二、水质指标

在各种工业生产过程中，由于水的用途不同，对水质的要求也不同。所谓水质是指水和其中杂质共同表现的综合特性，用水质指标评价水质的好坏。水质指标的表达方式是根据用水要求和杂质的特性而定的。

工业锅炉用水的水质指标有两种：一种是表示水中杂质离子的组成，如氯离子、钙离子、溶解氧等；另一种指标不代表某种纯物质，而是表示某些化合物之和或表征某种性能。由于水的用途不同，采用的指标也各有不同。根据工业锅炉用水的水质标准，现将几种主要水质指标叙述如下：

1. 悬浮物

悬浮物是表征水中颗粒较大一类杂质的指标。通常是采用某些过滤材料分离水中不溶性物质（其中包括不溶于水的泥土、有机物、微生物等）的方法来测定悬浮物，单位为 mg/L。此法需要将水样过滤，滤出的悬浮物需经烘干和称量手续，操作繁琐，不易用作现场的监督指标。在水质分析中，常用较易测定的"浊度"作为衡量悬浮物的指标。浊度是反应水中悬浮物含量的一个水质替代指标。

2. 含盐量

含盐量是表示水中溶解盐类的总和，可以根据水质全分析的结果，通过计算求出。含盐量有两种表示方法：一是摩尔表示法，即将水中各种阳离子（或阴离子）均按带一个电荷的离子为基本单位，计算其含量（mmol/L），然后将它们全部相加；二是重量表示法，即将水中各种阴、阳离子的含量换算成 mg/L，然后全部相加。

3. 溶解固形物

溶解固形物是水经过滤之后，那些仍溶于水中的各种无机盐类、有机物等，在水浴上蒸干，并在 $105\sim110\text{℃}$ 下干燥至恒重所得到的蒸发残渣称为溶解固形物，单位：mg/L。在不严格的情况下，当水比较洁净时，水中的有机物含量比较少，有时也用溶解固形物来近似地表示水中的含盐量。

4. 电导率

衡量水中含盐量最简便和迅速的方法是测定水的电导率。电导率是表示水中导电能力大小的指标，是电阻的倒数，可用电导仪测定。电导率反映了水中含盐量的多少，是水纯净程度的一个重要指标。水的电导率的大小除了与水中离子含量有关外，还和离子的种类有关。电导率的单位为 S/m 或 μS/cm。

5. 硬度

硬度是指水中某些易于形成沉淀的金属离子，它们都是二价或二价以上的离子（如 Ca^{2+}、Mg^{2+}、Fe^{3+}、Mn^{2+} 等）。在天然水中，形成硬度的物质主要是钙、镁离子，所以通常认为硬度就是指这两种离子的量。钙盐部分包括重碳酸钙、碳酸钙、硫酸钙、氯化钙；镁盐部分包括重碳酸镁、碳酸镁、硫酸镁、氯化镁。钙盐部分称为钙硬度，镁盐部分称为镁硬度，总硬度（H）等于二者之和。

硬度可按水中存在阴离子种类分为碳酸盐硬度和非碳酸盐硬度。

（1）碳酸盐硬度（H_T）是指水中钙、镁的重碳酸盐与碳酸盐的含量。天然水中碳酸根非常少，所以碳酸盐硬度看作是钙、镁的重碳酸盐硬度，此类盐的硬度在水沸腾时就从溶液中析出而产生沉淀，也叫暂时硬度。

（2）非碳酸盐硬度（H_F）是指水中钙、镁的硫酸盐、氯化物等的含量。由于这种硬度在水沸腾时不能析出沉淀，也称永久硬度。

当水中 HCO_3^- 含量小于水中钙镁总量时，水的硬度有碳酸盐硬度和非碳酸盐硬度；当水中 HCO_3^- 含量大于水中钙镁总量时，水的硬度有碳酸盐硬度和负硬度（碱性水）。

6. 碱度

碱度是表示溶液中可以用酸中和的物质的量，如溶液中 OH^-、CO_3^{2-}、HCO_3^- 及其他弱酸盐类。天然水中的碱度主要是碳酸氢盐。

水中的阴离子是 OH^-、CO_3^{2-} 和 HCO_3^-，碱度可分别用氢氧根碱度、碳酸根碱度、重碳酸根碱度来表示。当水中同时存在有重碳酸根和氢氧根的时候，就发生如式（2-1）的化学反应：

$$HCO_3^- + OH^- \rightarrow CO_3^{2-} + H_2O \tag{2-1}$$

故一般说水中不能同时含有重碳酸根碱度和氢氧根碱度。

根据这种假设，水中的碱度可能有五种不同的形式：只有 OH^- 碱度；只有 CO_3^{2-} 碱度；只有 HCO_3^- 碱度；同时有 $OH^- + CO_3^{2-}$ 碱度；同时有 $CO_3^{2-} + HCO_3^-$ 碱度。

水中的碱度用中和滴定法进行测定，这时所用的标准溶液是 HCl 或 H_2SO_4 溶液，酸与各种碱度的反应分别是：

$$OH^- + H^+ \longrightarrow H_2O \tag{2-2}$$

$$CO_3^{2-} + H^+ \longrightarrow HCO_3^- \tag{2-3}$$

$$HCO_3^- + H^+ \longrightarrow H_2O + CO_2 \tag{2-4}$$

如果水中 pH 较高，用酸滴定时，上述三个反应式（2-2）～式（2-4）将依次进行。当用甲基橙作指标剂，因终点的 pH 值为 4.3，所以上述三个反应都可以进行到底，即表示水的全碱度，也叫甲基橙碱度；如用酚酞作指示剂，终点的 pH 值为 8.3，所以只进行式（2-2）、式（2-3）反应，即表示水的酚酞碱度，这时反应式（2-4）并不进行。因此，测定水中碱度时，所用的指示剂不同，碱度值也不同。

7. 酸度

酸度是表示水中能与强碱（如 NaOH、KOH 等）发生中和作用的物质的量，可能形成酸度的物质有：强酸、强酸弱碱盐和弱酸，如 HCl、$FeCl_3$、H_2CO_3 等。水中这些物质对强碱的全部中和能力称为总酸度。

总酸度并不等于水中氢离子的浓度，水中氢离子的浓度常用 pH 值表示，是指呈离子状态的 H^+ 数量；总酸度则表示中和滴定过程中可以与强碱进行反应的全部 H^+ 数量，其中包括原已电离的和将要电离的两个部分。天然水中，酸度的组成主要是弱酸，也就是碳酸 H_2CO_3，一般没有强酸酸度。

水中酸度的测定是用强碱标准溶液（如 $c_{NaOH} = 0.1mol/L$）滴定。用不同的指示剂，所得到的结果不同，如：用甲基橙指示剂，只能中和强酸酸度和强酸弱碱形成盐类的酸度。用酚酞作指示剂，能全部中和以上三类酸度，所以也叫全酸度或总酸度。

由于天然水的酸度成分主要是 CO_2 和 H_2CO_3，所以只能选用酚酞作指示剂，方可测定出酸度。

8. 有机物

天然水中的有机物一般是指腐殖物质、水生物生命活动产物以及生活污水和工业废水的污染物等，其种类大约有 6000 多种。有机物的共同点是当进行生物氧化分解时，需要消耗水中的溶解氧，而在缺氧的条件下就会发生腐败发酵，恶化水质，破坏水体。水中有机物成分极其复杂，定性与定量都很困难。人们一般都是测定一些替代参数，代替有机物含量，原因就是如此。现将一些替代参数介绍如下：

（1）化学耗氧量（COD）。

利用耗氧量来表示有机物多少的原理是基于有机物具有可氧化的共性。化学耗氧量（COD）是指在一定条件下，采用一定的强氧化剂处理水样时，测定其反应过程中消耗的氧化剂剂量，其单位用毫克/升表示，再将消耗的氧化剂量转化成 O_2。它是表示水中还原性物质多少的一个指标，也可以作为衡量水中有机物质含量多少的指标。化学耗氧量越大，说明水体受有机物的污染越严重。耗氧量的大小与测定方法有很大关系，因为不同的测定方法对有机物氧化的程度不一样，所以对耗氧量的测定方法必须有严格的规定，常用的有高锰酸钾氧化法与重铬酸钾氧化法。高锰酸钾法氧化率较低，但比较简单，在测定水样中有机物含量的相对比较值时，可以采用。重铬酸钾法氧化率高，再现性好，适用于测定水样中有机物总量，它测得的值比用 $KMnO_4$ 的值大 $2\sim3$ 倍。

（2）生化耗氧量（BOD）。

生化耗氧量是指在有氧的条件下，由于微生物的作用，水中能分解的有机物质，完全氧化分解时所消耗的量称为生化耗氧量。它是以水样在一定温度（如 $20℃$）下，在密闭容器中，保存一定时间后需氧所减少的量（mg/L）来表示的。目前规定在 $20℃$ 下，培养五天作为测定生化需氧量的标准。这时测得的生化需氧量就称为五日生化耗氧量，用 BOD_5 表示。生化耗氧量间接地表示出水中有机物的含量及其水体的污染程度。

（3）总需氧量（TOD）。

因为水中的有机物如碳水化合物、蛋白质、脂肪等的主要元素都是碳、氢、氧、氮、硫，所以当有机物全部被氧化时，碳被氧化成 CO_2，氢、氧、硫分别被氧化成 H_2O、NO 和 SO_2，这时的需氧量称为总需氧量。

（4）总有机碳（TOC）。

总有机碳是指水中有机物的总含碳量，即将水样中的有机碳在 $900℃$ 高温和加催化剂的条件下汽化、燃烧，这时水样中的有机碳和无机碳全部氧化成 CO_2，然后利用红外线气体分析法分别测定总的 CO_2 量和无机碳产生的 CO_2 量，两者之差即为总的有机碳量。

第二节　混凝、澄清

一、混凝澄清的机理与过程

混凝澄清是对水处理中用于除去悬浮物质和胶体的分离技术，一般用于预处理和一级处理。混凝就是在水中预先投加化学药剂（混凝剂）来破坏胶体的稳定性，使水中的胶体和细小悬浮物聚集成具有可分离性的絮凝体；澄清则是对絮凝体进行沉降分离，加以去除的过程。

1. 机理

（1）胶体的稳定性和 ζ 电位。

胶体在水溶液中能持久地保持其悬浮的分散状态的特性叫做稳定性。水中的胶体物质的自然沉降速度十分缓慢，不易沉降的原因是由于同类胶体带有相同的电荷（天然水和废水中胶体带负电），彼此之间存在着电性斥力，使之不能聚合，保持其原有颗粒的分散状态。另外，胶体颗粒保持其稳定性的另一个原因，是表面有一层水分子紧紧地包围着，称为水化层，它阻碍了胶体颗粒间的接触，使得胶体颗粒在热运动时不能彼此黏合，从而使其保持颗粒状态而悬浮不沉，使胶体失去稳定性的过程称为脱稳。胶体所带的电荷，其值可以用 ζ 电位表示，即吸附层和扩散层外面正负离子分布均匀处两点的电位差。若 ζ 电位大，则胶体就稳定；若 ζ 电位等于零，胶体不带电荷，这时胶体极不稳定，易于彼此聚合成大块而沉降。

（2）胶体的脱稳、凝聚和絮凝。

用人工方法使胶体颗粒失去稳定性称之为脱稳。在布郎运动的作用下，相互凝聚成细小絮凝物的反应过程称为凝聚。

细小絮凝物在范德华引力的作用下或在絮凝剂的吸附架桥作用下，相互黏合成较大絮状物的过程称为絮凝。

所谓混凝过程，就是在水中投加混凝剂后，经过混合、凝聚、絮凝等综合作用，最后使胶体颗粒和其他微小颗粒聚合成较大的絮状物。凝聚和絮凝的全过程称为混凝。

1）胶体的脱稳、凝聚。

向水中投加电解质，可起到压缩双电层使胶体脱稳的作用。其主要机理是铝盐或铁盐混凝剂加入水中后，水中胶体颗粒的双电层被压缩或电性中和而失去稳定性，将混凝剂与原水快速均匀混合并产生一系列化学反应而脱稳的所需时间很短，一般在 1min 左右。一些阳离子型的高分子聚合物也能对水中胶体起到脱稳、凝聚作用，这类高分子聚合物在水中呈长链结构，带有正电荷，它们对水中胶体的脱稳、凝聚是由于范德华力吸附和静电引力共同作用的。

2）絮凝和絮凝物（矾花）的形成。

水中胶体经脱稳凝聚形成的初始絮凝物的粒径一般在 1μm 以上，这时布郎运动已不能推动它们碰撞而形成更大的颗粒。为了使初始絮凝物互相碰撞而黏合成大颗粒的絮凝体，需要另外向水中输入能量，产生速度梯度。有时需向水中加入有机高分子絮凝剂，利用絮凝剂长链分子的吸附架桥作用提高碰撞产生黏合的几率。絮凝效率通常随絮凝物浓度和絮凝时间的增加而提高。

2. 过程

按照混凝理论，一个完整的混凝澄清过程包括胶体脱稳凝聚成絮体、絮体长大和絮体沉降三个过程。在此过程中，电中和、絮体相互吸附和泥渣的吸附过滤作用是三种主要的作用形式。从工艺过程来看，混凝澄清处理是由混凝和澄清两个连续的水处理过程组成的。在混凝阶段，水中的胶体杂质脱稳、凝聚，形成絮体。在澄清阶段，絮体不断生长，并发生沉淀分离。

3. 常用的混凝药剂简介

常用的混凝剂主要分为铝盐和铁盐两类，铝盐中以硫酸铝和聚合铝为主，铁盐中以三氯化铁和聚合硫酸铁居多。与铝盐相比，铁盐生成的絮凝物密度大，沉降速度快，pH 适应范围宽；铁盐混凝效果受温度的影响比铝盐小。投加铁盐时要注意，设备运行不正常时，带出的铁离子会导致出水带色，并可能污染后续除盐设备。其他常用混凝剂名称及性质见表 2-1。

表 2-1　　　　　　　　　　　　　　常用混凝剂名称及性质

名称	分子式	一　般　性　质
硫酸铝	$Al_2(SO_4)_3 \cdot 18H_2O$	含无水硫酸铝 $52\%\sim57\%$； 适用于水温 $20\sim40℃$，pH 值为 $6\sim8$ 的原水； 投加量较大时，处理后水中强酸阴离子含量明显增加； 不适用于低温、低浊度的原水

名称	分子式	一 般 性 质
碱式氯化铝（PAC）	$Al_n(OH)_mCl_{3n-m}$ （通式）	是无机高分子化合物； 适用原水浊度范围较宽，可用于低温、低浊水的处理； pH 适用范围为 5～9； 净化效率高，投药量少，出水水质好； 使用时操作方便，腐蚀性小，劳动条件好； 有固体产品和液体产品之分
硫酸亚铁	$FeSO_4 \cdot 7H_2O$	适用于碱度高、浊度高、pH 值为 8.1～9.6 的原水，或与石灰处理配合使用； 原水 pH 值较低时，常采用加氯氧化方法，使二价铁变成三价铁； 原水色度较深或有机物含量较高时，不宜采用； 对加药设备的腐蚀性较强
三氯化铁	$FeCl_3 \cdot 6H_2O$	适用于高浊度、pH 值为 6.0～8.4 的原水； 易溶解、易混合、残渣少，但对金属腐蚀性大，对混凝土也有腐蚀性，因发热容易使塑料容器和设备变形； 形成矾花大而致密，沉降速度快，适用于低温水； 不宜用于低浊度原水
聚合硫酸铁（PFS）	$[Fe_2(OH)_n(SO_4)_{3-n/2}]m$ （通式）	是无机高分子化合物； 适用于有机物含量较高的原水或有机废水的处理，pH 适用范围为 4.5～10； 净化效率高，形成的矾花大而致密，沉降速度快； 缺点是投加量较大时处理后水的 pH 值低于 6，如过滤效果不好则水中铁含量有所升高

当单独采用混凝剂不能取得良好的效果时，需要投加一些辅助药剂来提高混凝处理效果，这种辅助药剂称为助凝剂。助凝剂分无机类和有机类。在无机类的助凝剂中，有的用来调整混凝过程中的 pH 值，有的用来增加絮凝物的密度和牢固性，典型的无机助凝剂有氧化钙、水玻璃、膨润土。有机类的助凝剂大都是水溶性的聚合物，分子呈链状或树枝状，其主要作用有：①离子性作用，即利用离子性基团进行电性中和起絮凝作用；②利用高分子聚合物的链状结构，借助吸附架桥起凝聚作用。典型的有机助凝剂有聚甲基丙烯酸钠、聚丙烯酰胺（PAM）。

4. 混凝澄清处理的主要影响因素

因为混凝处理的目的是除去水中的悬浮物，同时使水中胶体、硅化合物及有机物的含量有所降低，所以通常以出水的浊度来评价混凝处理的效果。因为混凝澄清处理包括了药剂与水的混合，混凝剂的水解、羟基桥联、吸附、电性中和、架桥、凝聚及絮凝物的沉降分离等一系列过程，因此混凝处理的效果受到许多因素的影响，其中影响较大的有水温、水的 pH 值和碱度、混凝剂剂量、接触介质、水的浊度等。

（1）水温。

水温对混凝处理效果有明显影响。因高价金属盐类的混凝剂，其水解反应是吸热反应，水温低时，混凝剂水解比较困难，不利于胶体的脱稳，所形成的絮凝物结构疏松，含水量多，颗粒细小；水温低时，水的黏度大，水流剪切力大，絮凝物不易长大，沉降速度慢。

在电厂水处理中，为了提高混凝处理效果，冬季常常采用生水加热器提高来水温度，也可增加投药量来改善混凝处理效果。采用铝盐混凝剂时，水温在 $20\sim30℃$ 比较适宜，相比之下，铁盐混凝剂受温度影响较小，正对低温水处理效果较好。

（2）水的 pH 值和碱度。

混凝剂的水解过程是一个不断放出 H^+ 离子的过程，会改变水的 pH 值和碱度。反过来，原水的 pH 值和碱度直接影响到混凝剂不同形态的水解中间产物，影响絮凝反应的效果。各种混凝剂都有一定的 pH 适应范围。

尽管水的 pH 值和碱度对混凝效果影响较大，但在天然水体的混凝处理中，却很少有投加碱性或酸性药剂调节 pH 值。这主要是因为大多数天然水体都接近于中性，投加酸、碱性物质会给后续处理增加负担。

（3）接触介质。

在进行混凝处理或混凝＋石灰沉淀处理时，如果在水中保持一定数量的泥渣层，可明显提高混凝处理的效果。在这里泥渣起接触介质的作用，即在其表面上起着吸附、催化以及泥渣颗粒作为结晶核心等作用。

（4）水的浊度。

原水浊度小于 50NTU 时，浊度越低越难处理。当原水浊度小于 20NTU 时，为了保证混凝效果，需要适当加入黏土以增加浊度或加入絮凝剂助凝。原水浊度过高（如大于 3000NTU），则因为需要频繁排渣而影响澄清池的出力和稳定性。我国所用地表水大多属于中低浊度水，少数高浊度原水经预沉淀后亦属于中等浊度水。

（5）泥渣特性。

在混凝澄清处理中，泥渣特性是影响混凝澄清效果的最主要因素之一。无论是哪一类型的澄清设备，良好的泥渣特性是澄清器稳定运行的基础。所有影响泥渣特性的因素都会影响澄清器的运行效果。泥渣特性主要包括泥渣活性、泥渣浓度和泥渣层高度三个方面。

（6）排泥。

澄清池在运行过程中，会产生悬浮泥渣层。悬浮泥渣层具有吸附水中小矾花的作用，其高度的变化对澄清池的出水浊度影响较大，若悬浮泥渣层太高，会因清水区变短将矾花带入出水区，增加产水的浊度；反之则起不到吸附水中小矾花的作用，出水水质也要变差。当运行条件固定后，泥渣层高度主要通过排泥来控制。

（7）混凝剂的特性和剂量。

混凝剂剂量是影响混凝效果的重要因素。当加药量不足，尚未起到使胶体脱稳、凝聚的作用，出水浊度较高；当加药量过大，会生成大量难溶的氢氧化物絮状沉淀，通过吸附、网捕等作用，会使出水浊度大大降低，但经济性不好。对于不同的原水水质，需通过烧杯试验确定最佳混凝剂剂量。

在实际工业设备投运时，还需根据出水水质对最优加药量进行调整，同时确定其他最优混凝条件，如污泥沉降比、水力负荷变化速率、最优设备出力等。

二、常用混凝澄清设备

1. 混合设备

混合设备的作用是让药剂迅速、均匀地扩散到水流中，使之形成带电粒子并与原水中的胶体颗粒及其他悬浮颗粒充分接触，形成许多微小的絮凝物（又称小矾花）。为了增加颗粒间的碰撞，通常要求水处于湍流状态，并在2min以内形成絮凝物。为使水流产生湍流可利用水力或机械设备来完成。

混合设备种类很多，有管道式混合、水泵式混合、涡流式混合（或称水力混合）与机械混合等。

（1）管道式混合。

管道式混合是将配制好的药液直接加到混凝沉降设备或絮凝池的管道中。因为它不需要设置另外的混合设备，布置比较简单，所以应用较多。为使药剂能与水迅速混合，加药管应伸入水管中，伸入距离一般为水管直径的1/3～1/4处。另外，为了混合均匀，通常规定管道式混合投药点至水管末端出口的距离不小于50倍的水管直径，而且管道内的水速宜维持在1.5～2.0m/s，加药后水在沿途水头损失不应小于0.3～0.4m，否则应在管道上装设节流孔板。

（2）水泵式混合。

水泵式混合是一种机械混合，它是将药剂加至水泵吸水管中或吸水喇叭口处，利用水泵叶轮高速旋转产生的局部涡流，使水和药剂快速混合，它不仅混合效果好，而且不需另外的机械设备，也是目前经常采用的一种混合方式。

管道式混合与水泵式混合都常用于靠近沉降澄清设备的场合，如果距离太长，容易在管道内形成絮凝物，导致在管道内沉积而堵塞管路。

（3）涡流式混合。

涡流式混合主要原理是将药剂加至水流的漩涡区，利用激烈旋转的水流达到药剂与水的均匀快速混合。近些年来，人们研究了各种型式的"静态混合器"，并得到广泛的应用。这种混合装置呈管状，接在待处理水的管路上。管内按设计要求装设若干个固定混合单元，每一个单元由2～3块挡板按一定角度交叉组合而成，形式多种多样，图2-1给出了单元的示意结构的一种。当水流通过这些混合单元时被多次分割和转向，达到快速混合的目的。它有结构简单、安装方便等优点。

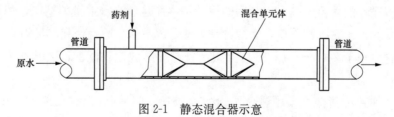

图2-1 静态混合器示意

（4）机械混合。

机械混合是利用电动机驱动螺旋器或浆板进行强烈混合，通常在10～30s以内完成。

一般认为螺旋器的效果比浆板好，因为浆板容易使整个水流随浆板一起转动，混合效果较差。

2. 泥渣循环型澄清池

（1）机械搅拌澄清池。

机械搅拌澄清池是一种泥渣循环型澄清池，池体由第一反应室、第二反应室和分离室三部分组成，见图 2-2。这种澄清池的工作特点是利用机械搅拌叶轮的提升作用来完成泥渣的回流和接触絮凝。原水由进水管进入环形三角配水槽内混合均匀，然后由槽底配水孔流入第一反应室，在此与分离室回流泥渣混合，混合后的水再经叶轮提升至第二反应室继续反应以形成较大的絮粒。第二反应室设有导流板，以消除因叶轮提升作用所造成的水流旋转，使水流平稳地经导流室流入分离室沉降分离。分离区的上部为清水区，清水向上流入集水槽和出水管。

分离室的下部为悬浮泥渣层，少部分排入泥渣浓缩器，浓缩至一定浓度后排出池外。混凝剂一般加在进水管中，絮凝剂加在第一反应室。

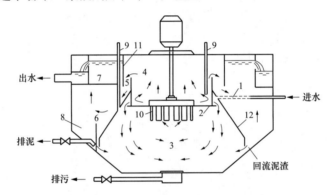

图 2-2　机械搅拌澄清池示意

1—进水管；2—环形进水槽；3—第一反应室；4—第二反应室；5—导流室；6—分离室；
7—集水槽；8—泥渣浓缩室；9—加药管；10—搅拌叶轮；11—导流板；12—伞形板

机械搅拌澄清池搅拌设备具有两部分功能，其一，通过装在提升叶轮下部的浆板完成原水与池内回流泥渣水的混合絮凝；其二，通过提升叶轮将絮凝后的水提升到第二絮凝室，再流至澄清区进行分离，清水被收集，泥渣水回流至第一絮凝室。

（2）水力循环澄清池。

水力循环澄清池也是一种泥渣循环型澄清池，其基本原理和结构与机械搅拌澄清池相似，只是泥渣循环的动力不是采用专用的搅拌机，而是靠进水本身的动能，所以它的池内没有转动部件。由于它结构简单，运行管理方便、成本低，适宜处理水量为 $50\sim400m^3/h$，进水悬浮物含量小于 $2000mg/L$，高度上很适宜与无阀滤池相配套，因此在火电厂水处理中应用较多。

水力循环加速澄清池主要由进水混合室（喷嘴、喉管）、第一反应室、第二反应室、分离室、排泥系统、出水系统等部分组成，见图 2-3。原水由池底进入，经喷嘴高速喷入喉管内，此时在喉管下部喇叭口处造成一个负压区，高速水流将数倍于进水量的泥渣吸入混合室。水、混凝剂和回流的泥渣在混合室和喉管内快速、充分混合与反应。混合后的水的流程与机械加速澄清池相似，即由第一反应室→第二反应室→分离室→集水系统。从分离室沉下来的泥渣大部分回流再循环，少部分泥渣进入泥渣浓缩室浓缩后排出池外。

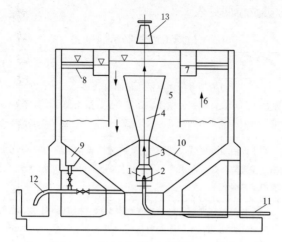

图 2-3　水力循环加速澄清池示意图

1—进水混合室；2—喷嘴；3—喉管；4—第一反应室；5—第二反应室；6—分离室；
7—环形集水槽；8—穿孔集水管；9—污泥斗；10—伞形罩；11—进水管；12—排泥管

　　喷嘴是水力循环澄清池的关键部件，它关系到泥渣回流量的大小。泥渣回流量除与原水浊度、泥渣浓度有关外，还与进水压力、喷嘴内水的流速、喉管的管径等因素有关。运行中可调节喷嘴与喉管下部喇叭口的间距来调整回流量。调节的方法为：①利用池顶的升降机构使喉管和第一反应室一起上升或下降；②在检修期间更换喷嘴。

第三节　过滤、吸附

一、过滤

1. 水的过滤处理

（1）过滤的基本概念。

　　所谓的过滤主要是杂质脱离流线，在滤料颗粒表面被截流（大颗粒）、被吸附（小颗粒或带电粒子）的过程。用于过滤的多孔材料称为滤料或过滤介质。石英砂是最常用的粒状过滤材料，过滤设备中堆积的滤料层称为滤层或滤床。装填粒状滤料的钢筋混凝土构筑物称为滤池。装填粒状滤料的钢制设备称为过滤器，运行时相对压力大于零的过滤器称之为机械过滤器。悬浮杂质在滤床表面截留的过滤称为表面过滤；在滤床内部截留的过滤称为深层过滤或滤床过滤。水通过滤床的空塔流速简称滤速。

　　（2）过滤的类型。

　　过滤池（器）按水流方向分，有下向流、上向流、双向流等；按构成滤池（器）中填充滤料的种类分，有单层滤料、双层滤料和三层滤料滤池；按阀门分，有单阀滤池、双阀滤池、无阀滤池等。过滤设备通常位于澄清池或沉淀池之后，过滤浊度一般在 15mg/L 以下，滤出浊度一般在 2mg/L 以下。当原水浊度低于 150mg/L 时，也可以采用原水直接过滤或接触混凝过滤。有的地下水，虽然浊度较低（一般在 5mg/L 以下），但为了除去铁和锰等金属化合物，常用接触混凝或者锰砂过滤。

常见的过滤工艺分类及说明见表 2-2。

表 2-2   过滤工艺分类及说明

分类方法	工艺类型	简 要 说 明
按进水水质分类	直接过滤	原水不经过混凝澄清而直接通过滤池（器）。这种过滤形式只能除去水中较粗的悬浮杂质，对于胶体状态的杂质去除能力低。适用于原水常年浊度低，对胶体杂质的去除要求不高的情况
	混凝澄清过滤	原水经混凝处理后，絮凝物主要在澄清设备中除去，滤池（器）进水中只含微量絮凝物。在澄清良好时，滤池（器）进水是近乎恒定的低浊度水。过滤速度一般为 5~20m/h。适用于各种水源
	凝聚过滤（接触凝聚）	原水经过滤料层前，向水中投加混凝剂（有时同时投加絮凝剂），使水中胶体脱稳凝聚形成初始矾花。水进入滤料层前的凝聚反应时间一般为 5~15min。这种过滤形式的特点是省去了专门的混凝澄清设备，混凝剂投加量少。适用于常年原水浊度小于 50mg/L，有机物含量中等以下的水源和地下水除铁、锰、胶体硅
按水流方向分类	下向流过滤	运行时进水自上而下通过滤料层，清洗时冲洗水向上通过滤料层。因为反冲洗时的水力筛分作用，这种形式的滤池（器）的滤料层是由小到大自上而下排列的。这是一种最常见的工艺类型，其优点是设备结构简单，运行管理方便。缺点是单层滤料时过滤周期较短，滤料层的截污能力不能得到充分利用
	上向流过滤	运行时进水自下而上经过滤层，清洗时冲洗水和空气也是自下而上。这种滤料层粒度分布是由小到大自上而下排列的，运行时进水先通过较粗的滤料，因而阻力小，运行周期长，滤料层的截污能力高。缺点是运行流速必须严格控制在滤料层膨胀流速以下，并要求滤速稳定，因而对运行管理要求严格
	双向流过滤（对流）	这种滤池（器）同时采用向下和向上流的过滤方式，过滤水从滤层中部引出，因而相当于两个并列的滤池（器），出水量相当于单向流滤池（器）的 2 倍。反洗时冲洗水和空气自下而上。要求反洗后的滤料层粒度分布均匀，避免细滤料集中于滤层上部致使上下部配水不均
按滤层结构分类	单层非均质过滤	见本表中"下向流过滤"
	单层均质过滤	在整个滤层深度内滤料粒径分布是均匀的。这种过滤工艺在反冲洗时增加了滤料混合过程（常用压缩空气）和不使滤层膨胀的漂洗过程，从而使反冲洗后的滤料层粒度分布均匀。所谓变空隙或变粒度过滤就属于这种类型。运行时杂质可渗入滤层深部，水流阻力小，过滤周期较长
	多层过滤	采用不同材质的滤料组成双层或三层滤料层（极少用三层以上），密度较小的滤料在上层，密度较大的滤料在下层。双层滤料一般采用无烟煤和石英砂，三层滤料一般采用无烟煤、石英砂和磁铁矿砂。反冲洗时因为滤料密度不同而自动分层。这种过滤方式具有截污能力大、过滤周期长、出水水质好，允许采用较高的滤速等优点

（3）滤料的种类。

可以作为滤料的材料很多，但是它们必须满足的要求是：有足够的机械强度，以减轻在运行和冲洗过程中因摩擦而磨损、破碎的程度；具有足够的化学稳定性，在过滤过程中极少发生溶解现象；外形接近于球状，表面粗糙而有棱角；价格便宜。

满足上述要求可用作滤料的有天然砂、人工破碎的石英砂、无烟煤、磁铁矿砂、石榴石、大理石、白云石、花岗石等，其中石英砂、无烟煤和磁铁矿砂较为常用。

2. 影响过滤器截污容量的因素

（1）滤层的粒度分布。

粒度包含粒径的大小和粒径的均匀性两个方面。小粒径的滤料形成的空隙小，过滤精度高，但是滤层水头损失太大。

大粒径滤料组成的滤层水头损失不大，但过滤精度低，出水水质不好。

如果滤料颗粒的大小不均匀，则会出现的两种情况是：一是反洗强度无法控制，反洗强度大，小滤料会流失；反洗强度小，大滤料又不能松动，反洗效果差。二是滤层压差增长很快，因为过细的滤料在反洗后集中在滤层上部，无法利用滤层深处的截污容量，运行周期将会很短。对于砂滤池，滤料的不均匀系数不大于2；对于无烟煤滤料，不均匀系数应不大于3。

（2）滤层厚度。

滤层厚度要大于有效截污厚度。有效截污厚度是指滤层中能够发挥截污作用的部分，其占滤层厚度的比例与滤料的粒径大小有关。粒径越大，需要的滤层厚度越大；反之要求的滤层厚度越小。

（3）反洗效果。

如果每次反洗之后滤层能够得到有效的清洁，那么截污容量就大，反之就小。

（4）进水水质。

进水中携带的悬浮物性质对截污容量有影响。例如：砂粒和澄清池出水中残留的絮体在滤层中的表现就完全不同：砂粒没有黏附能力，截留在滤层中不会形成透水性差的污泥层，而且容易反洗排出；絮体则正好与砂粒相反，容易结块。

（5）运行流速。

运行流速越高，滤层压差增长越快，截污容量越小。

3. 过滤器反洗

滤池的反洗是一个非常重要的过程。如果反洗不当，则可能导致滤池的部分面积永久堵塞，有效过滤面积减小，局部滤速过快，过滤效果变差，同时会使滤池的水头损失增长加快、过滤周期缩短。滤池的运行实际上是过滤→反洗→过滤→反洗的周而复始的过程。

（1）反洗机理。

利用由下向上的水流冲洗滤层，使滤料层发生松动、膨胀，将滤层中截留的污物冲出滤层，从而恢复滤层的清洁状态和截污容量。反洗是水力剪力与滤料间的摩擦两种机理共同作用的结果。

反洗理论认为，滤料间的摩擦强度与滤料颗粒之间的间隙大小有关，亦即与滤层的膨胀率有关。从这个角度讲，并不是反洗水流速越大越好，而是控制最佳的反洗膨胀率，使滤料之间产生的摩擦最为强烈时的反洗效果最好。空气擦洗正是在较低的膨胀率条件下，利用气泡加强滤层的扰动和摩擦来改善反洗效果。

（2）反洗方法。

1）水冲洗：冲洗水从滤池底部通过滤层使滤层流化，凭借水力冲刷作用和滤料的相互摩擦使吸附在滤料上的杂质脱落，随冲洗水带出。这种冲洗方式必须要有一定的冲洗流速，至少使部分滤料流化。最佳反洗流速与滤料的比重、粒径等有关，其大小应该既能保证床层有合理的膨胀率，又不至于使流速太大冲出滤料。一般情况，使滤层的膨胀率至少达到15%，最佳膨胀率为30%～45%。

2）空气擦洗：在用水反洗前，先将压缩空气由滤池底部通入滤层，借助气体的搅动使滤料颗粒之间发生强烈的摩擦，加速污物与滤料的脱离，强化反洗效果。空气擦洗一般用于澄清池出水过滤或直接凝聚等场合，因为在这种情况下污物与滤料黏附紧密，单用水洗效果差。

3）气水合洗：在水反洗滤池时，同时将压缩空气从滤池底部进入，借助空气的搅动将滤料层冲成流化状态，此时床层松动，阻力较小，有利于气体均匀流动，反洗效果好。

4）表面冲洗：这是一种利用高速水流对表层滤料进行强烈搅拌来提高冲洗效果的冲洗方式，在自来水系统的砂滤池中比较常见，主要是为了击碎滤层表面的"泥饼"。

（3）反洗频率。

1）滤池的冲洗频率与过滤速度、滤层厚度、滤料粒径、进水品质、要求的出水品质等因素有关。

2）当滤池的水头损失达到预定的极限值时，即进行冲洗。

3）当滤池的运行时间达到一定值时，即进行冲洗。这种定时冲洗方法一般适用于进水品质较稳定，滤池、滤速稳定或定水头降速过滤的场合。

4）当滤池的出水量达到一定值时，即进行冲洗。这种定量冲洗方法一般只适用进水品质较稳定的场合。

5）按照最优设计的滤池，运行时的水头损失和出水浊度应该几乎同时达到极限值，但一般设计大多是水头损失先达到，因此以水头损失决定冲洗频率的较多。

（4）反洗注意的问题。

对于多层滤料的反洗，要注意反洗强度的控制。例如：使用无烟煤、石英砂双层滤料过滤器时，无烟煤可允许的反洗强度小，要满足石英砂滤层完全膨胀的要求，无烟煤就有可能冲走；要保证无烟煤不被冲走，石英砂滤层就有可能因膨胀率过低而反洗不彻底。要解决这类问题，在选择滤料时，一定要注意两种滤料粒径的匹配。

4. 常用的过滤设备

（1）重力式无阀滤池。

1）基本结构及工作原理。

重力式无阀滤池示意图见图2-4。重力式无阀滤池的工作原理：水由进水管送入滤池，经过滤层自上而下的过滤，滤后的清水即从连通管注入清水箱内贮存。水箱充满后，水从出水槽溢流入清水池。滤池运行中，滤层不断截留悬浮物，造成滤层阻力的逐渐增加，促使虹吸上升管内的水位不断升高。当水位达到虹吸辅助管管口时，水自该管中落下，通过抽气管，借以带走虹吸下降管中的空气，当真空达到一定值时，便发生虹吸作用，这时，水箱中的水自下而上的通过滤层，对滤料进行反冲洗。对滤料反冲洗时滤池仍在进水。反冲洗开始后，进水和冲洗水同时经虹吸上升管、下降管排至排水井排出。当冲洗水箱水面下降到虹吸破坏管管口时，空气进入虹吸管，破坏虹吸作用，滤池反洗结束，滤池进入下一周期的工作。无阀滤池每次反洗仅 10min 左右。

无阀滤池主要优点是节省大型阀门，造价较低；冲洗可完全自动，也可进行强制冲洗，因而操作管理较为方便，但池体土建结构较为复杂，滤料处于封闭结构中，装卸较为困难。

2）主要工艺参数。

滤料：一般采用石英砂或天然河砂为滤料，粒径为 0.5～1.2mm，滤层厚度不小于 700mm。

过滤速度：设计时一般采用 10m/h。

过滤周期：由水位自动控制，最大允许水头损失 1.5～2.0m 水柱。当进水浊度小于 10NTU 时，过滤周期大于 10h。

反冲洗强度：12～15L/(s·m²)。

反冲洗历时：4～5min。

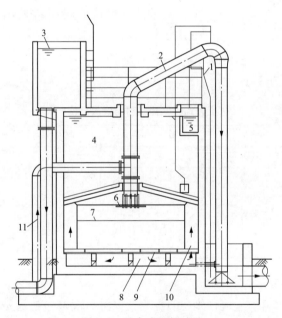

图 2-4　重力式无阀滤池

1—辅助虹吸管；2—虹吸上升管；3—进水槽；4—清水箱；5—出水堰；
6—挡板；7—滤池；8—集水区；9—滤板；10—连通渠；11—进水管

（2）压力式过滤器。

1）基本结构及工作原理。

压力式过滤器（亦称机械过滤器）外壳为一个密闭的钢罐，在一定压力下进行工作。双层滤料压力式过滤器结构示意图见图 2-5。压力过滤器的滤料层可以是单层、双层或三层的，它的适用范围广，主要用于除去用沉淀方法不能除去的悬浮固形物、胶体物和未沉淀下来的沉积物，以避免其后处理步骤中所用的活性炭或离子交换树脂受污染。

运行时，进水自进水管进入过滤器后经进水挡板均匀配水，自上而下通过过滤层。清

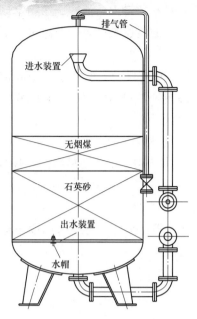

图 2-5　双层滤料压力式过滤器

水经过水帽进入下部配水空间，然后由出水管引出。当过滤阻力达到极限值时，停止运行进行冲洗。冲洗方式可根据需要采用水冲洗或辅助空气擦洗。冲洗时先将过滤器内水放到滤层边缘，然后从底部送入压缩空气冲洗滤层，再用气、水同时冲洗，最后单用水冲洗。待滤料洗净后停止冲洗进行正洗，待正洗水质合格后进入下一周期运行。

2）主要工艺参数。

滤料：滤料与滤层规格见表 2-3。

过滤速度：单层滤料为 8～10m/h，双层滤料为 10～14m/h，三层滤料为 18～20m/h，用于接触凝聚过滤时过滤速度应适当降低。

过滤周期：一般以水头损失控制，单双层滤料控制在 5～6m 水柱，三层滤料控制在 10m 水柱以内。

反冲洗强度：单层滤料采用 12～15L/(s・m²)，双层滤料采用 15～18L/(s・m²)，三层滤料采用 18～20L/(s・m²)，以滤层膨胀率达到 40%～50% 为宜。

反冲洗历时：5～7min。

表 2-3　　　　　　　　　　　　压力式过滤器滤料与滤层规格

滤层	滤料	粒径（mm）	厚度（mm）	不均匀系数（K80）
单层	石英砂	0.5～1.0	700	<2
双层	无烟煤	1.2～1.6	300	<2
	石英砂	0.5～1.0	400	<2
三层	无烟煤	0.8～1.6	450	<1.7
	石英砂	0.5～0.8	230	<1.5
	磁铁矿砂	0.25～0.5	70	<1.7

3）压力式过滤器的运行管理。

滤料装填：装填滤料前，应仔细检查滤料的品种、规格、数量是否符合设计要求。按设计要求的滤料高度和滤料视密度估算装填数量。对多层滤料过滤器，应先装入比重较大的滤料，后装入比重较小的滤料。装填前，设备应充水至水帽上方约 500～800mm 处，以免滤料下落时损坏水帽。装填完毕，观察滤层表面是否平整，如不平整，应打开上人孔盖板，平整后紧固上人孔盖板。

滤料清洗：过滤器在装料后应进行反冲洗。按流速 5～8m/h 水流由下往上冲洗，脏水由上部排污口排出，以除去滤料中脏物的同时，形成合理的分布滤层。至出水澄清即算合格。

过滤：正洗排水，查看排水是否澄清。如已澄清，即可投入正常过滤，每小时观察出水一次，发现水质达不到要求时，立即停止，进行反冲洗或根据进出口压差来决定反洗（一般压差不超过 0.15MPa）。

反洗：关闭进水阀，缓慢地打开反洗进水阀，水从底部进入，当空气阀向外溢水时，应立刻关闭空气阀，打开排水阀，水从上部排出，流量逐渐增加，最后保持一定的反洗强度（三层滤料：$10\sim12L/m^2s$），以出水中不含有正常颗粒的过滤介质为宜，直至反洗出水水质完全无色透明为止，一般需 $5\sim10min$，然后关闭反洗进水阀及上排水阀。

过滤器反冲洗时注意：反洗时不应有跑滤料现象。遇到反洗时出水仍然不清的异常情况，应停止反洗，找出原因，必要时打开下人孔，检查设备内部构件是否损坏，而不应加大反洗强度，以免损坏设备及多孔板上的排水帽。

正洗：正洗时先打开进水阀及下排水阀，水由上往下清洗，正洗流速为 $5m/s$，正洗至出水透明时即关闭排水阀，打开出水阀，投入正常运行。

二、活性炭吸附

采用混凝、澄清、过滤的预处理过程对于水中的悬浮物去除是十分有效的，但只能去除 $40\%\sim50\%$ 的有机物。另外，在锅炉补给水的预处理中，为了减少水中有机物而进行氯化处理，然而余氯会对后续水处理材料（如离子交换树脂、反渗透膜）造成危害，所以必须考虑除去余氯。除去水中余氯和有机物的主要方法是采用活性炭吸附处理。

1. 吸附原理

根据吸附过程中活性炭分子和污染物分子之间作用力的不同，可将吸附分为两大类：物理吸附和化学吸附（又称活性吸附）。在吸附过程中，当活性炭分子和污染物分子之间的作用力是范德华力（或静电引力）时称为物理吸附；当活性炭分子和污染物分子之间的作用力是化学键时称为化学吸附。物理吸附的吸附强度主要与活性炭的物理性质有关，与活性炭的化学性质基本无关。由于范德华力较弱，对污染物分子的结构影响不大，这种力与分子间内聚力一样，故可把物理吸附类比为凝聚现象。物理吸附时污染物的化学性质仍然保持不变。

由于化学键强，对污染物分子的结构影响较大，故可把化学吸附看做化学反应，是污染物与活性炭间化学作用的结果。化学吸附一般包含电子对共享或电子转移，而不是简单的微扰或弱极化作用，是不可逆的化学反应过程。物理吸附和化学吸附的根本区别在于产生吸附键的作用力。

吸附过程是污染物分子被吸附到固体表面的过程，分子的自由能会降低，因此，吸附过程是放热过程，所放出的热称为该污染物在此固体表面上的吸附热。由于物理吸附和化学吸附的作用力不同，它们在吸附热、吸附速率、吸附活化能、吸附温度、选择性、吸附层数和吸附光谱等方面表现出一定的差异。

吸附是一种物质附着在另一种物质表面上的缓慢作用过程。吸附是一种界面现象，其与表面张力、表面能的变化有关。引起吸附的推动能力有两种：一种是溶剂水对疏水物质的排斥力；另一种是固体对溶质的亲和吸引力。水处理中的吸附，多数是这两种力综合作用的结果。活性炭的比表面积和孔隙结构直接影响其吸附能力，在选择活性炭时，应根据水质通过试验确定。吸附质分子的大小与炭孔隙直径愈接近，愈容易被吸附；吸附质浓度对活性炭吸附量也有影响。在一定浓度范围内，吸附量是随吸附质浓度的增大而增加的。另外，水温和 pH 值也有影响。吸附量随水温的升高而减少。

2. 活性炭的性质

（1）物理性质：一般性质活性炭外观为暗黑色，只有良好的吸附性能，化学稳定性

43

好，可耐强酸及强碱，能经受水浸、高温。比重比水轻，是多孔性的疏水性吸附剂。细孔结构和细孔分布活性炭在制造过程中，挥发性有机物去除后，晶格间生成的空隙形成许多形状和大小不同的细孔。这些细孔壁的总表面积（比表面积）一般高达 $500\sim1700\mathrm{m}^2/\mathrm{g}$，这就是活性炭吸附能力强、吸附容量大的主要原因。

（2）化学性质：活性炭在制造过程中有多种表面氧化物生成。这些表面上含有的氧化物和络合物，有些来自原料的衍生物，有些是在活化时、活化后由空气或水蒸气的作用而生成，有时还会生成表面硫化物和氯化物。在活化中原料所含矿物质集中到活性炭里成为灰分，灰分的主要成分是碱金属和碱土金属的盐类，如碳酸盐和磷酸盐等。

（3）活性炭的理化性能：活性炭用作吸附处理时，表征理化性能的技术指标有粒度、视密度、亚甲基蓝脱色力和碘吸附值。

3. 影响活性炭吸附性能的因素

活性炭对水中有机物的吸附量与很多因素有关，并处于亚平衡态，它通常不能百分百地将有机物除尽，去除率在 $20\%\sim80\%$ 之间。

（1）活性炭的性质。由于吸附现象发生在吸附剂表面上，所以吸附剂的比表面积是影响吸附的重要因素之一，比表面积越大，吸附性能越好。

（2）吸附质（溶质或污染物）的性质。同一种活性炭对于不同污染物的吸附能力有很大差别。

1）溶解度。对同一族物质的溶解度随链的加长而降低，而吸附容量随同系物的系列上升或分子量的增大而增加。溶解度越小，越易吸附。

2）分子构造。吸附质分子的大小和化学结构对吸附也有较大的影响。在同系物中，分子大的较分子小的易吸附。不饱和键的有机物较饱和的易吸附。芳香族的有机物较脂肪族的有机物易于吸附。

3）极性。活性炭基本可以看成是一种非极性的吸附剂，对水中非极性物质的吸附能力大于极性物质。

4）吸附质（溶质）。吸附质的浓度在一定范围时，随着浓度增高，吸附容量增大，因此随着吸附质（溶质）的浓度变化，活性炭对该种吸附质（溶质）的吸附容量也变化。

（3）溶液 pH 值。溶液 pH 值对活性炭吸附性能的影响要与活性炭性质和吸附质（溶质）的性质的影响综合考虑。溶液 pH 值控制了酸性或碱性化合物的离解度，当 pH 值达到某个范围时，这些化合物就要离解，影响对这些化合物的吸附。溶液的 pH 值还会影响吸附质（溶质）的溶解度，以及影响胶体物质吸附质（溶质）的带电情况。由于活性炭能吸附水中氢、氧离子，因此影响对其他离子的吸附。

活性炭从水中吸附有机污染物质的效果，一般随溶液 pH 值的增加而降低，pH 值高于9.0时，不易吸附，pH 值越低时效果越好。在实际应用中，通过试验确定最佳 pH 值范围。

（4）溶液温度。因为液相吸附时吸附热较小，所以溶液温度对活性炭吸附性能的影响较小。吸附热越大，温度对吸附的影响越大。另外，温度对物质的溶解度有影响，因此对活性炭的吸附性能也有影响。

（5）多组分吸附质共存。应用吸附法处理水时，通常水中不是单一的污染物质，而是多组分污染物的混合物。在吸附时，它们之间可以共吸附，互相促进或互相干扰。一般情况下，多组分吸附时分别的吸附容量比单组分吸附时低。

（6）吸附操作条件。因为活性炭液相吸附时，外扩散（液膜扩散）速度对吸附有影响，所以吸附装置的类型、接触时间（通水速度）等对吸附效果都有影响。

第四节　超滤（UF）

一、超滤简介

近30年来，超滤技术的发展极为迅速，不但在特殊溶液的分离方面有独到的作用，而且在工业给水方面也用得越来越多。例如在海水淡化、纯水及高纯水的制备中，超滤可作为预处理设备，确保反渗透等后续设备的长期安全稳定运行。在食品饮料、矿泉水生产中，超滤也发挥了重要作用。超滤是一种膜分离技术，其膜为多孔性不对称结构。过滤过程是以膜两侧压差为驱动力，以机械筛分原理为基础的一种溶液分离过程，使用压力通常为0.01～0.03MPa，筛分孔径从0.0051～0.1μm，截留分子量为10 000～500 000道尔顿左右。

1. 超滤分离特性

（1）分离过程不发生相变化，耗能少。

（2）分离过程可以在常温下进行，适合一些热敏性物质如果汁、生物制剂及某些药品等的浓缩或者提纯。

（3）分离过程仅以低压为推动力，设备及工艺流程简单，易于操作、管理及维修。

（4）应用范围广，凡溶质分子量为1000～500 000道尔顿或者溶质尺寸大小为0.005～0.1μm左右，都可以利用超滤分离技术。此外，采用系列化不同截留分子量的膜，能将不同分子量溶质的混合液中各组分实行分子量分级。

2. 超滤技术术语

（1）不对称膜。人工合成聚合中空纤维，由一层均匀致密的、很薄的外皮层及其支撑作用的海绵状内层结构构成。这层均匀致密的外皮层起真正截留污染物的作用。

（2）原水。进入超滤系统的水。

（3）产水。正常工作时透过滤膜的那部分水，基本上无胶体，颗粒和微生物等。

（4）通量。产水透过膜的流率，通常表达为单位时间内单位膜面积的产水量，其单位多用L/(m²·h)。

（5）透膜压差。简称TMP，即产水侧和原水进出口压力平均值差异，即膜两侧平均压力差。

膜两侧平均压力 ＝（进水压力＋浓水压力）/2－产水出口压力

如全流过滤，则：

膜两侧平均压力差 ＝ 进水压力－产水出口压力

（6）反洗。从中空纤维膜丝的产水侧把等于或优于透过液质量的水输向进水侧，与过滤过程的水流方向相反，因为水被从反方向透过中空纤维膜丝，从而松解并冲走了膜外表面在过滤过程中形成的污物。

(7) 正洗。是利用超滤进水泵及其进水从超滤进水侧的正洗阀进入，从浓水排放侧的正洗排放阀排出，进一步冲洗超滤膜表面污堵物，也能起到灌水的作用。

(8) 气洗。让无油压缩空气通过中空纤维膜丝的进水侧表面，通过压缩空气与水的混合振荡作用，松解并冲走膜外表面在过滤过程中形成的污物。

(9) 渗透性。代表在单位透膜压差（TMP）情况下，单位膜面积可以通过流体的量。该值能直接反映出在相同条件下，超滤性能好坏程度。

(10) 标准渗透性。在相同水源和外围条件下，温度的高低直接影响超滤渗透性的大小，为了更能准确反映出超滤膜是否受到污堵，所以剔除温度因素对超滤膜的影响至关重要，因此 UF 定义在 20℃条件下，超滤的渗透性为标准渗透性，其单位为（LMH/Bar）。

(11) 化学加强反洗（CEB）。在中空纤维膜膜丝外侧即原水侧加入具有一定浓度和特殊效果的化学药剂，通过循环流动、浸泡等方式，将膜外表面在过滤过程中形成的污物清洗下来的方式。

(12) 化学清洗（CIP）。设置清洗水箱、清洗泵，用配置好的酸碱清洗液或杀菌剂，化学药剂从进水侧进入超滤，从浓水侧和产水侧回流至清洗水箱循环进行清洗的方式，以有效的去除超滤的污染物。

(13) 回收率。产水占总原水的百分比，回收率＝产水/原水×100％

3. 超滤膜的化学材料及其化学稳定性、亲水性

超滤的制造材质很多，包括：聚偏氟乙烯（PVDF）、聚醚砜（PES）、聚丙烯（PP）、聚乙烯（PE）、聚砜（PS）、聚丙烯腈（PAN）、聚氯乙烯（PVC）等。聚偏氟乙烯和聚醚砜成为目前最广泛使用的超滤膜材料。

当超滤和微滤用于水处理时，其材质的化学稳定性和亲水性是两个最重要的性质。化学稳定性决定了材料在酸碱、氧化剂、微生物等的作用下的寿命，它还直接关系到清洗可以采取的方法；亲水性则决定了膜材料对水中有机污染物的吸附程度，影响膜的通量。

(1) 化学稳定性。

聚偏氟乙烯（PVDF）材质的化学稳定性最为优异，耐受氧化剂（次氯酸钠等）的能力是聚醚砜、聚砜等材料的 10 倍以上（图 2-6）。在水处理中，微生物和有机物污染往往是造成超滤不可逆污堵的主要原因，而氧化剂清洗则是恢复通量最有效的手段，此时聚偏氟

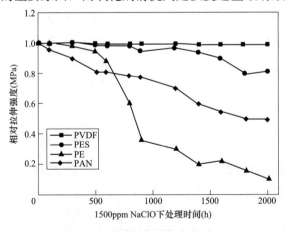

图 2-6　耐受氧化剂能力的对比

乙烯（PVDF）材质体现出了其优越性。

（2）亲水性。

一般认为亲水性好的膜材料就不容易被污堵，污堵后也容易清洗恢复。亲水性往往采用接触角来衡量。

二、超滤膜组件的结构

用中空纤维滤膜组装成的组件结构示意图如图 2-7 所示，由壳体、管板、端盖、导流网、中心管及中空纤维组成，有原液进口、过滤液出口及浓缩液出口与系统连接。其特点一是纤维直接黏结在环氧树脂管板上，不用支撑体，有极高的膜装填密度，体积小而且结构简单，可减小细菌污染的可能性，简化清洗操作；二是检漏修补方便，截留率稳定，使用寿命长。

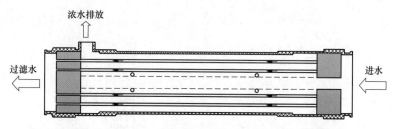

图 2-7　用中空纤维滤膜组装成的组件结构示意图

三、超滤的运行和清洗方式

1. 超滤的运行方式

超滤的运行有全流过滤（死端过滤）和错流过滤两种模式，如图 2-8 所示。全流过滤时，进水全部透过膜表面成为产水；错流过滤时，部分进水透过膜表面成为产水，另一部分则夹带杂质排出成为浓水。全流过滤能耗低、操作压力低，因而运行成本更低；错流过滤则能处理悬浮物含量更高的流体。

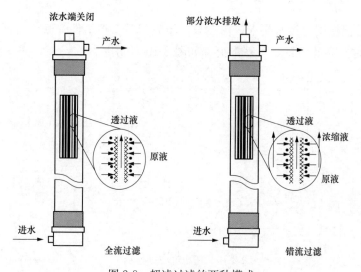

图 2-8　超滤过滤的两种模式

当超滤的过滤通量较低时，超滤膜的过滤负荷低，膜面形成的污染物容易被清除，因而长期通量稳定；当通量较高时，超滤膜发生不可恢复的污堵的倾向增大，清洗后的恢复率下降，不利于保持长期通量的稳定。因此，针对每种具体的水质，超滤都存在一个临界通量，在运行中应保持通量在此临界通量之下。临界通量往往需要通过试验确定。

2. 超滤的清洗方式

超滤的清洗方式包括水的正洗、反洗（见图 2-9），气洗，化学加强反洗（CEB），化学清洗（CIP）等，其中正洗、反洗可以清除膜面的滤饼层，而气洗则利用压缩空气在水中形成强力湍动并有效地清除膜表面的污染层。

化学加强反洗和化学清洗则通过化学药剂来清除胶体、有机物、无机盐等在超滤膜表面和内部形成的污堵。清洗频率提高、清洗强度增大都有利于更彻底地清除各类污染物。

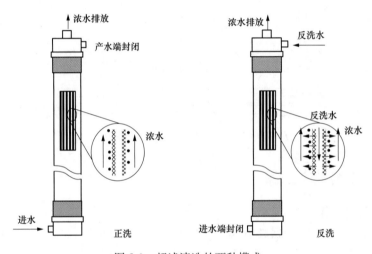

图 2-9　超滤清洗的两种模式

四、超滤装置运行参数要求

超滤装置是根据用户产水要求，由数只乃至数十只 UF 组件并联组合而成。下面是常见的 SFP 膜组件的超滤装置，其基本流程如图 2-10 所示。

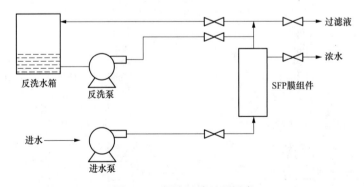

图 2-10　超滤过滤过程示意

1. 膜组件基本使用条件

膜组件基本使用条件见表 2-4。

表 2-4 膜组件基本使用条件

项目名称	参 数
最大进水浊度	300NTU
pH	2~11，清洗时小于 12
使用温度范围	5~40℃
最大进水压力	0.6MPa
最大跨膜压差	0.21MPa
过滤通量	40~120L/($m^2 \cdot h \cdot bar$) 25℃（根据进水条件选定）
进水余氯	≤200mg/L
化学清洗最大余量	≤5000mg/L
过滤方式	全流过滤或错流过滤

2. 膜组件主要运行参数

膜组件主要运行参数见表 2-5。

表 2-5 膜组件主要运行参数

进水类型	浊度（NTU）	TOC（mg/L）	透水速率 [L/($m^2 \cdot h$)]	反洗间隔（min）	气洗频率（次/d）
地下水	<2	<1	90	60	1
地表水	<3	<2	75	60	2
地表水	2~5	<2	75	60	2
地表水	5~15	<5	60	40	3
地表水	15~50	<10	45	20	4
海水	<20		60	30	4
深度处理水	0~5	<40	40	20	6

注 表列组件产水量是通用标准，具体项目组件产水量根据具体水源条件而定。

3. 膜组件反洗参数

膜组件反洗参数见表 2-6。

表 2-6 膜组件反洗参数

项目名称		参 数
反洗时间		0.5~4min
反洗水量（单支组件计）		100~150L/($m^2 \cdot h$)
反洗频率		20~60min
空气擦洗	进气时间	30~180s
	进气压力	≤0.25MPa
	进气量（单支组件计）	5~12m^3/h（标况）
	空气质量	无油压缩空气

注 如原水为地表水，应在反洗水中加入 NaClO，并控制反洗排放水余氯浓度为 3~5mg/L。

五、超滤装置的清洗维护

超滤装置在长期使用运行过程中,膜表面会被它截留的各种有害杂质所覆盖而形成滤饼层,甚至膜孔也会被更为细小的杂质堵塞,使水的透膜压力增大。因此,UF 装置在使用运行过程中每隔 1~3 月或在相同运行条件下压差上升 0.05~0.1MPa 时应对膜组件进行化学清洗,以恢复膜的通量和截留率。

清洗膜的方法可分物理方法和化学方法两大类。物理清洗是利用机械的力量,来剥离膜面污染物。整个清洗过程不发生任何化学反应。化学清洗,是利用某种化学药品与膜面污染物发生化学反应来达到清洗膜的目的。选择化学药品原则:不能与膜及其他组件材质发生任何化学反应;不能因为使用化学药品而引起二次污染。

化学药品的清洗方式有两种:①化学加强反洗:将化学药剂注入反洗水中,以强化清洗效果;②化学清洗:通过专用的清洗系统配制更高浓度的清洗液对膜进行较长时间的清洗。典型化学清洗工艺条件见表 2-7。

表 2-7　　　　　　　　　　典型化学清洗工艺条件

化学加强反洗	清洗频率	最少按 24h 一次,一般按中试报告确定
	化学清洗时间	5~10min
	化学清洗药剂	0.1%HCl;0.1%NaClO(有效氯计)
化学清洗	清洗频率上升	SDI 大于设计值或跨膜压力比初始值大 0.05~0.1MPa,且通过上述方法不能恢复时
	化学清洗时间	60~90min
	化学清洗药剂	1%~2%柠檬酸、0.4%HCl;0.1%NaClO(有效氯计)
	清洗流量	$1m^3/h$(每支组件)
	清洗液温度	30~40℃

(1)超滤膜清洗方案。

清洗方案一:采用酸性溶液对 UF 装置进行清洗。

适用情况:当进水中 Fe 或 Mn 的含量超过设计标准,或者 UF 膜组件的进水中 SS 特别高,而对膜的浓水侧造成的非有机物污染。

一般可选用化学药品:1%~2%柠檬酸水溶液或 0.1mol/L 草酸溶液或 0.1mol/L 盐酸溶液。

清洗方案二:采用用碱性氧化剂溶液对 UF 装置进行清洗。

适用情况:当进水中有机物含量高,可能引起滤膜受到有机物污染,并且当条件有利于生物生存时,一些细菌和藻类也将在 UF 膜组件中产生,由此引起生物污染。

一般可选用化学药品:0.1%NaOH+0.2% NaClO。

(2)化学清洗药剂的质量要求:柠檬酸和 NaClO 为工业级,NaOH 为隔膜碱。

(3)清洗安全注意事项。

1)避免与 NaOH、NaClO 这些药剂直接接触,该类药剂具有程度不同的腐蚀性,而 NaClO 还是一种强氧化剂。

2）清洗时应控制管线的压力，以免压力过高引起化学药品喷溅。

3）UF 装置进行化学清洗前都必须先进行夹气反洗。

4）UF 装置的整个清洗过程约需要 2～4h。

5）如果清洗后 UF 装置停机时间超过 3d，必须按照长时间关闭的要求进行维护。

6）清洗剂在循环进膜组件前必须经过 1～5μm 的滤芯过滤，以除去洗下的污物，清洗结束后必须将滤芯取下。

7）清洗液温度应尽量高一些，一般可控制在 30～40℃。必要时可采用多种清洗剂清洗，但清洗剂和灭菌剂不能对膜和组件材料造成损伤，且每次清洗后，应排尽清洗剂，用纯水将系统洗干净，才可再用另一种清洗剂清洗。

（4）清洗系统设备的配置：清洗水箱、清洗泵、清洗过滤器各一台。

六、超滤的异常处理

超滤的异常处理见表 2-8。

表 2-8　　　　　　　　　　　　　　　超滤的异常处理

现象	可能存在的原因	修 正 措 施
膜侧压力差太高	膜组件被污染	查出污染原因，采取相应的清洗方法；调整冲洗参数
	产水流量过高	根据操作指导中的要求调整流量
	进水水温过低	调整提高进水温度
产水流量小	膜组件被污染	查出污染原因，采取相应的清洗方法；调整冲洗参数
	阀门开度设置不正确	检查并且保证所有应该打开的阀门处于开启状态，并调整阀门开度
	流量仪出问题	检查流量仪，保证正确运行
	供水压力太低	确定并且解决这一问题
	进水水温过低	调整提高进水温度；提高进水压力
产水水质较差	进水水质超出了允许范围	检查进水水质，主要是浊度、化学耗氧量 COD、总铁
	膜组件发生破损	查找破损原因，更换膜组件
在自动状态下系统不能运行	供水泵不启动	排除接线错误可能；将泵置于手动状态重新启动，正常后转换为自动控制
	产水背压高	产水出口阀门未开启；后续系统未及时启动；压力开关设置不正确
	PLC 程序有误	检查程序

第五节　反　渗　透

一、反渗透原理

1. 半透膜

半透膜是广泛存在于自然界动植物体器官上的一种能透过水的膜。严格地说，只能透过溶剂而不能透过溶质的膜称为理想半透膜。工业上使用的半透膜多是高分子合成的聚合物产品。

2. 渗透、渗透压

当把溶剂和溶液（或把不同浓度的两种溶液）分别置于此膜的两侧时，溶剂将自发地穿过半透膜向溶液（或从低浓度溶液向高浓度溶液）侧流动，这种自然现象叫做渗透（Osmosis）（图 2-11），如果上述过程中溶剂是纯水，溶质是盐分，当用理想半透膜将它们分隔开时，纯水侧的水会自发地通过半透膜流入盐水侧。

纯水侧的水流入盐水侧，盐水侧的液位上升，当上升到一定程度后，水通过膜的净流量等于零，此时该过程达到平衡，与该液位高度差对应的压力称为渗透压（Osmotic pressure）。

3. 反渗透

在进水（浓溶液）侧施加操作压力以克服自然渗透压，当高于自然渗透压的操作压力施加于浓溶液侧时，水分子自然渗透的流动方向就会逆转，进水（浓溶液）中的水分子部分通过膜成为稀溶液侧的净化产水，这种现象叫做反渗透（Reverse Osmosis，简称 RO），该过程如图 2-11 所示。

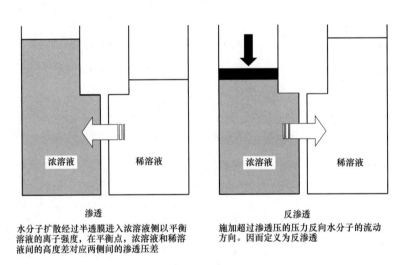

渗透
水分子扩散经过半透膜进入浓溶液侧以平衡溶液的离子强度，在平衡点，浓溶液和稀溶液间的高度差对应两侧间的渗透压差

反渗透
施加超过渗透压的压力反向水分子的流动方向。因而定义为反渗透

图 2-11　渗透与反渗透

二、膜的种类及结构特点

1. 按膜的结构形态分类

（1）均质膜。为同一种材质、厚度均一的膜。

（2）非对称膜。为同一种材质，制作成致密的表皮层和多孔支持层。表皮层是一层很薄的 $0.1 \sim 0.2 \mu m$ 起盐分离作用的薄膜。

（3）复合膜。为不同材质制成的几层膜的复合体，如图 2-12 所示。表层为致密屏障表皮（起阻止并分离盐分的作用），厚约 $0.2 \mu m$，因表皮层过薄，故敷在强度较高的多孔层上，多孔层厚约 $40 \mu m$，最底层为无纺织物支撑层，厚约 $120 \mu m$，起支撑整个膜的作用。

2. 按膜的加工外形分类

有平面膜和中空纤维（图2-13）膜两种。

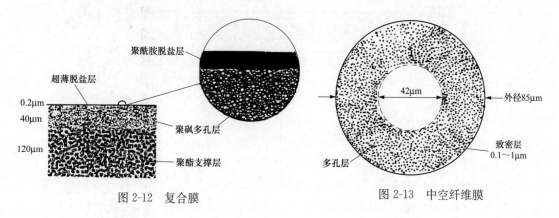

图 2-12　复合膜　　　　　　　　　图 2-13　中空纤维膜

3. 按膜的材质分类

（1）醋酸纤维素膜。一般是用纤维素经酯化生成三醋酸纤维素，再经过二次水解成一、二、三醋酸纤维素的混合物，简称 CA 膜。

（2）芳香聚酰胺膜。以高交联芳香聚酰胺作为膜表皮的致密脱盐层，高交联芳香聚酰胺由苯三酰氯和苯二胺聚合而成，如图 2-14 所示。

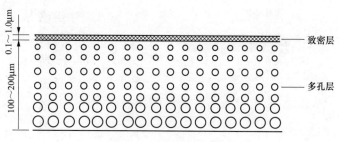

图 2-14　芳香聚酰胺膜

三、反渗透装置

1. 膜元件

工业上使用的膜元件主要有四种基本形式：管式、平板式、中空纤维式和卷式。

（1）管式膜元件。将管状膜衬在耐压微孔管上，并把许多单管以串联或并联方式连接装配成管束，有内压式和外压式两种。

（2）平板式膜元件。由一定数量的承压板，两侧覆盖微孔支撑板，其表面敷以平面膜成为最基本的反渗透单元。

（3）中空纤维膜元件。将中空纤维（膜）丝成束地以 U 形弯的形式把中空纤维开口端铸于管板上，在给水压力作用下，淡水透过每根纤维管壁进入管内，由开口端汇集流出压力容器成为产品水，如图 2-15 所示。

（4）卷式膜元件。

1）卷式膜元件类似一个长信封状的膜口袋，开口的一边黏结在含有开孔的产品水中

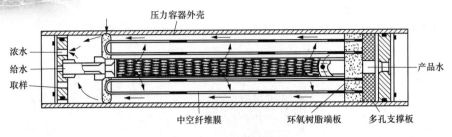

图 2-15　中空纤维膜元件

心管上。将多个膜口袋卷绕到同一个产品水中心管上,使给水水流从膜的外侧流过,在给水压力下,使淡水通过膜进入膜口袋后汇流入产品水中心管内。

2)为了便于产品水在膜袋内流动,在信封状的膜袋内夹有一层产品水导流织物支撑层;为了使给水均匀流过膜袋表面并给水流以扰动,在膜袋和膜袋之间的给水通道上夹有隔网层。

3)卷式反渗透膜元件给水流动与传统的过滤流方向不同:反渗透给水从膜元件端部引入,给水沿着膜表面平行的方向流动,被分离的产品水垂直于膜表面,透过膜进入产品水膜袋。如此形成一个垂直、横向相互交叉的流向,如图 2-16 所示。传统的过滤,水流是从滤层上面进入,产品水从下排出,水中的颗粒物质全部截流于滤层上。

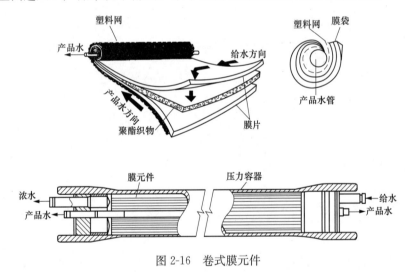

图 2-16　卷式膜元件

2. 压力容器

无论何种膜元件都必须装入压力容器中方可使用。在每个压力容器内,既可以安装一个膜元件,也可以安装几个膜元件。在膜元件与膜元件之间采用内连接件连接,膜元件与压力容器端口采用适配器连接,压力容器端口采用支撑板、密封板支撑密封。

四、反渗透膜的性能

1. 膜分离的方向性和分离特性

实用性反渗透膜均为非对称性膜,有表层与支撑两层结构,它具有明显的方向性和选择性。所谓方向性就是将膜的表层置于高压盐水中进行脱盐,压力升高,膜的透水量、脱盐率也增高；将膜的支撑层置于高压盐水中，压力升高，脱盐率几乎等于零，透水量却大大增加。由于膜具有这种方向性，应用时不能反向使用。

反渗透膜对水中离子和有机物的分离特性不尽相同，归纳起来大致有以下几点：

（1）有机物比无机物容易分离。

（2）电介质比非电介质容易分离。高电荷的电介质更容易分离，其去除率先后顺序一般如下：

$$Al^{3+} > Fe^{3+} > Ca^{2+} > Na^+$$

$$PO_4^{3-} > SO_4^{2-} > Cl^-$$

HCO_3^- 的去除率与 pH 值关系甚大，例如醋酸纤维素（CA）膜在 pH$>$7 时，HCO_3^- 的去除率可达 90%；当 pH$=$6 时去除率降至 50%；再低则呈直线下降，至 pH$=$5.5 时，HCO_3^- 几乎全部透过。对于非电介质，分子越大越容易除去。

（3）无机离子的去除率与离子水合状态中的水合数及水合离子半径有关。水合离子半径越大，越容易被除去，去除率先后顺序如下：

$$Mg^{2+}、Ca^{2+} > Li^+ > Na^+ > K^+$$

$$F^- > Cl^- > Br^- > NO_3^-$$

（4）对极性有机物的分离先后顺序：

醛$>$醇$>$胺$>$酸，叔胺$>$仲胺$>$伯胺，柠檬酸$>$酒石酸$>$苹果酸$>$乳酸$>$醋酸。

（5）对异构体分离先后顺序：

叔（tert－）$>$异（iso－）$>$仲（sec－）$>$原（pri－）

（6）有机物的钠盐分离性能好，而苯酚和苯酚的衍生物则显示了负分离。极性或非极性、离解或非离解的有机溶质的水溶液，当它们进行膜分离时，溶质、溶剂和膜间的相互作用力，决定了膜的选择透过性，这些作用包括静电力、氢键结合力、疏水性和电子转移四种类型。

（7）一般溶质对膜的物理性质或传递性质影响都不大，只有酚或某些低分子量有机化合物会使醋酸纤维素在水溶液中膨胀，这些组分的存在，一般会使膜的水通量下降，有时还会下降的很多。

（8）硝酸盐、高氯酸盐、氰化物、硫代氰酸盐的脱除效果不如氯化物好，铵盐的脱除效果不如钠盐。

（9）相对分子质量大于 150 的大多数组分，不管是电解质还是非电解质，都能很好脱除。

2. 膜的透过性

膜的透过性与膜所存在的溶液渗透压有关，渗透压则与溶液中溶质种类、含量以及温度等有关。当施加的压力超过该溶液的渗透压时，水可透过膜表面经膜里侧流出，透过水量与推动力有关。

在实际应用中，当压力升高时会引起膜压密，这种现象称膜的压密化现象。其原因是由于在压力的作用下，膜表层与其下面的多孔支撑层结合更紧密，相当于膜的表面层变厚。膜压密后，其特有常数随时间而变化，使透过水量逐渐减少，其减少程度称为衰减系数。对工作压力高、透水量大的膜，其透水量减少率也高。在一定压力下，衰减系数为：

$$J_t = J_0 tm$$

式中　J_t——运行 t_h 后膜的制水量（1h 的数值）；

　　　J_0——膜的初始制水量（1h 的数值）；

　　　t——运行时间，h；

　　　m——斜率，即衰减系数。

对于同一膜，运行压力越高，膜的衰减系数绝对值也越大。提高压力会使膜的透水量和除盐率上升，但当压力由高向低下降时，透水量就无法恢复到初始水平，即膜压密后透水量的增减不是可逆的。

膜的透水量与溶液温度有较明显的正比关系。温度每升高 1℃，膜的透水量约增加 3% 左右。因温度升高，溶液的黏度降低，有利于水的透过。一般还认为，膜透水量与温度的相关性与膜的铸膜方法、热处理温度等制膜工艺参数有关。

3. 膜的稳定性

膜的稳定性主要指膜本身的水解稳定性和化学稳定性。膜稳定性越好，使用寿命越长。膜本身的水解一般与 pH 值、温度有关。醋酸纤维素（CA）膜 pH 在 4.5～5.2 时，水解速度最低。对于不同的膜，其情况也不完全一样。温度升高，膜的水解速度也加快，一般运行温度在 25℃ 左右，最高可在 30℃ 左右，不宜在更高温度下长期使用。

氧化剂和还原剂等药剂对膜会造成不可逆的损坏，在使用时应注意保护膜的这种化学稳定性。芳香聚酰胺膜的稳定性较好，但耐氯性能较差。

4. 膜的寿命

影响膜寿命的因素很多，首先膜材料及加工工艺决定了这种膜固有的寿命；其次，运行条件对膜寿命有很大的影响，运行条件控制不当，反渗透组件会在几个月内完全被损坏。pH 值、水温、压力、水中污染物、侵蚀物是影响膜寿命的主要因素。pH 值、水温不合适会加速膜的水解，压力过高则加剧膜的压密化，膜面受侵蚀或被污染也会直接影响膜的寿命。此外，微生物可以通过酶的作用分解膜的成分，防止微生物的侵蚀，对延长膜的寿命是十分重要的。

五、影响反渗透膜性能的因素

产水通量和脱除率是反渗透的关键参数，而膜系统的水通量和脱除率则主要受压力、温度、回收率、进水含盐量和 pH 值影响。下面介绍影响反渗透膜性能的因素。

1. 定义

（1）脱盐率（Salt Rejection）为给水中总溶解固形物（TDS）中未透过膜部分的百分数。

$$脱盐率 = \left(1 - \frac{产品水中总溶解固形物}{给水中总溶解固形物}\right) \times 100\%$$

（2）回收率（Recovery）为产水流量与给水流量之比，以百分数表示。

$$回收率 = \frac{产品水流量}{给水流量} \times 100\%$$

（3）透盐率。是脱盐率的相反值，它是进水中溶解性的杂质成分透过膜的百分率。

（4）流量。是指进入膜元件的进水流率，常以每小时立方米数（m^3/h）表示。浓水流量是指离开膜元件系统的未透过膜的那部分的"进水"流量。这部分浓水含有从原水水源带入的可溶性的组分，常以每小时立方米数（m^3/h）表示。

（5）通量。是单位膜面积上透过液的流率，通常以每小时每平方米升数〔$L/(m^2 \cdot h)$〕表示。

2. 压力的影响

进水压力影响反渗透（RO）的产水通量和脱盐率。当高于渗透压的操作压力施加在浓溶液侧时，水分子自然渗透的流动方向就会被逆转，部分进水（浓溶液）通过膜成为稀溶液侧的净化产水。

如图 2-17 所示，透过膜的水通量增加与进水压力的增加存在直线关系，增加进水压力也增加了脱盐率，但是两者间的变化关系没有线性关系，而且达到一定程度后脱盐率将不再增加。

由于反渗透（RO）对进水中的溶解性盐类不可能绝对完美地截留，总有一定量的透过量，随着压力的增加，因为膜透过水的速率比传递盐分的速率快，这种透盐率的增加迅速地得到克服。但是，通过增加进水压力提高盐分的排除率有上限制，如图 2-17 脱盐率曲线的平坦部分所示那样，超过一定的压力值，脱盐率不再增加，某些盐分还会与水分子耦合一同透过膜。

3. 温度的影响

如图 2-18 所示，膜系统产水电导对进水温度的变化非常敏感，随着水温的增加，水通量几乎线性地增大，这主要归功于透过膜的水分子的黏度下降、扩散能力增加。增加水温会导致脱盐率降低或透盐率增加，这主要是因为盐分透过膜的扩散速率会因温度的提高而加快所致。膜元件能够承受高温的能力增加了其操作范围，这对清洗操作也很重要，因为可以采用更强烈和更快的清洗程序。

图 2-17 进水压力对通量和脱盐率的作用

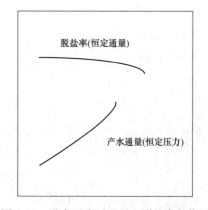

图 2-18 进水温度对通量和脱盐率的作用

4. 盐浓度的影响

渗透压是水中所含盐分或有机物浓度和种类的函数，盐浓度增加，渗透压也增加，因此需要逆转自然渗透流动方向的进水驱动压力大小主要取决于进水中的含盐量。图 2-19

表明，如果压力保持恒定，含盐量越高，通量就越低，渗透压的增加抵消了进水推动力，同时水通量降低，增加了透过膜的盐通量（降低了脱盐率）。

5. 回收率的影响

通过对进水施加压力当浓溶液和稀溶液间的自然渗透流动方向被逆转时，实现反渗透过程。如果回收率增加（进水压力恒定），残留在原水中的含盐量更高，自然渗透压将不断增加直至与施加的压力相同，这将抵消进水压力的推动作用，减慢或停止反渗透过程，使渗透通量降低或甚至停止（图 2-20）。

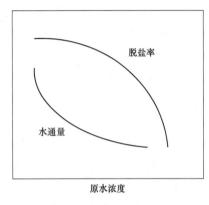

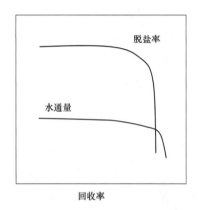

图 2-19　增加盐度对通量和脱盐率的作用　　图 2-20　增加回收率对通量和脱盐率的影响图

反渗透（RO）系统最大可能回收率并不一定取决于渗透压的限制，往往取决于原水中的含盐量和它们在膜面上要发生沉淀的倾向。最常见的微溶盐类是碳酸钙、硫酸钙和硅，应该采用原水化学处理方法阻止盐类因膜的浓缩过程引发的结垢。

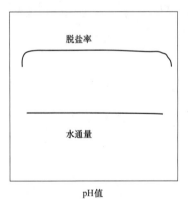

图 2-21　进水 pH 对通量和
脱盐率的影响

6. pH 值的影响

各种反渗透膜元件适用的 pH 值范围相差很大，超薄复合反渗透膜与醋酸纤维素反渗透膜相比，在更宽广的 pH 值范围内更稳定，因而，具有更宽的操作范围。

膜脱盐率特性取决于 pH 值，水通量也会受到影响，图 2-21 表明超薄复合膜在宽广的 pH 范围内水通量和脱盐率相当稳定。

7. 膜表面的浓差极化

进水在原水流道内流动将会在膜表面形成边界层，当原水浓缩到一定程度时将会造成边界层中的盐浓度高于主流体的盐浓度，这种现象称为膜的浓差极化。它造成的后果是：

（1）边界层中流体的渗透压高于主流体的渗透压，减少膜表面的有效推动力，从而减少水的透过率。

（2）膜表面盐浓度的提高，增加了盐的透过率。

（3）增加了盐的过饱和度，导致在膜表面产生凝胶层或析出沉淀甚至结垢，增加透过阻力，污染膜表面。

六、反渗透系统运行与维护

1. 反渗透（RO）装置的运转基准

反渗透（RO）装置的运转应严格遵守两个基准：一个是进水水质标准；另一个是给水流量、压力标准。

（1）进水水质标准（表2-9）。

表 2-9　　　　　　　　　　反渗透（RO）膜进水水质标准

膜品种或型号项目	卷式复合膜
浊度	0.5
污染指数	<4
水温	$<45℃$
pH	$2\sim11$
游离氯（以 Cl 计）	0.1mg/L

（2）反渗透（RO）基准超标后果。

1）若把污染指数（SDI）值超标的水供给反渗透（RO）作为进水，在膜组件的表面将附着污垢。

2）过量的进水流量将使膜组件提前劣化，因此进水流量不能超过设计标准值。此外浓水流量应尽量避免小于设计标准值。否则在浓水流量过小的条件下运转，会使反渗透（RO）装置的压力容器内发生不均匀的流动及由于过分浓缩而使膜组件上析出污垢。

3）反渗透（RO）装置停止时应用低压进水置换反渗透（RO）装置内的水。

4）当反渗透（RO）装置入口和出口的压差超过标准时，说明膜已受污染或者是供水流量在设计值之上，如流量调整尚不能解决压差问题，则应对膜面进行清洗。

5）在夏天进水温度高，产水流量就过多，有时得降低操作压力，这样做可能导致产水水质下降。

2. 反渗透（RO）装置的日常管理

在装置的维护管理方面最重要的是水质管理，经常地做日常水质管理记录，对于及时发现故障和采取措施是十分有利的，与水质管理相同，必须编制流量和压力记录，这些数据记录积累数据，对分析事故原因及采取相应的措施同样是十分必要的。

反渗透膜不良情况的原因和对策见表2-10、表2-11。

表 2-10　　　　　　　　　　反渗透（RO）产水量下降原因与对策

序号	原　　　因	对　　　策
1	膜组件数量少	按设计膜组件数量和型号运行
2	低压力运转	按设计基准压力运行
3	发生膜组件压密	当在大大超过基准压力的条件下，运转就会发生膜组件的压密，必须更换膜组件
4	运转温度降低	按设计温度 25℃ 运行，装置加热系统

序号	原　　因	对　　策
5	在较高回收率条件下运转	当在 75％以上回收率条件下运转时，浓水水量减少，膜组件浓缩倍率上升，结果造成给水水质严重下降，由于这种给水的渗透压上升，导致透过水量减少，严重时，将在膜面上析去盐垢，必须按设计回收率产水
6	金属氧化物和污垢附膜面上	每天进行低压冲洗
7	在运转中反渗透（RO）装置压差 ΔP 上升	改进预处理装置的运行管理，用药品清洗膜组件
8	油分的混入	注意油绝对不能进入给水，一旦污染，只有换膜

表 2-11　　　　　　反渗透（RO）装置产水质量的下降原因与对策

序号	原　　因	对　　策
1	原水 TDS 增加	按照原水水质复核，按进水要求恢复
2	低压力运转	按照基准压力运行
3	膜组件的破损	更换膜组件
4	膜组件"盐水密封"短路	造成膜面上浓度扩散，使水质恶化，更换膜组件
5	"O"形环泄漏（在内接头内）	更换"O"形环
6	回收率升高	由于膜组件内给水浓度上升，使产水水质恶化，回收率应在设计规定值以下
7	膜组件安装时插入方向相反	产生和"盐水密封"的短路相同的后果
8	给水中余氯的浓度过高	膜被氧化甚至破坏，应按膜允许的余氯指标严格控制
9	溶剂的混入	苯、甲苯等物质会溶解膜，必须注意不能混入

3. 反渗透（RO）装置的保养

（1）膜元件在长期贮存、运输或关机期间应避免生物生长、干枯与机械损伤。

（2）膜元件的标准保存液为 1％亚硫酸氢钠与 20％甘油，注意隔绝空气。

（3）反渗透（RO）装置如关闭超 48h 以上，应先以 pH＝11 的碱液和 pH＝3～4 的酸液分别清洗、杀菌，而后以 1％的亚硫酸氢钠（或 1％甲醛）充满反渗透（RO）组件，然后关闭所有阀门。

（4）每月更换一次保护液。

（5）夏天控制环境温度小于 45℃，以防霉变；冬天防冻，必要时注入 10％～20％甘油。

七、反渗透膜污染控制措施

1. 结垢控制

当原水中的难溶盐在膜元件内不断被浓缩且超过其溶解度极限时，它们就会在反渗透膜表面上沉淀，称之为"结垢"。当水源确定后，随着反渗透系统的回收率的提高，结垢的风险就越大。目前出于水源短缺或排放废水对环境影响考虑，提高回收率是一种习惯做法，在这种情况下，考虑周全的结垢控制措施尤为重要。在反渗透系统中，常见的难溶盐为 $CaCO_3$、$CaSO_4$ 和 SiO_2，其他会产生结垢的化合物为 CaF_2、$BaSO_4$、$SrSO_4$ 和 $Ca_3(PO_4)_2$。几种结垢物质的判断方法：

（1）$CaCO_3$ 结垢判断。原水中的 $CaCO_3$ 几乎呈饱和状态，判断 $CaCO_3$ 是否沉淀，根据原水水质分为两种情况：①对于苦咸水（TDS$\leqslant 10^4$ mg/L），可根据朗格利尔指数 LSI 大小判断；②对于海水（TDS$>10^4$ mg/L），可根据斯蒂夫和大卫饱和指数 $S\&DSI$ 大小判断。当朗格利尔指数（LSI）或斯蒂夫和大卫饱和指数（$S\&DSI$）为正值时，水中 $CaCO_3$ 就会沉淀。朗格利尔指数（LSI）和斯蒂夫指数和大卫饱和指数（$S\&DS$）的计算如下：

$$LSI = (pH - pH_s) \tag{2-5}$$
$$S\&DSI = (pH - pH_s) \tag{2-6}$$

式中　LSI——朗格利尔指数；

$S\&DSI$——斯蒂夫和大卫饱和指数；

　　pH——运行温度下，水的实测 pH 值；

　　pH_s——对应运行温度下，$CaCO_3$ 饱和时水的 pH 值。

（2）硫酸盐结垢判断。水中某硫酸盐是否沉淀，可以通过该硫酸盐离子浓度积（I_{Pb}）与其溶度积（K_{sp}）比较来进行判断：当 $I_{Pb} > K_{sp}$ 时，则有可能生成硫酸盐垢；当 $I_{Pb} < K_{sp}$ 时，没有硫酸盐结垢倾向。

2. 胶体和固体颗粒污染的控制

胶体和颗粒污堵会严重影响反渗透膜元件的性能，胶体和颗粒污染的初期症状是反渗透膜组件进出水压差增加。

判断反渗透膜元件进水胶体和颗粒最通用的办法是测量水中的 SDI 值，有时也称 FI 值（污染指数），它是监测反渗透预处理系统运行情况的重要指标之一。SDI 值可用 SDI 仪来测定，见图 2-22 SDI 测量原理图。图中压膜器内的微孔滤膜过滤器直径为 47mm，有效过滤直径 42mm，微孔滤膜为 47mm，膜孔径为 0.45μm。测定方法如下：

（1）测定器材：SDI 测定仪、微孔滤膜（直径 47mm、孔径为 0.45μm）、500mL 量筒、秒表和镊子。

（2）测定步骤：

1）用镊子将滤膜装入压膜器内；

2）调整调节阀、稳压阀，在压力为 0.21MPa 的条件下，记录开始时过滤 500mL 水样所需的时间 t_0（单位：min）；

在供水压力 0.21MPa 的条件下，连续过滤 15min 后，继续测量过滤 500mL 水样所需的时间 t_1（单位：min）；

根据测定的 t_0、t_1 代入下式计算：

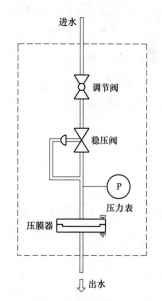

图 2-22　淤泥密度指数（SDI）
　　　　　测量原理图

$$\text{SDI} = \left(1 - \frac{t_0}{t_1}\right) \times \frac{100}{15}$$

反渗透进水中的胶体和颗粒物种类很多，通常有黏土、胶体贵、细菌和铁的腐蚀产物，防止方法也有多种，主要方法有：混凝澄清、石灰处理、砂滤、超滤和微滤以及滤芯过滤。

3. 膜微生物污染控制

原水中微生物主要包括：细菌、藻类、真菌、病毒和其他高等生物。反渗透过程中，微生物伴随水中溶解性营养物质会在膜元件内不断浓缩和富集，将会严重影响反渗透系统的性能，出现反渗透组件间的进出口压差迅速增加，导致膜元件产水量下降，有时产水侧会出现生物污染，导致产品水受污染。

膜元件一旦出现微生物污染并产生生物膜，对膜元件的清洗就非常困难。此外，没有彻底清除的生物膜将引起微生物的再次快速的增长。因此微生物的防治也是预处理的最主要任务之一，尤其是对于以海水、地表水和废水作为水源的反渗透预处理系统。

防止膜微生物的方法主要有：加氯、微滤或超滤处理、臭氧氧化、紫外线杀菌、投加亚硫酸氢钠。在火电厂水处理系统常用的方法是加氯杀菌和在反渗透前采用超滤水处理技术。

4. 有机物污染控制

有机物在膜表面上的吸附会引起膜通量的下降，严重时会造成不可逆的膜通量损失，影响膜的使用寿命。对于地表水来说，水中大多为天然物，通过混凝澄清、直流混凝过滤及活性炭过滤联合处理的工艺，可以大大降低水中有机物，满足反渗透进水要求。对于废水尤其是含有工业生产过程中产生的工业有机物的去除，则需要结合具体情况进行模拟小试后确定预处理工艺方案。

需要说明的，目前超滤技术在火电厂得到推广，超滤对有机物的去除率与混凝澄清工艺对有机物去除率大致相当，因此在确定工艺流程时，不能认为超滤可以彻底防止原水中有机物对反渗透膜元件的污染。

5. 浓差极化控制

在反渗透运行过程中，膜表面的浓水与进水之间有时会产生很高的浓度梯度，这种现象称为浓差极化，它妨碍反渗透过程的有效进行。浓差极化严重时，某些微溶盐会在膜表面沉淀结垢。为避免浓差极化，有效的方法是使浓水的流动始终保持紊流状态，即通过提高进水流速来提高浓水流速的方法，使膜表面微溶盐的浓度减少到最低值；另外在反渗透水处理装置停运后，应及时冲洗置换浓水侧的浓水。

第六节 连 续 电 除 盐

电去离子（Electro-deionization，简称 EDI），也称连续去离子（Continuous-deionization），是一种将电渗析和离子交换相结合的脱盐新工艺，它以电渗析装置为基本结构，在阴膜和阳膜之间装填强酸阳离子交换树脂和强碱阴离子交换树脂，使阳膜和阴膜间形成混床。该技术提高了除盐速度，无需耗用酸碱而自动平衡再生，是水处理技术的一项重大变革。因为可以不间断连续出水，所以称为连续电除盐，我们国家也称连续电除盐为填充床电渗析技术。结构如图 2-23 所示。

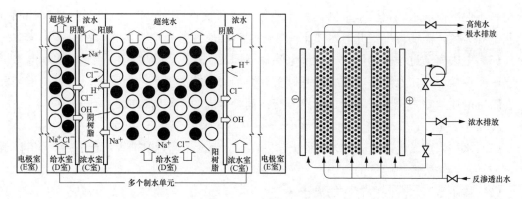

图 2-23　电渗析结构图

一、连续电除盐（EDI）原理

连续电除盐（EDI）是电渗析和混床的结合，是结合离子交换树脂和离子交换膜，在直流电场的作用下实现去离子过程的一种新分离技术。连续电除盐（EDI）的最大特点是利用水解离产生的 H^+ 和 OH^- 自动再生填充在电渗析器淡室中的混床离子交换树脂，从而实现了持续深度脱盐。

连续电除盐（EDI）工作过程参考图 2-23，在电场、离子交换树脂、离子交换膜的共同作用下，完成除盐过程。

1. 原理分析

连续电除盐（EDI）膜堆是由夹在两个电极之间一定对数的单元组成。在每个单元内有两类不同的室：待除盐的淡水室和收集所除去杂质离子的浓水室。淡水室中用混匀的阳、阴离子交换树脂填满，这些树脂位于两个膜之间。

（1）普通电渗析原理。电渗析是在直流电场的作用下，离子透过选择性离子交换膜而迁移，使带电离子从水溶液和其他不带电组分中部分分离出来的一种电化学分离过程。所使用的膜只允许一种电荷的离子通过而将另一种离子截留。只允许阳离子通过的膜称为阳膜，只允许阴离子通过的膜称为阴膜。

常规的电渗析器内两种膜成对交替排列，膜间空间构成一个个小室，两端施加与膜平面垂直方向的电场。在电渗析膜堆的阳、阴极上施加一直流电位差，电渗析隔室内溶液中的离子就发生电迁移现象，阳离子（如 Na^+）就向阴极方向迁移，阴离子（如 Cl^-）就向阳极方向迁移。在电渗析膜堆两电极之间交互排列着阳、阴离子交换膜。由于离子交换膜具有选择透过性，即阳离子交换膜只允许阳离子透过而不允许阴离子透过，反之，阴离子交换膜只允许阴离子透过而不允许阳离子透过，于是膜堆内膜与膜之间的隔室就形成了离子被脱除的脱盐室和离子被富集了的浓缩室。

（2）混床除盐原理。混床可以看作是无数微型复床除盐系统串联而成。一个独立的混床或假定连续电除盐（EDI）填充树脂后不通电时，含盐水进入树脂层后，首先与离子交换树脂进行离子交换，改变了流道内水溶液中离子的浓度分布。由于离子交换树脂对水中某种离子的优先交换或优先吸附性能，即离子的交换选择性，在连续电除盐（EDI）淡水室流道内，离子交换树脂将根据选择系数及离子浓度对水中离子成分按一定顺序进行交换吸附。不通电而通水时，淡水室的出水水质依据离子交换作用而改变，运行一定时间后，树脂饱和失效，需要再生，此时水质下降，再生过程使设备表现明显的间断性。

（3）电去离子过程基本原理。连续电除盐（EDI）极其巧妙地应用了上述常规电渗析的水解离现象，并在电渗析电迁移的基础上开辟了一个纯水制备的新天地。电脱离子装置是在膜堆的脱盐室中填充了由阳、阴离子交换剂混合成的介质所构成。

2. 工作过程

（1）水进入连续电除盐（EDI）系统，主要部分流入树脂/膜内部，而另一部分沿模板外侧流动，以洗去透出膜外的离子；

（2）树脂截留水溶液中存在的离子；

（3）被截留的离子在电极作用下，阴离子向正极方向运动，阳离子向负极方向运动；

（4）阳离子透过阳离子膜，排出树脂/膜之外；

（5）阴离子透过阴离子膜，排出树脂/膜之外；

（6）浓缩了的离子从废水流路中排出；

（7）无离子水从树脂/膜内流出。

连续电除盐（EDI）中分别有三股水流：

1）产品水：进入淡水室的淡水流量较大，它在通过膜堆后，水中溶解的离子被除去，成为产品水。

2）浓水：进入浓水室的浓水，在流动的过程中，收集了从淡水室中迁移来的离子，含盐量逐渐升高。浓水在有条件情况下可以实现部分循环。

3）极水：通过电极室的极水，在流动过程中主要是清除电极反应产生的离子和气体，极水通常是直接排放。

3. 离子交换树脂的作用

离子交换树脂填充在淡水室中是连续电除盐（EDI）处理技术的关键。填充的离子交换树脂在电去离子净水器中的作用体现在两个方面：一是作为转运离子的中间体，它的交换和解析过程抑制和消除极化，使电渗析连续制水；二是以其固有的快速深度脱盐机理，在淡水室水流动交换过程中起到保证出水水质的作用。

（1）在高纯水中，离子交换树脂的电阻率比一般纯水低2～3个数量级，而且离子交换树脂又同时不断发生交换和再生作用，使脱盐室（包括溶液、离子交换膜和离子交换树脂）体系电阻率大幅度降低，极大地提高了电渗析过程的极限电流密度，从而提高了脱盐率，几乎全部的从溶液到膜面的离子迁移都是通过树脂来完成的。淡水中的离子，首先因交换作用吸附于树脂颗粒上，再在电场作用下，经由树脂颗粒构成的离子传输通道迁移到膜表面并透过离子交换膜进入浓室。

（2）脱盐室中的离子交换树脂起着端流促进器的作用，改善了隔室内的水力学状态，导致脱盐室体系电阻率下降，进一步提高了极限电流密度和脱盐能力。

（3）在运行过程中，膜及交换树脂与水的界面处产生极化，在树脂、膜与水相接触的界面处，界面扩散中的极化使水解离为氢离子和氢氧根离子。它们除部分参与负载电流外，大多数又对树脂起到再生作用，离子交换剂与水中的离子进行吸附交换，而被吸附交换到离子交换剂上的离子又被水解离产生的 H^+ 和 OH^- 再生。

二、连续电除盐（EDI）设备

连续电除盐（EDI）设备由淡水室（D室）、浓水室（C室）和电极室（E室）组成，D室内填充常规离子交换树脂，给水中的离子由该室去除；D室和C室之间装有阴离子交换膜或阳离子交换膜，D室中的阴（阳）离子在两端电极作用下不断通过阴膜和阳膜进入C室；H_2O在直流电能作用下可分解成H^+和OH^-根离子，使D室中混合离子交换树脂经常处于再生状态，因而有交换容量，而C室中浓水不断地排走。因此连续电除盐（EDI）在通电的情况下，可以不断地制出纯水，其内填的树脂无需使用酸碱再生。连续电除盐（EDI）的每个制水单元均由一组树脂、离子交换树脂膜和有关的隔网组成。每个制水单元串联起来，并与两端的电极，组成一个完整的连续电除盐（EDI）设备。

连续电除盐（EDI）系统采用了模块化的设计，使系统具有扩展性的特点。连续电除盐（EDI）的核心部件是阴极、阳极、离子交换膜、离子交换树脂，它的阴膜（AEM）和阳膜（CEM）也是交替排列形成多对膜室。与电渗析一样，产品水室与浓缩水室交替排列。所不同的是，产品水室内充满了阴阳离子交换树脂，在浓缩水室，根据各种类型也有充填树脂或者仅用隔板相隔。电极中的阴极一般采用不锈钢材料，阳极一般采用钛涂氧化铱氧化钛材料，而所用隔板较多采用聚乙烯。

1. 板框式组件

连续电除盐（EDI）设备采用单元模块式组装。最常见的连续电除盐（EDI）设备是由一系列膜块串联组装而成。每个膜块可产水量$2\sim3t/h$，根据所要求的产水量决定并联膜块的数量。常见的膜块为板框式，采用原有板框式普通电渗析器式样，在其淡水室填充离子交换材料。

连续电除盐设备（EDI）装置由几十个浓水室、几十个淡水室和2个电极室组成，这些浓水室和淡水室被阳离子交换膜和阴离子交换膜隔开，这些膜类似于离子交换树脂，只不过呈片状，而不是粒状。该连续电除盐设备（EDI）装置有5种流程：产品水流、浓水流（C循环）、电解流（E循环）、淡水流（D循环）、浓水排放流。该连续电除盐设备（EDI）装置内部分有3个室：有淡水室（D室）、浓水室（C室）、电解室（E室）。

连续电除盐设备（EDI）装置使一部分浓水经离心泵再循环回浓水室。其优点如下：

（1）增加通过连续电除盐设备（EDI）装置的电流。为了去除弱带电离子，诸如硅，必须有足够的电流维持树脂在一个很高的再生状态，而为了保持通过连续电除盐设备（EDI）装置的电流，连续电除盐设备（EDI）装置的电阻必须很小。再循环回的浓水增加了浓水电导，从而增加了通过连续电除盐设备（EDI）装置的电流；

（2）减少结垢可能性。一些浓水参与再循环增加了浓水的流量从而增加了浓水室的流速，减少了结垢的可能性。

（3）为了防止浓缩达到沉淀点，有很少数量的水从浓水流循环中排出，使得浓水流的流量是可调的，并且决定了回收率。

该连续电除盐设备（EDI）装置有一部分水从电极流出，这部分电极流可以带走电极在水中电解产生的氢气、氧气和氯气。

2. 螺旋卷式组件

螺旋卷式组件克服了板框结构的不足，更充分地发挥了连续电除盐（EDI）技术的优越性。阴膜与阳膜被稀室中树脂与浓室空腔分开，并螺旋卷绕在中心电极上，卷绕终止于反电极。各腔室用惰性合成树脂密封，以避免垫片使用与漏流。两股水流分别沿着卷筒流动和平行于卷筒从外筒向内筒螺旋流动，一股是去离子水，另一股是稍浓水。待处理水从中心流进稀室，形成约四卷（相当于两电极间四对）电化学池对。同时，浓水流首先淋洗外电极（阴极），然后浓室（浓卷），最后是中心电极（阳极）。与传统连续电除盐（EDI）技术相比，只有一股水流连接电极回路与浓室回路两个回路，按顺序进行阴极、浓室与阳极漂洗。每个组件包括四个水力连接与两个电极，电场（DC）电流和场线均匀地径向通过全部电极表面与膜对。很明显，场线向电极表面规则地铺展，因螺旋卷式组件结构使中心区域场线密度高，从而使水分解效率提高，并且在阳膜和阴膜间产生高 pH 梯度。在卷筒中心接近产品水出口处，阳膜表面的 pH 接近 2，阴膜表面的 pH 接近 12，从而使混床树脂获得最佳再生。

3. 单元组件设计的意义

连续电除盐（EDI）的膜堆是由多级重叠的膜对和电极构成。每个膜对包括阳膜、淡水隔板（框）、淡水隔板框内填充的混合离子交换树脂、阴膜、浓水隔板这几个组成部分。

连续电除盐（EDI）单元组件就是将包含 3～10 个淡水室的膜对制成一个紧密的特制单元，并有专门的设计满足单元和单元之间的连接。设计的单元具备一定的出水量，实际生产设备即膜堆，就是根据制水量的要求，由多个这样的单元组件组装成，组装工作方便、容易。

如果膜堆设备中个别隔板或膜损坏，不需要将所有的膜对拆开，也不需要逐个检查，只需要以单元组件为基本单位拆除即可。由于单元组件固定成型，容易做到组装时受力均匀，克服普通电渗析器或非单元组件式的连续电除盐（EDI）设备内渗外漏的问题。

连续电除盐（EDI）中离子交换树脂的比例常规与混床相似：1∶1.5 或 1∶2。

三、连续电除盐进水水质要求

连续电除盐（EDI）对进水水质要求比较严格。由于其中树脂不能进行反洗、再生，所以要求进水中必须彻底去除颗粒状物和胶体。另外，由于连续电除盐（EDI）充填的树脂量很少，进水必须含盐量要小，最适合它的进水就是反渗透的出水。将反渗透的出水作为连续电除盐（EDI）的入水，原因如下：

（1）水中的 CO_2 含量对连续电除盐（EDI）的产水水质影响比较大，同时当它的水解产物 CO_3^{2-} 和 Ca^{2+} 的离子活度积超过其稳定常数，直接会导致浓水侧结垢。有的连续电除盐（EDI）没有具体规定 CO_2 的含量要求，但在它们的设计导则中都间接地作了相关规定，一般 8mg/L 可以用作参考值。

（2）反渗透系统对颗粒、有机物、细菌、铁锰化合物也具有很高的去除能力，防止对后续的精除盐设备的污染；原水的水质波动时，产品水质量比较稳定。

（3）反渗透对高价离子比低价离子的去除能力高很多，比如对钙镁离子的去除率是对钠离子的去除率高 5 倍。可以积极防止连续电除盐（EDI）的浓水侧结垢。

四、连续电除盐的特点

1. 连续电除盐与传统混床相比具有如下优点：

（1）无化学污染。使用的离子交换剂通过电解再生，无需腐蚀性很强的化学药品。

（2）实现连续运行。设备运行的同时就自行进行电再生，这样就可以连续产水，不需备用模块。

（3）启动/操作简单。模块化组装方便，操作只需简单的分析和控制，日常运行管理方便，工艺过程易实现自动控制。

（4）回收率高。连续电除盐系统的回收率一般在80%～95%之间，具体取值取决于水中的 CO_2 的含量和硬度。

（5）占地面积更小。不需要再生和中和处理系统，在相同流量处理能力的条件下占地面积约为混床的1/10。

（6）造水成本低廉。反渗透（RO）/连续电除盐（EDI）的投资运行成本比混床系统低。

（7）离子交换树脂的用量少，约相当于普通离子交换树脂柱用量的5%。

（8）有优异的除弱解离物质。在不添加化学药剂的条件下，也有很高的脱除弱电离物质 SiO_2、CO_2 以及总有机碳（TOC）的能力，更适用于高纯水的需要；

（9）模块式设计，堆积式自由组合，获得各种流量；

（10）快速稳定水质。

2. 连续电除盐的缺点

（1）对细菌的抗污染能力较低，当有细菌在其内部繁殖时，将会大幅度降低膜堆的性能。

（2）连续电除盐有时维修较困难，膜堆在组装好后，腔体内要填入树脂，但在拆卸前并没有有效的办法来把树脂取出，在重新安装前还需要把每一部件都清洗干净以除去树脂颗粒。

（3）系统的运行压力都比较低，一般不能满足生产的压力要求。

五、影响连续电除盐系统产水水质的因素

1. 入口水水质

在连续电除盐系统运行过程中，入口水水质严重地影响着产水水质。在原水电导率较低时，连续电除盐（EDI）的产水电导率也低，产水水质好。这是因为原水电导率低，其中离子的含量较低，直接导致产水水质提高。同时，离子浓度低，在淡室中树脂和膜的表面上形成的电势梯度也大，导致水的解离程度增强，产生的 H^+ 和 OH^- 的数量较多，对填充在淡室中的阴、阳离子交换树脂的再生效果好，所以产水电导率低。

2. 操作电流对产水电导率的影响

运行经验表明，增加浓缩水中盐含量，可以增加连续电除盐运行电流。在运行过程中，有时会出现正常的工作电压下，电流降低，从而降低出水水质。

随着操作电流的增大，连续电除盐（EDI）产水电导率会迅速减小。这是由于随着膜

堆电流的升高，淡室中的水解离程度增大，产生 H^+、OH^- 数量多，对树脂的再生效果好，所以连续电除盐（EDI）产水电导率下降；当膜堆电流继续升高时，淡室中的水解离程度进一步增大，使得离子交换与树脂的再生逐渐达到平衡，产水电导率进一步下降，但随着膜堆电流继续升高，除了再生树脂外，剩余的 H^+、OH^- 主要用于负载电流，导致膜堆的电流继续增大，而产水电导率下降的幅度变小。

3. 流量

在实际运行过程中，浓水侧水流过浓水室后不全部排放，而是将大部分浓水回流到浓水口，使浓水处于循环之中，这样，一方面可以增高浓水含盐量，另一方面可以保持膜面的流速，所以调整好浓水的排放流量和循环流量的比例非常重要。

4. 温度

有些类型（浓水腔体中也填有混床树脂）的连续电除盐（EDI）随着温度的提高，产品水的水质没有变化，而有些类型（浓水腔体中无混床树脂）的连续电除盐（EDI）随着温度的提高，产品水的水质也提高。

5. 连续电除盐水回收率对产水电导率的影响

产水电导率随连续电除盐水回收率的增加而迅速降低。在水回收率为 67% 以上时产水电导率的变化趋于平缓。这是因为，水回收率增大，淡水流量变大，可以改善淡室中的水力学状态，减薄树脂颗粒表面滞流层的厚度，减小淡室的电阻，增大了膜堆的电流，促进离子的扩散迁移；淡水流量变小，增加了浓室中离子的浓度，也相应增大了膜堆的电流。但是，随着水回收率进一步增大，浓、淡室离子浓度相差较大，离子的反迁移即离子由浓室向淡室迁移程度趋大，所以在水回收率为 67% 以上时产水电导率的变化趋于平缓。

由此可以得出：提高连续电除盐（EDI）膜堆的操作电流可以得到高质量的纯水，但从提高膜堆电流效率的角度出发操作电流又不易太高；预脱盐的效果越好，即进入连续电除盐（EDI）膜堆的原水电导率越低，连续电除盐（EDI）的产水水质就越好；适当提高连续电除盐（EDI）膜堆水回收率可以得到纯度较高的产水，对小型连续电除盐（EDI）装置一般控制在 75% 为宜，浓水可以回收利用；适当提高连续电除盐（EDI）原水的温度对发挥连续电除盐（EDI）脱盐效果，获得高质量的纯水有利。

第七节 离 子 交 换 器

一、离子交换除盐原理

离子交换除盐是水中所含各种离子和离子交换树脂进行化学反应而被除去的过程。当水中的各种阳离子和 H 型离子交换树脂反应后，水中的阳离子就只含从 H^+ 交换树脂上交换下来的 H^+；水中的各种阴离子与 OH 型离子交换树脂反应后，水中的阴离子就只含从阴树脂上交换下来的 OH^- 离子。H^+ 和 OH^- 这两种离子互相结合而生成水，从而实现水的化学除盐。

（一）动态离子交换过程

工业上常用的是动态离子交换，即水在流动的状态下完成离子交换过程。动态离子交换是在离子交换器中进行的。用动态离子交换处理水，不但可以连续制水，而且由于交换反应的生成物不断被排除，因此离子交换反应进行得较为完全。运行制水和失效再生是离子交换水处理的两个主要阶段，运行制水是离子交换容量的发挥过程，再生是交换容量的恢复过程。

1. 运行制水时树脂层中的离子交换

下面以阳离子交换为例。讲述水溶液连续通过交换设备时动态离子交换的规律。

天然水通常含有多种阳离子，下面讨论水中含有 Fe^{3+}、Ca^{2+}、Na^+ 时的交换规律，其过程要比单一离子交换过程复杂。

第一阶段：水中 Fe^{3+}、Ca^{2+}、Na^+ 全部交换成 H^+。

进水初期，由于树脂是 H 型的，故水中阳离子都和树脂中的 H^+ 相交换，但因各种阳离子的选择性不同，树脂吸着的离子在树脂层中有分层现象，从上至下依次被吸着的顺序为 Fe^{3+}、Ca^{2+}、Na^+。当交换器不断进水时，进水中的 Fe^{3+} 由于比 Ca^{2+} 更易被吸着，因此可以和已吸着 Ca^{2+} 的树脂层进行交换，使吸着 Fe^{3+} 的树脂层不断扩大，被 Fe^{3+} 置换下来的 Ca^{2+} 连同进水中的 Ca^{2+} 进入已吸着 Na^+ 的树脂层时，Ca^{2+} 会与树脂中的 Na^+ 进行交换，将 Na^+ 取代出来，使吸着 Ca^{2+} 的树脂层扩大和下移。同理吸着 Na^+ 的树脂层也会不断扩大和下移。这一过程称为挂勾效应。

在运行中吸着 Fe^{3+}、Ca^{2+}、Na^+ 的树脂层高度大致与进水中所含三种离子的浓度比值相符。

在被 Na^+ 饱和的树脂层下即为 Na^+ 与 H 型树脂进行交换的区域，可以把它们看作工作层，当此工作层的下缘移动至交换器下缘时，则进水中交换能力较小的 Na^+ 首先泄漏。

第二阶段：水中 Fe^{3+}、Ca^{2+}、进行 H^+、Na^+ 交换。

当交换后出水泄漏 Na^+ 后，再继续运行，虽然出水 Na^+ 含量在增高，但树脂对 Fe^{3+} 与 Ca^{2+} 的交换是完全的，一直运行至出水中出现 Ca^{2+} 的泄漏，此时即为 Ca^{2+} 与 Na 型树脂交换的工作层下缘与交换器下缘重合。在 Ca^{2+} 开始泄漏以前，由于 Na 型树脂中的 Na^+ 被 Ca^{2+} 置换出来，因此出水中的 Na^+ 已超过进水中的 Na^+ 含量，在 Ca^{2+} 泄漏时达到高峰值。

第三阶段：当出水中出现 Ca^{2+} 以后，直至树脂全部失效，可归纳为第三阶段。

在此阶段中出水 Ca^{2+} 含量逐渐增加，直至出现 Fe^{3+}，同样出水中 Ca^{2+} 的含量也会超过进水中 Ca^{2+} 的含量，至水泄漏 Fe^{3+} 时达到峰值。继续运行最后达到水通过交换器水质完全没有改变。

各种吸着离子在树脂层中的分布规律如下：

（1）被吸着离子在树脂层中的分布，按其被树脂吸着能力的大小，自上而下依次分布，最上部是吸着能力最大的离子，最下部是吸着能力最小的离子。

（2）各种离子被吸着能力差异越大，则其分层越明显。

（3）各种离子被吸着能力差异较小时，则其分层不明显，有交错层，如 Ca^{2+} 与 Mg^{2+} 的情况同此。

在实际运行的交换器中，由于树脂再生条件的差异，及水在交换器断面上流速不一致等因素的影响。树脂层中的离子分布要乱一些，但大致符合以上规律。

2. 工作层及影响因素

在离子交换器（柱）中，随着水流的不断流过，水中离子与树脂的活性离子进行交换，上端树脂失去继续交换的能力，交换进入下一层，这时，在树脂层中形成三个区，如

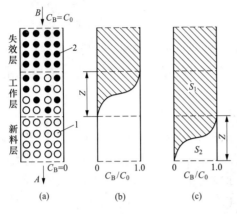

图 2-24 所示，最上层树脂是已经失去交换能力的失效层，次层为进行交换反应的工作层，最下层为尚未进行交换反应保护层。随着流过水量的增加，失效层逐渐加厚，工作层不断下移，而未工作层即保护层逐渐减薄。当未工作层缩小至零，即工作层移至最下部出水端时，出水水质超标，即水中的离子"穿透"保护层，此时运行制水过程结束，也就是树脂失效，此时，停止制水过程，转入树脂的再生过程。

影响工作层厚度的因素大致可分为两个方面：一方面是离子交换速度的因素。若使交换速度加快，则离子交换越易达到平衡，工作层越薄；

图 2-24 离子交换柱工作过程
(a) 分层；(b) 运行；(c) 穿透

另一方面是水流沿水断面均匀分布的因素，若水流均匀，则可降低工作层厚度。归纳起来，影响工作层厚度的因素有：树脂种类、树脂颗粒大小、空隙率、进水离子浓度、出水水质的控制标准、水流通过树脂层的流速以及水温等。

3. 失效树脂的再生

树脂失去继续交换离子的能力称为失效，恢复树脂交换能力的过程称为再生，再生所用的化学药剂称为再生剂。

树脂的再生是离子交换水处理中很重要的一环。影响再生效果的因素很多，主要有以下几个：

（1）再生方式。再生方式按再生液流向与运行时水流方向分为顺流、对流和分流三种。对流再生可使出水端树脂层再生度最高，出水水质好。

（2）再生剂的品种与纯度。强酸阳离子交换树脂失效后采用盐酸或硫酸进行再生，一般认为盐酸的再生效果优于硫酸，强碱阴离子交换树脂一般采用氢氧化钠进行再生。

再生剂的纯度对强碱性阴树脂的再生效果影响很大。工业碱中的杂质主要是 NaCl 和铁的化合物，强碱性阴树脂对 Cl^- 有较大的亲和力，Cl^- 不仅易被树脂吸着，而且吸着后不易被洗脱下来，所以，当用 NaCl 含量较高的工业碱进行再生时，会大大降低树脂的再生度，导致工作交换容量降低，出水质量下降。

（3）再生剂用量。再生剂用量是影响再生程度的重要因素，它对交换剂交换容量的恢复和经济性有直接关系。从理论上讲 1mol 的再生剂应使交换树脂恢复 1mol 的交换容量，但实际上再生反应最多只能进行到离子交换化学反应的平衡状态，所以只用理论量的再生剂再生树脂，一般是不能使交换剂的交换容量完全恢复的，故在生产上再生剂用量通常总要超过理论值。提高再生剂用量，可以提高树脂的再生程度。但再生比耗增加到一定程度之后，再生程度的提高则不明显。再生剂用量与离子交换树脂的性质有关，一般强型树脂所需再生剂用量高于弱型树脂。不同的再生方式，再生剂用量也有所不同，一般顺流再

生的再生剂用量要高于逆流再生的。再生方式采用逆流时，由于交换器底部树脂总是和新鲜的再生剂相接触，所以可以达到很高的再生程度。运行时水最后和这部分再生程度高的树脂接触，保证了出水水质。因此这种再生方式比较优越，使用得也比较广泛。

（4）再生液的浓度。再生液的浓度对再生程度也有较大影响。当再生剂用量一定时，在一定范围内，其浓度愈大，再生程度愈高；再生液的浓度与再生方式有关，一般顺流再生的再生液浓度应高于逆流再生的。

（5）再生液的温度与流速。提高再生液的温度能提高树脂的再生程度，但再生温度不能超过树脂允许的最高使用温度。一般强酸性阳树脂用盐酸再生时不需加热。强碱性Ⅰ型阴树脂适宜的再生液温度为 35～50℃。强碱性Ⅱ型阴树脂适宜的再生液温度为 （35±3）℃。

再生液的流速是指再生溶液通过交换剂层的速度，它是影响再生程度的一个重要因素。维持适当的流速，实质上就是使再生液与交换剂之间有适当的接触时间，以保证再生反应的进行，流速一般以 4～8m/h 为宜。逆流再生的再生液流速应保证不使树脂乱层。再生液的温度很低时，不宜提高流速。

（二）水的阳离子交换处理

水处理中常用到的离子交换有：Na^+ 交换、H^+ 交换和 OH^- 交换。根据水质要求的不同，它们组合成的水处理工艺有：为除去水中硬度的 Na^+ 交换软化处理，为除去硬度并降低碱度的 H-Na 离子交换软化降碱处理以及为除去水中全部阴、阳离子的 H-OH 离子交换除盐处理。

1. 强酸性阳树脂的交换特性

强酸性阳树脂的（$-SO_3H$）基团对水中所有的阳离子均有较强的交换能力，与水中主要的阳离子 Ca^{2+}、Mg^{2+}、Na^+ 的交换反应为：

$$2RH + Ca^{2+} \longrightarrow R_2Ca + 2H^+$$
$$2RH + Mg^{2+} \longrightarrow R_2Mg + 2H^+$$

经 H^+ 交换后，水中各种溶解盐类都转变成相应的酸，出水呈酸性，正因为如此，在水处理工艺流程中，H^+ 交换器不能单独自称系统，总是与其他处理工艺项配合。

由于强酸性阳树脂电离出 H^+ 的能力很强，所以它具有除去水中阳离子的彻底性，但将失效后的树脂恢复成 H 型则较为困难，为此必须用过量的强酸进行再生。

2. 弱酸性阳树脂的交换特性

弱酸性阳树脂的活化基团是羧酸基（-COOH），参与交换反应的可交换离子是 H^+。弱酸性阳树脂对水中离子的选择性顺序为 $H^+>Ca^{2+}>Mg^{2+}>K^+>Na^+$，而且对 Ca^{2+}、Mg^{2+} 有特别强的亲和力。弱酸性树脂之所以特别容易吸着 H^+，是由于（$-COO$）$^-$ 与 H^+ 结合所产生的羧酸基离解度很小的缘故。弱酸性阳树脂的（-COOH）基团对水中的碳酸盐硬度有较强的交换能力，其交换反应为：

$$2RCOOH + Ca(CO_3)_2 \longrightarrow (RCOO)_2Ca + H_2O + 2CO_2$$
$$2RCOOH + Mg(CO_3)_2 \longrightarrow (RCOO)_2Mg + H_2O + 2CO_2$$

反应中产生了 H_2O 并伴有 CO_2 逸出，从而促进了树脂上可交换的 H^+ 继续离解，并和水中的 Ca^{2+}、Mg^{2+} 进行交换反应。

弱酸性阳树脂对水中的中性盐基本无交换能力，这是因为交换反应产生的强酸抑制了树脂上可交换离子的电离。

经弱酸性阳树脂 H^+ 交换可以在除去水中碳酸盐硬度的同时降低水中的碱度，含盐量也相应降低。含盐量降低程度与进水水质组成有关，进水碳酸盐硬度高，含盐量降低的比例也大些；残留硬度与碱度会与非碳酸盐硬度有关，进水非碳酸盐硬度大者，交换反应后残留硬度也大。

弱酸性阳树脂的交换能力与强酸性阳树脂比较虽有局限性，但其交换容量比强酸性阳树脂高得多。此外，由于它与 H^+ 的亲和力特别强，因而很容易再生，不论再生方式如何，都能得到较好的再生效果。

3. Na^+ 交换软化

除去水中硬度离子的处理工艺称为软化。强酸性阳树脂的 H^+ 交换，尽管在除去水中全部阳离子的同时也除去了水中的 Ca^{2+}、Mg^{2+} 硬度离子，但如前所述，H^+ 交换的结果产生了强酸酸度，出水呈酸性，无法使用。因此，如果离子交换水处理的目的只是为了软化，即除去水中的 Ca^{2+}、Mg^{2+}，那么，只需要用 Na 型树脂进行 Na^+ 交换即可，无需从 H 型树脂开始。这样，既能使水得到软化，又不会产生酸性水，且工艺简单。

将树脂用 NaCl 溶液处理，即可得到 Na 型树脂，反应如下：

$$R_2Ca + 2NaCl \longrightarrow RNa + CaCl_2$$

$$R_2Mg + 2NaCl \longrightarrow RNa + MgCl_2$$

这就是软化处理中树脂的再生过程。

钠离子交换将水中的 Ca^{2+}、Mg^{2+} 换成了等量的 Na^+，降低了水中的硬度，但阴离子成分没有任何改变，所以，碱度不变。

4. H-Na 离子交换软化降碱

阳树脂的 H^+ 交换和 Na^+ 交换联合处理，它们除具有交换水中硬度的能力外，还可以利用 H^+ 交换出水中的酸中和 Na^+ 交换出水中的碱度，这就是阳离子交换树脂的 H-Na 离子交换软化降碱工艺。

（1）强酸阳树脂的 H-Na 离子交换

这种方法可以是 H^+ 交换器和 Na^+ 交换器的并联系统，也可以是串联系统，如图 2-25 所示。

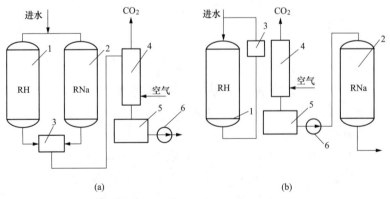

图 2-25　酸树脂的 H-Na 软化降碱系统

(a) 并联；(b) 串联

1—H^+ 交换器；2—Na^+ 交换器；3—混合器；4—除碳器；5—水箱；6—水泵

在并联系统中，进水分成两路分别流过 H^+ 和 Na^+ 两个交换器，使水软化，然后利用 H 交换器出水的酸（H_2SO_4、HCl）来中和 Na^+ 交换器出水中的 HCO_3^-，以降低水中的碱度，反应如下：

$$2NaHCO_3 + H_2SO_4 \longrightarrow Na_2SO_4 + 2CO_2 + 2H_2O$$

$$NaHCO_3 + HCl \longrightarrow NaCl + 2CO_2 + H_2O$$

上述反应生成的 CO_2 和经 H$^+$ 交换产生的 CO_2 由除碳器脱除，从而达到软化降碱的目的。

在串联系统中，进水的一部分通过 H$^+$ 交换器，其出水再与另一部分未经 H$^+$ 交换器的原水相混合的同时，中和了其中的 HCO_3^-，降低了水的碱度。生成的 CO_2 由除碳器脱除，除碳后的水再经 Na^+ 交换器进行软化处理。

为了将碱度降至预定值，并防止出现酸性水，应合理分配流过 H 交换器的水量。

（2）弱酸树脂和强酸树脂的 H-Na 离子交换。

此工艺只能按串联方式组成系统，如图 2-26 所示。

在此系统中，弱酸树脂 H$^+$ 型运行，强酸树脂 Na^+ 型运行。原水先后全部经过 H、Na 两个交换器，水经弱酸 H$^+$ 交换器除去了其中的碳酸盐硬度，交换产生的 CO_2 在除碳器中脱除。水中非碳酸盐硬度和少量残留的碳酸盐硬度，在水经强酸 Na^+ 交换器时，被交换除去，从而达到了软化降碱的目的。

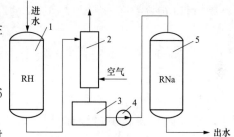

图 2-26 弱酸树脂和强酸树脂的 H-Na
软化降碱系统

1—弱酸 H 交换器；2—除碳器；
3—水箱；4—水泵；5—强酸 Na$^+$ 交换器

交换器失效后，H$^+$ 交换器用酸溶液再生，Na^+ 交换器用 NaOH 溶液再生。

（三）复床除盐

原水只一次相继通过强酸 H$^+$ 交换器和强碱 OH$^-$ 交换器进行除盐称一级复床除盐。

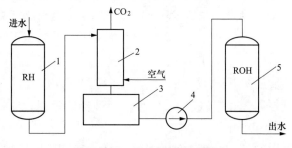

图 2-27 一级复床除盐系统

1—强酸 H 交换器；2—除碳器；3—中间水箱；
4—中间水泵；5—强碱 OH 交换器

一级复床除盐系统是除盐工艺中比较简单而又被广泛采用的工艺。它是由一台强酸性 H 型阳离子交换器、一台除二氧化碳器（简称为除碳器），和一台强碱性 OH$^-$ 型阴离子交换器组成的系统，如图 2-27 所示。

1. 系统设置原因

（1）H$^+$ 交换设备放在强碱 OH$^-$ 交换设备之前。

1）防止出水 OH$^-$ 累计，在阴床中产生 $CaCO_3$、$Mg(OH)_2$ 沉淀，沉积在树脂表面，阻碍交换过程。

2）强碱 OH$^-$ 离子交换树脂交换容量低，在酸性水（氢交换水）中除硅效率高，否则 OH$^-$ 使水中的 $HSiO_3^-$ 的选择比 OH$^-$ 弱，反应难于进行。

3）H$^+$ 交换树脂价格便宜，放在前边截留悬浮物，经济。

4）阴离子交换树脂易受有机物污染，并且交换容量比阳离子交换树脂低，如果放在前边，势必有更多的机会受到污染，交换容量会更低。

5）阳离子交换器出水的酸性和碱度中和成 CO_2，通过除碳器去除，减轻阴床负担。

6）除盐的处理难点是除硅 $HSiO_3^-$，在碱性水溶液中以盐型 $NaHSiO_3$ 存在，在酸性溶液中以 H_2SiO_3 存在，阴离子交换树脂对硅酸的交换能力要比硅酸盐的交换能力大得多。

7）离子交换反应的可逆性是受反离子影响，所以要有很强的交换势，交换反应才能顺利进行，把交换容量大的阳离子交换树脂放在前边，交换下来的 H^+ 迅速与水中阴离子结合成酸，再与 OH^- 结合成水，消除反离子对阴离子交换树脂的影响。

（2）除碳器放在 H^+ 交换器之后、强碱 OH^- 交换器之前。

1）可以有效的将 H_2CO_3 以 CO_2 的形式除去，以减轻强碱 OH^- 离子交换器的负担和碱耗。

2）消除 H_2CO_3 对除硅的影响。

2. 除盐原理

（1）进入一级除盐系统的水是经预处理的水，水中只含有溶解性杂质。溶解性杂质包括阳离子、阴离子、少量胶体硅和有机物等，其中水中的阳离子主要由 Ca^{2+}、Mg^{2+}、K^+、Na^+ 和极少量的 Al^{3+}、Fe^{3+} 组成；阴离子主要由 HCO_3^-、SO_4^{2-}、Cl^- 和 $HSiO_3^-$ 组成。

当水通过强酸性 H 型阳离子交换器时，水中所有的阳离子都被强酸性 H 型树脂吸收，活性基团上的 H^+ 被置换到水中，与水中的阴离子组合生成相应强酸和弱酸，反应式如下：

$$2RH + Na_2 \begin{cases} (HCO_3)_2 & H_2CO_3 \\ SO_4 & \longrightarrow 2RNa + H_2SO_4 \\ Cl_2 & 2HCl \end{cases}$$

可以看出，阳离子交换器的出水是酸性水，不含其他阳离子。但当交换器运行失效时，其出水中就会有其他的阳离子的泄漏，而在诸多的阳离子中，首先漏出的阳离子是 Na^+，故习惯上我们称之为漏钠。当出水中的含钠量超过一个给定的极限值时，阳离子交换器即被判失效，需停运再生后才能投入运行。

（2）脱除 CO_2。水经过 H^+ 离子交换器后，其中 HCO_3^- 转变成了游离 CO_2，连同进水中原有的游离 CO_2，可很容易的由除碳器除掉，以减轻 OH^- 离子交换器的负担。经脱碳处理后，水中游离的 CO_2 的含量一般可降至 5mg/L 左右。

在原水碱度很低时或水的预处理中设置有石灰处理时，除盐系统中也可不设除碳器，水中这部分碱度经 H^+ 离子交换器后生成 CO_2，由强碱 OH^- 离子交换器除去。

（3）除去水中阴离子交换反应。进入强碱 OH 型阴离子交换器的水是酸性水，水中阳离子全部被除去，水中 CO_2 含量在 5mg/L 以下，水中所有阴离子都以酸的形态存在，所以在强碱性阴离子交换器内发生的反应为：

$$ROH + HCl \longrightarrow RCl + H_2O$$
$$2ROH + H_2SO_4 \longrightarrow R_2SO_4 + 2H_2O$$
$$ROH + H_2CO_3 \longrightarrow RHCO_3 + H_2O$$

$$ROH + H_2SiO_3 \longrightarrow RHSiO_3 + H_2O$$

由上述反应可以知道，阴床出水为纯水，基本不含任何杂质。事实上，经过一级复床处理后的水质，一般电导率小于 $5\mu S/cm$，pH 在 7～9 之间，含硅量以 SiO_2 计在 10～20 $\mu g/L$ 左右。

强碱 OH 型阴树脂的选择性顺序为 $SO_4^{2-} > NO_3^- > Cl^- > OH^- > F^- > HCO_3^- > HSiO_3^-$，所以当强碱性 OH 型阴交换器失效时，集中在交换器底部的 $HSiO_3^-$ 先漏出来，致使出水的硅含量升高。失效时，由于有 $HSiO_3^-$ 漏出，出水 pH 值下降，至于出水的电导率，则常常是先出现略微下降，而后上升的情况．在实际运行中，特别是在单元制一级复床系统的运行中，一般是强酸性 H 型阳交换器先于强碱性 OH 型阴交换器失效。此种情况下，由进入阴交换器的水质发生了变化，它的出水水质也将会随之改变。

二、离子交换除盐设备及运行管理

水的离子交换处理是在离子交换器的装置中进行的，装有交换剂的交换器称为床，交换器内的交换剂层称为床层。离子交换器的种类很多，发电厂水处理中应用最广泛的是固定床离子交换器。所谓固定床是指交换剂在一个容器内先后完成制水、再生等过程的装置。

固定床离子交换器按水和再生液的流动方向分为顺流再生式、对流再生式（包括逆流再生和浮动床）和分流再生式；按交换器内树脂种类和状态分为单层床、双层床、双室双层床、满室床和混合床；按设备的功能又分为阳离子交换器（包括钠离子交换器和氢离子交换器）、阴离子交换器和混合离子交换器。下面主要介绍顺流再生离子交换器、逆流再生离子交换器、分流再生离子交换器、混合离子交换器和浮床式离子交换器。

（一）顺流再生离子交换器

1. 交换器的结构

顺流再生交换器结构如图 2-28 所示，其管路系统如图 2-29 所示。

图 2-28　顺流再生交换器结构示意

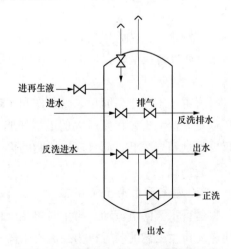

图 2-29　顺流再生离子交换器管路系统

2. 交换器的运行

顺流再生离子交换器的运行通常分为五步，从交换器失效后算起为反洗、进再生液、置换、正洗和制水运行，这五个步骤，组成交换器的一个循环，称运行周期。

（1）反洗。离子交换器中的树脂失效后，在进再生液之前，常先用水自下而上进行短时间反洗。反洗能达到交换剂层松动、清除由于过滤作用而截留在交换剂上层的悬浮物、交换剂碎末、滞留于交换剂层中的气泡等目的。

反洗水的水质应不污染树脂。对于阳离子交换器可用清水，阴离子交换器则可用阳离子交换器的出水。

反洗强度一般控制在既能使污染树脂层表面的杂质和碎树脂带走，又不使完好的树脂颗粒跑掉，且树脂层又能得到充分的松动。经验表明，反洗时树脂层膨胀 50%～60% 效果较好。反洗一直进行到排水澄清为止，一般需要 10～15min。

（2）进再生液。进再生液的目的是使失效的交换剂恢复交换能力，采用一定浓度的酸碱在与进水相同方向连续通过交换剂的方式进行。进再生液前，先将交换器内的水放至树脂层以上约 100～200mm。

H 型交换剂一般用盐酸或硫酸再生，HCl 再生效果好，浓度 3%～4%，H_2SO_4 再生效果不如 HCl，而且为防止 $CaSO_4$ 沉淀，采用先低浓度高流速，后高浓度低流速的两步再生法，操作复杂，但处理成本较低。OH 型交换剂的再生，采用浓度 2%～3% 的 NaOH，一般应加热到 40℃。

（3）置换。当全部再生液进完后，树脂层中仍有正在反应的再生液，为了使再生液全部通过树脂层，需要用水按再生液流过树脂的流程及流速通过交换器，这一过程称为置换。它实际上是再生过程的继续。

（4）正洗。正洗的目的是为了清除再生过程中，滞留于交换剂层中的再生产物和过剩再生剂。采用的方法是：置换结束后，用清水按再生剂流动的方向通过交换剂层进行清洗。一般先用 3～5m/h 的小流速清洗 15min，然后以 5～10m/h 的大流速洗至出水合格。

（5）制水。正洗合格后，交换器即可投入运行。通常阴离子交换器的流速控制在 20～30m/h，如果含盐量较大，进水流速应小一些为宜。

3. 工艺特点

顺流再生工艺设备简单、易操作和实现自动化，但由于进水和进再生液方向相同，使再生剂首先接触失效程度最大的上层树脂，自上而下再生剂的交换能力逐步下降。这样，不仅再生剂利用率低，而且底层树脂的再生程度也较差，影响出水水质。因此，顺流再生方式不够理想。

（二）逆流再生离子交换器

将运行水流向下流动、再生时再生液向上流动的对流水处理工艺称为逆流再生工艺，采用逆流再生工艺的装置称为逆流再生离子交换器。将运行时水流向上流动（此时床层呈密实浮动状态）、再生时再生液向下流动的对流水处理工艺称浮动床水处理工艺。这里介绍逆流再生工艺。

不管顺流再生还是逆流再生，阳离子交换器失效后离子在交换剂层中的分布规律都差不多。上层完全是失效层，被 Ca^{2+}、Mg^{2+}、Na^+ 所饱和，下层是部分失效的交换剂层。逆流再生时，再生剂自下而上，首先接触的是失效程度最小，又易于再生的 Na 型树脂，因此底层树脂再生程度较高。另外，下层树脂的再生产物 Na^+ 在上升过程中，对上层树脂中的 Ca^{2+}、Mg^{2+} 有一定的交换能力，并将其置换成易交换的 Na 型，使再生剂的利用率提高。这样，尽管上层树脂再生程度差一些，但接触的是含盐量较大的进水，仍可获得较好的交换效果。而下层树脂再生彻底，将保证出水水质。因此，逆流再生是一种较理想的再生方式，已在电厂广泛采用。

由于逆流再生工艺中再生液及置换用水都是从下而上流动的，如果不采取措施，流量稍大就会发生树脂乱层现象或树脂流失。为防止再生和冲洗时树脂乱层和流失，在交换器中间排液装置之上设有树脂压实层。一般采用聚苯乙烯白球或泡沫塑料球、离子交换树脂等，厚度大约 150～200mm。

1. 交换器的结构

逆流再生离子交换器的结构和管道系统如图 2-30 和图 2-31 所示，与顺流再生离子交换器结构不同的地方是在树脂层表面设有中间排水装置以及在树脂层上面加压脂层。

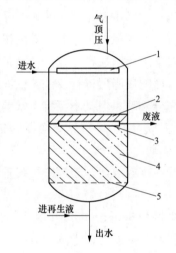

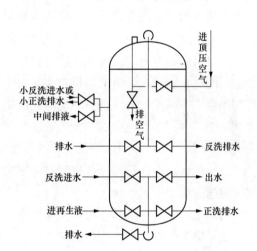

图 2-30　逆流再生离子交换器结构
1—进水装置；2—压脂层；3—中间排液装置；
4—树脂层；5—排水装置

图 2-31　气顶压逆流再生离子交换器管路系统

（1）中间排水装置。中间排水装置的作用主要是使向上流动的再生液或冲洗水能均匀地从此排水装置中排走，不会因为有水流流向交换剂层上面的空间，而将交换剂层松动；其次，它还兼做小反洗的进水装置和小正洗的排水装置。逆流交换器中间排水装置的结构，主要是要求不漏交换剂颗粒，布水均匀。它在交换器中应安装牢固，防止运行中被水流冲坏。目前中排装置常用的形式是母管支管式。

母管支管式的中排装置，其支管用法兰与母管连接，用不锈钢螺栓固定。这样做比较容易使所有支管都处于同一水平面上。支管上开孔或开缝隙并加装网套。网套一般内层采用 10～20 目或 0.5mm×0.5mm 聚氯乙烯塑料窗纱，外层用 60～70 目不锈钢丝网、涤纶丝套网（有良好的耐酸性能）锦纶丝套网（有良好的耐碱性）等，也有的在支管上设置排水帽。

管插式中排装置，其母管和支管处于压脂层同一水平面上，插入树脂层的支管高度一般与压脂层厚度相同，所用防止树脂流失的方式、材料均与母管支管式相同。这种中排装置能承受树脂层上、下移动时较大的推力，不易弯曲、断裂。

（2）压脂层。压脂层的材料有密度比树脂小的聚苯乙烯白球（20～30目）泡沫塑料球或离子交换树脂。若采用的是离子交换树脂，应注意以下问题：这部分树脂在运行中是得不到再生的，经常处于失效状态，所以一旦发生误操作，失效树脂进入交换剂层的下部，就会使出水水质降低。设置压脂层的目的是为了在溶液向上流时树脂不乱层，但实际上压脂层所产生的压力很小，并不能靠自身起到压脂作用。压脂层真正的作用为：一是过滤掉水中的悬浮物，使它不进入下部树脂层中，这样便于将其洗去而不影响下部的树脂层态；二是可以使顶压空气或水通过压脂层均匀地作用于整个树脂层表面，从而起到防止树脂向上串动的作用。

2. 交换器的运行

在逆流再生离子交换器的运行操作中，制水过程和顺流式没有区别，设备再生时，必须保证再生液达到中排装置失去向上流动的可能。操作时，为了防止树脂乱层，主要有顶压和无顶压两种方法，顶压还可分为空气顶压和水顶压。这里主要介绍空气顶压再生法。

（1）小反洗。交换器运行到失效时，停止交换运行。为了保持再生时失效的树脂层不乱，逆流再生不能向顺流再生那样，每次再生前都要对整个树脂层进行反洗，而是将反洗水从中间排水管引进，由上部排走，只对中间排水管上面的压脂层进行反洗，以冲洗掉运行时积聚在压脂层中的污物。冲洗流速应使压脂层能充分松动，但又不至将正常的颗粒冲走。反洗一直进行到出水澄清。此过程对于水处理系统中的第一个交换器约需 15～20min，串接在第一个后面的第二个交换器约需 5～10min。

（2）放水。小反洗后，待树脂沉降下来以后，打开中排放水门，放掉中排装置以上的水，使压脂层处于无水状态。

（3）顶压。从交换器顶部送入压缩空气，使气压维持在 0.03～0.05MPa。

（4）进再生液。在顶压的情况下，开启再生用喷射器，将喷射器中水的流速调节到交换器中水的上升流速为 4～7m/h。当有适量的空气随同交换器出水一起自中间排水装置排出时，再开启进再生液的阀门，以调节吸入流量使再生液达到所需的浓度。

（5）置换（逆流清洗）。当再生液进完后，关闭进再生液阀门，停止送入再生液，但喷射器保持原来的流量，在有顶压的情况下，进行逆流冲洗，直至排出废液达到一定标准为止。逆流冲洗所需的时间一般为 30～40min，逆洗水应采用质量较好的水，不然会影响底部交换剂的再生程度。

（6）小正洗。停止逆流冲洗和顶压，放尽交换器内剩余空气进行小正洗，直至剩余再生液除尽为止。小正洗时，水从上部进入，从中间排水管排出。这一步操作也可以用小反洗的方法进行。有人认为用小正洗优于小反洗，因为反洗时易使交换剂颗粒浮起，不易将残留的再生液洗净。经验指出，用小反洗需进行 20～30min，用小正洗约需 10～15min。

（7）正洗。按运行方式用进水自上而下进行正洗，直到出水水质合格后即可投入运行。

逆流离子交换器一般在运行 10～20 个或更多周期后，进行一次大反洗，以除去交换剂层中的污物和破碎的树脂微粒。通常运行，不进行大反洗。大反洗是从底部进水，废水由上部的反洗排水阀门放掉。由于大反洗时扰乱了整个树脂层，所以大反洗后第一次再生时，再生剂的用量应加大 1 倍以上。

逆流再生操作过程如图 2-32 所示。

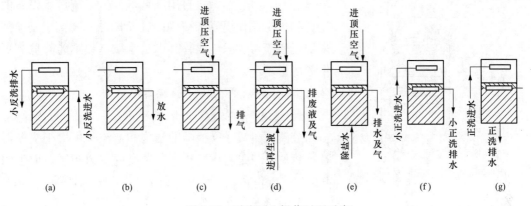

图 2-32　逆流再生操作过程示意
（a）小反洗；（b）放水；（c）顶压；（d）进再生液；（e）逆流清洗；（f）小正洗；（g）正洗

为了使逆流再生达到较好的效果，故在逆流再生的操作工艺中需注意以下几个问题：

1）压脂层的厚度和顶压用的压缩空气压力要符合要求。

采用压缩空气或水顶压，不仅需要增加顶压设备或管道，而且操作也比较麻烦。为了克服这一缺点，我国对无顶压逆流再生工艺进行了试验研究。研究结果表明，对于阳离子交换器来说，只要将中排装置的小孔（或缝隙）的流速控制在 0.1～0.15m/s 且使压脂层厚度保持在 100～200mm 之间，就可使再生液的流速为 7m/h 时不需要顶压，树脂层也能够稳定，并能达到顶压时的逆流再生效果。若增加压脂层的高度，还可以适当提高再生液流速。对于阴离子交换器来说，因阴树脂的湿真密度比阳树脂小，故应适当降低再生液的上升流速，一般以 4m/h 左右为宜。无顶压逆流再生的操作步骤与顶压逆流再生操作基本相同，只是不进行顶压。

2）为使底部树脂的再生程度高，不致被杂质污染而影响出水水质，故在逆流再生后，应用水质较好的水逆流冲洗。

3）中间排水装置应进行必要的加固，以防止其上的管子断裂或弯曲。

4）为了防止在反冲洗的过程中产生过大的应力，在大反洗时的流量应由小到大，以逐渐排除交换器中的空气和疏松树脂层。进入交换器水中的悬浮物含量要小，以免压脂层中积聚污物，造成过大的压降。

5）如果采用聚苯乙烯白球作上部的压脂层，此白球的密度应比树脂小，它们应有明显的密度差，以便分层。如果白球的密度与树脂的密度很接近，则白球易混入树脂层，这样将减少树脂的有效体积。压脂层的厚度不能太小，否则会使上部气压不稳定，也会使悬浮物渗入树脂层。

6）逆流再生所用的再生剂质量要好，否则，仍不能保证出水水质良好。逆流再生的再生废液中剩余的再生剂量较少，故不宜再用。

7）应防止有气泡混入交换剂层中。

3. 工艺特点

逆流再生工艺的优越性是很明显的，目前已广泛应用于强型（强酸性和强碱性）离子交换。与顺流再生工艺相比，逆流再生对水质的适应性强；出水水质好；再生剂比耗低（一般为1.5倍左右）；自用水率低。但逆流再生设备的运行和再生操作更复杂一些；对于弱酸性H离子交换剂来说，逆流再生只能改善其出水水质，却不能降低其再生剂用量。

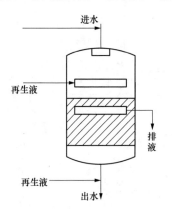

图2-33 分流再生交换器结构示意

（三）分流再生离子交换器

1. 交换器的结构

分流再生离子交换器的结构和逆流再生离子交换器基本相似，只是将中间排水装置设置在树脂层表面下约400～600mm处，不设压脂层，如图2-33所示。

2. 交换器的运行

交换器失效后，先进行上部反洗。水从中间排水装置进入，从交换器顶部排出，使中排管以上的树脂得以反洗，然后进行再生，再生液分两股，小部分自上部、大部分自下部同时进入交换器，废液均从中间排水装置排出。置换的流程与进再生液相同。运行时水自上而下流过整个树脂层。在这种交换器中，下部树脂层为对流再生，上部树脂层为顺流再生。

3. 工艺特点

（1）分流再生流过上部树脂层的再生液可以起到顶压作用，所以无需另外用水或空气顶压；中排管以上的树脂起到压脂层的作用，并且也能获得再生。所以交换器中的树脂的交换容量利用率较高。

（2）尽管每周期对中排管以上树脂进行反洗，但中排管以下树脂层仍保持着逆流再生的有利层态，可以获得较好的再生效果。

（3）用硫酸再生时，这种再生方式可以有效地防止硫酸钙沉淀在树脂层中析出。因为分流再生时，可以用两种不同浓度的再生液同时对上、下树脂层进行再生，由于上部树脂层主要是钙型树脂，最易析出硫酸钙沉淀，为此可用较低浓度的硫酸以较高流速进行再生以除去钙离子，加之含有钙离子的水流经树脂层距离短，可以防止硫酸钙在这一层树脂中析出。

（四）混合离子交换器

混合离子交换器简称混合床，就是把阴、阳离子交换树脂按一定的比例混合放在同一个交换器中，并且在运行前将它们混合均匀，所以，混合床可以看作是由许多阴、阳树脂交错排列而组成的多级式复床，如以阴、阳混匀的情况推算，其级数约可达1000～2000级。

在混合床中，由于阴、阳树脂是相互混匀的，所以其阴、阳离子交换反应几乎是同时进行的，或者说，水的阳离子交换和阴离子交换是多次交错进行的。所以经H型交换所产生的H$^+$和经OH型交换所产生的OH$^-$都不能累积起来，二者反应生成水，消除了反离子的影响，交换反应进行得的十分彻底，从而可保证较高的出水水质。

反应如下：

$$2RH + 2R'OH + \begin{matrix} Ca \\ Mg \\ Na_2 \end{matrix} \left\{ \begin{matrix} CO_4 \\ Cl_2 \\ (HCO_3)_2 \\ (HSiO_3)_2 \end{matrix} \right. \rightarrow R_2 \left\{ \begin{matrix} Ca \\ Mg \\ Na_2 \end{matrix} \right. + R_2' \left\{ \begin{matrix} SO_4 \\ Cl_2 \\ (HCO_3)_2 \\ (HSiO_3)_2 \end{matrix} \right. + 2H_2O$$

为了区别阳树脂和阴树脂的骨架，式中将阴树脂的骨架用 R' 表示，以示区别。

对于由不同类别树脂组成的混合床，其出水水质是不同的。对于水质要求很高时，混合床中所用的树脂都必须是强型的，弱酸弱碱树脂的混合床出水水质很差，一般不采用。一般混合床使用强酸性和强碱性的离子交换树脂以保证出水水质。出水电导率可达 $0.1\mu S/cm$，残留硅含量小于 $0.02mg/L$，满足直流锅炉的需要。

混合床一般采用固定床式，阳、阴离子交换树脂的配比为 1：2（体积比）。

混合床中树脂失效后，应先将两种树脂分离，然后分别进行再生和清洗。再生清洗后再将两种树脂混合均匀，又投入运行。

为了便于混合床中阴、阳树脂分层，两种树脂的湿真密度差应大于 15%，有时还可采用增加二者粒度差的办法确定。

在高参数、大容量机组的发电厂中，由于锅炉补给水的用水量较大和原水的含盐量较高，如单独使用混合床，再生将过于频繁，所以，混合床都是串联在复床除盐系统之后。只有在处理凝结水时，由于被处理水的离子浓度低，才单独使用混合床。

按再生方式，混合床分体内再生和体外再生两种。炉外水处理一般大型装置多采用体内再生方式。

1. 混合床结构

混合床离子交换器的本体是个圆柱形压力容器，有内部装置和外部管路系统。其筒体结构内主要装置有：上部进水装置、下部配水装置、进酸装置、进碱装置、压缩空气装置以及为了将阴、阳树脂分开再生，在阴、阳树脂层分界处设置的中间排水装置（用体外再生时，无此装置）。混合床结构及管路系统如图 2-34 和 2-35 所示。

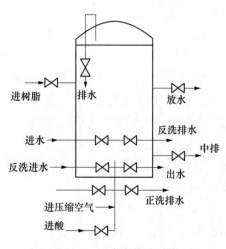

图 2-34 混合床管路系统

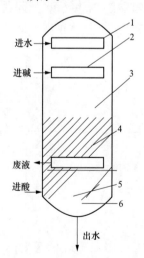

图 2-35 混合床结构示意

1—进水装置；2—进碱装置；3—树脂层；

4—中间排液装置；5—下部配水装置；6—进酸装置

2. 混合床的运行

混合床的运行通常分为四步，从交换器失效后算起为反洗分层、再生与置换、混脂和制水运行。

(1) 反洗分层。混合床除盐装置运行操作中的关键问题之一，就是如何将失效的阴阳树脂分开，以便于分别通入再生液进行再生。在发电厂水处理中，目前反洗分层一般均是采用水力筛分法对阴、阳树脂进行分层。这种方法就是借反洗的水力将树脂悬浮起来，是树脂层达到一定膨胀率。再利用阴、阳树脂的湿真密度的不同，使阴、阳树脂彻底分离。在反洗时，由于阴树脂的湿真密度比阳树脂小，因而阴树脂上浮，阳树脂下沉，从而产生一个明显的分界面。

反洗开始时，流速要小一些，待树脂松动后，逐渐加大到 10m/h 左右，使整个树脂充分膨胀，膨胀率达 50% 以上。两种树脂是否能分层明显，除与阴阳树脂的湿真密度差、反洗流速有关外，还与树脂的失效程度有关，树脂失效程度大，分层比较容易，否则就比较困难。有时为了分层，可先通入 NaOH，使阴、阳树脂分别转化为 OH 型和 Na 型，增大密度差。这样，既有利于分层又可以防止 H 型、OH 型树脂的相互抱团。

(2) 再生与置换。混床的再生主要有两种方式：体内再生、体外再生。

1) 体内再生，就是树脂在交换器内部进行再生的方法。根据进酸、进碱和冲洗步骤的不同，它又可分为两步法和同时处理法两种。

所谓两步法是指再生时酸、碱再生液不是同时而是先后进入交换器。在大型装置中，一般都使用酸、碱分别单独通过阳、阴树脂层的两步法。这种方法是在反洗分层完毕之后，将交换器中的水放至树脂表面上约 200mm 处，从上部送入 NaOH 溶液再生阴树脂，废液从阴、阳树脂分界处的中间排水装置排出，并按同样的流程进行阴树脂的清洗，在此再生和清洗时，可用少量水自下部通入阳树脂层，以减轻碱液污染阳树脂。然后，再生阳树脂时酸由底部通入，废液也由阴阳树脂分界处的中间排水装置排出。此外，为了防止酸液进入阴树脂层，需继续自上部通以小流量的水清洗阴树脂，阳树脂的清洗流程也和再生时相同。最后进行整体正洗，即从上部进水，底部排水。

体内再生的另一种方法是同时处理法，示意图如图 2-36 所示。此法实际上与碱、酸分别通过阴、阳树脂的两步法相似，即在再生和清洗时，由交换器上下同时送入碱、酸液或清洗水，分别经阴、阳树脂层后，废液从中间排水装置排出。

2) 体外再生是将失效的树脂移到交换器外进行再生处理。这种再生方法需要一个由交换器、再生器和再生后的树脂贮存器组成的再生系统。再生方法与体内再生法相同。树脂的转移采用水力输送。

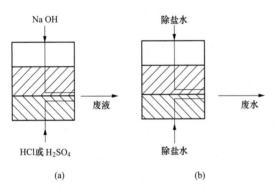

图 2-36　混合床同时再生法示意图

(a) 阴、阳树脂同时分别再生；(b) 阴、阳树脂同时分别清洗

一般来讲，两种再生方法相比，体外再生设备利用率高，再生效果好，防止了再生剂对树脂的污染，但树脂的磨损比较大。

（3）混脂。树脂经再生和清洗后，在投入运行前必须将分层的树脂重新混合均匀。通常用从底部通入压缩空气的办法搅拌混合。这时所用的压缩空气应经过净化处理，以防止压缩空气中有油类等杂质污染树脂。压缩空气进入交换器前的压力，一般采用 0.1～0.15MPa，混合时间视树脂是否混合均匀为准，一般为 2～5min，时间过长易磨损树脂。

为了获得较好的混合效果，混合前应把交换器中的水面下降到树脂层表面上 100～150mm 处。

（4）正洗：正洗是指混合后的树脂，用除盐水以 10～20m/h 的流速自上而下通过树脂层进行清洗，至出水合格。

（5）制水：正洗合格后即开始正常运行。混合床的运行制水与普通的固定床相同，只是可以采用更高的流速，通常对凝胶型树脂可取 40～60m/h，大孔型树脂可达到 100m/h以上。

3. 混合床的工艺特点

混合床和复床相比，其出水水质好、出水水质稳定、间断运行对出水水质影响小、失效终点明显等优点。但存在着混合床树脂交换容量的利用率低、树脂损耗大、再生操作复杂等缺点。

（五）浮床式离子交换器

1. 交换器结构

浮动床的运行是在整个树脂层被托起的状态下（称成床）进行的，离子交换反应是在水向上流动的过程中完成。树脂失效后，停止进水，使整个树脂层下落（称落床），于是可进行自上而下的再生。

交换器结构及管路系统如图 2-37 和图 2-38 所示。

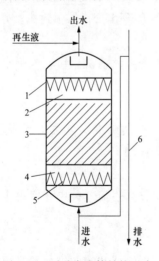

图 2-37　浮动床本体结构示意

1—顶部出水装置；2—惰性树脂层；3—树脂层；4—水垫层；
5—下部进水装置；6—倒 U 形排液管

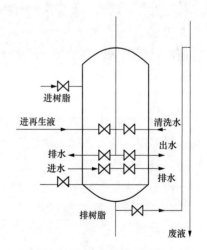

图 2-38　浮动床管路系统

（1）底部进水装置。

底部进水装置起分配进水和汇集再生废液的作用。有穹形孔板石英砂垫层式、多孔板加水帽式。大中型设备用得最多的是穹形孔板石英砂垫层式，石英砂层在流速 80m/h 以下不会乱层，但当进水浊度较高时，会因截污过多而清洗困难。

（2）顶部出水装置。

顶部出水装置起收集处理好的水、分配再生液和清洗水的作用。常用的形式有多孔板加滤网式、多孔板加水帽式和弧形母管支管式。前两者多用于小直径浮动床；大直径浮动床多采用弧形母管支管式的出水装置。该装置的多孔弧形支管外包 40～60 目的滤网。网内衬一层较粗的起支撑作用的塑料窗纱。

多数浮动床以出水装置兼作再生液分配装置，但由于再生液流量比进水流量小得多，故这种方式很难使再生液分配均匀。为此，通常在树脂层面以上填充约 200mm 高、密度小于水、粒径为 1.0～1.5mm 的惰性树脂层，以改善再生液分布均匀性。

（3）树脂层和水垫层。运行时，树脂层在上部，水垫层在下部；再生时，树脂层在下部，水垫层在上部。

为防止成床或落床时树脂层乱层，浮动床内树脂基本上是装满的，水垫层很薄。水垫层的作用：一是作为树脂层体积变化时的缓冲高度；二是使水流和再生液分配均匀。水垫层不易过厚，否则在成床或落床时，树脂会乱层，这是浮动床最忌讳的。若水垫层厚度不足，则树脂层体积增大时会因没有足够的缓冲高度，而使树脂受压、挤碎以及水流阻力增大。合理的水垫层厚度，应是树脂在最大体积（水压实）状态下，以 0～50mm 为宜。

（4）倒 U 形排液管。

浮动床再生时，如废液直接由底部排出容易造成交换器内负压而进入空气。由于交换器内树脂层以上空间很小，空气会进入上部树脂层并在那里积聚，使这里的树脂不能与再生液充分接触。为解决这一问题，常在再生排液管上加装一个倒 U 形管，并在倒 U 形管顶开孔通大气，以破坏可能造成的虹吸，倒 U 形管顶应高出交换器上封头。

2. 交换器的运行

制水→落床→进再生液→置换→下流清洗→成床→上流清洗，再转入制水。上述过程构成一个运行周期。

（1）落床。

当运行至出水水质达到失效标准时，停止制水，靠树脂本身重力从下部起逐层下落，在这一过程中，同时还起到疏松树脂层、排除气泡的作用。

（2）进再生液。

一般采用水射器输送。先启动再生专用水泵，调整再生流速；再开启再生计量箱出口门，调整再生液浓度，进行再生。

（3）置换。

待再生液进完后，关闭计量箱出口门，继续按再生流速和流向进行置换，置换水量约为树脂体积的 1.5～2 倍。

（4）下流清洗。

置换结束后，开清洗水门，调整流速至 10～15m/h 进行下流清洗，一般需要 15～30min。

（5）成床、上流清洗。

用进水以 20~30m/h 的较高流速将树脂层托起，并进行上流清洗，直至出水水质达到标准时即可转入制水。

3. 树脂的体外清洗

由于浮动床内树脂基本是装满的，没有反洗的空间，故无法进行体内反洗。当树脂需要反洗时，需将部分或全部树脂移至专用清洗装置内进行清洗。经清洗后的树脂送回交换器后，再进行下一个周期的运行。清洗周期取决于进水中悬浮物含量的多少和设备在工艺流程中位置，一般是 10~20 个周期清洗一次。清洗方法有下述两种：

（1）水力清洗法。

它是将约一半的树脂送到体外清洗罐中，然后在清洗罐中和交换器串联的情况下进行小反洗，反洗时间通常为 40~60min。

（2）气-水清洗法。

气—水清洗法是将树脂全部送到体外清洗罐中，先用净化的压缩空气擦洗 5~10min，然后再用水以 7~10m/h 流速反洗至排水透明为止。该法清洗效果好，但清洗罐容积要比交换器大一倍左右。清洗后的再生，也应像逆流再生交换器那样增加 50%~100% 的再生计量。

4. 工艺特点

（1）浮动床成床时，其流速应突然增大，不易缓慢上升，以便成床状态良好。在制水过程中，应保持足够的水流速度，不得过低，以免出现树脂层下落的现象。为了防止低流速时树脂层下落，可在交换器出口设回流管，当系统出力较低时，可将部分出水回流到该级之前的水箱中。此外，浮动床制水周期中不宜停床，尤其是后半周期，否则会导致交换器提前失效。

（2）由于浮动床制水时和再生时的液流方向相反，因此，与逆流再生离子交换器一样，可以获得较好的再生效果，再生后树脂层中的离子分布，对保证运行时出水水质也是非常重要的。

（3）浮动床除了具有对流再生工艺的优点外，还具有水流过树脂层时压头损失小的特点。这是因为它的水流方向和重力方向相反，在相同流速条件下，与水流从上至下的流向相比，树脂层的压实程度较小，因而水流阻力也小，这也是浮动床高流速运行和树脂层可以较高的原因。

（4）浮动床体外清洗增加了设备和操作的复杂性，为了不使体外清洗次数过于频繁，因此对进水浊度要求严格，一般应不大于 2mg/L。

三、离子交换除盐系统组合

同型号的离子交换树脂装入交换器中，按照一定工艺条件的要求，组合在一起则组成离子交换除盐系统。

（一）组成除盐系统的原则

为了充分利用各种离子交换工艺的特点和各种离子交换设备的功能，可将它们组成各种除盐系统。系统组成的基本原则如下：

（1）对于树脂床，阳在前，阴在后；弱在前，强在后；再生顺序是先强后弱。

（2）要除硅必须用强碱性树脂。

（3）原水碳酸盐硬度高时，宜采用弱酸性树脂；当原水强酸阴离子浓度高或有机物高时，宜采用弱碱性树脂；当采用Ⅱ型强碱性树脂时，一般不再采用弱碱性树脂。

（4）当对水质要求很高时，应在一级复床后设混床。

（5）除碳器应置于 H 离子交换器后，强碱 OH 离子交换器前。但弱碱性阴床无妨，如置于除碳器前，还有利于其功效的提高。

（6）如阳床出水含量小于 20mg/L（如经石灰处理或原水碱度小于 0.5mmol/L），可考虑不设除碳器。

（7）弱、强树脂联合应用，视情况可采用双室床、双层床或分设单床。分设单床时，弱型树脂床没有必要采用对流再生。弱型树脂设单床时可采用双流床。

（二）常用的离子交换除盐系统

根据被处理水质、水量及对出水水质要求不同，可采用多种离子交换除盐系统。表 2-12 列出了常用的离子交换除盐系统及适用情况，并对表中各系统的特点做出分析。

表 2-12　　　　　　　　　　常用的化学除盐系统

序号	系统组成	出水水质		适用条件		特　　点
		电导率 ($\mu S/cm$)	SiO_2 (mg/L)	进水水质	出水用途	
1	阳强—碳—阴强	<5	<0.10	碱度、含盐量、硅酸含量均不高	高压及以下锅炉	系统简单
2	阳强—阴弱—碳—阴强	<5	<0.10	SO_4^{2-}、Cl^- 含量高，碱度和硅酸含量不高	高压及以下锅炉	阴弱去降强酸阴离子且交换容量大、易再生、阴强专用于除硅，运行经济性好
3	阳弱—阳强—碳—阴强	<5	<0.10	碱度高，含盐量和硅酸储量不高	高压及以下锅炉	阳弱去除 Ca、Mg 等与碱度对应的阳离子且交换容量大、易再生，运行经济性好
4	阳弱—阳强—碳—阴弱—阴强	<5	<0.10	碱度和 SO_4^{2-}、Cl^- 含量均高，硅酸含量不高	高压及以下锅炉	运行经济性最好，但设备用的多
5	混	1~5	0.01~0.10	碱度、含盐量和硅酸含量均很低	超高压及直流炉	树脂交换容量小
6	阳强—碳—阴强—混	<0.2	<0.02	碱度、含盐量均低，硅酸含量高	超高压及直流炉	二级除硅系统简单，出水水质稳定
7	阳强—阴弱—碳—混	<1.0	0.05	碱度和硅酸含量不高，SO_4^{2-}、Cl^- 含量高	超高压及直流炉	运行经济性好

序号	系统组成	出水水质		适用条件		特　点
		电导率 (μS/cm)	SiO_2 (mg/L)	进水水质	出水用途	
8	阳弱—碳—混	1～5	0.10	碱度高，含盐量和含硅量低	超高压及直流炉	运行经济性好
9	阳弱—阳强—阴弱—碳—阴强—混	<0.2	0.05	碱度、含盐量、含硅量均高	超高压及直流炉	运行经济性好

注　表中的"阳"和"阴"分别表示阳离子交换器和阴离子交换器；右下角的"强"和"弱"分别表示所用树脂酸碱性的强弱；"碳"和"混"分别表示除碳器和混合床交换器。

（三）复床除盐系统的组合方式

复床除盐系统的管道连接方式有两种，一种为单元制，另一种为母管制（图 2-39）。

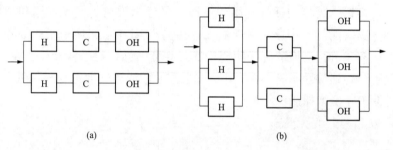

图 2-39　系统的组合方式
（a）单元制；（b）母管制

单元制一级复床除盐系统组合方式适用于进水中强、弱酸阴离子比值稳定，交换器台数不多的情况。单元制系统中，通常 OH^- 离子交换器的交换能力应比 H^+ 离子交换器的交换能力富余 10%～15%，其目的是让 H^+ 离子交换器总是比 OH^- 离子交换器先失效，泄漏的 Na^+ 经过 OH^- 离子交换器后，在出水中生成 NaOH，导致出水电导率发生显著升高，便于运行监督。此时，只需监督复床除盐系统中 OH^- 离子交换器的电导率和 SiO_2 即可。当电导率或 SiO_2 显示超标时，H^+ 离子交换器和 OH^- 离子交换器同时停止运行，分别进行再生，然后再同时投入运行。此组合方式易自动控制，系统简单，维护、运行、监督方便。但系统中 OH^- 离子交换器中树脂容量往往不能充分利用，所以碱耗较高。

母管制一级复床组合方式适用于进水中强、弱酸阴离子比值变化较大，交换器台数较多的情况。在此组合方式中，阳、阴离子交换器分别监督，失效者从系统中解列出来进行再生，与此同时，已再生好的备用交换器投入运行。此组合方式运行的灵活性较大。

四、离子交换树脂

（一）离子交换树脂的结构

离子交换树脂是一类带有活性基团的网状结构高分子化合物，结构比较复杂，见图 2-40 所示。在它的分子结构中，可以人为的分为两大部分：一部分称为离子交换树脂骨架，是树脂的支撑体。这部分在交换反应中不发生变化；另一部分是带有可交换离子的活性基团，它们化合在高分子骨架上。由于其外形与松树分泌的树脂相像而得名。

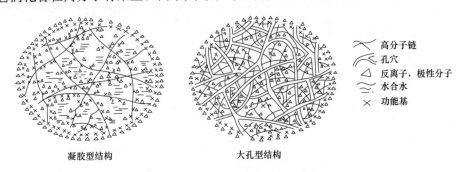

凝胶型结构   大孔型结构

> ⌇ 高分子链
> ﹏ 孔穴
> △ 反离子，极性分子
> ～ 水合水
> × 功能基

图 2-40 离子交换树脂结构示意图

（二）离子交换树脂的分类

1. 按活性基团的性质分类

根据离子交换树脂所带的活性基团的性质，可分为阳离子交换树脂和阴离子交换树脂。带有酸性基团、能与水中阳离子进行交换的称为阳离子交换树脂；带有碱性活性基团、能与水中阴离子进行交换的称为阴离子交换树脂。按活性基团上 H^+ 或 OH^- 电离的强弱程度，又可分为强酸性阳离子交换树脂和弱酸性阳离子交换树脂；强碱性阴离子交换树脂和弱碱性阴离子交换树脂。

2. 按离子交换树脂的孔型分类

（1）凝胶型树脂。

这种树脂是由苯乙烯和二乙烯苯混合物在引发剂存在下进行悬浮聚合得到的具有交联网状结构的聚合物，因这种聚合物呈透明或半透明状态的凝胶结构，所以称为凝胶型树脂。凝胶型树脂的网孔通常很小，平均孔径约 1~2nm，且大小不一。

因凝胶型树脂孔径小，不利于离子运动，直径较大的分子通过时，易堵塞网孔，再生时也不易洗脱下来，所以，凝胶型树脂易受到有机物的污染。

（2）大孔型树脂。

这类树脂的制备方法和凝胶型树脂的不同主要是高分子聚合物骨架的制备。大孔型树脂的特点是在整个树脂内部无论干或湿、收缩或溶胀都存在着比凝胶型树脂更多、更大的孔，因此比表面积大。它具有抗有机物污染的能力，被截留在网孔中的有机物容易在再生过程中被洗脱下来。大孔型交换树脂由于空隙占据一定空间，离子交换基团含量相应减少，所以，交换容量比凝胶型树脂低些。

大孔型树脂的交联度通常要比凝胶型的大，所以它的抗氧化能力较强，机械强度较高。凝胶型树脂的交联度在 7% 左右，而大孔型树脂的交联度可高达 16%~20%。

3. 按单体种类分类

按合成树脂的单体种类不同，离子交换树脂还可分为苯乙烯系、酚醛系和丙烯酸系等，苯乙烯系树脂在电厂中用的最为广泛。

（三）离子交换树脂的命名

有机合成离子交换树脂的全名称由分类名称、骨架（或基团）名称、基本名称三部分按顺序依次排列组成。基本名称为离子交换树脂。

离子交换树脂产品型号，以三位阿拉伯数字表示，凝胶型树脂的交联度值，有连接符号所联系的第四位阿拉伯数字表示。

凡属大孔型树脂，在型号前加"大"字汉语拼音的首位字母"D"。

凡属凝胶型树脂，在型号前不加任何字母。

各位数字所代表的意义见表 2-13。

表 2-13　　　　　　　　　　　离子交换树脂各数字代表含义

活性基团代号						
代号	0	1	2	3	4	5	6
活性基团	强酸性	弱酸性	强碱性	弱碱性	螯合性	两性	氧化还原性
骨架代号						
代号	0	1	2	3	4	5	6
骨架类别	苯乙烯系	丙烯酸系	酚醛系	环氧系	乙烯吡啶系	脲醛系	氯乙烯系

（四）离子交换树脂的性能

1. 离子交换树脂的物理性能

（1）外观。

离子交换的树脂是一种透明或半透明的小球，树脂的颜色依其组成不同颜色各异。

（2）粒度。

树脂颗粒的大小对水处理的工艺过程有较大的影响。颗粒大，交换速度就慢；颗粒小，水通过树脂层的压力损失就大。如果各个颗粒的大小相差很大，则对水处理的工艺过程是不利的。首先是因为小颗粒堵塞了大颗粒间的孔隙，水流不匀和阻力增大；其次，在反洗时流速过大会冲走小颗粒树脂，而流速过小，又不能松动大颗粒。用于水处理的树脂颗粒粒径一般为 0.3～1.2mm。树脂粒度的表示法和过滤介质的粒度一样，可以用有效粒径和均一系数表示。

（3）密度。

离子交换树脂的密度是水处理工艺中的实用数据。离子交换树脂的密度有干真密度、湿真密度、湿视密度三种表示方法。湿真密度是影响树脂实际应用性能的一个指标，决定反冲洗强度、膨胀率、混合分层、沉降性能。一般在 1.04～1.30 之间，阳树脂常比阴树脂的湿真密度大。湿视密度用来计算交换器中装载树脂时所需湿树脂的质量，此值一般在 0.60～0.85g/mL 之间。阴树脂较轻，偏于下限；阳树脂较重，偏于上限。

（4）含水率。

离子交换树脂的含水率是指单位质量的树脂（除表面水分后）所含水量的百分数。它可以反映交联度和网眼中的孔隙率。树脂的含水率越大，表示它的孔隙率愈大，交联度越小。

（5）溶胀性。

当将干的离子交换树脂浸入水中时，其体积常常要变大，这种现象称为溶胀。

由于离子交换树脂具有这样的性能，因而在其交换和再生的过程中会发生胀缩现象，多次的胀缩容易促使树脂颗粒的破碎。

一般，强酸性阳离子交换树脂由 Na 型变成 H 型，强碱性阴离子交换树脂由 Cl 型变成 OH 型，其体积均增加约 5%。

（6）耐磨性。

离子交换树脂颗粒在运行中，由于相互摩擦和胀缩作用，会发生碎裂现象，所以其耐磨性是一个影响其实用性能的指标。一般，其机械强度应能保证每年的树脂耗损量不超过 3～7%。

（7）溶解性。

离子交换树脂产品中免不了会含有少量低聚物，这些低聚物在其应用的最初阶段会逐渐溶解。离子交换树脂使用中，有时也会发生转变成胶体渐渐溶入水中，即所谓胶溶。以上两种情况均会使出水呈现微黄色。

（8）耐温性。

各种树脂在使用中所能承受的温度都有限度，超过此温度范围，或者树脂热分解现象严重，或者影响其交换容量。通常，阳离子交换树脂的耐热性比阴离子交换树脂的好，盐型比酸型或碱型的好。阳树脂可耐 100℃ 或更高的温度，而对阴树脂来说，强碱性树脂可耐 60℃，弱碱性树脂可耐 80℃ 以上，树脂长期使用的温度应以不超过 40℃ 为宜。树脂置于 0℃ 以下时，会由于树脂内部结冰而胀碎。因此，树脂在使用时，对于水温有严格的控制。

（9）导电性。

湿树脂可以导电，其导电性质属于离子型导电。

2. 离子交换树脂的化学性能

（1）离子交换反应的可逆性。

离子交换树脂在水中其本身带有的活性基团中的离子与水中同符号的离子进行交换，如 H 型强酸性离子交换树脂遇到含有 Ca^{2+} 的水时，就会发生如下交换反应：

$$2RH + Ca^{2+} \longrightarrow R_2Ca + 2H^+$$

交换的结果，水中 Ca^{2+} 被吸附在树脂上，树脂原有的 H^+ 进入水中，水中 Ca^{2+} 被除去。

离子交换反应是可逆的，如在上式的反应中，转变成钙型的树脂若用盐酸处理，则树脂又恢复成 H 型，这一过程称之为树脂的再生：

$$R_2Ca + 2H^+ \longrightarrow 2RH + Ca^{2+}$$

离子交换树脂之所以在水处理工艺中得到广泛的应用，正是由于树脂的交换特性可使树脂反复使用。

离子交换反应与普通的化学反应一样，具有按等当量进行的特性。

（2）酸、碱性。

H 型阳树脂与 OH 型阴树脂的性能与电解质酸、碱相似，在水中有电离出 H^+ 和 OH^- 的能力，这种性质被称之为树脂的酸碱性。根据电离出的 H^+ 和 OH^- 的能力的大小，它们又有强弱之分。常用的强、弱型树脂有如下几种：

1）磺酸型强酸性阳离子交换树脂（$R-SO_3H$）。

2）羧酸型弱酸性阳离子交换树脂（$R-COOH$）。

3）季铵型强碱性阴离子交换树脂（R≡NOH）。

4）叔仲伯型弱碱性阴离子交换树脂（R≡NH）OH、（R=NH$_2$）OH、（R−NH$_3$）OH。

（3）中和与水解。

离子交换树脂这一性质和电解质一样，例如 OH 型强碱阴树脂与酸液相遇或 H 型强酸阳树脂与碱液相遇，都会进行中和反应：

$$R—SO_3H + NaOH \longrightarrow R—SO_3Na + H_2O$$

$$R \equiv NOH + HCl \longrightarrow R \equiv NCl + H_2O$$

盐型树脂的水解反应也和通常电解质的水解反应一样，如水解产物有弱酸和弱碱时，水解度较大：

$$RCOONa + H_2O \longrightarrow RCOOH + NaOH$$

$$R \equiv NHCl + H_2O \longrightarrow R \equiv NHOH + HCl$$

（4）离子交换树脂的选择性。

离子交换树脂对不同离子的亲合力有一定的差别，亲合力大的离子容易被树脂吸着，但吸着后要把它们置换下来比较困难，亲合力小的离子很难被吸着，但置换下来却比较容易，这种性能称为离子交换的选择性。选择性会影响离子交换树脂的交换和再生过程，因此在实际应用中是一个很重要的问题。影响离子交换选择性的因素很多，如交换离子的种类、树脂的本质、溶液的浓度，离子组分等。

树脂在常温、低浓度水溶液中对常见离子的选择性次序如下：

1）强酸阳离子交换树脂：

$$Fe^{3+} > Al^{3+} > Ca^{2+} > Mg^{2+} > K^+ \approx NH4^+ > Na^+ > H^+$$

2）弱酸阳离子交换树脂：

$$H^+ > Fe^{3+} > Al^{3+} > Ca^{2+} > K^+ > Na^+$$

3）强碱阴离子交换树脂：

$$SO_4^{2-} > NO_3^- > Cl^- > OH^- > F^- > HCO_3^- > SiO_3^-$$

4）弱碱阴离子交换树脂：

$$OH^- > SO_4^{2-} > NO_3^- > Cl^- > HCO_3^-$$

（5）交换容量。

离子交换树脂的交换容量表示其可交换离子量的多少，表示单位有以下几种：

1）全交换容量：表示离子交换树脂中所有活性基团的总量。对于同一种离子交换树脂而言，全交换容量基本为一定值。此指标主要用于离子交换树脂的研究。

2）工作交换容量：表示在给定的工作条件下，离子交换树脂发挥的交换能力。不同树脂其工作交换容量不同，同种树脂的工作交换容量随运行水质、树脂层高、水流速度、再生条件以及失效控制指标的不同而不同。

（五）离子交换树脂的储存、预处理与复苏

1. 离子交换树脂的储存与验收

离子交换树脂产品应包装在内衬塑料袋的容器或编织袋中。树脂在储存运输过程中，应采取妥善措施，应保持在 5～50℃ 的温度环境中，避免过冷或过热，并注意不要使树脂失去内在水分。

树脂入厂后，要对树脂进行取样检验，检验的项目主要有全交换容量、体积交换容量、含水量、湿视密度、湿真密度、有效粒径、均一系数、粒度、磨后（渗磨）圆球率等。对于大孔弱酸、弱碱树脂，还应检验其转型膨胀率。

树脂的储存期为 2 年，超过存期的树脂在使用前应进行复验。若复验结果符合要求，则仍可使用。树脂在储存期应防止冻裂，防止干燥失水。

2. 离子交换树脂预处理

在新树脂中，常含有过剩的原料，反应不完全的低聚合物和其他杂质。除了这些有机物外，树脂中还往往含有铁、铅、铜等无机杂质。因此，新树脂在使用前必须进行预处理，以除去树脂中的可溶性杂质。

新树脂的预处理一般是用酸碱溶液交替浸泡或动态清洗，用稀盐酸溶液除去其中的无机物杂质（主要为铁的化合物）；用稀氢氧化钠溶液除去有机杂质。如果树脂在运输途中和储存过程中失水，则不能将其直接放入水中，应先浸泡于饱和食盐水一定时间后，再逐步稀释降低食盐水的浓度使树脂缓慢溶胀到最大体积，以免树脂因急剧溶胀而破裂。对于阴树脂，由于它在过浓的食盐水中会上浮，不能很好浸泡，故用 10％食盐水浸泡较为合适。

（1）水冲洗。

将新树脂装入交换器中，用清水进行反冲洗，以除去混在树脂中的杂质、细碎树脂粉末以及溶解于水中的物质。反洗时将流量控制在树脂层膨胀率50％左右，直到排水不呈黄色澄清为止。

（2）阳树脂的预处理。

将水冲洗后的阳树脂用约为树脂两倍体积的 2％～4％的 NaOH 溶液浸泡 4～8h 后将碱液排放或用小流量进行动态清洗，然后用清水洗至排除液近中性为止，再通入约为树脂体积两倍的 5％的盐酸溶液浸泡 4～8h 后将酸液排放或用小流量进行动态清洗，然后用清水洗至排除液与入水氯根接近为止。

（3）阴树脂的预处理。

将水冲洗后的阴树脂用约为树脂两倍体积的 5％HCl 溶液浸泡 4～8h 后将酸液排放或用小流量进行动态清洗，然后用清水洗至排除液与入水氯根接近为止。再通入约为树脂体积两倍的 2％～4％的 NaOH 溶液浸泡 4～8h 后将酸液排放或用小流量进行动态清洗，然后用清水洗至排除液近中性。

树脂经过上述处理后，阳树脂转为 H 型，阴树脂转为 OH 型。

3. 离子交换树脂的污染与复苏

（1）阳树脂的污染和复苏。

阳树脂会受到进水中的悬浮物、铁、铝、油、$CaSO_4$ 等物质的污染。运行中可针对污染物的种类采用不同的处理方法。

1）空气擦洗法。利用压缩空气，对树脂进行反复擦洗和反洗，直到反洗水澄清为止。

2）酸洗法：对铁、铝、钙镁盐类污染物，可用 3％～10％盐酸进行浸泡或采用低流速循环酸洗。

3）非离子表面活性剂清洗法：对受油脂类、蛋白质等有机物污染的树脂，可先将树脂转为钠型，然后将非离子表面活性剂如辛烷基酚，聚氧乙烯醚等加到反洗水中，进行反洗，即可除去污染物。

（2）阴树脂的污染与复苏。

阴树脂在使用中常会受到有机物、胶体硅、铁的化合物的污染。

1）氢氧化钠清洗法：受到有机物污染的树脂复苏的方法常采用食盐—氢氧化钠清洗法，即用 3 倍于床体的 10%NaCl 和 1%～2%NaOH 混合溶液对树脂进行清洗，然后进行彻底反洗。当用此法效果不佳时，可采用次氯酸钠（NaClO）清洗。配制的清洗液要能产生 1%的活性氯。

2）次硫酸钠溶液浸泡。树脂受到铁污染后，颜色变黑。其复苏方法可采用 4%的次硫酸钠溶液浸泡 4～12h。也可采用酸洗法，即先将阴树脂用盐水处理失效后，再用 10%的盐酸浸泡 5～12h。

近年来已出现了用于清洗污染树脂的专用药剂和利用超声波清洗的新技术。

（3）运行中防止树脂污染的方法。

火力发电厂除盐系统中最常见的是强碱性阴树脂受到有机物的污染。树脂被污染后的特征是交换容量下降，再生后正洗时间延长，树脂颜色变深，出水水质变坏、pH 值降低等。

为了防止有机物污染树脂，在运行时应先将进水中的有机物除去。

1）混凝处理。水在进入除盐装置前经混凝处理，除去水中大部分有机物。为了提高混凝时去除有机物的效果，可在澄清器入口水中加液氯或次氯酸钠，这对含较多胶体有机物的水的处理更为必要。水在进入交换器前，应将水中的残余氯除去。

2）活性炭处理。活性炭具有很大比表面积和孔隙结构，它除能吸附有机物外，还能吸附氯、胶体硅、铁化合物和悬浮物。活性炭过滤器设在普通过滤器之后，当滤速为 10m/h 时，可运行数年不必更换活性炭，但每天需充分反洗一次。

 思考题

1. 试述澄清池出水水质劣化的原因。
2. 影响过滤运行效果的主要因素有哪些？
3. 超滤装置比传统的预处理装置有哪些优势？
4. 简述反渗透装置脱盐率降低的原因和处理方法。
5. 影响离子交换器再生效果的主要因素有哪些？
6. 试述离子交换器运行周期短的原因。
7. 简述阴树脂污染的特征和复苏方法。

第三章

火电厂废水处理

第一节　火电厂废水来源及分类

一、废水来源和特点

根据火电废水的来源不同，将废水分为循环水冷却水塔排污水、工业冷却水系统排水、冲灰（渣）水、化学水处理废水、机组杂排水、含煤废水、含油污水、脱硫废水、酸洗废水等，现具体介绍主要废水的来源和特点。

1. 循环水冷却水塔排污水

循环水冷却水系统是火力发电厂水容量最大的系统，其排污水来源于系统的排污，是系统在运行过程中为了控制冷却水中盐类等杂质的含量而排出的高含盐量废水，其特点为：①水量大、水温高，一般为间断性排放，瞬间流量大，但其排放量与浓缩倍率有关。水温一般比环境温度高，排入水体后会对生态产生影响。②水质复杂、含盐量高。从排放角度来说，水中只有总磷含量有轻微超标情况，其余污染因子一般满足国家排放标准的规定；从回用角度来说，水中含盐量高且低溶解度盐易结垢，且有机物、悬浮物、藻类高，需要处理后才有使用价值。

2. 工业冷却水系统排水

工业冷却水系统指的是大型水泵轴承、风机、空压机、汽水取样装置、汽轮机的润滑油装置等设备的冷却水，也称辅机冷却水。一般采用除盐水，有直流式和闭式冷却两种，直流式水质较好，不受污染，可以直接作为循环水冷却水补水。

3. 水力冲灰、冲渣废水

除灰和除渣的过程中一般不会产生废水，但如果灰水比太小，向冲灰系统中补入大量水，冲灰系统就会产生废水，其特点如下：①含盐量高，成分复杂。冲灰（渣）的水质不仅与灰、渣的化学成分有关，还与冲灰水的水质、锅炉燃烧条件、除尘与冲灰方式及冲灰比有关。②水的 pH 不确定，采用电除尘时 pH 较高，最高达到 11，水膜除灰 pH 较低，pH 越高水质越不稳定，且安定性差。③悬浮物含量不稳定且含有一些重金属或有毒元素。

4. 化学水处理废水

化学水处理废水主要包括锅炉补给水处理产生的废水和凝结水精处理产生的废水。锅炉补给水处理一般包括预处理系统和除盐处理系统，预处理系统产生的废水主要是澄清器的泥渣废水和过滤器的反洗废水等。除盐处理系统产生的废水主要是离子交换设备的再生、冲洗废水以及反渗透浓排废水等，下面分别介绍其排水特点：①澄清器的泥渣废水化学成分与原水水质和加入的混凝剂等因素有关。②过滤器反洗废水的悬浮物较高。③离子交换设备的再生、冲洗废水含有大量的溶解固形物和高含盐量。④反渗透浓排废水是原水杂质离子浓缩而来。⑤凝结水精处理废水的污染物较低，主要是热力系统中的腐蚀产物、再生产物以及氨、酸、碱、盐类，如果设备设置过滤器，废水中可能还含有纸浆纤维等。

5. 机组杂排水

机组杂排水主要是锅炉定排、连排废水以及机组启动的各种排水，另外汽机房和锅炉房设备、地面的冲洗水通过地沟汇集至排水槽。其水质特点为：①数量小、含盐量通常不高。②由于地面冲洗、设备漏油等影响，排水中经常含有油及悬浮物且含量波动较大。

6. 含煤废水

含煤废水主要来源于煤场排水和输煤系统冲洗排水，其水质特点为：①煤粉含量高，悬浮物和 COD 两个指标较大，还含有一定数量的焦油组分及少量重金属。②通常为酸性。

7. 含油污水

含油污水主要是含重油、润滑油、绝缘油、煤油和汽油等的废水，主要问题是水中油含量和含酚量超标。

8. 脱硫废水

脱硫废水是湿法脱硫系统中产生的，废水杂质主要来自烟气、补充水和脱硫剂。其特点为：①水质和水量不稳定，易沉淀。②悬浮物和化学耗氧量高。③含有过饱和的亚硫酸盐、硫酸盐以及重金属。④pH 浓度低并含有浓度很高的 F^-。

9. 化学清洗等其他废水

除了上述八种经常性废水外，还有几种非经常性废水，包括：①锅炉化学清洗废水，其特点是排放时间短、污染物浓度高、污染物浓度变化大、直排对环境影响较大。②停炉保护废水，其特点是呈碱性且含有一定数量的铁、铜化合物。③凝汽器和冷却水塔冲洗水，其特点是含有泥沙、有机物、氯化物、黏泥等。④空预器、省煤器等设备冲洗水，其特点是悬浮物和铁的浓度高而 pH 浓度低。

10. 生活污水

生活污水是厂区职工与居民的日常用水所产生的废水，其特点是：①水量分布不均。②有臭味，有机物、悬浮物、细菌、洗涤剂等成分含量高。③水中 SS、COD 和 BOD 浓度较低。

二、废水的分类

1. 按照排放方式分类

按照排放方式的不同，废水又可以分为经常性废水和非经常性废水。

经常性废水是电厂正常运行过程中系统排出的工艺水，这些水的排放可以是间断的也可以是连续的。连续排放废水主要有锅炉连续排污、汽水取样排水、设备冷却水排水、反渗透浓排水；间断排放废水主要是预处理装置排水、锅炉补给水处理离子交换器再生处理排水、凝结水精处理再生排水、锅炉定排、化验室排水、冷却水塔排污水等，这些水是日常生产生活排放的，所以水量和水质相对稳定。

非经常性废水是指设备启动、检修、清洗、保养的时候间断排放的水，如化学清洗排水、锅炉空预器冲洗水、机组启动排水、锅炉烟气侧冲洗排水、含煤废水等。

2. 按照水质特点分类

按照来源划分，废水种类很多，不利于废水处理，因此按照最简单处理工艺进行废水回用的处理要求，可将废水分为两类：一类是只去除水中的悬浮物、油类等杂质，只要处理后的废水悬浮物和油类杂质满足要求，就可以回用。另一类是在去除悬浮物的基础上除盐，只要含盐量降低到一定范围后就可以回用。因此以回用为分类标准，可以将废水按照悬浮物和含盐量两个指标分类。

第二节　火电厂废水控制标准

国家在 1988 年制定了《污水综合排放标准》，1996 年进行了修改。GB 8978—1996《污水综合排放标准》按照污水排放去向，分年限规定了 69 种水污染物最高允许排放浓度及部分行业最高允许排放量。该标准适用于企业水污染物的排放管理，以及建设项目的环境影响评价、建设项目环境保护设施设计、竣工验收及其投产后的排放管理。目前火电厂废水排放控制标准除了脱硫废水外，大都执行的是 GB 8978—1996《污水综合排放标准》，该标准按照对环境、动植物影响的程度，将污染物分为第一类污染物和第二类污染物两类。

一、第一类污染物排放标准

第一类污染物指能在环境或动植物体内积蓄，对人体健康产生长远不良影响的污染物，共计 13 类。含有此类污染物的污水不论行业和排放方式，一律在车间或车间处理设施排出口取样，其最高允许排放浓度必须符合 GB 8978—1996《污水综合排放标准》规定。火电厂产生的各类废水中有可能含有第一类污染物的污水有灰渣废水、含煤废水、锅炉烟气侧冲洗废水等。

二、第二类污染物排放标准

第二类污染物指长远影响小于第一类污染物的污染物质，在排污企业单位排污口取样，其最高允许排放浓度分为三级，即通常所讲的"一级标准"、"二级标准"、"三级标准"，其分级是按照废水排入水域的类别进行划分的。考虑到企业建设时间的差别，在 GB 8978—1996《污水综合排放标准》中，又按照排污企业建设年限分两个时段规定第二类污染物的最高允许排放浓度，其中 1997 年 12 月 31 日前建成的企业，规定第二类污染物控制项目为 26 个；而且 1998 年 1 月 1 日以后建成的企业，规定第二类污染物控制项目为 56 个。火电厂废水排放按照第二类污染物排放标准执行，其废水的污染因子及项目控制指标见表 3-1 和表 3-2。

表 3-1　　　　　　　　　　火电厂工业废水种类和污染因子

废水种类	废水名称	污染因子
经常性废水	生活、工业水预处理装置排水	SS
	锅炉补给水处理再生废水	DH、SS、TDS
	凝结水精处理再生废水	DH、SS、TDS、Fe、Cu 等
	常锅炉排污水	pH、PO_4^{3-}
	取样装置排水	DH、含盐量不足
	实验室排水	pH 与所用试剂有关

废水种类	废水名称	污染因子
经常性废水	主厂房地面和设备冲洗水	SS
	输煤系统冲洗及煤场排水	SS
	烟气脱硫系统废液	pH、SS、重金属、F⁻
非经常性废水	锅炉化学清洗废水	pH、油、COD、SS、重金属、F⁻、F
	锅炉火侧清洗废水	pH、SS
	空气预热器冲洗废水	pH、COD、SS、Fe
	除尘器冲洗水	pH、COD、SS
	油区食油污水	SS、油、酚
	废蓄电池冲洗废水	pH
	水停炉保护废水	NH₃、NZH

表 3-2　　火电厂外排废水常见的第二类污染物及控制标准

序号	项目	控制标准 第一时段 (1997.12.31前)	控制标准 第二时段 (1998.1.1后)	说　明
1	pH	6~9		pH超过标准的废水主要是锅炉补给水处理除盐系统和凝结水精处理系统的再生废水、锅炉酸洗废水、停炉保护废水等
2	悬浮物	一级：<70mg/L 二级：<200mg/L 三级：<400mg/L	一级：<70mg/L 二级：<150mg/L 三级：<400mg/L	悬浮物是最常见的污染物。悬浮物较高的废水主要是预系统的工艺废水、煤泥废水、灰渣废水、锅炉空气预热器等冲洗废水、锅炉酸洗废水、生活污水等
3	COD	一级：<100mg/L 二级：<150mg/L 三级：<500mg/L		COD是排放控制的重要指标之一。COD较高的废水主要有脱硫废水、生活污水、锅炉空气预热器等冲洗废水、锅炉酸洗废水、停炉保护废水等
4	BOD	一级：<30mg/L 二级：<60mg/L 三级：<300mg/L	一级：<20mg/L 二级：<30mg/L 三级：<300mg/L	电厂只有生活污水的BOD有可能超标
5	硫化物	一级和二级：<1.0mg/L 三级：<2.0mg/L	一级~三级：<1.0mg/L	硫化物主要存在于脱硫废水之中
6	石油类	一级：<10mg/L 二级：<10mg/L 三级：<30mg/L	一级：<5mg/L 二级：<10mg/L 三级：<20mg/L	存在于油系统冲洗废水、地面冲洗水、煤泥废水中
7	动植物油	一级：<20mg/L 二级：<20mg/L 三级：<100mg/L	一级：<10mg/L 二级：<15mg/L 三级：<100mg/L	主要存在于生活污水之中
8	阴离子表面活性剂 LAS	一级：<5mg/L 二级：<10mg/L 三级：<20mg/L		主要存在于生活污水和有些设备清洗废水之中
9	氨氮	一级：<15mg/L 二级：<25mg/L		主要存在于生活污水之中

序号	项目	控制标准		说　明
		第一时段 (1997.12.31 前)	第二时段 (1998.1.1 后)	
10	氯化物	一级：<10mg/L 二级：<10mg/L 三级：<20mg/L		主要存在于灰水、脱硫废水之中
11	磷酸盐	一级：<0.5mg/L 二级：<1.0mg/L		主要存在于循环水排污水、生活污水、锅炉排污水之中
12	TOC	无规定	一级：<20mg/L 二级：<30mg/L	TOC 与 COD 指标的意义是相同的，发展趋势是 TOC 将逐渐代替 COD

三、脱硫废水排放标准

脱硫废水排放标准执行 DL/T 1997—2006《火电厂石灰石—石膏湿法脱硫废水水质控制标准》。第一类污染物同 GB 8978—1996《污水综合排放标准》。第二类污染物的排放标准为：COD<150mg/L；悬浮物小于 70mg/L；氯化物小于 30mg/L；硫酸盐小于 2000mg/L。

第三节　废水处理方法及设备

一、废水收集

火电厂的废水收集系统有混合收集和单独收集两种方式。混合收集是将相似的排水收集到一起集中处理；单独收集是将一些水质特殊的废水或其他废水分别收集，单独处理。收集设施如下：

1. 机组排水槽

机组排水槽靠近主厂房，作用是汇集从主厂房排出的各种污水，为了防止悬浮物在槽内沉淀，排水槽底部设有曝气管。机组排水槽一般是地下结构，这样利用污水自流收集，考虑到有些污水具有腐蚀性，水槽壁用环氧玻璃钢处理，收集的污水用泵送至废水集中处理站。

2. 废水池

目前很多火电厂的废水集中处理设有四个废水池，用来收集不同的废水，各池子间用管道相连，必要时可以切换。其中一个用于收集化学车间的酸碱废水，另一个用于收集主厂房来的机组杂排水，剩余两个用于收集锅炉化学清洗、停炉保护等非经常性废水。废水池一般采用半地下结构，池内壁用环氧玻璃钢处理，废液底部配有曝气管和曝气器，主要起搅拌和氧化作用，废水池都有单独的出水管道与相应的处理设施相连，有些可以直接排入灰场等地。

二、废水的处理方法

1. 经常性废水的处理

从排放角度来讲，经常性废水的超标项目主要有悬浮物、有机物、油和 pH 值。目前，工业废水处理技术已日趋成熟，基本工艺是酸碱中和、氧化分解、凝聚澄清、过滤和污泥浓缩脱水。工业废水处理系统的选择与机组容量、废水量、废水水质、外部排入的水体条件等有关，其原则性的工艺流程大同小异，流程图如图 3-1。

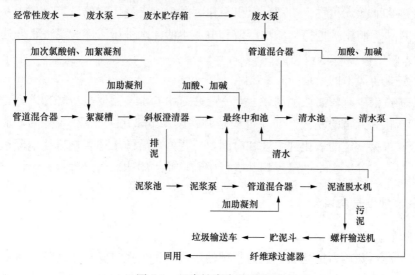

图 3-1　经常性废水处理流程

　　处理系统产生的泥渣可以直接送入冲灰系统，也可以经过泥渣浓缩池浓缩后在送入泥渣脱水系统处理。

　　2. 非经常性废水的处理

　　与经常性废水相比较，非经常性废水的水质较差且不稳定，通常悬浮物、COD 和含铁量较高。需要在废水池中进行预处理，除去特殊的污染分子后再进行常规处理。

　　(1) 锅炉清洗废液的处理。锅炉清洗废液是火力发电厂新建锅炉清洗和运行锅炉周期性清洗时排放的酸洗废液和钝化废液的总称。其排放时间短、污染物浓度高、污染物浓度变化大，直接排放对环境的影响较大。酸洗废液中主要含有游离酸（如盐酸、氢氟酸、EDTA 和柠檬酸等）、缓蚀剂、钝化剂（如磷酸三钠、联氨、丙酮肟和亚硝酸钠等）及大量溶解物质（如 Fe、Cu、Ca 和 Mg 等）。目前锅炉清洗废液处理方法主要有：

　　1) 炉内焚烧法：在炉内高温条件下，使有机物分解成二氧化碳和水蒸气，废水中的重金属被氧化成不溶于水的金属氧化物微粒。某发电厂进行了锅炉柠檬酸废液的焚烧试验，燃烧过程中柠檬酸基本上完全分解，灰水、渣水中 COD（化学需氧量）只略有增加，方法安全，可靠易行。

　　2) 化学氧化分解法：在酸洗废液中，添加一定过量的氧化剂，使 COD 氧化降解，同时也有利于金属离子的沉淀。此法可使酸洗废液的 COD 值从 1000mg/L 降低至 100mg/L以下。

　　3) 吸附法：废液中的 COD 可采用活性炭或粉煤灰吸附的方法去除。粉煤灰是燃煤电厂的废弃物，粒度小，比表面积大，具有很强的吸附作用，同时兼有中和、沉淀和混凝等特性，而且以废治废，处理费用低，有很好的应用前景。

　　4) 化学处理法（CECP 法）：该法流程为凝聚、化学沉淀及 pH 调节过程。化学处理法在 pH 值为 10～12 时可使废液中的 Fe、Cu 等金属去除并达到标准排放浓度（1mg/L）以下。

5）活性污泥法：利用微生物对有机物的降解、分解作用，将一部分有机物降解、分解为二氧化碳和水等无机物，一部分有机物作为微生物自身代谢的营养物质，从而使废水的有机物被除去。将锅炉柠檬酸酸洗废液和电厂生活污水进行活性污泥法联合处理，COD 和 BOD 的去除率可达 90%以上。

（2）锅炉保护废液的处理。

锅炉保护废液中有较高浓度的联氨，一般联氨中有毒，需要进行处理，通常采用氧化处理，将其转化为无害的氮气。处理过程是调整废水 pH 在 7.5～8.5 范围，加入氧化剂并充分混合，维持一定的氧化剂浓度和时间，氧化处理后的水还要被送往混凝澄清、中和处理系统，进一步除去水中的悬浮物并进行中和，使水质达标后外排。

三、废水处理常用设备

1. 纤维球过滤器

纤维球过滤器是压力过滤器中较为新型的水质精密处理设备，主要特点是将纤维滤料的亲油型改为了亲水型。高效纤维球过滤器体内的涤纶纤维球具有密度小、柔性好、可压缩和空隙率大的特点，原水由上而下进入后流出，涤纶纤维球形成上松下密的滤层分布状态，充分发挥出滤料深层截污能力；纤维球具有不易沾油的特点，因此反冲洗较为容易，进而用水率降低；还具有耐磨损、化学稳定性强的优点；当滤料受有机物污染严重时，还可以采用化学清洗方法再生，实用性强。纤维球过滤器结构图见图 3-2。

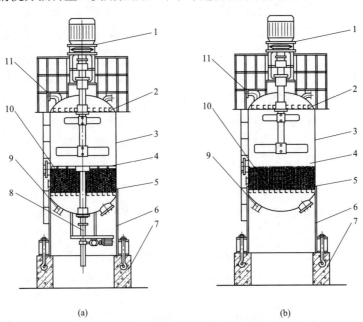

（a）　　　　　　　　　　　　（b）

图 3-2　纤维球过滤器结构图

（a）压紧式；（b）非压紧式

1—搅拌装置；2—滤料上拦截孔板；3—罐体；4—透水式压紧体；5—滤料下拦截孔板；
6—裙式支座；7—基础；8—滤料压紧装置；9—出水口；10—滤料；11—进水口

2. 斜板澄清器

斜板澄清器采用了重力沉淀与斜板澄清相结合的基本原理，利用叠加"人"字形斜板增加澄清的表面积，澄清器中水流和泥渣的流动方向相反，泥渣向下流动。每个沉淀单元内清水与污泥的流动为异向流，提高了澄清效率和出水水质。每个沉淀单元通过清水收集管抽出清水，而污泥从上至下流动，使污泥迅速进入锥斗并在其中浓缩，通过排泥口定期排出，不需要装配刮泥机等转动的机械部件。其结构简单，操作方便。斜板澄清器结构图见图 3-3。

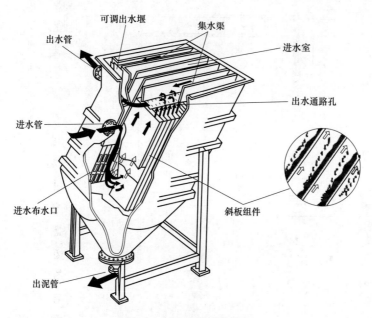

图 3-3　斜板澄清器结构图

3. 混合絮凝设备

混合絮凝设备采用了微紊流原理，使絮凝剂和水中悬浮物混合絮凝时间延长，加速了胶体的形成，胶体的稳定性增大，降低了水温、流速、流量等其他外界因素对形成胶体过程的影响，与传统的水力循环澄清池和机械搅拌澄清池相比，其出水水质更加趋于稳定。设备没有转动的机械部件，运行维护工作量相应减少，结构简单，操作更加方便。混合絮凝设备结构图见图 3-4。

图 3-4　混合絮凝设备

4. ZYF 真空式油水分离装置

ZYF 真空式油水分离装置特点如下：①配套泵不直接吸入含油污水，因此避免了原污水的乳化，保证分离装置有较高的分离效果；②分离装置中的聚结分离元件能自动反冲洗，不会堵塞，长期使用不需要更换；③有良好的排油自动控制及安全保护措施，操作简便，可靠性高；④装置由单筒油水分离器、螺杆泵、电气控制箱、三通阀等组装在公共基座上，必要时也可将油水分离器螺杆泵及电气控制箱分散独立安装。ZYF 真空式油水分离装置工作原理图见图 3-5。

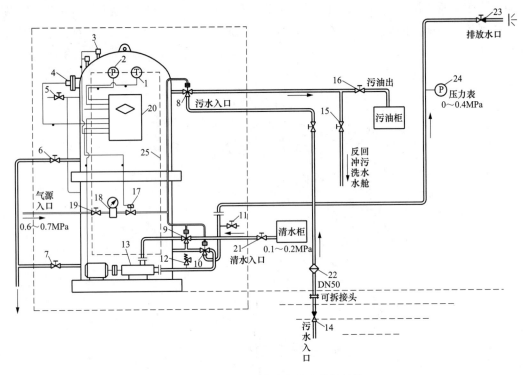

图 3-5 ZYF 真空式油水分离装置结构

1—温度控制表；2—真空压力表；3—油位检测器；4—观察旋塞；5—电加热器；6—上排污阀；7—下排污阀；
8~10—气动三通阀；11—取水样旋塞；12—安全阀；13—单螺杆泵组；14—吸入止回阀；15—反冲洗截止阀；
16—排油截止阀；17—气源电磁阀；18—调压滤水器；19—气源截止阀；20—电气控制箱；21—清水管截止阀；
22—吸入过滤器；23—止回阀；24—压力表；25—聚结元件

第四节 生活污水的处理

电厂生活污水的处理方法与城市生活污水类似，但电厂生活污水中污染物浓度较低，BOD 和悬浮物一般在 20~30mg/L，传统的活性污泥处理法适用于污染物浓度高、水质稳定的污水，而用于火电厂生活污水处理基本上无法运行，由于有机物浓度较低，调试启动与运行困难，有时要人为地往污水中加入有机物进行调整（如粪便等），但生化处理效果仍不理想。有些电厂生化处理设施只能起到二级沉淀和曝气作用，造成相应系统设备闲置、浪费。采用生物接触氧化法是解决此类生活污水处理的有效途径，即在处理池中设置填料并长满生物膜，污水以一定速度流经其中，在充氧条件下，与填料接触的过程中，有机物被生物膜上附着的微生物所降解，从而达到污水净化的目的。低浓度下接触氧化池中生物膜能否形成及成膜后能否保持稳定的活性是接触氧化法处理的关键。近几年来，国内很多电厂对生活污水的回收利用给予高度重视，接触氧化处理后的电厂生活污水可作为中水使用，用于电厂绿化用水、冲洗用水等，对于水资源紧缺的电厂也可考虑将处理后的生活污水再进一步深度处理用作电厂循环冷却水系统的补充水。此外，生活污水也可用于冲灰水系统。

一、生物接触氧化法

1. 生物接触氧化法简介

生物接触氧化法是一种介于活性污泥法与生物滤池之间的生物膜法工艺，其特点是在池内设置填料，池底曝气对污水进行充氧，并使池体内污水处于流动状态，以保证污水与污水中的填料充分接触，避免生物接触氧化池中存在污水与填料接触不均的缺陷。浸没在污水中的填料和人工曝气系统构成的生物处理，在有氧的条件下，污水与填料表面的生物膜反复接触，使污水获得净化。

该法中微生物所需氧由鼓风曝气供给，生物膜生长至一定厚度后，填料壁的微生物会因缺氧而进行厌氧代谢，产生的气体及曝气形成的冲刷作用会造成生物膜的脱落，并促进新生物膜的生长，此时，脱落的生物膜将随出水流出池外。

生物接触氧化工艺流程简图如图 3-6。

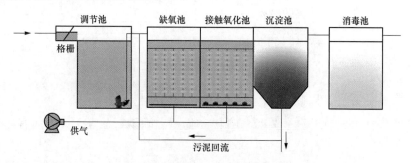

图 3-6　生物接触氧化工艺流程简图

2. 生物接触氧化法的特点

（1）由于填料比表面积大，池内充氧条件良好，池内单位容积的生物固体量较高，因此，生物接触氧化池具有较高的容积负荷；

（2）由于生物接触氧化池内生物固体量多，水流完全混合，故对水质水量的骤变有较强的适应能力；

（3）剩余污泥量少，不存在污泥膨胀问题，运行管理简便。

二、曝气生物滤池工艺

1. 曝气生物滤池工艺介绍

该工艺是 20 世纪九十年代初开发出来的新型微生物膜法污水处理技术，是在生物接触氧化和淹没式生物滤池工艺的基础上发展起来的一种生物处理新工艺。其原理是在曝气生物滤池中填加一种生物载体，其上生长有活性微生物膜，在滤池底部通过曝气设备提供微生物分解污染物所需要的氧气。污水在流经填料时，利用其很强的吸附能力和降解能力对污水进行快速净化，而污水中的悬浮物和脱落的微生物膜不会穿透填料层随水而出，在曝气生物滤池中同时发生"生物氧化分解、消化反应和物理截留"等作用。

污水经机械格栅进提升泵房后由提升泵提升至水解沉淀池进行水解沉淀预处理；水解池后设2级曝气生物滤池，在第1级C/N（碳/氮）生物滤池中主要完成对COD、BOD及SS的去除，在第2级N（氮）曝气生物滤池中主要完成对氨氮的硝化及进一步去除氨氮。出水经化学除磷沉淀池后进入接触消毒渠，消毒后进清水池进行回用。各滤池反冲洗排水及水解沉淀池污泥进入污泥浓缩池，上清液回流到提升泵水池参与预处理，污泥由污泥泵提升后外运。曝气生物滤池工艺流程图如图3-7。

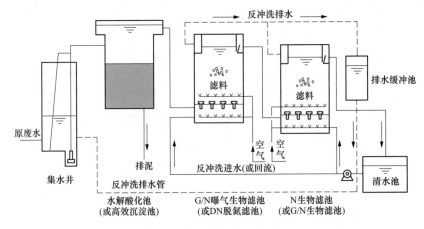

图 3-7　曝气生物滤池工艺流程图

2. 曝气生物滤池工艺特点

（1）具有去除 SS、COD、BOD、硝化、脱氮、除磷、去除 AOX（有害物质）的作用。

（2）可以同时完成生物处理与固液分离，减少了占地面积、工程投资和运行费用，并可通过调整滤池结构形式而成为具有脱氮、除磷功能的组合工艺。

3. 曝气生物滤池工艺常见问题及处理

曝气生物滤池工艺常见问题及处理见表3-3。

表 3-3　　　　　　　　　　曝气生物滤池工艺常见问题及处理

序号	故障现象	故障判断	处理
1	污水泵不出水	未接通电源	接通电源
		污水泵被大型污物堵塞	清除杂物
		泵腔内有空气	排尽空气
		绝缘度不达标或水泵电机短路	维修或更换电机
2	风机运转不正常	风机机箱缺润滑油	加润滑油并校风叶间隙
		风机达不到设计要求	校风叶间隙
		另一台风机同时运转	检查风机出风止回阀
		风机运转时吸水	检查风机运转方向
		风机机箱温度升高	加润滑油
		风机皮带断裂	更换风机皮带

序号	故障现象	故障判断	处理
3	曝气不均匀	曝气头脱落	更换曝气头
		氧化池曝气调节阀调节不到位	调节曝气调节阀
4	设备内部水位升高	氧化池填料脱落堵塞	清除堵塞物
		下水道超出设计标高	更改下水道标高
5	生物膜突然死亡	污水水质超标（含油过高或有毒物质等）	检测污水水质
		风机不运转，造成缺氧	维修风机或检查程序
6	水泵不交替运转	浮球液位控制器线接反	检修电路
		自控程序错误	检查控制程序
7	电控柜出现故障指示	电机、电器故障	将热继电器复位或检修电器
8	出水细菌总数超标	消毒剂已用完	补充消毒剂
		余氯测定仪损坏	检修或更换余氯测定仪
9	多介质过滤器不出水	阀门不到位　阀门执行机构损坏	检修或更换
		自控程序无信号输出	检查自控程序
10	多介质过滤器不自动反洗	自控程序出错	检查自控程序

第五节　脱硫废水处理

目前我国火电厂烟气脱硫主要采用湿法脱硫。燃煤烟气脱硫是目前世界上大规模商业化应用的脱硫方式，其中石灰石—石膏湿法脱硫又是目前世界上技术最为成熟、应用最多的烟气脱硫工艺，石灰石—石膏湿法脱硫工艺具有脱硫效率高（≥95%），吸收剂利用率高，对煤种适应性高，工艺成熟，运行可靠等优点，运行维护也比较方便，但该脱硫工艺会产生一定量的脱硫废水，需处理后达标排放。

脱硫废水中的杂质主要来源于烟气和石灰石。煤中的多种元素，如 F、Cl、Cd 等，在燃烧过程中产生多种化合物，随烟气进入脱硫装置吸收塔，溶解于吸收浆液中。对于湿法烟气脱硫技术，一般应控制氟离子含量小于 2000mg/L。脱硫废液呈酸性（pH 为 4～6），悬浮物质量分数为 9000～12700mg/L，脱硫废水的处理主要是以化学、机械方法分离重金属和其他可沉淀的物质，如氟化物、亚硫酸盐和硫酸盐。

一、脱硫废水的特点

（1）湿法脱硫废水的主要特征是呈现弱酸性，悬浮物高，但颗粒细小，主要成分为粉尘和脱硫产物。

（2）含有可溶性的氯化物和氟化物、硝酸盐等，还有 Hg、Pb、Ni 等重金属离子。国内脱硫废水的处理技术基于废水的排放性质，采用物化法针对不同种类的污染物，分别创造合宜的理化反应条件，使之予以彻底去除。

二、脱硫废水的处理过程

废水处理系统分为中和、沉降、絮凝、浓缩澄清几个步骤，以减少废水中的悬浮物，提高废水 pH 值，为深度处理做准备。从脱硫工艺楼来的废水进入脱硫废水前池，通过输送泵将脱硫废水输送至脱硫废水预处理区域的脱硫废水缓冲池，通过池内一级废水输送泵送至一级反应器。脱硫废水缓冲池设曝气搅拌装置，以防止悬浮物沉降。

（1）中和：废水处理的第一道工序就是中和，即在脱硫废水进入中和箱的同时加入一定量的 5％石灰乳溶液，将 pH 提高至 9.0 以上，使大多数重金属离子在碱性环境中生成难溶的氢氧化物沉淀。

（2）沉降：脱硫废水加入石灰乳后，当 pH 值达到 9.0～9.5 时，大多数重金属离子均形成了难溶氢氧化物；同时石灰浆液中的钙离子还能与废水中的部分氟离子反应，生成难溶物质。经中和处理后的废水中的重金属仍然超标，所以在沉降箱中加入有机硫化物，使其与残余的重金属离子反应，形成难溶的硫化物沉积下来。

（3）絮凝：中和箱出水自流进入絮凝箱，脱硫废水中的悬浮物含量较大，经化学沉淀处理后的废水中，含有许多微小的悬浮物和胶体物质，须加入混凝剂使之凝聚成大颗粒而沉降下来。常用的混凝剂有硫酸铝、聚合氯化铝、三氯化铁、硫酸亚铁等；常用的助凝剂有石灰、高分子絮凝剂等。采用絮凝方法使胶体颗粒和悬浮物颗粒发生凝聚和聚集，从液相中分离出来，是降低悬浮物的有效方法。

在澄清池入口中心管处加入阴离子混凝剂 PAM 来进一步强化颗粒的长大过程，使细小的絮凝物慢慢变成粗大结实、更易沉积的絮凝体。

（4）浓缩澄清：废水从一级反应器自流进入一级澄清器，废水中的絮凝物通过重力作用沉积在澄清器底部，浓缩成泥渣，由刮泥装置清除，并通过一级污泥输送泵送至污泥缓冲罐，清水则上升至澄清器顶部通过环形三角溢流堰自流至中间水池贮存。二级反应器分为沉淀箱和絮凝箱两个部分。在絮凝箱中投加有机硫进一步降低废水中的重金属离子浓度，使出水重金属浓度完全满足排放标准，同时投加凝聚剂使生成较大矾花从废水中除去。

絮凝箱出水投加助凝剂 PAM，使矾花进一步长大，以利于沉淀分离。絮凝后的废水从反应池溢流进入装有搅拌器的澄清池中，絮凝物沉积在底部浓缩成污泥，上部则为处理出水。大部分污泥经污泥泵排到板框式压滤机，小部分污泥作为接触污泥返回中和反应箱，提供沉淀所需的晶核。上部出水溢流到水箱，出水箱设置了监测出水 pH 值的仪表，达到排水设计标准则通过出水泵外排，否则将加酸调节 pH 值或将其送回中和箱继续处理，直到合格为止。

火电厂脱硫废水中很多是国家环保标准中要求控制的第一类污染物，由于水质的特殊性，脱硫废水处理难度较大；同时，由于各种重金属离子对环境有很强的污染性，因此，必须对脱硫废水进行单独处理。脱硫废水预处理工艺流程图如图 3-8。

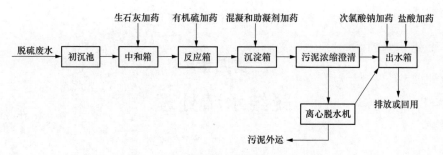

图 3-8　脱硫废水预处理工艺流程图

 思考题

1. 火电厂废水的种类有哪些？
2. 工业废水处理站的工艺流程是什么？
3. 脱硫废水预处理工艺流程是什么？
4. 简述油水分离器的工作原理。
5. 生物接触氧化法和曝气生物滤池工艺的共同特性有哪些？

第四章

凝结水精处理

第一节 概　述

一、相关术语

凝结水：是指锅炉产生的蒸汽在汽轮机做功后，经循环冷却水冷却凝结的水。实际上凝汽器热井的凝结水还包括高压加热器（正常疏水不到热井，通常回收至除氧器）、低压加热器等疏水。由于热力系统不可避免的存在水汽损失，需向热力系统补充一定量的补给水，因此凝结水包括汽轮机内蒸汽做功后的凝结水、各种疏水和锅炉补给水。

疏水：是指进入加热器将给水加热后冷凝下来的水。

凝结水精处理：由于凝结水在生成和输送过程中，遭受各种杂质的污染，为了去除这些污染物，必须进行凝结水的精处理，简称为凝结水处理。它是对较为纯净的水质进一步纯化的过程。对于直流锅炉来说，要求对凝结水进行 100％ 的处理。对于大容量、高参数的汽包锅炉，考虑到节水、节能和机组的安全、经济运行，一般也设置凝结水精处理设备。我国 300WM 及以上容量的机组大都配置凝结水精处理设备。凝结水精处理的任务主要是去除热力系统中的腐蚀产物和各种溶解杂质。

二、凝结水处理的原因

由汽轮机做功后的蒸汽凝结而成的凝结水通常比较干净，但是锅炉补给水、疏水、生产返回水也汇集到凝汽器中。当其中的一种水被污染，就会使凝结水水质不合格。凝结水中杂质的来源具体见图 4-1。

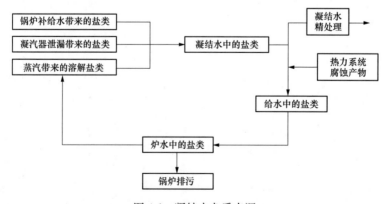

图 4-1　凝结水杂质来源

（1）凝汽器泄漏可使循环冷却水中的悬浮物和盐类进入凝结水中。泄漏可分为两种情况：较大的泄漏和轻微的泄漏。较大的泄漏多见于凝汽器管发生应力破裂或因管材与隔板摩擦而形成的穿孔等，此时大量冷却水进入凝结水中，凝结水水质严重恶化。轻微的泄漏多因凝汽器管轻度腐蚀或管子与端板连接不严密，使冷却水渗入凝结水中。即使凝汽器的制造和安装质量较好，但在机组长期运行过程中，由于负荷和工况的变动，引起凝汽器的振动，也会使管子与端板连接处的严密性降低，造成轻微的泄漏。

（2）热力系统中产生的腐蚀产物。因整个热力系统都是由钢铁制成的，虽然对各个系统都采取了多种防腐措施，但是轻微的腐蚀仍然是无法避免的，在给水中仍然含有少量的腐蚀产物。热力系统的疏水中，有时会含有大量的腐蚀产物，这些疏水数量虽然不多，但是它们都是直接送入凝汽器或除氧器，造成凝结水或给水的铜、铁含量超标。

（3）锅炉补给水带入的盐类。锅炉补给水多采用一级除盐加混床或连续电除盐（EDI）等除盐技术制备，其水质要求：电导率不大于 $0.2\mu S/cm$，二氧化硅含量不大于 $20\mu g/L$。但是不可避免地仍含有少量杂质，补给水补进凝汽器中，也增加了凝结水的含盐量和胶体硅的含量。

（4）蒸汽中的溶解盐类。在高温高压下，蒸汽对很多盐类有一定的溶解度，炉水中的溶解盐随水的蒸发进入蒸汽中。在汽轮机中，随着压力的降低，盐类在蒸汽中的溶解度也降低，部分盐类可能沉淀在汽轮机的叶片上，部分盐类随蒸汽进入凝汽器中。

（5）气体漏入凝汽器系统。主要指从凝汽器和管道的真空系统漏入的氧气和二氧化碳。

（6）给水和炉水加药处理所带入的杂质。给水处理是指根据需要向给水中加入氨水、联氨等，这些溶液中都含有一些盐类和有机物。炉水处理中加入的磷酸钠盐、氢氧化钠等，它们都会使热力系统内含盐量增加。

三、凝结水的处理方式

凝结水的处理有过滤、离子交换或二者结合的方式，具体处理方式的适用情况及特点见表4-1。对于自备电厂等装机容量较小的汽包锅炉，通常用覆盖过滤器、滤芯式过滤器、电磁过滤器、由阳树脂填充的过滤器等对凝结水进行处理。对于火电厂或核电站，通常用前置过滤器+混床的凝结水处理方式。前置过滤器有覆盖过滤器、前置阳床、树脂粉末过滤器、电磁过滤器、中空纤维过滤器、滤芯式过滤器等。凝结水处理有时可以省略前置过滤器，只使用混床，也有只使用前置过滤器的单一处理方式。

表 4-1　　　　　　　　　　　凝结水的处理方式及特点

序号	凝结水处理方式	适用情况	特　点
1	管式过滤器+混床	（1）超临界及以上参数的湿冷机组； （2）超临界及以上参数表面式间接空冷机组； （3）亚临界直流炉湿冷机组； （4）混合式间接空冷机组	出水水质好
2	前置阳床+混床	（1）混合式间接空冷机组； （2）超临界及以上参数的湿冷机组； （3）亚临界直流炉湿冷机组； （4）超临界及以上参数表面式间接空冷机组； （5）核电厂常规岛	出水水质好，混床运行周期长，系统除氨容量大。但占地面积大，系统阻力较大

序号	凝结水处理方式	适用情况	特　点
3	前置阳床＋阴床＋阳床	(1) 混合式间接空冷机组； (2) 超临界及以上参数的湿冷机组； (3) 亚临界直流炉湿冷机组； (4) 超临界及以上参数表面式间接空冷机组； (5) 超临界及以上参数直接空冷机组； (6) 核电厂常规岛	出水水质好，离子交换器运行周期长，系统除氨容量大，但占地面积大，系统阻力较大
4	阳床＋阴床	亚临界直接空冷机组	出水水质好，系统除氨容量大，但占地面积大，系统阻力较大
5	粉末覆盖过滤器＋混床	(1) 混合式间接空冷机组； (2) 超临界及以上参数直接空冷机组	出水水质好但占地面积较大
6	混床	(1) 亚临界汽包炉湿冷机组； (2) 亚临界表面式间接空冷机组	出水水质好，但树脂易受铁污染
7	粉末覆盖过滤器	亚临界直接空冷机组	占地面积小，基本无除盐能力
8	管式过滤器	(1) 频繁启停的高压或超高压机组； (2) 超高压直接空冷机组	占地面积小，系统简单，基本无除盐能力
9	电磁过滤器	(1) 频繁启停的高压或超高压机组； (2) 超高压直接空冷机组	占地面积小，系统简单，基本无除盐能力

四、凝结水精处理系统设计的主要原则

（1）凝结水精处理属于热力系统的一部分，在主厂房布置时，应考虑凝结水精处理装置的合适位置，一般将凝结水精处理装置设置在凝结水泵与低压加热器之间。

（2）凝结水精处理主设备布置于主厂房零米层且靠近凝汽器。

（3）体外再生装置可两台机组合用一套。再生系统应有添加及更换树脂的设施，它们布置在两台炉之间。

（4）要防止酸、碱、树脂之类漏入凝结水系统之中，且要有保护措施。

（5）中压凝结水精处理系统中树脂输送管道上应有带滤网的安全泄放阀，防止再生系统超压损坏设备，同时防止树脂流失。

（6）要有调节性能良好的旁路系统及超压、超温的报警措施。

（7）装设一定数量的必要的隔离手动阀门，以便在凝结水精处理设备连续运行的同时，可以允许进行单台设备的检修工作。

（8）精处理设备和输送树脂的管道，要有窥视镜，便于观测设备内部和管道内树脂流动情况。

（9）由于使用酸、碱及氨等药品，应设专门的排水设施。

（10）凝结水精处理整套装置应装设必要的在线监测仪表和就地指示表计，用于监测水质和运行终点。

（11）中压阀门一般采用电动或气动蝶阀，树脂管上用气动球阀，酸碱管道上用气动衬胶隔膜阀。

五、凝结水精处理的作用

（1）连续除去热力系统内的腐蚀产物、悬浮物和溶解的胶体硅，防止汽轮机通流部分积盐。

（2）可缩短机组启动时间，降低锅炉排污量，节省能耗和经济成本。

（3）凝汽器微漏时，可除去漏入的盐分及悬浮物杂质，有时间采取查漏、堵漏措施，保障机组安全连续运行。严重泄漏时，可保证机组按预定程序停机。

（4）除去漏入凝汽器的空气中的 CO_2。

（5）除去因补给水处理装置运行不正常时，带入的悬浮物杂质和溶解盐类。

六、凝结水处理除盐的特点

（1）进水的含盐量低。

（2）处理水量大。

（3）凝结水中含有大量的氨。

（4）出水水质要求高。

七、凝结水处理旁路的作用

在凝结水处理系统中，凝结水的进、出管道之间设置了一套旁路，它对凝结水处理系统（特别是中压系统）的安全、经济运行有着极其重要的作用。旁路的作用如下：

（1）当凝结水混床入口压力、入口水温、混床床体压差、树脂捕捉器压差和旁路压差（即混床进出口母管压差）超过设定值时，旁路门会自动全开，可保障精处理设备及树脂的安全。

（2）凝结水混床系统有再生等原因需退出运行时，旁路门会半开或全开。

第二节　凝结水的过滤处理

凝结水中所含的悬浊物大多是不可溶解的，如氧化铁、氢氧化铁等腐蚀产物，它们不能通过离子交换被除去。如果不对凝结水中的腐蚀产物进行处理，它们将被送往锅炉，并在热负荷高的部位沉积，生成铁垢，这将影响炉管的传热和安全运行。所谓的凝结水过滤处理就是用过滤器设备对这些腐蚀产物进行过滤处理。

一、过滤器的分类与作用

过滤器分类：管式过滤器、粉末树脂覆盖过滤器、电磁铁过滤器、前置氢离子交换器等。前三种为除铁过滤器，氢离子交换器为除氨过滤器。

过滤器处理作用主要是去除凝结水中的铁、铜氧化物、机械杂质等悬浮杂质，从而延长除盐装置的运行周期并保护树脂（尤其是阴树脂）不被污染，在机组启动阶段尤为重要。因此，过滤器的配置重点不仅应考虑机组在启动阶段去除固体腐蚀产物、杂质和长时间运行后的氧化皮颗粒外，还要考虑去除钠、非晶体腐蚀产物以及凝汽器泄漏引入的各种盐类杂质。

二、前置过滤器的设置原则

（1）因机组调峰需要，要经常启停的直流锅炉或亚临界汽包炉。

（2）需要回收大量的疏水或凝结水。

（3）需要除掉悬浮物以避免阴树脂污染。

（4）为了延长混床的运行周期，对提高 pH 值的凝结水进行除氨。

（5）在进行阴离子交换以前必须除掉凝结水中的阳离子，以避免阴树脂表面生成不溶解的氢氧化物。

（6）锅炉补给水中含有大量的胶体硅或因凝汽器泄漏而使冷却水中含有大量胶体硅。

（7）凝结水混床所用的树脂机械强度差，且设计的流速过高。

三、过滤器处理的特点

（1）凝结水流量大。

（2）出水水质要求高。

（3）凝结水中悬浮杂质含量低。

（4）凝结水中悬浮颗粒的粒径很小。

四、粉末树脂覆盖过滤器

覆盖过滤器是在滤元上涂一层树脂粉末作为滤层，被处理的水通过滤膜表面进入过滤元内腔，起过滤作用。

将颗粒很细的阴、阳离子交换树脂粉，以一定的配比混合后作为助滤剂，它同时可以起到过滤和除盐的作用，滤速一般为 $80\sim100\text{m/h}$。粉末状的离子交换树脂的交换速率很快，很薄一层树脂粉就能去除水中离子态杂质，而且由于颗粒很细，因此可以有效地去除水中悬浮态和胶态杂质，如金属的腐蚀产物和胶态的硅酸化合物。

用于除盐的离子交换树脂粉末覆盖过滤器，应采用强酸型和强碱型树脂，在开始工作时，其出水电导率为 $0.06\sim0.10\mu\text{S/cm}$，当出水电导率升高到 $0.2\sim0.4\mu\text{S/cm}$ 时，就应将树脂粉排掉，换上新树脂粉。它可以很有效的滤除水中微米级以上的颗粒，去除凝结水中金属腐蚀产物可达 $80\%\sim90\%$。粉末树脂覆盖过滤器系统流程图如图 4-2 所示。

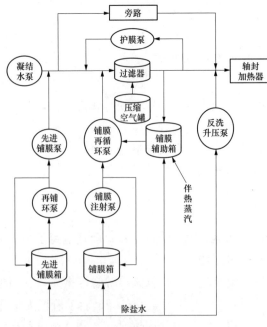

图 4-2　粉末树脂过滤器系统流程图

1. 优点

（1）设备简单。不需要酸、碱等再生系统及中和废再生液的设备，投资低。

（2）出水水质好。这种过滤器能同时去除胶态、悬浮态和离子态杂质，特别是去除胶态的铁、铜腐蚀产物的效果较好。

（3）适应温度高。因为这种过滤器的树脂粉只用一次，所以它可以在较高的温度（120~130℃）下工作；可用于空冷机组的凝结水处理，也能设置在低压加热器之后，并且能净化某些温度较高的疏水，以除去其中的铁、铜等腐蚀产物。

2. 缺点

（1）由于设备中的树脂粉的用量较小（1kg/m²左右），因此当凝汽器严重泄漏时，不能起到延缓水质恶化情况，无法保证进入给水系统的水质合格；如在机组启动初期，运行12~24h，就需要更换树脂粉末，无法持续运行处理水质。

（2）因为树脂粉末价格昂贵，在设备中用一次就废弃，运行费用高，特别是对经常启动和停备的机组。

（3）附属设备占地大，操作频繁，如操作不当会造成树脂粉末浪费或树脂粉末进入下一级系统。

因设备占地面积大，频繁铺膜操作复杂，除盐能力低，运行费用高，还有将树脂粉末漏入凝结水中的可能。新建机组采用此工艺的较少。

五、管式过滤器

管式过滤器是利用过滤器材料的微孔截留水中悬浮物的一种过滤工艺。是由一个承压外壳和壳内若干滤芯组成，一根滤芯就是一个过滤单元，根据凝结水量大小的要求，过滤器中可以安装不同数量的滤芯。其作用主要是表面截留，同时对水中某些颗粒也有一定的吸附作用。当滤元上的微孔被污染物堵塞，过滤器的运行压差增高达到一定数值时，或连续运行时间超过规定值时应进行反洗。反洗时可使用压缩空气、水进行反洗，将滤层表面的污染物洗掉，但经过多次反洗和运行后，阻力不能恢复到使用要求时，或出水含铁量升高时，应考虑更换滤芯。

管式过滤器滤芯主要以绕线式滤芯和折叠式滤芯为主。滤芯固定方式有顶部孔板悬吊式、底部孔板固定式或顶部压条式等。

绕线式滤芯是一种深层过滤芯，用于低黏度、低杂质的过滤，是用纺织纤维线（丙纶线、脱脂棉线等）按特定工艺精密地缠绕在多孔骨架（聚丙烯或不锈钢）上面制成，为外疏内密的蜂窝状结构，能有效去除流体中的悬浮物、微粒、铁锈等杂物。其特点为过滤精度高、流量大、压力损失小、耐压强度高、纳污量大、无毒无味、无二次污染、使用寿命长。绕线式滤材的过滤精度是由线材的粗细与缠绕的密度决定，线材愈细，愈能紧密地靠在一起，孔隙也就愈小，精度也愈高；同理，线材结构愈密实，过滤精度也会愈高。根据被过滤液体的性质，滤芯有多种不同的材质可供选择，使滤芯与滤液有良好的相容性，无介质脱落，可清洗并反复使用等特点。

折叠式滤芯主要过滤材质有不锈钢丝网、烧结网、聚丙烯、疏水性聚四氟乙烯、亲水性聚四氟乙烯、聚醚砜、尼龙等。目前采用聚丙烯复合滤膜为主过滤材料，该类滤芯是一种先进的固定型深层过滤芯,过滤精度范围为 $0.1 \sim 60 \mu m$。滤膜不受进料压力滤动的影响。折叠式滤芯的主要特性为高截留率、高流通量、低压差和广泛的化学相容性;生产工艺采用独特的热熔焊接加工技术,无任何黏合剂,无异物释出。

管式过滤器与覆盖过滤器相比,不存在处理废弃的滤材问题;与电磁过滤器相比,不存在不能去除非磁性腐蚀产物的问题。

第三节　混床除盐系统

一、高速混床概述

1. 高速混床除盐原理

除盐原理:混床内装有强酸阳树脂和强碱阴树脂的混合树脂。凝结水中的阳离子与阳树脂反应而被除去,阴离子与阴树脂反应而被除去。以 R—H、R—OH 分别表示阳、阴树脂,反应如下:

阳树脂反应:$R-H+Na^+(Ca^{2+}/Mg^{2+}) \rightarrow RNa(Ca^{2+}/Mg^{2+})+H^+$

阴树脂反应:$R-OH+Cl^-(SO_4^{2-}/NO_3^-/HSiO_3^-) \rightarrow RCl(SO_4^{2-}/NO_3^-/HSiO_3^-)+OH^-$

总反应:$R-H+R-OH+Na^+(Ca^{2+}/Mg^{2+})+Cl^-(SO_4^{2-}/NO_3^-/HSiO_3^-) \rightarrow RNa+RCl+H_2O$

2. 高速混床作用

在大多数凝结水处理系统中,混床是凝结水处理的主要设备,几乎所有的凝结水混床都是由氢型或氨型强酸阳树脂与氢氧型阴树脂组合而成。混床作用是主要除去水中的盐类物质(即各种阴、阳离子),另外还可以除去前置过滤器漏出的悬浮物和胶体等杂质。

3. 高速混床特点

(1) 运行流速高、处理水量大。一般正常流速在 100m/h,最高流速可以达到 120m/h;

(2) 内部结构简单。内部只有布水装置和出水的集水装置、进出树脂管及上下压力连通管;

(3) 体外再生。酸碱管道与混床脱离,可以避免因酸碱阀门误动作或关闭不严使酸碱漏入凝结水中;能缩短混床的停运时间,提高设备利用率;

(4) 合理的树脂层高度和树脂比例能有效除去凝结水中的各种有害离子和颗粒状金属氧化物、悬浮物和胶体颗粒。

二、高速混床出水水质影响因素

(1) 由于再生液中的 $(H^+)/(Na^+)$ 的比例很高,再加上 NaR 比较容易再生,所以再生后,树脂中的 NaR 含量不高。树脂中 NaR 含量的降低,对运行中减少出水含钠量有利。

(2) 由于混床进水中的金属离子含量很低,经过离子交换后,水中产生的氢离子含量不高,即离子作用不大,使反应进行的更彻底。

(3) 混入阳树脂中的阴树脂,混入阴树脂中的阳树脂。树脂分离不好,再生时进入对方的树脂在再生时彻底失效，如混入阴树脂中的阳树脂，被 NaOH 彻底再生为 NaR。这一部分树脂称为交叉污染，降低树脂的再生度。

（4）混床内树脂的再生度直接影响到出水水质。

（5）混床内两种树脂再生后，必须良好地混合，才能获得良好的出水水质。

（6）混床失效后树脂送出过程中，残留在混床内的树脂将降低树脂的再生度，影响下一个周期的出水水质和运行周期。

（7）水中有机物含量会影响混床出水水质。这是因为混床的出水电导率与进水有机物之间有密切关系，见表 4-2。

表 4-2　　　　　　　　　　混床的出水电导率与进水有机物间的关系

化学需氧量（COD）（mg/L）	0.08	0.12	0.24	0.34	0.6
电导率（25℃，H^+）	0.16	0.17	0.24	0.27	0.3

三、高速混床树脂的选择

对于凝结水精处理混床，选择树脂是一项重要的工作。一般选用均粒树脂较为理想。树脂的选择，实际上就是综合考虑树脂的强度、化学反应速度和水力特性的问题。

（1）高的机械强度和良好的耐磨性。

凝结水精处理混床运行流速高、压力高，树脂颗粒承受较大的水流压力。在中压凝结水精处理系统中，混床通常在 2.5MPa 左右压力下工作，并且从停运到投运过程压力变化速度快，因此要求树脂具有较高的机械强度。另外在对离子交换树脂进行擦洗时，树脂要能耐受气流对其的摩擦，还要求树脂具有良好的耐磨性。所以通常选用机械强度高，耐磨性好，不易破碎的树脂。大孔型树脂可以较好地满足此条件；但是大孔型树脂也有它的弱点，如价格高、交换容量低、老化后易被污染和增大正洗水量，以及 Cl^-、SO_4^{2-} 泄漏量高等缺点。近年来，由于超凝胶型树脂质量的提高，也能满足机械强度和耐磨性的要求，在凝结水处理中应用得越来越多。所以，用于凝结水精处理高速混床的树脂通常采用大孔型树脂或超凝胶型树脂。

（2）粒径。

凝结水精处理混床通常采用均粒径树脂。混合后的树脂理想的粒度是在高流速下不至于产生过高的阻力，并且还要能得到高质量的出水、大的交换容量和较强的截污能力。一般可归纳为：

1）树脂粒径的选择。阳树脂：0.63～0.81mm；阴树脂：0.45～0.71mm。对于凝胶型和大孔型树脂，组成混床的阳、阴树脂的粒径差的绝对值不大于 0.10mm，均一系数不大于 1.2。

2）阳树脂中的细颗粒比例应严格控制，否则会造成分离困难。

凝结水精处理系统采用均粒树脂的原因：

1）便于树脂分离，减轻交叉污染。阴阳树脂的分离是靠水力反洗膨胀后，停止进水时沉降速度不同来实现的。沉降速度与树脂的密度和颗粒大小有关，阳树脂比阴树脂的密度大，这是树脂分离的首要条件，但若树脂颗粒的大小不均匀，导致密度大但粒径小的阳树脂沉降速度减小，密度小粒径大的阴树脂沉降速度增大，则分层难度增加。当这些阳、阴树脂沉降速度相等时，则形成小颗粒阳树脂和大颗粒阴树脂互相掺杂的混脂区。

2）树脂层压降小。普通粒度树脂的粒径分布范围宽，小颗粒会填充在大颗粒空隙之间，减少了树脂颗粒间的空隙，因此水流阻力大、压降大。均粒树脂无小颗粒树脂填充空隙，床层断面空隙率较大，所以水流阻力小、压降小。

3）水耗低。再生后残留的树脂中的再生液和再生产物，在清洗期间必须从树脂颗粒内部扩散出来，清洗所需时间将由床层中最大的树脂颗粒所控制。由于均粒树脂颗粒均匀性好，有着较小且均匀的扩散距离，清洗时无大颗粒树脂拖长时间，所以清洗时间短，清洗水耗低。

（3）较好的耐热性。

空冷机组凝结水水温较高，一般高于环境温度30～40℃。因此，用于空冷机组凝结水精处理混床的树脂要求具有较高温度的承受能力。

（4）必须采用强酸、强碱性离子交换树脂。

弱型树脂具有一定的水解度，且弱碱型树脂不能除去水中的硅，弱酸型树脂交换速度较慢，因此高速混床要采用强酸、强碱性树脂。

（5）按照水质情况及树脂的工作交换容量，选择合理的阴、阳离子交换树脂的比例。

体外再生混合离子交换器阳、阴树脂比例参照下列条件选择：

1）当混合离子交换器按氢型方式运行，阳、阴树脂比例宜为2：1或1：1；当给水采用加氧处理时，阳、阴树脂比例宜为1：1。

2）当混合离子交换器按氨型方式运行，阳、阴树脂比例宜为1：2或2：3。

3）有前置氢离子交换器时，阳、阴树脂比例宜为1：2或2：3。

四、高速混床及附属设备

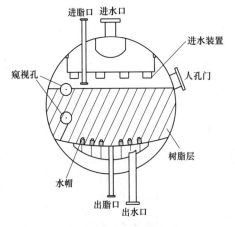

图4-3 高速混床结构示意图

1. 高速混床

床体上部进水装置为二级布水形式，即进水经挡板反溅至交换器顶部，再通过进水挡圈和水板上的水帽，使水流均匀地流入树脂层，保证良好的进水分配效果。混床底部的集水装置采用双碟盘形设计，盘上安装出水水帽，出水经水帽流入混床的出水管。此结构使树脂排出彻底、无死角，树脂排出率高。高速混床结构示意见图4-3。

2. 树脂捕捉器

树脂捕捉器内部滤元为篮筐式结构，滤元绕丝间隙为0.2mm，带少量树脂的水透过滤元流出，树脂被滤元截留。设备设计成带圆周骨架的易拆卸结构，在检修时不需管道解体的情况下打开罐体检查并可以取出过滤元件，清除堵塞污赃物，方便运行与维修。当混床出水装置有碎树脂漏出或发生漏树脂事故，树脂捕捉器可以截留树脂，以防树脂漏入热力系统中，影响锅炉水质。捕捉器进出口压差超过设定值时，需要反冲洗。

3. 再循环泵

混床投运时用来循环正洗。再循环泵进水混床直接出水，经再循环阀流入混床入口管道形成一个循环。再循环泵的作用：第一，混床投运初期水质不合格，必须使其再循环合格后方能投运；第二，启动再循环泵后用较小流量使床层均匀压实，防止运行发生偏流，而大流量则不容易使床层均匀压实。每台机组精处理系统各有一台再循环泵，其出力相当于每台混床额定出力的70%。

4. 旁路系统

每套混床单元系统设有一套旁路系统，它由相互并联的自动旁路阀和手动旁路阀组成，置于每套凝结水精处理系统入口母管和出口母管之间，是凝结水精处理混床系统的安全措施之一。

凝结水水温超过设定值时（一般温度设定值不大于55℃），为防止水温高造成对树脂的损坏，自动旁路阀全开，同时关闭混床进、出水阀门，使凝结水100%通过旁路系统。

运行中当混床系统的出、入口压差超过设定值时（一般的混床系统压差设定值不大于0.35MPa），为防止因混床系统过高压差所引起的凝结水通过高速混床的流量急剧下降，从而引发事故，自动旁路阀开启30%。

此外，根据混床的运行方式，在某台或全部混床退出运行时，根据混床的处理水量，进行开启自动旁路阀的30%或100%，使凝结水由旁路系统进入热力系统。

五、高速混床运行操作

混床运行操作由十个步骤构成一个循环。即：①升压；②循环正洗；③运行；④卸压；⑤树脂送出；⑥树脂送入；⑦排水；⑧树脂混合；⑨沉降；⑩充水。

（1）升压：混床由备用状态表压力为零升至凝结水压力的过程称为升压。为使混床压力平稳、逐渐上升，进水先由升压进水旁路阀小流量进水，通过平衡管使混床内压力逐渐升至与凝结水压力相等时，再切换至混床主进水阀。若直接从进水主管进水，因流量大、流速高，会造成压力骤增，而引起设备机械损坏，所以升压阶段禁止从主管道进水升压。

（2）再循环正洗：升压结束后，经过专用再循环单元对凝结水混床进行循环正洗，即凝结水由混床再循环出口阀，通过再循环泵打至混床进水管，对树脂进行循环清洗，直至出水水质合格方可投入运行。正洗水循环使用，可节省大量凝结水，减少水耗。

（3）运行：运行是指混床进行去除腐蚀产物和除盐制水的阶段。再循环正洗合格的凝结水通过混床出口树脂捕捉器，经加氨调节pH值后送入热力系统。

运行过程中应注意监测各种运行参数，当出现下列情况之一者，则打开旁路系统，停止混床运行：

1）出水中任何一项指标水质超过标准规定的数值时；

2）混床系统的出、入口压差不小于 0.35MPa 时；

3）凝结水水温不小于 55℃时；

4）进入混床的凝结水铁含量大于 1000μg/L 时；

5）配套机组停止运行时。

第一种情况是混床正常失效停运，出水水质不合格表明混床需要再生；其他为混床非正常停运或非实效停运，遇这些情况时，混床只需停运但不需再生，等情况恢复正常后又继续启动运行。

失效混床停运须经下述（4）～（10）步序操作，重新恢复备用状态。

（4）卸压：无论任何情况下需停止混床运行时，混床必须先将压力降至零后，才能解列退出运行。卸压是用排水（或排气）方法将床内压力降下来，直至与大气压平衡。

（5）树脂送出：是指将混床失效树脂外移至体外再生系统。其方法是启动冲洗水泵，利用冲洗水（或冲洗水和压缩空气）将混床中失效树脂送到体外再生系统的分离塔中。

（6）树脂输入：混床中失效树脂全部移至分离塔以后，再将树脂储存塔中经再生清洗并混合好的树脂送入混床。

（7）排水，调整水位：树脂在送入混床过程中会产生一定程度的分层，为保证混床出水水质，需要在混床内通入压缩空气进行第二次混合。空气混合前，为避免树脂层表面水位太高，在停止进气后，阳、阴树脂由于沉降速度不同而会重新分层影响混合效果，必须先将水放至树脂层面以上约 100～200mm 处。

（8）树脂混合：通入压缩空气进行树脂搅动，达到阳、阴树脂的均匀混合。

（9）树脂沉降：被搅动均匀的树脂自然沉降。

（10）混床冲水：冲水就是将混床满水。满水是为了防止混床投运过程中树脂层中脱水而进入空气。

至此，混床进入备用状态，再经上述（1）～（3）步序操作，重新投入运行。

第四节　树脂再生系统

一、树脂的再生

1. 树脂再生原理

离子交换树脂使用一段时间后，吸附的杂质接近饱和状态，就要进行再生处理，用化学药剂将树脂所吸附的离子和其他杂质洗脱除去，使之恢复原来的组成和性能。

2. 体外再生主要功能

（1）分离阴、阳树脂；

（2）空气擦洗树脂以除去金属腐蚀产物；

（3）对失效树脂进行再生和清洗。

3. 体外再生的技术要求

（1）独特的树脂分离技术；

（2）高效的树脂擦洗技术；

（3）去除细碎树脂的有效方法；

（4）树脂的彻底输送措施。

4. 再生剂的品种与纯度

一般认为盐酸的再生效果优于硫酸，硫酸再生成本低于盐酸。再生剂的纯度高，杂质含量少，树脂的再生程度就高，特别是对阴树脂影响更大。

再生液的浓度与再生方式有关，一般顺流再生的再生液浓度应高于逆流再生。通常 HCl 浓度以 3%～5%为宜，NaOH 以 4%～6%为宜。

5. 再生液的温度与流速

提高再生液的温度能提高树脂的再生程度，但再生温度不能超过树脂允许的最高使用温度，一般强酸性阳树脂用盐酸再生时不需加热。强碱性 I 型阴树脂的再生液温度为 35～50℃，强碱性 II 型阴树脂适宜的再生液温度为 35℃±3℃。

再生液流速影响着再生液与树脂的接触时间，一般以 4～8m/h 为宜。逆流再生的再生液流速应保证不使树脂乱层。再生液的温度很低时，不宜提高流速。

二、再生设备介绍

1. 树脂分离罐

高速混床失效树脂输入分离塔后，通过底部进气擦洗松动树脂，使悬浮杂质和金属腐蚀产物从树脂中脱离，再通过底部进水反洗树脂直至出水清澈。而后再通过不同流量的水反洗使阴阳树脂分离直至出现一层界面，阴树脂从上部输至阴塔，阳树脂从下部输至阳塔，阴、阳树脂分别在阴、阳塔再生。剩下的界面树脂为混脂层，留到下一次再生参与分离。

分离罐上大下小，下部是一个较长的筒体，上部为锥筒形；罐体设置有失效树脂进口、阴树脂出口、阳树脂出口、上部进水口（兼作上部进压缩空气、上部排水口）和下部进水口（兼作下部进气、下部排水口）；底部集水装置设计为双蝶形板加水帽式，绕丝或水帽缝隙宽度 0.25mm；上部配水装置为支管式，反洗排水装置为梯形绕丝筛管制作；分离塔还设有窥视境，用于观察塔内树脂状态。

2. 阴再生罐

结构及工作原理：阴塔上部配水装置为挡板式，底部配水装置为不锈钢碟形多孔板加水帽，既保证了设备运行时能均匀配水和配气，又使得树脂输出设备时彻底干净。进碱分配装置为 T 形绕丝支母管结构（又称鱼刺式），其缝隙既可使再生碱液均匀分布又可使完整颗粒的树脂不漏过，并可使细碎树脂和空气擦洗下来的污物去除。分离塔阴树脂送进阴再生罐后，通过底部进气擦洗和底部进水反洗阴树脂，直至出水清澈，然后从树脂上部进碱再生、置换、漂洗。

3. 阳再生罐

阳再生罐内部结构与阴再生罐相同，分离塔阳树脂送进阳再生罐后，通过底部进气擦洗和底部进水反洗阳树脂，直至出水清澈，然后从树脂上部进酸再生、置换、漂洗后，阴塔树脂再生合格后，阴树脂送入阳塔中与阳树脂混合，成为备用树脂。

4. 再生辅助设备

（1）贮罐：酸、碱罐各一个，用来贮存酸碱，树脂再生时送到酸（碱）计量箱。化工厂酸（碱）运输槽车运来酸（碱）后，经卸酸（碱）泵送入贮酸（碱）罐。

（2）酸（碱）计量箱：酸、碱计量箱各一个，用来计量再生酸碱用量。

（3）酸雾吸收器：由于浓盐酸是挥发性酸，以防止酸雾对设备、建筑物产生腐蚀以及危害人体健康，将计量箱的排气引入酸雾吸收器内，通过水喷淋酸雾吸收器内填料将酸雾吸收。吸收酸雾后的酸性水排入精处理废液池。

（4）酸（碱）喷射器：喷射器是利用流体（液体或气体）来输送介质的动力设备，与其他机械泵（离心泵、齿轮泵、柱塞泵等）相比，无运动部件。因而，具有结构简单、紧凑、轻便，运行可靠，无泄漏，免维修等优点。精处理酸（碱）利用喷射器将酸（碱）打入阳（阴）塔。

（5）热水箱：内部有电加热器，它是为了提高碱液温度，以提高阴树脂的再生效果。运行时必须充满水，加热器根据热水箱的温度定时加热。加热器启动加热到高限设定值时自动停止，当水温低于低温设定值时，加热器自动重新启动。冷水从底部进入热水箱，热水从上部出来至碱喷射器。碱喷射器出口温度通过热水箱出口三通阀控制，大约在40℃左右。热水箱系统设计如图4-4所示。

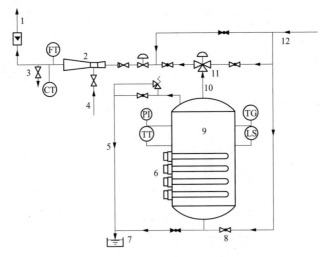

图 4-4　热水箱示意图

1—至阴塔；2—碱喷射器；3—取样阀；4—碱计量箱来碱；5—溢流；6—电加热器；
7—底排；8—底进水；9—热水箱；10—出水口；11—三通阀；12—冲洗水泵来水

（6）树脂捕捉器：该设备为敞开容器式，内衬耐酸碱橡胶，且设有金属网筒，网缝隙为0.80mm，能截留分离塔、阴塔和阳塔在树脂擦洗或水反洗由于流量控制不当而跑出的树脂，截留的树脂可以通过树脂添加斗重新加到阳塔。设备上设一液位开关，液位高报警时提醒工作人员捕捉器滤芯被堵。

（7）冲洗水泵：每期精处理再生系统有2台冲洗水泵，冲洗水泵的水源为除盐水，接自除盐水箱，用于树脂的反洗、清洗、输送、管道冲洗和稀释再生剂以及前置过滤器失效后的反洗。

（8）罗茨风机：精处理再生系统有2台罗茨风机，用于树脂的擦洗松动和树脂的混合。其气源是空气，进口有滤网，防止杂物进入。前后都有消声器，降低释放的噪声。罗茨风机启动时，往往先要预启动，是为了吹去风管的杂物，此时开启风管上的排风门。

（9）储气罐：用于混床输出树脂、混脂以及阀门仪表用气，其气源是厂房来的压缩空气。

（10）树脂填充斗：用于阴塔、阳塔的树脂添加，利用水的流动把树脂抽入罐体。

（11）废液池：用于收集精处理排放的废水，经 2 台废水泵排至工业废水箱集中处理。

三、锥体分离法（CONSPT 塔）

锥体分离法因分离塔底部设计成锥形而得名。锥体分离系统由锥形分离塔（兼阴再生塔）、阳再生塔（兼储存）、混脂塔（习惯称隔离罐）及树脂界面监测装置组成，具体如图 4-5 所示。

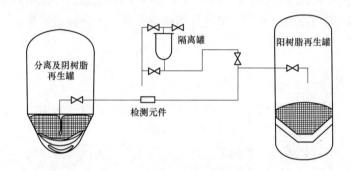

图 4-5　锥体分离法再生系统示意

1. 分离塔结构

分离塔下部呈锥体形，锥角一般为 30°左右。设计压力 0.7MPa，工作温度 5～60℃，采用半硬橡胶衬里。根据树脂装载体积，并按 100% 反洗膨胀率留有反洗空间。底部配水装置为母支管埋入石英胶结砂中，材质为聚丙烯；上部布水装置为辐射支管式，材质为 316 不锈钢。

2. 锥体分离法的特点

（1）锥体分离法优点：

1）分离塔采用了锥体结构，树脂在下降过程中，过脂断面不断缩小，所以界面处的混脂体积小；锥形底较易控制反洗流速，避免树脂在输送过程中界面扰动。有资料指出，分离后的混脂量仅占树脂总量的 0.3%。

2）底部进水下部排脂系统，确保树脂面平整下降。

3）树脂输送管上安装有"树脂界面监测装置"，利用阴、阳树脂具有不同电导信号或光电信号来监测阴、阳树脂的界面，控制其输送量。

4）通过隔离罐保留分离塔内混脂缓脂层，可以通过阴阳树脂分离度。

5）采用两塔结构，占地面积较小。

（2）锥体分离法的不足：

1）树脂膨胀空间一般；

2）树脂卸出管上的监督终点仪不够稳定；

3）监督终点在分离塔外管道上，故没有留有足够的混脂缓冲层。

3. 分离过程

混床失效树脂送入分离塔后，首先按下述步骤进行清洗，即排水及水位调节空气擦洗—正洗—排水及水位调节空气擦洗—补水，然后进行反洗分离。

树脂分离按下述过程进行：

（1）反洗分层。由底部通入反洗水，先快速进水反洗约 20min，接着慢速进水反洗约 10min，利用阳、阴树脂膨胀高度及下降速度不同而分层。

（2）静置，使树脂自然沉降。

（3）阳树脂送出。从分离塔底部进水，将阳树脂送至阳再生塔，在送出阳树脂的同时再引一向上的水流通过树脂层，使树脂交界面沿锥体平稳下移。

（4）混脂送入隔离罐。

（5）冲洗树脂管道。用冲洗水将管道中可能残留的树脂分别冲至阴再生塔、隔离罐和阳再生塔。效果，应用该法分离后，可达到阳树脂中混入的阴树脂或阴树脂中混入的阳树脂均不大于 0.1%。

四、高塔分离法

高塔分离法系统与其他系统相比，其设计原理更简单，仅仅利用了水力分层原理和阳阴树脂的比重不同以及树脂粒径差异对阳阴树脂进行分离。上部分离阴树脂，下部分离阳树脂，将混脂部分留在高塔内，参与下次再生（图 4-6～图 4-8）。

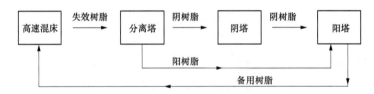

图 4-6　高塔分离法示意

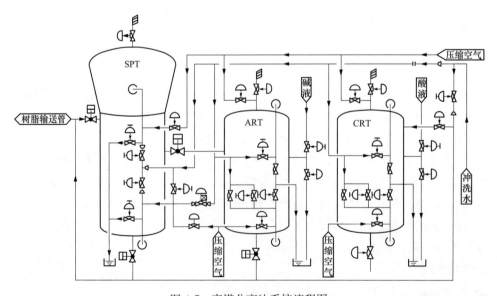

图 4-7　高塔分离法系统流程图

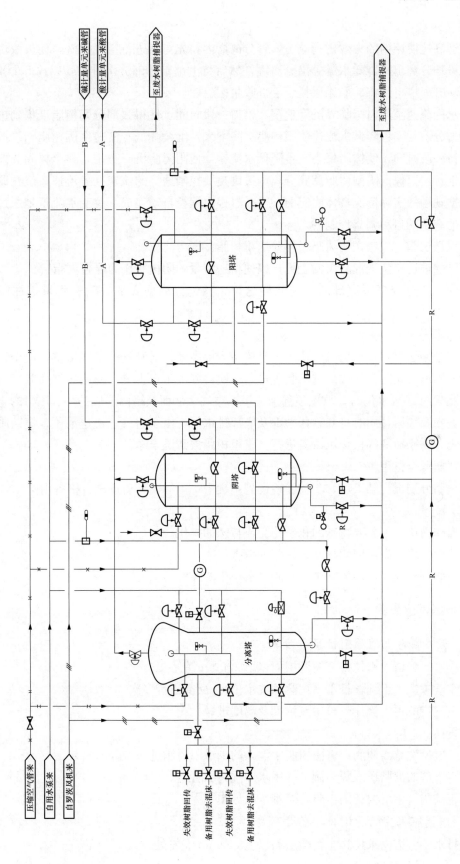

图 4-8　高塔分离法再生系统图

1. 再生过程

精处理高速混床内的失效树脂被送入到分离塔内，先对其进行空气擦洗，使失效树脂较重的污染物分离出来，随水流排出分离罐，然后将上部锥体部分水排空，以约 50t/h 的高速水流从分离塔下部将树脂床层托至上部收集区。

降低水的流速至阳树脂临界沉降速度，维持一段时间，使得大部分阳树脂聚集到锥体与直筒段的分段处，再降低水流速使阳树脂沉降下来，继续降低水流速至阴树脂临界沉降速度，维持一段时间，使树脂聚集，再降低水流速，使阴树脂沉降下来，整个树脂分离过程可重复进行，以保证阴阳树脂彻底分离，关键是要控制适当的流速（各流速一般在调试过程中依据现场的实际情况具体确定的；整个过程由程控自动完成，改变水流量是通过分离罐底部的调节阀自动调整控制的）。

（1）输送树脂。先输送阴树脂，再输送阳树脂。

阴树脂的输送口位于混脂层的上方，以便留一定量的阴树脂作为混合树脂层。

阳树脂是通过分离罐底部的阳树脂输送口，经过分离罐底部的输送管道送往阳再生罐。

（2）树脂再生。

阴阳树脂输送至阴阳再生罐后，进水至树脂床层高度，对其进行空气擦洗，使得杂质从树脂表面剥离，同时水从底部进水装置进入，使得罐内水位上升，树脂床层膨胀，当树脂床层膨胀大约 50% 水位时，从罐顶部加入压缩空气，从而在罐内形成一个有压力的空气室，停止进水及加压，同时打开罐体中部及底部排水门，由于空气室快速泄压，使杂质随水快速冲出。树脂擦洗的操作可重复进行，直至树脂被清洗干净。

（3）树脂混合备用。

阴阳树脂分别再生结束后，阴树脂输送到阳罐中，空气混合后正洗合格备用。

2. 高塔分离法的特点

（1）操作简单，不需要特殊的化学药品或特殊的操作。

（2）可以排除分离后阳阴树脂过渡区的危害。

（3）树脂分离彻底，阳树脂中阴树脂含量小于 0.4%。

五、树脂再生步骤

（一）阴树脂再生的原则性操作步骤

（1）排水。将塔内水位排至树脂层面以上 200mm 左右处。

（2）空气擦洗—正洗—排水（调整擦洗水位），反复进行多次。

（3）按规定的再生流速、再生液浓度及温度进碱。

（4）置换。

（5）二次反洗分离树脂。将阴树脂中混杂的少量阳树脂进一步分离出来。

（6）将下部的混脂送入隔离罐，并用水冲洗树脂管道。

（7）正洗阴再生塔内的阴树脂，至排水电导率不大于 5μS/cm。

（二）阳树脂再生的原则性操作步骤

（1）排水。将塔内水位排至树脂层面以上 200mm 左右处。

（2）空气擦洗—正洗—排水（调整擦洗水位），反复进行多次。

（3）按规定的再生流速、再生液浓度进酸。

（4）置换。

（5）正洗阳再生塔内的阳树脂，至排水电导率不大于 5μS/cm。

（三）阴、阳树脂的混合

（1）阴塔漂洗：再次用冲洗水泵从阴塔上部进水对树脂再次进行快速正洗，直至出水电导率不大于 5μS/cm。对再生好的阴树脂输送前的漂洗是为了确保阴树脂输送前的质量。

（2）水气输送：阴塔底部进水松动树脂，顶部进压缩空气形成一定压力的空气室把阴树脂利用水气输送至阳塔。

（3）淋洗输送及管道冲洗：停止进气，利用阴塔上、下进水冲洗，保证阴塔内树脂不残留。对树脂输送管道的进行冲洗。

（4）重力排水：从阳再生塔底部、中间排水至中排装置处。

（5）空气混合：利用罗茨风机从塔底部通入空气，将阳、阴树脂充分混合。为保证阴、阳树脂混合的效果，在混合后期采用边进气边排水的方式，使混合好的树脂不再重新分离。

（6）阳塔充水并最终漂洗：从顶部快速进水至塔满水，对混合好的树脂快速正洗至出水水质合格备用。

若正洗达不到混床出水水质标准，则将树脂再送回分离塔，重复分离、擦洗、再生等程序。

第五节　典　型　事　故

一、凝结水中断事件

1. 事件经过

某厂 2 号机组精处理阴阳分床系统，精处理阴床温度联锁保护设定为 70℃，即凝结水温度达到 70℃，阴床电动旁路门联锁开启；为防止电动旁路门开启后自动退床导致意外，将程序改为温度达到设定值，电动旁路门自动联开，床体需人工判断无异常后解列退出。

某日精处理阴床入口凝结水温度达到 70℃，值班员手动解列阴床过程中，未按照规定检查精处理运行参数，盲目操作旁路系统未导通，造成凝结水中断。阴床系统图如图 4-9 所示。

2. 事件原因分析

（1）精处理阴床电动旁路门前后手动门关闭，导致电动旁路门不过水。

（2）值班员解床时，只看到电动旁路门已开启至 100%，未认真查看旁路压差、床体流量等参数。实际在电动旁路门开启后，旁路压差、流量、床体压差应有明显降低。解列一台床后剩余运行床体参数已剧烈上涨，还没有发现。

（3）程序连锁设置不完善，即床体流量、压差超过设定值时，控制程序没有设置床体退出运行保护。

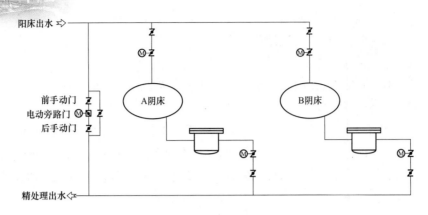

图 4-9　阴床系统图

（4）日常巡检工作不到位，未能及时发现精处理电动旁路门前后手动门被关闭。

二、树脂漏入热力系统

1. 事件经过

某机组精处理混床系统设计为 $3\times50\%$ 混床系统，两用一备，即当一台混床接近失效时，先投运备用混床，再解列失效混床，保证凝结水 100% 经过精处理处理。

某日 00:20 前夜班投运 C 混床，00:30 B 混床失效退出运行，开始输送树脂进行再生。C 床投运过程按照控制程序投运，00:15:05 升压阀开启，00:20:13 混床入口门开启，00:20:16 升压阀关闭。整个升压过程历时 5 分钟 11 秒；混床入口门开启时床体压力升至 1.338MPa，此时凝结水压力为 1.38MPa，投运过程操作正常。

02:00 后夜班接班时发现炉水 pH 值 8.70，给水氢电导 $0.83\mu S/cm$，过热蒸汽氢电导 $0.31\mu S/cm$，再热蒸汽氢电导 $0.18\mu S/cm$。电话询问机组人员答复无操作。

02:15 值班员到汽水化验站检查表计、调整取样，调整炉水水样后在线 pH 表显示 6.40，取样手测后 pH 值也是 6.4 左右，给水、蒸汽氢电导超标，联系化验班化验炉水水质。

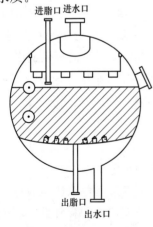

图 4-10　C 混床底部树脂输出管道裂缝

判断系统出现异常，C 混床退出运行，并向磷酸盐溶药箱内加 20 瓶氢氧化钠向炉内加药，要求机组开大连续排污。

02:30 左右开 C 混床树脂捕捉器排污门，有树脂流出，确认混床漏树脂，怀疑树脂进入热力系统。通知化学点检，汇报领导。

04:00 指标逐渐恢复正常。

C 混床及树脂捕捉器检查过程：

第二天检修人员上票检修 C 混床（图 4-10）及树脂捕捉器（图 4-11），混床内部检查发现底部弧形板与树脂输出管道焊接处断开约 0.5~0.8cm 裂缝（图 4-12）。树脂捕捉器打开后检查发现树脂捕捉器滤筒底部有树脂（图 4-13），树捕器内的绕丝滤元内也有树脂。证实 C 混床漏出的树脂穿过树脂捕捉器漏入热力系统。

图 4-11　树捕器内的绕丝滤元

图 4-12　C 混床树脂捕捉器滤筒底部树脂

2. 事件原因

（1）因新投运的 C 混床传脂管路断裂，导致树脂随凝结水流出至树脂捕捉器。树捕器绕丝滤元长时间运行受凝结水冲击导致绕丝变形，部分树脂穿过树捕器滤元进入热力系统，受热分解出酸性物质导致炉水 pH 值下降、汽水品质恶化。

（2）混床底部弧形板与床体外壳没有加强筋连接固定，长时间运行受力导致底部弧形板变形上凸，与树脂输出管连接处断开。之前发生过弧形板与树脂管断开的事件，但树脂捕捉

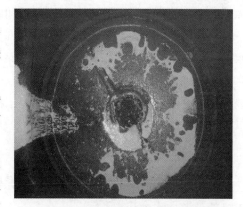

图 4-13　树脂捕捉器内积存的树脂

器完好，树脂未漏入系统，因系统检修复杂，单位内部无法解决，一直未进行彻底检修，导致本次事件发生。

（3）混床投运后树脂捕捉器压差有小幅上涨，值班员没有及时发现，延误处理时机。

 思考题

1. 设置凝结水精处理的目的是什么？
2. 精处理前置过滤器的作用是什么？
3. 空冷机组精处理阳床为什么设置在阴床前边？
4. 凝结水精处理树脂体外再生的优点是什么？
5. 简述凝结水精处理旁路系统的作用是什么？
6. 凝结水精处理床体投运时注意事项有哪些？
7. 凝结水精处理混床树脂再生的关键是什么？
8. 凝结水精处理系统导致机组断水的可能原因有哪些？

第五章

冷 却 水 处 理

在火力发电厂的生产中，汽轮机的凝汽器冷却用水量最大。例如，一台300MW的发电机组，其设计冷却水量为30 000~35 000t/h（平均32 000t/h），如果补充水率按2.5%计算，每天补充水量为19 200t。炉的蒸发量为1050t/h，如果其补充水率为2%，每天补充水量仅为504t，因此，火力发电厂的凝汽器冷却用水量要占总用水量的97%以上。

天然水中含有许多无机质和有机质，如不经过专门处理而循环利用，由于盐类浓缩等原因就会在凝汽器管内产生水垢、污垢和腐蚀，导致凝结水的温度上升和凝汽器的真空度下降，从而影响发电机组的经济性；凝汽器管发生腐蚀会导致管泄漏，使冷却水浸入凝结水中，影响锅炉的安全运行。因此，为保证循环冷却水的水质，冷却水应进行专门处理。

第一节　冷却水系统与设备

一、冷却水系统

用水作冷却介质的系统称为冷却水系统。它通常有两种：一种是直流式冷却水系统，另一种是循环式冷却水系统。

1. 直流式冷却水系统

直流式冷却水系统是指冷却水直接从水源地抽出，只通过换热设备（凝汽器）一次就排回天然水体，不循环使用。这种系统的特点是：用水量大，一台200MW的发电机组，每小时需通过凝汽器的冷却水量为25 000t/h左右；水质没有明显变化，因为没有盐类浓缩。由水质引起的结垢、腐蚀和微生物生长等问题较少，水温变化小，能有效地进行热交换。由于这种冷却水系统的特点，一般不对水进行处理，但必须具备有充足的水源，可供直流式冷却水系统的水源有海水、江（河）水、水库水、湖水等。

2. 循环式冷却水系统

循环式冷却水系统又分为密闭式循环冷却水系统和敞开式循环冷却水系统。

密闭式循环冷却水系统如图5-1（a）所示，指冷却水本身在一个完全密闭的系统中不断地循环运行，冷却水不与空气接触，水的冷却是由另外一个敞开式冷却水（或空气）系统的换热设备来完成的。这种系统的特点是：水不蒸发、不排放，补充水量很小；因为不与空气接触，所以不易产生山微生物引起的各种危害；通常采用软化水或除盐水作为补充水；因为没有盐类浓缩，产生结垢的可能性较小；为了防止换热设备的腐蚀，一是多采用黄铜管、紫铜管和不锈钢等耐腐蚀性材料，二是投加0.5~1.0mg/L的铜缓蚀剂。

敞开式循环冷却水系统如图5-1（b）所示，是指冷却水由循环水泵送入凝汽器内进行热交换，升温后的冷却水经冷却塔降温，再由循环水泵送入凝汽器循环利用。这种循环利用的冷却水叫循环冷却水，这种系统的特点是：水在冷却塔中与大气直接接触后，由于有CO_2散失和盐类浓缩现象，在凝汽器管内或冷却塔的填料上有结垢问题；由于温度适宜、阳光充足、营养丰富，有微生物的滋长问题；由于冷却水在塔内对空气洗涤，有生成污垢的问题；由于循环冷却水与空气接触，水中溶解氧是饱和的，因此还有换热器材料的腐蚀问题。所谓循环冷却水处理，主要就是研究这种冷却水系统的结垢、微生物生长和腐蚀等方面的机理和防止方法。

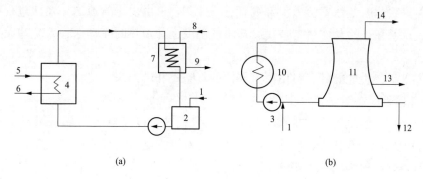

图 5-1　循环冷却水系统

（a）密闭式循环冷却水系统；（b）敞开式循环冷却水系统

1—补充水；2—密闭贮槽；3—水泵；4—冷却工艺介质的换热器；5—被冷却的工艺物料；

6—冷却后的工艺物料；7—冷却热水的冷却器；8—来自冷却塔；9—送往冷却塔；10—凝汽器；

11—冷却塔；12—排污水；13—风吹渗漏水；14—蒸发水

二、换热设备（凝汽器）

在火力发电厂的循环冷却水系统中，其换热设备为凝汽器。它的作用是将汽轮机的排汽冷却成为凝结水，供锅炉继续使用。按蒸汽凝结的方式分为混合式凝汽器和表面式凝汽器；按冷却介质又分为水冷凝汽器和空冷凝汽器。下面介绍用水作冷却介质的管式表面式凝汽器，如图 5-2 所示。

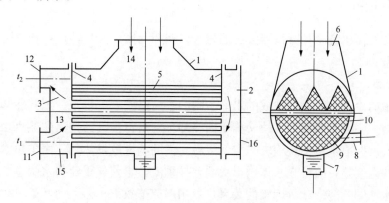

图 5-2　表面式凝汽器示意图

1—外壳；2、3—水室端盖；4—管板；5—铜管；6—排汽入口；7—热水井；

8—空气抽出口；9—空气抽出区；10—空气抽出区隔板；11—冷却水进口；

12—出水水室；13—水室水平隔板；14—汽空间；15—进水水室；16—中间水室

这种凝汽器的外壳钢板焊接成圆柱形。两侧水室端盖用螺栓固定在水室上，并设有人孔门（或手孔门），水室与汽室间用管板隔开，两端的管板之间布置铜管，铜管胀接在管板孔内，使两端水室相通。也就是说冷却水走管内，蒸汽走管间，通过管壁进行热交换。外壳、管板与水室焊成一个整体，上部排汽进口与汽轮机的排汽口相连，下部收集凝结水的热水井与凝结水泵相连，两侧的空气抽出管与抽气器相连。抽气器的作用是抽出不凝结气体和少量未凝结的蒸汽。

冷却水在凝汽器内的流程是：冷却水在循环水泵的压力下由进水管进入水室，先冷却下部的铜管，经另一侧水室流入上部铜管进行冷却，再由出水管流出，在此过程中，蒸汽凝结时放出的热量被冷却水带走，使冷却水的温度上升，热的冷却水进入冷却设备降温后循环利用。

凝汽器的传热性能好坏，可由凝汽器内的真空度和端差来反映。

1. 凝汽器的真空度

单位时间内，当汽轮机的排汽量与凝结水量相等，以及空气的漏入量与抽气量相等时，凝汽器内处于平衡状态，压力保持不变，即在凝汽器内形成一定的真空度。正常运行条件下，真空度一般为 0.005MPa。

2. 凝汽器端差

汽轮机的排汽温度 t_p 与凝汽器冷却水的出口温度 t_2 之差为端差，用 δ_t 表示。端差与汽轮机排汽温度和冷却水温度有以下关系：

$$t_p = t_1 + \Delta t + \delta_t \tag{5-1}$$

式中 t_1——冷却水的进口温度，℃；

Δt——冷却水的出门温度 t_2 与进口温度 t_1 之差（$\Delta t \approx t_2 - t_1$），℃。

正常运行条件下，端差一般为 3～5℃。

可见，管内结垢、冷却水量小，以及排汽量增加和抽汽量减小等都会使凝结水温度升高、端差上升或凝汽器内压力升高、真空度降低，影响机组的经济性。

三、冷却设备

冷却设备的作用是冷却凝汽器排出的热水以循环利用。按其外形可分为冷却水池和冷却塔两种类型。

1. 冷却水池

这里所指的冷却水池是指现成的水库、湖泊、河道或人工水池。因其冷却过程是通过水体的水面向大气散发热量的，故又称水面冷却。它是将凝汽器排出的热水由排出口排入水体，在缓慢流向取水口的过程中与空气接触，借助蒸发散发热量。由于热水与水体之间存在着一定的温度差，故可在水体内形成温差异重流。温差异重流与水温差、水深、水流速度、冷却水池的几何形状等因素的关系，可用弗劳德数 Fr 表示：

$$Fr = \frac{v}{\sqrt{\dfrac{\Delta \varrho}{\varrho_s} \cdot g \cdot H}} \tag{5-2}$$

式中 v——水流速度，m/s；

$\Delta\rho$——深层水与表层水之间的密度差（$\Delta\rho=\rho_S-\rho_B$），kg/m^3；

ρ_S——深层水的密度，kg/m^3；

ρ_B——表层水的密度，kg/m^3；

g——重力加速度，m/s^2；

H——平均水深，m。

如式（5-2）的计算结果 Fr 值小于 0.5，则表示有温差异重流存在。可见，水流速度越小，水越深（>1.5m），温差越大，水体分层越好，越有利于热交换。

由于冷却水池容积小，为了增加水与空气的接触面积，在冷却水池上面加装喷水设备，成为喷水冷却水池。新建的火力发电厂很少采用这种冷却设备，因为它占地面积大，冷却效果差。

2. 冷却塔

冷却塔是一种塔型构筑物，热水从上向下喷散成水滴或水膜状，空气由下而上（或水平方向）在塔内流动进行逆流热交换。

冷却塔的形式很多，按塔内通风方式不同分为自然通风、机械通风和塔式加鼓风的混合通风；按塔内水和空气的流动方向不同，可分为逆流式和横流式；按塔内淋水装置不同，又可分为点滴式、薄膜式和点滴薄膜式等。目前火力发电厂的冷却塔多设计成双曲线型的自然通风冷却塔，它是由通风筒、配水系统、淋水装置（填料）、通风设备、收水器和集水池六个部分组成的，另外还有补水管、排水管、溢水管等。

（1）通风筒。自然通风冷却塔是依靠塔内外的空气温度差所形成的压差来抽风的，因此通风筒的外形和高度对气流的影响很大。风筒高度可达 100m 以上，直径可达 60~80m。

（2）配水系统。配水系统的作用是将来自凝汽器的热水均匀地分配到冷却塔的整个淋水面积上。运行中由于配水不匀，会使淋水装置内部水流分布不均，水流密集部分通风阻力大，空气流量减少，传热效果下降。水流稀疏部分会使大量空气未能与水进行充分接触而逸出塔外，运行的经济性也降低。

自然通风冷却塔的配水系统多采用槽式配水系统。热水先经配水总槽流到配水支槽，再从配水支槽下面的管嘴或壁上小孔流出，分散成小水滴状后，均匀地洒在填料上。

（3）淋水装置（填料）。淋水装置的作用是将配水系统溅落的水滴，再经多次溅散，成为更小的水滴或很薄的水膜，以增大水与空气的接触面积和延长接触时间，从而增强水与空气的热交换。水的冷却过程主要是在淋水装置的填料中进行的，是冷却塔的关键部分。因此，淋水装置的填料应具备以下特点：单位体积填料的表面积要大，对水和空气的阻力要小；水流经填料时有较长的流程，而且润湿性要好，容易使水形成均匀且很薄的水膜；材质要轻，化学稳定性要好，有一定的机械强度，廉价易得。目前，火力发电厂中设计的冷却塔中多采用水泥网格板、蜂窝纸、石棉水泥板及塑料波纹板等。

（4）收水器。在配水系统的上面设置收水器的作用是减少冷却塔中的水量损失。从冷却塔内部排出的湿热空气中往往带有一些水分，其中一部分是混合于空气中的水蒸气，另一部分是随气流带出的雾状小水滴，后者可用收水器分离回收。小型冷却塔多采用塑料斜板作为收水器；大中型冷却塔则多采用弧形除水片组成的单元模块收水器，其工作原理是当塔内风流挟带细小水滴上升时，撞击到收水器的弧形片上，在惯性力和重力作用下，水滴从气流中分离出来，回收利用。

（5）集水池。集水池的作用是储存和调节水量。集水池的有效水深一般为 $1.5\sim$ 2.0m，池底设有集水坑（深 0.3~0.5m），并有大于 0.5% 的坡度，另外，还有补水管、溢流管、排污管以及拦阻杂物的格栅。

（6）塔体的作用是封闭和围护作用，为钢筋混凝土结构，塔体形状有方形、锥形、圆形和双曲线形等。

四、直接空冷系统

直接空冷系统指对汽轮机的排汽（蒸汽）直接用空气来冷凝，空气与蒸汽之间的热交换通过空冷凝汽器（即散热器）进行，所需冷却空气通常由轴流冷却风机提供。

直接空冷系统的工艺流程如图 5-3 所示。汽轮机的排汽通过一个直径很大、长度达几十米的排汽总管送到布置在室外的空冷凝汽器内，在此与空气进行表面换热，将排汽冷凝成水，凝结水由凝结水泵提压，经除铁过滤器和精处理装置处理后，回到热力系统，重新循环利用。

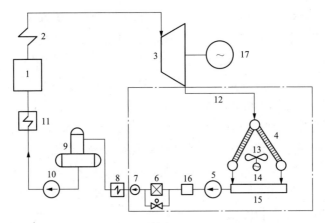

图 5-3　直接空冷机组原则性汽水系统

1—锅炉；2—过热器；3—汽轮机；4—空冷凝汽器；5—凝结水泵；6—凝结水精处理装置；

7—凝结水升压泵；8—低压加热器；9—除氧器；10—给水泵；11—高压加热器；12—汽轮机排汽管道；

13—轴流冷却风机；14—立式电动机；15—凝结水箱；16—除铁过滤器；17—发电机

空冷凝汽器由外表面镀锌的椭圆形钢管外套、矩形钢质翅片的若干管束组成，这些管束称为散热器。空冷凝汽器分主凝汽器和辅助凝汽器两部分，前者多设计成汽水顺流式，后者多设计成汽水逆流式，如图 5-4 所示。

直接空冷发电机组，在汽轮机启动和正常运行时，必须使汽轮机的低压缸尾部、空冷凝汽器、大管径排汽管道及凝结水箱等设备内部形成一定的真空度。抽真空用的设备仍是抽气器。抽气器有两级，在启动时投入出力大的一级抽气器，以加快启动速度、缩短抽真空时间。当汽轮机进入正常运行以后，改换出力小的二级抽气，以维持整个排汽系统的真空度。因此，空冷凝汽器中的所有元件和排汽管道均应用两层焊接结构，以确保整个真空系统的严密性。

直接空冷系统具有以下特点：

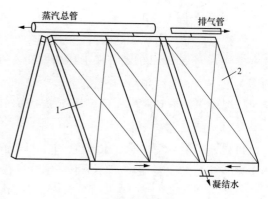

（1）因为直接空冷系统的空冷凝汽器可布置在汽轮机房外与主厂房平行的纵向平台上，这不仅取消了大型的湿冷却塔、水泵房及地下管线所占的面积，而且还可在空冷岛凝汽器的下面布置变压器等电气设备，从而大幅度减少了发电厂的占地面积。

图 5-4　汽水逆流式
1—主凝汽器；2—辅凝汽器

（2）在该系统中的大直径主排汽管道内输送的是饱和蒸汽。蒸汽在空冷凝汽器与空气进行热交换，只换热一次就被冷凝成凝结水，属于表面式换热。

（3）直接空冷系统是利用二级抽气器在排汽系统内形成一定的真空，使汽水流动，不需设置循环水泵，但需设置轴流风机群从空冷凝汽器下部鼓风，促使空气流动，进行热交换。当汽轮机的负荷变动时，可随时通过改变轴流风机的台数和转速来调节空气流量。

（4）在该系统中，冷凝设备与冷却设备合为一体，所以它的空冷装置必须采用机械强制通风，并配以"人"字形布置的钢质散热器，如图 5-4 所示。

（5）直接空冷系统真空容积庞大（约为间接空冷系统的 30 倍），所有管道均采用低压薄壁焊接钢管，地上布置。为使管道系统的刚度增强，在大直径薄壁管的外侧设置许多加固肋环。在管道转弯处设有导向叶片，以使汽流均匀通过。

第二节　循环冷却水的特点

大气中总是含有一定数量的水蒸气，所以大气是由于空气和水蒸气所组成的混合气体，称为湿空气。循环水的冷却就是以这种湿空气作为冷却介质的。

一、湿空气的有关性质

1. 湿空气的压力

由冷却塔周围进入冷却塔的湿空气总压力实际上就是当地的大气压，按气体分配定律，其总压力 p 应等于下空气分压力 p_G 和水蒸气分压力 p_S 之和

$$p = p_G + p_S \tag{5-3}$$

按理想气体方程式可写为

$$p = \rho_G g R_G T \times 10^{-3} + \rho_S g R_S T \times 10^{-3} \tag{5-4}$$

式中　ρ_G、ρ_S——干空气、水蒸气在其本身分压下的密度，kg/m^3；

　　　g——重力加速度，$9.8 m/s^2$；

　　　R_G、R_S——干空气、水蒸气的气体常数，$R_G = 29.27 kg \cdot m/(kg \cdot K)$，$R_S = 47.06 kg \cdot m/(kg \cdot K)$；

　　　T——此大气压下，湿空气的温度，K。

2. 饱和水蒸气分压

在某温度下，当空气的吸湿能力达到最大值时，空气中的水蒸气处于饱和状态（称为饱和空气），此时水蒸气的分压力称为饱和蒸汽压力 p_S，它只与空气温度有关，与大气压力无关，空气的温度越高，蒸发越快，p_S 值也就越大。因此，湿空气中水蒸气的含量不会超过该温度下的饱和蒸汽含量，从而 $p_S \leqslant p_S'$（p_S' 为不饱和蒸汽压力）。

3. 湿空气的湿度

每立方米湿空气中所含水蒸气的质量称为湿空气的绝对湿度，数值上等于在水蒸气分压 p 和湿空气热力学温度 $T(K)$ 下，水蒸气在湿空气中的密度 $\rho_S(kg/m^3)$。即

$$\rho_S = \frac{p_S}{gR_S T} \times 10^3 = \frac{p_S \times 10^3}{461.19T} \tag{5-5}$$

同样，饱和空气的饱和湿度 $\rho_S'(kg/m^3)$ 计算如下：

$$\rho_S' = \frac{p_S'}{gR_S T} \times 10^3 = \frac{p_S' \times 10^3}{461.19T} \tag{5-6}$$

4. 含湿量

在含有 1kg 干空气的湿空气混合气体中所含有的水蒸气质量（kg）称为湿空气的含湿量 x，数值 x 可用下式计算：

$$x = \frac{\rho_S}{\rho_G} = \frac{\dfrac{p_S \times 10^3}{gR_S T}}{\dfrac{p_G \times 10^3}{gR_G T}} = \frac{R_G p_S}{R_S p_G} = \frac{29.27 p_S}{47.06 p_G}$$

$$= 0.622 \times \frac{p_S}{p - p_S} = 0.622 \times \frac{\psi p_S'}{p - \psi p_S'} \tag{5-7}$$

$$\psi = \frac{\rho_S}{\rho_S'} = \frac{p_S}{p_S'} \tag{5-8}$$

式中　ψ——湿空气的相对湿度，即在相同温度下，湿空气的绝对湿度与饱和空气的绝对湿度之比。

二、水的蒸发散热

水分子在常温下逸出水面，成为自由蒸气分子的现象称为水的蒸发。根据分子运动理论，水的表面蒸发是由分子的热运动引起的。当液体表面上某些分子的动能足以克服水体内部对它的内聚力时，这些水分子便逸出水面进入空气中，成为自由蒸汽分子。逸出水面的水分子动能较大，剩下来的水分子的平均动能减小，即水温降低得到冷却。从水面逸出的水分子之间以及与空气中水分子之间的相互碰撞中，部分水分子返回水面，这种现象称为凝结。若单位时间内逸出的水分子多于返回水面的水分子，则水不断蒸发，水温也不断降低，故而，水的表面蒸发是在水温低于沸点下进行的。

一般认为水相与气相接触的界面上有一层很薄的饱和空气层，称为水面饱和气层，其温度与水面温度相同。该饱和气层的饱和水蒸气分压即为 p_S'，而远离水面的湿空气中的水蒸气分压为 p_S，分压差 $\Delta p_S = p_S' - p_S$。即是水分子向湿空气蒸发扩散的推动力。只要 p 大于 p_S，水的表面就存在蒸发现象。因此，蒸发所消耗的热量总是由水向湿空气传递

的，水得到冷却，有时可使水温低于空气的温度。

在微分面积 dS 上，单位时间内由蒸发所散发的热量 $d\Phi(\times 10^3 J/h)$ 为

$$d\Phi = r \cdot \beta_p(p'_S - p_S)dS \tag{5-9}$$

式中　β_p——压力传质系数；

　　　r——水的汽化潜热，$\times 10^3 J/kg$（汽化潜热是指在一定条件下，蒸发 1kg 的水所需要的热量）。

由式（5-9）可看出，为了加快蒸发散热，一方面应增加热水与湿空气之间的接触面积，以多提供水分子逸出的机会，另一方面应提高水气界面上的空气流动速度，以保持蒸发的推动力不变。

三、水的接触传热

在冷却塔内热水与湿空气接触时，如果水的温度与湿空气的温度不一致，则在水相与气相界面上会产生传热过程。

根据热力学第二定律，热量总是自发地从高温传向低温，如果水温高于空气温度，水就将热量传给空气，空气温度上升，一直到水面温度与空气温度相等为止。相反，如果水温低于空气温度，空气就将热量传给水，水的温度升高，同样一直到两者温度相等。在此过程中，由于水面上空气温度不均衡而产生对流作用。这种传热方式称为接触传热或称传导散热。

接触传热的推动力为温度差，温度差越大，传导散发的热量就越大。热量可以从水流向空气，也可以从空气流向水，这取决于两者的温度。

冷却塔内的两种散热方式，蒸发散热是属于传质过程，接触传热是传热过程，两种可同时存在，但随季节而有所变化。冬季气温低、温度差大，接触传热所散发的热量可占总散热量的 50%～70%，夏季气温高、温差小，接触传热所散发的热量很少，甚至有时为负值。

四、循环冷却系统的运行参数

循环冷却系统的运行操作参数包括循环水量，系统水容积，水滞留时间，凝汽器出水最高水温，冷却塔进、出水温差，蒸发损失，吹散及泄漏损失，排污损失，补充水量、凝汽器管中水的流速等。

（一）循环水量

一般冷却 1kg 蒸汽用 50～80kg 水是经济的。通常用 50kg 水冷却 1kg 蒸汽来估算循环水量。如果气温偏冷，循环水量的设计值还可以再降低。

（二）系统水容积

火电厂冷却系统的水容积一般选择的比其他工业大。GB 50050—2007《工业企业循环冷却水处理设计规范》中规定，循环冷却系统的水容积（V）与循环水量（q）的比，一般选用 $V/q = \frac{1}{5} \sim \frac{1}{3}$。我国火电厂由于多数采用大直径的自然通风塔，塔底集水池的容积较大，所以多数电厂的 V/q 值在 $\frac{1}{1.5} \sim 1$ 之间。V/q 值越小，系统浓缩得越快，即达到某一浓缩倍率的时间就比较短，可见表 5-1。此外，冷却系统的水容积对冷却系统中水的滞留时间（算术平均时间）及药剂在冷却系统中的停留时间（药龄）有影响。

表 5-1	V/q 对达到某一浓缩倍率时所需时间的影响			(h)
浓缩倍率	V/q			
	1	1/2	1/3	1/5
1.1	11.9	5.95	3.97	2.38
1.2	23.8	11.9	7.93	4.76
1.5	59.5	29.8	19.8	11.9
2.0	119	59.5	39.7	23.8
2.5	179	89.3	59.5	35.7
3.0	238	119	79.3	47.6
4.0	357	179	119	71.4
5.0	476	238	159	95.4

注 计算条件为 $P_Z=0.84\%$，$P_F+P_P=0.2\%$，冷却塔温差 $\Delta t=7℃$（P_Z 为蒸发损失率，%；P_F 为风吹损失率，%；P_P 为排污损失率，%）。

（三）水滞留时间

水的滞留时间表示水在冷却系统中的停留时间，也可表示冷却水系统中水的轮换程度，滞留时间可用下式计算：

$$t_R=\frac{V}{Q_F+Q_P}\tag{5-10}$$

式中 t_R——滞留时间，h；

V——系统水容积，m^3；

Q_F——吹散及泄漏损失，m^3/h；

Q_P——排污损失，m^3/h。

显然，系统水容积大，水的滞留时间长，排污量少，滞留时间长。

（四）蒸发损失

蒸发损失是指因蒸发而损失的水量。蒸发损失量以每小时损失的水量表示（m^3/h）。蒸发损失率用蒸发损失量占循环水量的百分数表示，此值一般为 $1.0\%\sim1.5\%$ 左右。

蒸发损失率 P_Z 可根据以下经验公式估算：

$$P_Z=k\Delta t\tag{5-11}$$

式中 k——系数，夏季采用 0.16，春、秋季采用 0.12，冬季采用 0.08；

Δt——冷却塔进出口水的温差，℃。

P_Z 还可参见表 5-2。

表 5-2	冷却设备的蒸发损失率 P_Z		
冷却设备名称	每 5℃温差的蒸发损失（%）		
	夏季	春、秋季	冬季
喷水池	1.3	0.9	0.6
机力通风冷却塔	0.8	0.6	0.4
自然通风冷却塔	0.8	0.6	0.4

（五）吹散及泄漏损失

吹散及泄漏损失是指以水滴的形式由冷却塔吹散出去和系统泄漏而损失的水量，吹散及泄漏损失率 P_F 因冷却设备的不同而异，参见表5-3。

表5-3　　　　　　　　　　　冷却设备的吹散和泄漏损失率 P_F

冷却设备名称	$P_F(\%)$	冷却设备名称	$P_F(\%)$
小型喷水池（<400m³）	1.5～3.5	自然通风冷却塔（有捕水器）	0.1
大型和中型喷水池	1～2.5	自然通风冷却塔（无捕水器）	0.3～0.5
机力通风冷却塔（有辅水器）	0.2～0.3		

（六）排污损失

排污损失是指从防止结垢和腐蚀的角度出发，控制系统的浓缩倍率而强制排污的水量。浓缩倍率是指循环冷却水中某种不结垢离子的浓度与其补充水的浓度比值，由于水中 Cl^- 不会与阳离子生成难溶性化合物，所以通常用下式表示：

$$N = \frac{C_{Cl^-,x}}{C_{Cl^-,B}}$$　　　　　　（5-12）

式中　N——冷却系统的浓缩倍率；

　$C_{Cl^-,x}$——循环水中 Cl^- 的质量浓度，mg/L；

　$C_{Cl^-,B}$——补充水中 Cl^- 的质量浓度，mg/L。

（七）补充水量

补充水量是指补入循环冷却系统中的水量。当冷却系统中的总水量保持一定时，补充水量相当于单位时间内因蒸发、吹散、排污损失的总和。对于一定的冷却系统，蒸发、吹散损失是一定的，也就是说排污损失的大小决定了补充水量的多少。

（八）凝汽器管中水的流速

从黏泥及微生物的附着的角度和循环水泵的经济性考虑，凝汽器管中水的流速一般设计在2m/s左右，但有些电厂为了节省厂用电，在冬季少开循环水泵，此时管中实际水流速可小于1m/s。

（九）开式循环冷却系统中水和盐的平衡

1. 水量平衡

开式循环冷却系统中，水的损失包括蒸发损失、吹散和泄漏损失、排污损失。要使冷却系统维持正常运行，对这些损失量必须进行补充，因此，水的平衡方程式如下：

$$P_B = P_Z + P_F + P_P$$　　　　　　（5-13）

$$P_B = \frac{补充水量}{循环水量} \times 100\%$$　　　　　　（5-14）

式中　P_B——补充水率，%；

　P_Z——蒸发损失率，%；

　P_F——吹散及泄漏损失率，%；

　P_P——排污损失率，%。

2. 浓缩倍率

由于蒸发损失不带走水中盐分，而吹散、泄漏、排污损失带走水中盐分，假如补充水中的盐分在循环冷却系统中不析出，则循环冷却系统将建立如下的盐类平衡：

$$(P_Z + P_F + P_P)C_B = (P_F + P_P)C_X \quad\quad (5\text{-}15)$$

式中　C_B——补充水中的含盐量，mg/L；

　　　C_X——循环水中的含盐量，mg/L。

将上式移项得：

$$N = \frac{P_Z + P_F + P_P}{P_F + P_P} = \frac{C_X}{C_B} \quad\quad (5\text{-}16)$$

式中　N——开式循环冷却系统的浓缩倍率。

如果冷却水系统的运行条件一定，那么蒸发损失量和吹散损失量就是定值，通过调整排污量可以控制循环冷却系统的浓缩倍率。由式（5-16）知排污损失率计算如下：

$$P_P = \frac{P_Z + P_F - N \cdot P_F}{N - 1} \quad\quad (5\text{-}17)$$

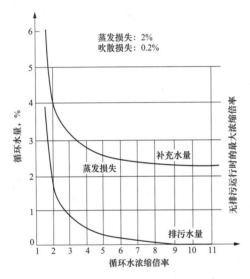

图 5-5　开式循环冷却系统中浓缩
倍率与补给量的关系

补充水量、排污水量和浓缩倍率的关系如图 5-5 所示。从图 5-5 中可看出，提高冷却水的浓缩倍率，可大幅度减少排污量（也意味着减少药剂用量）和补充水量。从图 5-5 中还可看出，随着浓缩倍率的提高，补充水量明显降低，但当浓缩倍率超过 5 时，补充水量的减少已不显著。此外，过高的浓缩倍率，严重恶化了循环水水质，容易发生各种类型的腐蚀故障。各种水质稳定药剂的效果与持续时间有关，过高的浓缩倍率，使药剂在冷却系统中的停留时间超过其药龄，将降低处理效果。上述情况说明，需要选定合适的浓缩倍率。一般开式循环冷却系统的浓缩倍率应控制在 4～6。

减少循环冷却系统排污，提高浓缩倍率，可取得良好的节水效果。现举一实例来分析：

某火电厂总装机容量为 1000MW，设 $P_Z = 1.4\%$，$P_F = 0.1\%$（$P_F = 0.5\%$，加捕水器后可节水 80%），循环水量 1.26×10^5 t/h。由式（5-17）可以得出：$P_P = \dfrac{1}{N-1}P_Z -$ P_F，浓缩倍率与节水关系的计算结果列于表 5-4 中。从表中可看出，浓缩倍率为 5 时比浓缩倍率为 1.5 时节水 3087t/h，而浓缩倍率为 6 时只比浓缩倍率为 5 时节水 88t/h。

表 5-4　　　　　　　　　　　　　浓缩倍率与节水量的关系

浓缩倍率 N	1.5	2	2.5	3	4	5	6	10
排污损失率 P_P(%)	2.7	1.3	0.83	0.6	0.37	0.25	0.18	0.056
排污量（m³/h）	3402	1638	1046	756	466	315	227	71
以 $N=1.5$ 为基数的节水量（m³/h）	0	1764	2356	2646	2936	3087	3175	3331

第三节　水质稳定性的判断

水中碳酸钙过饱和时，就会引起结垢现象，低于饱和值时，原先析出的 $CaCO_3$ 又会溶于水中，水对金属管壁有腐蚀结垢性。当水中碳酸钙含量正好处于饱和状态时，无结垢也无腐蚀现象，称为稳定型水。下面介绍一些常用的判断水质稳定性的方法。

一、极限碳酸盐硬度

开式循环冷却系统运行时，过一段时间，就会达到盐类平衡，即循环水中的盐量在某个数值上稳定下来，不再继续上升，此值即为循环水盐类浓度的最大值。实际上，往往没有达此最大值前，碳酸盐硬度便开始下降，此开始下降的碳酸盐硬度值，叫作水的极限碳酸盐硬度。也可以说，极限碳酸盐硬度是开式循环冷却系统中不结碳酸盐垢时，循环水的最大碳酸盐硬度值。

用此值的判断方法为：

$$H_{TB} < H_{TJ}，不结垢$$
$$H_{TB} > H_{TJ}，结垢$$

式中　H_{TJ}——水的极限碳酸盐硬度，mmol/L；

　　　H_{TB}——补充水碳酸盐硬度，mmol/L。

水的极限碳酸盐硬度值，通常是由模拟试验求得，也可用经验公式估算。

二、经验公式计算

即使循环水中无游离二氧化碳，水中也会维持一定的碳酸盐硬度，在一般情况下，此值为 2~3mmol/L。

在循环冷却水未进行任何处理的情况下，苏联学者提出了很多计算极限碳酸盐硬度的公式，常用的有阿贝尔金公式。

$$H_{TJ} = k + b - 0.1H_F \tag{5-18}$$

式中　H_{TJ}——水的极限碳酸盐硬度，mmol/L；

　　　k——与水温有关的系数，参见表 5-5；

　　　b——水中基本无 CO_2 极限碳酸盐硬度值 mmol/L，参见表 5-5；

　　　H_F——循环水的非碳酸盐硬度（永久硬度），mmol/L。

表 5-5　　　　　　　　　　　　　　　　　k，b 值

水温（℃）	k 值	b 值			
		循环水的耗氧量（mg/L）			
		5	10	20	30
30	0.26	3.2	3.8	4.3	4.6
40	0.17	2.5	3.0	3.4	3.8
50	0.10	2.1	2.6	3.0	3.3

1. 饱和指数 I_B（Langelier 指数）

饱和指数是根据碳酸钙的溶度积的各种碳酸化合物之间的平衡关系推导出来的一种指数概念，用以判断某种水质在一定的运行条件下是否有 $CaCO_3$ 水垢析出。

$$I_B = Y_{pH} - B_{pH} \tag{5-19}$$

式中 I_B——碳酸钙饱和指数；

Y_{pH}——水的实测 pH 值；

B_{pH}——碳酸钙饱和 pH 值。

$I_B = 0$ 时，水质是稳定的。

$I_B > 0$ 时，水中 $CaCO_3$ 呈过饱和状态，有 $CaCO_3$ 析出的倾向。

$I_B < 0$ 时，水中 $CaCO_3$ 呈未饱和状态，有溶解 $CaCO_3$ 固体的倾向，对钢材有腐蚀性。

一般情况下，I_B 值在 $\pm$（0.25～0.30）范围内，可以认为水质是稳定的。

2. 稳定指数 I_W（Ryznar 指数）

在朗格里尔（Langelier）所做工作的基础上，雷兹纳（Ryznar）进行了一些实验室试验和现场校正试验，提出了雷兹纳稳定指数 I_W：

$$I_W = 2B_{pH} - Y_{pH} \tag{5-20}$$

$$Y_{pH} = 1.465 \lg A + 7.03 \tag{5-21}$$

式中 A——水的全碱度，mmol/L。

稳定指数（I_W）和饱和指数（I_B）与结垢程度的关系见表 5-6。

表 5-6 I_B、I_W 结垢程度的关系

I_B	I_W	结垢程度	I_B	I_W	结垢程度
3.0	3.0	非常严重	−0.2	—	无垢
2.0	4.0	很严重	−0.5	7.0	无垢，垢稍有溶解倾向
1.0	5.0	严重	−1.0	8.0	无垢，垢有中等溶解倾向
0.5	5.5	中等	−2.0	9.0	无垢，垢有明显溶解倾向
0.2	5.8	稍许	−3.0	10.0	无垢，垢有非常明显的溶解倾向
0	6.0	稳定水			

对于稳定剂处理的开式循环冷却系统，由于腐蚀和结垢问题不能只由碳酸钙的溶解平衡来决定，加之出现了一个很宽的介质稳定区，同时冷却水的腐蚀和结垢倾向已被其中的缓蚀剂和阻垢剂所抑制，因此难以用单一的饱和指数来判定。实际应用结果说明，在火电厂，对于不处理的直流式冷却系统及用酸和炉烟处理的开式循环冷却系统，一般可用饱和指数来判定水的结垢性。

三、黏泥附着

以微生物（细菌、霉菌、藻类等微生物群）和其粘在一起的黏质物（多糖类、蛋白质等）为主体，混有泥砂、无机物等，形成软泥性的污物，称为黏泥。

黏泥可分为附着型黏泥和堆积型淤泥两种。一般地说，附着型黏泥，其灼烧减量超过25%，含有大量的有机物（以微生物为主体）。堆积型淤泥，其灼烧减量在 25% 以下，相

对微生物含量较低，泥砂等无机成分较多。当然，在灼烧减量中，还包括微生物以外的有机物量，因此要准确判别，还应测定蛋白质量（仅微生物含有）。

黏泥附着型污垢和淤泥堆积型污垢的发生部位见表5-7。

表 5-7 冷却系统各部位黏泥的类型

发生部位		类 型
热交换器管内		黏泥附着型
冷却塔	水池底部	淤泥堆积型
	池壁	黏泥附着型
	填料	黏泥附着型

在决定黏泥的处理方法时，必须了解构成黏泥的微生物种类、性质和特点（表5-8）。

表 5-8 开式循环冷却系统中组成黏泥成分的微生物

微生物种类		特 点
藻类	蓝藻类	细胞内含有叶绿素，利用光能进行碳酸同化作用，在冷却塔下部接触光的场所常见
	绿藻类	
	硅藻类	
细菌类	菌胶团状细菌	是块状琼脂，细菌分用于其中，在有机物污染的水系中常见
	丝状细菌	在有机物污染的水系中呈棉絮状集聚
	铁细菌	氧化水中的亚铁离子，使高铁化合物沉积在细胞周围
	硫细菌	污水中常见，一般在体内含有硫磺颗粒，使水中的硫化氢等氧化
	硝化细菌	将氨氧化成亚硝酸盐的细菌和使亚硝酸盐氧化成硝酸盐的细菌，在循环水系统中有氨的地区繁殖
	硫酸盐还原菌	使硫酸盐还原生成硫化氢
真菌类	藻菌类（水霉菌）	在菌丝中没有隔膜，全部菌丝成为一个细胞
	不完全菌类（绿菌类）	在菌丝中有隔膜

在开式循环冷却系统中，由菌胶团状细菌引起的故障最多，其次是丝状真菌、丝状细菌、藻类引起的故障。

（一）影响黏泥生成的因素

营养源内流速小于0.3m/h时，微生物淤泥容易堆积。

（二）黏泥附着和淤泥堆积的机理

1. 黏泥附着机理

一般认为，水中的微生物附着在某个固体表面上，对利用营养成分是有利的，所以微生物有附着固体表面生长的倾向。热交换器上附着黏泥的模式如图5-6所示。这种附着形态也在水中的悬浮物表面进行，生成微生物絮凝物，这种絮凝物附着在金属表面，并使黏泥附着加速进行。

黏泥附着过程分为三个时期，即附着初期、对数附着期和稳定附着期。稳定附着期是指黏泥附着速度与水流引起的黏泥剥离速度处于平衡状态。

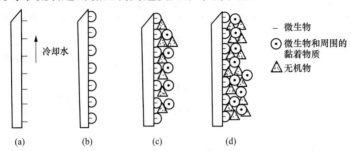

图 5-6　黏泥附着模式图

（a）微生物在固体表面附着；（b）微生物周围生成黏着性质；
（c）黏着性物质发生黏结作用，附着无机悬浊物质；（d）随着又重新进行

2. 淤泥堆积机理

冷却水中的悬浮物，由于微生物生成的黏质物的作用，而使其絮凝化，生成絮凝物，在低流速部位，它会沉降而形成淤泥。

把有微生物参与的絮凝称为生物絮凝。此外无机物相互间的絮凝作用也可以引起淤泥堆积，但在冷却水系统中，通常以生物絮凝为主。

（三）影响污垢沉积的因素

1. 水质

水质是影响污垢沉积的最主要因素之一。循环水水质的各项控制指标，绝大部分是根据污垢控制的要求而制订的。除了成垢离子和浊度等外，水的 pH 值对污垢沉积也有较大影响。因为钙、镁垢和铁的氧化物在 pH>8 时几乎完全不溶解。有机胶体在碱性溶液中比在酸性溶液中更易混凝析出。微生物黏泥在碱性溶液中也更难以清除，氯的杀菌作用在碱性溶液中会明显下降。

2. 流动状态

流动状态包括流体的流速、流体的湍流或层流程度和水流分布等几个方面。流动状态对污垢的沉积与剥离有重要作用。

3. 水温

各种微生物都有一个最佳的繁殖温度，此温度为 30~40℃。对于冷却系统，除考虑水温外，还要考虑传热管的表面温度。

4. pH 值

一般来说，细菌宜在中性或碱性环境中繁殖。丝状菌（霉菌类）宜在酸性环境中繁殖。多数细菌群最佳繁殖的 pH 值在 6~9 之间。一般循环水的 pH 值就在此范围内。

5. 溶解氧

好氧性细菌和丝状菌（霉菌类）利用溶解氧，氧化分解有机物，吸收细菌繁殖所需的能量。在开式循环冷却系统中，冷却塔为微生物增值提供了充分的溶解氧。

6. 光

在冷却水系统中，藻类的繁殖需利用光能，而其他微生物的繁殖无需光能。

7. 细菌数

细菌数在 10^3 个/mL 以下，故障发生得少，在 10^4 个/mL 以上，黏泥故障容易发生。

8. 浊度

为防止黏泥附着、淤泥堆积，浊度应尽量控制低；但不表示浊度低，黏泥故障就一定不会发生。

9. 黏泥体积

黏泥体积指 $1m^3$ 的冷却水通过浮游生物网所得到的取样量（mL）。黏泥体积在 $10mL/m^3$ 以上的冷却水系统中，黏泥故障的发生率高。GB 50050—2007《工业循环冷却水处理设计规范》规定：黏泥量小于 $4mL/m^3$（生物过滤网法）。

10. 黏泥附着度

黏泥附着度是衡量冷却水中黏泥附着性的有效指标。把玻璃片浸渍在冷却水中一定时间，然后干燥，附着在玻璃表面上的黏泥，然后进行微生物染色，测定玻璃片的吸光度，通过换算可得出黏泥附着度。

11. 流速

流速对淤泥堆积有影响，当管内流速大于 $0.5m/s$ 时，几乎不发生淤泥堆积，但当管污堵后或流速极慢，此区域内污垢最易沉积。例如热交换器冷却水进口端板，淤泥等污垢最容易积聚，再如热交换器管内流动的水往往是处于湍流状态的，但在管壁附近总有一层滞流层，在滞流层内水的流速较低，而水的温度将高于水的总体温度。

12. 温度

在冷却水系统中，有两种温度影响，即主体水温和热交换管的壁温。火电厂冷却水的主体水温一般为 $30\sim40℃$，最适宜于微生物繁殖，它的影响主要是促进微生物生长。热交换器管壁温度高，会明显加快污垢的沉积。这是因为：①温度高会使微溶盐类的溶解度下降，导致水垢析出；②温度高有利于解析过程，促使胶体脱稳、絮凝；③温度高加快了传质速度和粒子的碰撞，使沉降作用增加。

13. 表面状态

粗糙表面比光滑表面更容易造成污垢沉积。这是因为粗糙表面比原来光滑表面的面积要大很多倍，表面积的增大，增加了金属表面和污垢接触的机会和黏着力。此外，一个粗糙的表面好比有许多空腔，表面越粗糙，空腔的密度也越大。在这些空腔内的溶液是处在滞流区，如果这个表面是传热面，则还是高温滞流区。浓缩、结晶、沉降、聚合等各种作用都在这里发生，促进了污垢的沉积。

第四节　循环冷却水的防垢处理方法

一、循环冷却水防垢处理方法的选择

循环冷却水防垢处理方法分类见图 5-7。

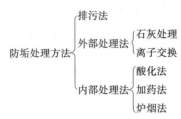

图 5-7　循环冷却水防垢处理方法分类

循环冷却水防垢处理方法按其作用分类见图 5-8。

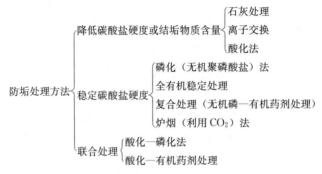

图 5-8　循环冷却水防垢处理按作用分类

循环冷却水防垢处理方法有很多种，选用时应根据水质条件、循环冷却系统的水工况、环境保护的要求、水资源短缺情况及水价、药品供应情况等因素，因地制宜地选择有效、安全、经济、简单的方法。在选择处理方法时，应注意节约用水，同时要十分重视凝汽器管的腐蚀和防护。各种循环水处理方法的适用条件及优缺点列于表 5-9。

表 5-9　　　　　　　　　各种循环水处理方法的适用条件及优缺点

处理方法	适用条件	优点	缺点
排污法	（1）补充水碳酸盐硬度与浓缩倍率的乘积小于循环水的极限碳酸盐硬度； （2）水源水量充足	（1）方法简单，不需任何处理设备和药品； （2）运行维护工作量小	（1）适用水质范围窄； （2）受水资源限制； （3）排污水量大时，将造成受给水体的热污染
加药处理	（1）可处理碳酸盐硬度较高的补充水； （2）使用硫酸时，应注意防止硫酸钙沉淀及高含量 SO_4^{2-} 对普通硅酸盐水泥的侵蚀	（1）设备简单，不需任何处理设备和药品； （2）运行维护工作量小	（1）药剂消耗量大，浓缩倍率低时，处理费用较高； （2）硫酸是一种危险性较大的药剂，需采取完善的安全措施
炉烟碳化法	（1）适用于低浓缩倍率运行； （2）燃煤中含硫量小于 2%； （3）循环水中所需的平衡 CO_2，必须小于一定条件下水中所能溶解 CO_2 量； （4）不适于高负硬水	（1）综合利用烟气，有利于环保； （2）适用于水质不稳定的直流式冷却系统的防垢	（1）基建投资高； （2）无前置的处理系统，易造成水塔严重结垢； （3）维护工作量大

处理方法		适用条件	优 点	缺 点
炉烟 SO_2		（1）燃煤可燃硫量大于2%；（2）适用于中、小容量电厂；（3）其他同酸化法	（1）综合利用炉烟，有利于环保；（2）运行费用较低	（1）适用范围受煤质含硫量限制；（2）处理系统和设备要防腐；（3）维护工作量大；（4）铜管腐蚀问题较严重
阻垢剂处理方法	三聚磷酸钠	（1）适用于低浓缩倍率，通常 $N<1.6$；（2）循环水温度小于50℃	（1）设备简单，运行维护方便；（2）基建投资小；（3）处理费用较低	（1）稳定的极限浓缩倍率较低；（2）有利于循环冷却系统中菌、藻类的繁殖
	有机膦酸盐	在通常水质条件下，适用于较高浓缩倍率（ $N\geqslant2.5$ ）	（1）运行维护方便；（2）加药设备简单	（1）在未加缓蚀剂时凝汽器铜管易腐蚀；（2）药剂价格贵；（3）需加强杀菌灭藻处理
	三聚磷酸钠—有机膦酸盐（3:1）	在通常水质条件下，适用于浓缩倍率 $N<2$ 的冷却系统防垢处理	（1）运行维护方便；（2）加药设备简单；（3）可以减缓铜管腐蚀；（4）处理费用比有机膦处理低	（1）同时添加两种药剂，运行稍复杂；（2）需加强杀菌藻处理
	三聚磷酸钠—聚丙烯酸（3:1）	在通常水质条件下，适用于浓缩倍率 $N<2$ 的冷却系统防垢处理	（1）运行维护方便；（2）加药设备简单；（3）可减缓铜管腐蚀	（1）同时添加两种药剂，运行稍复杂；（2）需加强杀菌灭藻处理
	全有机复合酸药剂	在通常水质条件下，可在较高浓缩倍率（ $N<3$ ）下运行	（1）加药设备简单；（2）运行维护方便；（3）兼有阻垢分散作用；（4）可减缓铜管腐蚀	（1）药剂价格较高；（2）药剂中含膦，仍需加强杀菌灭藻处理；（3）目前有的药剂质量不稳定
联合处理法	H_2SO_4—三聚磷酸钠	（1）适用于原水碳酸盐硬度较高的水；（2）可在高浓缩倍率下运行	（1）设备简单，基建投资小；（2）处理费用较低；（3）循环水中的 SO_4^{2-} 低于单一酸化处理	（1）需加强杀菌、灭藻处理；（2）采用 H_2SO_4——有机膦酸盐处理时，不加缓蚀剂，铜管易腐蚀
	H_2SO_4—有机膦酸盐			
石灰处理法		（1）原水碳酸盐硬度高；（2）需在高浓缩倍率（ $N=4\sim6$ ）下运行	（1）适用的水质范围广；（2）运行费用较低	（1）基建投资大；（2）石灰纯度较低时，难于正常运行，且劳动强度大，劳动环境差；（3）需进行辅助处理，以确保处理效果
离子交换法		适用于水源非常紧张条件下的高浓缩倍率（ $N>5$ ）运行	浓缩倍率高	（1）基建投资大；（2）运行费用较高
反渗透处理法		适用于水源紧缺，含盐量高，高浓缩率下运行	浓缩倍率很高	基建投资大

二、排污法

1. 原理

当补充水的碳酸盐硬度小于循环水的极限碳酸盐硬度时，可通过排污来控制循环冷却系统的浓缩倍率，以满足循环水极限碳酸盐硬度（H_{TJ}）小于浓缩倍率与补充水碳酸盐硬度的乘积即：$H_{TJ} \leqslant NH_{TB}$，达到防垢的目的。

用排污法防垢时，必需的排污率可按下式计算：

$$P_p = \frac{H_{TB}P_z}{H_{TJ}-H_{TB}} - P_F \tag{5-22}$$

式中　P_p——循环水排污率；

H_{TJ}——循环水极限碳酸盐硬度；

H_{TB}——补充水碳酸盐硬度；

P_z——循环水蒸发损失率；

P_F——循环水风吹损失率。

2. 应用排污法的条件

采用此法时，首先要有足够的补充水量来满足排污的要求，然后还要考虑其经济性。只有当排污增加的补充水费小于化学处理费用时，采用排污法才是经济的。

目前，由于机组容量的增大，水资源严重短缺，循环水防垢技术的发展，目前采用此种处理方法的电厂已经很少。

三、酸化法

（一）原理

酸化法的原理，是通过加酸，降低水的碳酸盐硬度，使碳酸盐硬度转变为溶解度较大的非碳酸盐硬度，其反应如下：

$$Ca(HCO_3)_2 + H_2SO_4 \longrightarrow CaSO_4 + 2CO_2 + 2H_2O$$
$$Mg(HCO_3)_2 + H_2SO_4 \longrightarrow MgSO_4 + 2CO_2 + 2H_2O$$

同时保持循环水的碳酸盐硬度在极限碳酸盐硬度之下，从而达到防止结垢的目的。

（二）中和酸的选择

采用酸化法处理时，一般多使用硫酸。

四、水质稳定剂处理

（一）水质稳定剂

国内火电厂常用的水质稳定剂见表5-10。

表5-10　　　　　　火电厂常用的水质稳定剂

序号	水稳剂名称	工业产品状态与含量
1	三聚磷酸钠	固体含三聚磷酸钠，85%
2	氨基三亚甲基磷酸（ATMP）	固体，85%～90%；液体，50%
3	羟基亚乙基二膦酸（HEDP）	液体，≥50%

序号	水稳剂名称	工业产品状态与含量
4	乙二胺四亚甲基膦酸（EDTMP）	液体，18%～20%
5	聚丙烯酸（PAA）	液体，20%～25%
6	聚丙烯酸钠（PAAS）	液体，25%～30%
7	聚马来酸（PMA）	液体，50%
8	膦羧酸（PMA）	液体，50%
9	膦羧酸（PBTCA）	液体，≥40%
10	磺酸共聚物（含羧基、磺酸基、磷酸基的共聚物）	液体，≥30%
11	马来酸—丙烯酸类共聚物	液体，48%
12	丙烯酸—丙烯酸酸共聚物	液体，≥25%
13	丙烯酸—丙烯酸羟丙酯共聚物	液体30%
14	有机膦磺酸	液体，≥40%

应当指出的是：有机类水质稳定剂不同厂家和不同批号生产的产品，稳定效果有较大的差别，甚至放置时间的长短都会影响稳定效果，所以使用时应加以注意。发生上述现象的原因，主要是生产工艺存在某些差别，再就是工艺过程控制的好坏存在差异，即有些厂生产工艺不稳定。以氨基三亚甲基膦酸（ATMP）为例，由于上述原因，不同生产厂生产的氨基三亚甲基膦酸（ATMP）产品中三亚甲基的含量不同，二亚甲基的量也不一样，因而影响到处理效果。

水稳剂均具有协同效应，即在药剂的总量保持不变的情况下，复配药剂的缓蚀阻垢效果高于单一药剂的缓蚀阻垢效果。所以，目前火电厂添加的水稳剂，绝大部分是复配药剂。另外，有些药剂对黄铜管有侵蚀作用，采用复合配方来减缓药剂对黄铜的侵蚀性。

（二）水稳剂的阻垢机理

为了防止生成水垢，可以采取的措施有：①防止生成晶核或临界晶核；②防止晶体生长；③分散晶体。

作为水稳剂，其作用是防止晶体生长和分散晶体。目前常用的水稳剂有聚磷酸盐、有机膦酸盐、聚羧酸类等，它们的阻垢机理，目前还不成熟，下面的叙述只是一些初步的解释。

1. 聚磷酸盐

聚磷酸盐可以吸附在晶核表面，改变了成垢物质的界面电位，少量六偏磷酸钠吸附于碳酸钙晶核表面，使其界面电位下降，碳酸钙晶核之间的斥力增强，因而抑止了碳酸钙晶体的生长。

另一种解释为少量聚合磷酸盐，主要是干扰了碳酸钙晶体的正常生长，使晶格受到歪曲，使碳酸钙不成为坚硬的方解石，而成为疏松的软垢。一般认为，聚合磷酸盐的防垢作用是以上多种作用的结果。

2. 有机膦酸盐

（1）结晶过程去活化。

如前所述，晶体从过饱和溶液中析出，实际上有两个过程：微晶核形成和晶格生长。

对于微溶或难溶盐类，这两个过程的速度差异很明显，晶核形成较快而晶格生长较慢，只有在晶核的某些活化区域上吸附沉淀离子后，晶格才能生长。水稳剂能优先吸附并覆盖住这一活化中心，晶格就不再生长了。

有机膦酸盐还能和已形成的 $CaCO_3$ 晶体中的 Ca^{2+} 作用。这种作用，使得 $CaCO_3$ 小晶体在与其他 $CaCO_3$ 微晶体碰撞过程中，难于按晶格排列次序排列，故不易生成 $CaCO_3$ 的大晶体。由于 $CaCO_3$ 晶体保持在小颗粒范围之内，因而提高了 $CaCO_3$ 晶体在水中的溶解性能。例如在 1mg/L 的氨基三亚甲基膦酸（ATMP）的水溶液中，可使 95mg/L 的碳酸钙在 20℃温度下保持 24h 不析出。

（2）晶格歪曲。

因为 $CaCO_3$ 具有离子晶格，当 $CaCO_3$ 晶体带正电荷的 Ca^{2+} 和另一个 $CaCO_3$ 晶体带负电荷的 CO_3^{2-} 碰撞，才能彼此结合。因此 $CaCO_3$ 垢是按一定的方向，具有严格次序排列的硬垢。当水溶液中加入有机膦酸盐时，它在晶格生长的过程中被吸附，使晶格定向生长受到干扰，即按严格次序排列的 $CaCO_3$ 结晶不能再按正常规则增长了，或者说晶体的晶格被歪曲了。此时形成的晶格是肿胀的，疏松的，在溶液扰动时，很容易被分散成小晶体，使 $CaCO_3$ 硬垢转变成软垢，而不再粘附于管壁上。在稳定剂作用下，碳酸钙形态的变化如图 5-9 所示。

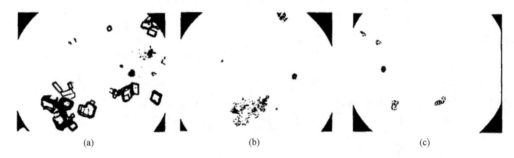

图 5-9　在加药和不加药时，$CaCO_3$ 晶体的形状（放大 450 倍）

(a) $CaCO_3$；(b) 加入有机膦酸盐；(c) 加入有机膦酸盐及聚合物

3. 聚羧酸类

聚羧酸类的水稳剂有阳离子型（如聚马来酸与乙醇胺反应物），中性型（聚丙烯酸胺）和阴离子型三种。目前主要应用的是阴离子型，属于这一类的药剂有聚丙烯酸、聚甲基丙烯酸、水解聚马来酸酐等。阴离子型水稳剂的阻垢机理有以下几种说法。

（1）分散作用。

阴离子型水稳剂在水溶液中可以分解成负离子，例如聚丙烯酸可按下式解离。

$$\text{--}[CH_2\text{--}CH]_n \rightarrow \text{--}[CH_2\text{--}CH]_n + H^+$$
$$\quad\quad|\quad\quad\quad\quad\quad|$$
$$\quad COOH \quad\quad\quad COO^-$$

聚丙烯酸负离子与水溶液中的 $CaCO_3$ 微晶体碰撞时，发生了物理吸附和化学吸附过程，吸附的结果使微晶体表面形成了一个双电层。

如果碳酸钙微晶体吸附了聚丙烯酸负离子时，这些微晶体的表面就会带上相同的负电荷，这样，它们之间就会产生同性相斥的静电斥力，从而阻碍了它们之间的碰撞和形成大晶体，也就是说，聚丙烯酸起了分散作用。此外，这种静电斥力也阻碍了碳酸钙和金属传热面之间的碰撞和形成垢层。

（2）晶格歪曲作用。

聚羧酸型水稳剂的晶格歪曲作用主要是聚羧酸的羧基官能团具有对金属离子的络合能力，因而对结晶过程产生干扰，使结晶不能严格按晶格排列正常生长，形成不规则的晶体，即所谓的晶格歪曲。

（3）自脱膜。

聚丙烯酸等水稳剂能在金属传热面上形成一种与无机晶体颗粒共同沉淀的膜，当这种膜增加到一定厚度后，会在传热面上破裂，并带着一定大小的垢层离开传热面。由于这种膜的不断形成和不断破裂，使垢层的生长受到抑制，这种假说称为自脱膜假说。

用这种假说可以解释为什么聚丙烯酸等对已经结垢的热交换器有较好的清洗效果。

4. 磺化聚合物

当加入磺化聚合物，如磺化聚苯乙烯，可使晶格严重歪曲，而造成晶体变形，如图5-10 所示。从图中可看出，碳酸钙从立方晶格变成球状软渣。采用此处理方法时，可使生成的软渣保持悬浮状态，随排污而排出，或通过旁流过滤除去。

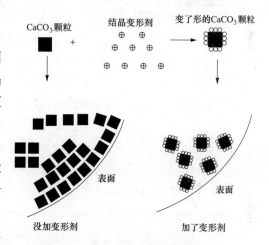

图 5-10　磺化聚合物对结晶作用示意

有资料指出，磺化聚合物比聚丙烯酸盐更能增加碳酸钙和硫酸钙的溶解度，如表 5-11 所示。

采用此药处理时，被处理的循环水会呈现浑浊状态，可以使冷却系统的极限浓缩倍率更高。此类药剂在冷却水中使用的一般剂量为 $0.5\sim2\text{mg/L}$。

表 5-11　　　　　　　　　聚合物对碳酸钙和硫酸钙溶解度的影响

聚合物名称（剂量 5mg/L）	溶液中碳酸钙量（mg/L）	溶液中硫酸钙量（mg/L）
聚丙烯酸酯	4100	5032
磺化聚合物	4200	5168

第五节　循环水冷却系统中微生物的控制

一、常见有害微生物的种类

微生物种类很多，在冷却系统中引起问题的微生物主要有：藻类、细菌和真菌。

1. 藻类

冷却水中的藻类主要有：蓝藻、绿藻和硅藻。藻类细胞内含有叶绿素，能进行光合作用，藻类生长的三个要素是空气、水和阳光，三者缺少一个就会抑制藻类生成。在冷却系统中，能提供这三个要素的部位，也就是藻类繁殖的部位。藻类生成的其他条件有水温 20～40℃和水的 pH 值为 6～9 等。

藻类对冷却系统的影响：一是死亡的藻类将成为冷却水中悬浮物和沉积物；二是藻类在冷却塔填料上生长，会影响水滴的分散和通风量，降低了冷却塔的冷却效果。在换热器中，它们将成为捕集冷却水中有机体的过滤器，为细菌和霉菌提供食物。向冷却水中加氯及非氧化性杀生剂（季胺盐）对于控制藻类的生长，十分有效。

2. 细菌

循环冷却水系统中存在大量细菌，许多细菌在新陈代谢过程中能分泌黏液，并把原来悬浮于水中的固体粒子和无机沉淀物粘合起来，附着于传热表面，就会引起污垢和腐蚀。

在循环冷却水系统中，细菌种类繁多，按其形状可分为球菌、杆菌和螺旋菌，也可按需氧情况分为需氧、厌氧菌。下面介绍几种冷却水系统常见的细菌。

（1）菌胶团状细菌。

在有机物污染的水系中最常见。它是块状琼脂，细菌分散于其中。在开式循环冷却系统中，因菌胶团状细菌引起的故障最多，其次是丝状菌、丝状细菌、藻类引起的故障。

（2）丝状细菌。

丝状细菌称为水棉，在有机物污染的水系中呈棉絮状集聚。有时将其划分为铁细菌类。

（3）铁细菌。

铁细菌是好氧菌，但也可以在氧含量小于 0.5mg/L 的水中生长。铁细菌有以下特点：

1）在含铁的水中生长；

2）通常被包裹在铁的化合物中；

3）生成体积很大的红棕色的黏性沉积物。

铁细菌可使水溶性亚铁盐成为难溶于水的 $Fe_2O_3 \cdot nH_2O$，依附于管道和容器内表面，严重降低水流量，甚至引起堵塞。

铁细菌的锈瘤遮盖了金属的表面，使冷却水中的缓蚀剂难与金属表面作用生成保护膜。

铁细菌从金属表面的腐蚀区除去亚铁离子（腐蚀产物），增加钢的腐蚀速率。

（4）硫细菌。

硫细菌在污水中常见。它能使可溶性硫化物转变为硫酸（通常是使硫化氢转变为硫酸），而使金属发生均匀腐蚀。

（5）硝化细菌。

硝化细菌是能将氨氧化成亚硝酸和使亚硝酸进一步氧化成硝酸的细菌。

$$2NH_3 + 4O_2 \longrightarrow 2HNO_3 + 2H_2O$$

正常情况下，氨进入冷却水后会使水的 pH 值升高，但当冷却水中存在硝化细菌时，由于它们能使氨生成硝酸，故冷却水 pH 值反而会下降，使一些在低 pH 值条件下易被侵蚀的金属（碳钢、铜、铝）遭受腐蚀。

（6）硫酸盐还原菌。

能把水溶性的硫酸盐还原为硫化氢的细菌，被称为硫酸盐还原菌。这种细菌广泛存在于湖泊、沼泽、下水等厌氧性有机物聚集的地方。

硫酸盐还原菌是厌氧的微生物。常见的三种硫酸盐还原菌是脱硫弧（螺）菌（Desulfovibrio）、梭菌（Clostridium）和硫杆菌（Thiobacillus）。

硫酸盐还原菌产生的硫化氢对一些金属有腐蚀性。硫化氢会腐蚀碳钢，有时也会腐蚀不锈钢和铜合金。

在循环冷却水系统中，硫酸盐还原菌引起的腐蚀速率是相当惊人的，0.4mm 厚的碳钢试样，在 60 天内就腐蚀穿孔。还有在六周内，硫酸盐还原菌使凝汽器管腐蚀穿透的事例。在冷却水中硫酸盐还原菌产生的硫化氢与铬盐反应，使这些缓蚀剂从水中沉淀出来，并在金属表面形成污垢。只进行加氯，难于控制硫酸盐还原菌的生长，因为硫酸盐还原菌通常被黏泥所覆盖，水中的氯气不易到达这些微生物生长的深处。硫酸盐还原菌周围产生的硫化氢使氯还原为氯化物，理论上 1 份硫化氢能使 8.5 份氯失去杀菌能力。

硫酸盐还原菌中的梭菌，不但能产生硫化氢，而且还能产生甲烷，从而为产生黏泥的细菌提供养料。

长链的脂肪酸胺盐对控制硫酸盐还原菌是有效的，其他如有机硫化合物（二硫氰基甲烷）对硫酸盐还原菌的杀灭也是有效的。

3. 真菌

冷却水系统中的真菌包括霉菌和酵母菌两类。

真菌是一种不含叶绿素的单细胞并呈丝状的一种简单植物，它不分化出根、茎和叶。由于没有叶绿素，所以不需进行光合作用。它属于寄生物。真菌往往生长在冷却塔的木质构件上、水池壁上和换热器中。真菌会破坏木材中的纤维素，使冷却塔的木质构件朽馈，木头表面腐烂，产生细菌黏泥。

4. 生物新陈代谢所产生的黏泥

循环冷却水的水温、光照条件和营养物质都适合于微生物的生长，循环水中微生物的种类和数量比一般天然水中的还要多。

微生物种类相当繁多，有孢子虫、鞭毛虫、纤毛虫、病毒等原生物；有藻类、真菌类和细菌类，其中数量多、繁殖快、危害大的是藻类、真菌类和细菌类。

（1）藻类分为蓝藻、绿藻、硅藻、黄藻和褐藻等。大多数藻类是广温性的，生长最适宜的温度为 10～20℃。所需要的营养元素为 N、P、Fe，其中 N 与 P 含量比在（15～30）：1 为最好，只要无机磷的浓度在 0.01mg/L 以上，就足以使藻类生长旺盛。藻类含叶绿素，可以通过碳的同化作用，借助日光进行光合作用，并吸收碳作为营养放出氧。

（2）在循环水系统中还有种类繁多的细菌，致使控制水质变得非常困难，因为对这种细菌需要具有毒性的药剂，而且可能对另一种细菌几乎没有作用。细菌可按其形状分为球菌、杆菌和螺旋菌，也可按需氧情况分为需氧、厌氧和兼性细菌，另外还可按需要的温度和营养分类，在循环水系统中存在的比较典型的有硫细菌、铁细菌和硫酸盐还原菌等。

循环水系统中存在大量细菌，当这些细菌产生的黏泥覆盖于传热表面时，就会引起污垢和腐蚀，这是因为许多细菌在新陈代谢过程中能分泌黏液，并把原来悬浮于水中的固体粒和无机沉淀物黏合起来，附着于金属表面而形成黏泥块，其中 95% 以上的是无机垢，而细菌的质量不到 1%。

（3）真菌。真菌是具有丝状营养体的微小植物的总称。真菌种类也很多，一般可分为四个纲：藻菌纲、子囊菌纲、担子菌纲和半知菌纲，不过在循环水系统中常见的多属于藻类菌纲中的一些属种，如水需菌和绵霉菌等。真菌没有叶绿素，不能进行光合作用，大部分菌体都是寄生在动植物的遗骸上，并以此为营养而生长。当其大量繁殖时，形成一些丝状物，附着于金属表面形成软泥，亦可堵塞管道。

二、控制微生物方法综述

1. 对微生物生长的控制指标

对冷却水系统中微生物生长的控制，是通过控制冷却水中微生物的数量来实现的。

开式循环冷却系统中微生物的控制通常采用以下一些指标。

（1）异养菌小于 5×10^5 个/mL（平皿计数法）。

（2）真菌小于 10 个/mL。

（3）硫酸盐还原菌小于 50 个/mL。

（4）铁细菌小于 100 个/mL。

（5）黏泥量小于 4mL/m^3（生物过滤网法）。

（6）黏泥量等于 1mL/m^3（碘化钾法）。

2. 机械处理

设置多种过滤设施，如拦污栅、活动滤网等，防止污染物进入系统。设置旁流处理，如旁流过滤可以减少水中的悬浮物、黏泥和细菌。为了防止黏泥在凝汽器管内的附着，可采用胶球清洗、刷子清洗等方法。

3. 物理处理

物理处理包括热处理，提高水流速，涂刷防污涂料等。热处理对控制凝汽器中的黏泥无作用，但却是控制大生物污染的有效方法。涂刷抗污涂料也是一种措施，多用于海滨电厂。

4. 防止冷却水系统渗入营养源和悬浮物

为了防止补充水带入营养源和悬浮物，必要时，应对补充水进行凝聚、沉淀、过滤处理，当水中有机物含量较高时，还应考虑降低其含量的措施。一般来说，当水中 COD$_{cr}$ 含量大于 10mg/L 时，黏泥问题就比较严重。

5. 药剂处理

（1）杀菌、灭藻药剂。

具有杀菌效果的药剂有氯剂、溴剂和有机氮硫类药剂等。一般认为，这些药剂的机理是它们与构成微生物蛋白质的要素，即半胱氨酸的 SH-基的反应性强，使以 SH-基为活性点的酶钝化，并用其氧化能力破坏微生物的细胞膜，杀死微生物。

（2）抑制微生物增殖的药剂。

抑制冷却水系统中微生物过量繁殖的药剂，其作用机理与杀菌剂差不多，但使用方法不同，即在处理过程中，需要连续或长时间维持杀死微生物的基本浓度。属于此类药剂的有胺类药剂和有机氮硫类药剂。

（3）防止附着的药剂。

微生物在固体表面的附着与微生物分泌的黏质物有关。防止附着的药剂可与黏质物作用，使之变性，从而使微生物的附着性下降。属于此类的药剂有季胺盐和溴类药剂等。

（4）剥离药剂。

剥离药剂是具有黏泥剥离效果的药剂。这些药剂的作用机理，是可以使黏质物变性，使黏泥的附着力下降，此外，药剂与黏泥反应会产生微小的气泡，也会促使黏泥剥离。属于此类药剂的有氯气、过氧化物的胺类等。

（5）淤泥分散药剂。

淤泥分散药剂是指可以分散絮凝淤泥的药剂。被分散的悬浮物可随排污排出，因而减少了冷却系统中的淤泥堆积量。悬浮物的絮凝化现象与微生物和悬浮物二者都有关系，故需对它们都进行处理。抑制微生物絮凝可以使用黏泥附着抑制剂和剥离剂。抑制悬浮物絮凝可以使用聚电解质等分散剂。

（6）药剂的残余效应。

当冷却水中已不能检出药剂含量时，在一定的时间内，仍可看出防止黏泥的效果，这种现象称为药剂的残余效应。这是因为投加药剂后，使微生物在细胞及酶系统上受到了损伤，虽然系统内药剂已经消失，但这种损伤的恢复仍需要一定时间，这就表现为药剂的残余效应。微生物恢复需要营养源，冷却水系统中的营养源越是丰富，恢复时间越快，也就是说，残余效应时间也越短。

（7）影响黏泥处理效果的因素。

1）pH 值。杀菌剂和黏泥抑制剂均有最佳效果的 pH 值范围，应选择 pH 值在 6.5～9.5 范围内显示最佳效果的药剂，作为适用于冷却水系统的黏泥处理剂使用。

2）水温。黏泥处理剂与微生物的反应是化学反应，水温越高，杀菌效果越好。

3）流速。由于流速快的部分较流速慢的部分水的界膜厚度小，药剂的扩散速率变快，因而处理效果明显增加。

4）有机物和氨浓度。氯剂等氧化性杀菌剂在与微生物反应的同时，也致使溶解的有机物反应而被消耗。此外，氯剂还可与氨反应，生成氯胺，使杀菌效果下降。

5）抗药性。如果长期连续使用某种药剂，导致菌类对药剂产生了抗药性，就会降低处理效果。在开式循环冷却系统中，通常是间断地使用药剂，所以微生物一般难于产生抗药性。微生物对不同药剂产生的抗药性也不相同，如氯硫类药剂，微生物易产生抗药性。在微生物已对某种药剂产生抗药性的情况下，应再选择另一种药剂，二者交替使用。

三、氧化性杀生剂

氧化性杀生剂一般都是较强的氧化剂，能使微生物体内一些和代谢有密切关系的酶发生氧化而杀灭微生物。

常用的氧化性杀生剂有氯、臭氧和二氧化氯。其优、缺点见表 5-12。

1. 氯

用于杀菌的氯剂有：液氯、漂白粉、次氯酸钠等。这些氯剂有形态的差异，但其作用机理是相同的。氯溶于水，形成次氯酸和盐酸：

$$Cl_2 + H_2O \rightleftharpoons HOCl + HCl$$

次氯酸钙和次氯酸钠在水中也会生成次氯酸：

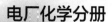

$$Ca(OCl)_2 + 2H_2O \rightleftharpoons 2HOCl + Ca(OH)_2$$
$$NaOCl + H_2O \rightleftharpoons HOCl + NaOH$$

表 5-12　　　　　　　　　　几种氧化性杀生剂的优缺点

药剂名称	优　点	缺　点
氯（Cl₂）	价格低廉	（1）高 pH 值时，杀菌率低； （2）与水中氨氮化合物作用生成氯胺、氯胺对人及水生物有一定危害； （3）可破坏木结构，并对铜管有一定的腐蚀作用
臭氧（O₃）	无过剩危害残留物	（1）消耗能源较多； （2）对空气有污染（空气中最大允许含量为 0.1mg/L） （3）有刺激性臭味
二氧化氯（ClO₂）	（1）剂量少； （2）杀菌作用比氯快； （3）在 pH 值为 6～11 时不影响杀菌活性； （4）药效持续时间长	（1）为爆炸性、腐蚀性气体，不易贮存和运输，需就地制备； （2）有类似臭氧的刺激性臭味； （3）对铜管有一定的腐蚀作用

氯的杀菌机理有以下几种解释：

（1）形成的次氯酸（HClO）极不稳定，特别在光照下，易分解生成新生态的氧，从而起氧化、消毒作用。

（2）次氯酸能够很快扩散到带负电荷的细菌表面，并透过细胞壁进入细菌体内，发挥其氧化作用，使细菌中的酶遭到破坏。细菌的养分要经过酶的作用才能吸收。酶被破坏，细菌也就死亡。

（3）次氯酸通过微生物的细胞壁，与细胞的蛋白质生成化学稳定的氮—氯键而使细胞死亡。

（4）氯能氧化某些辅酶巯基（氢硫基）上的活性部位，而这些辅酶巯基是生产三磷酸腺苷（ATP）的中间体。三磷酸腺苷（ATP）抑制微生物的呼吸，并使其死亡。

2. 漂白粉

漂白粉的学名是次氯酸钙，工业上是由石灰和氯气反应而制成的。

次氯酸钙的杀菌作用是在水中产生的次氯酸：

$$2CaOCl_2 \longrightarrow Ca(ClO)_2 + CaCl_2$$
$$Ca(ClO)_2 + Ca(HCO_3)_2 \longrightarrow 2CaCO_3 + 2HClO$$

漂白粉的氯含量约为 20%～25%，因而用量大，加药设备容积大，溶解及调制也不太方便，因而适用于处理水量较小的场合，它的优点是供应方便，使用较安全，价格低廉。

可以将漂白粉配成 1%～2% 的溶液投加，也可配成乳状液投加。可先在药液箱中放水，然后不断加入漂白粉，同时进行搅拌，待成糊状后，再用水稀释至活性氯含量为 15～20g/L，然后在不断搅拌下投加，但应避免有沉渣进入冷却系统。

漂白粉精的含氯量比漂白粉高，氯含量可达到 60%～70%。

漂白粉用量 W(kg/d) 计算如下：

$$W = \frac{qp}{x} \tag{5-23}$$

式中 q——处理水量，m^3/d；

　　　p——最大加氯量，mg/L；

　　　x——漂白粉有效氯含量，$20\% \sim 25\%$。

3. 二氧化氯（ClO_2）

二氧化氯是一种黄绿色到橙色的气体（沸点 $11℃$），有类似氯的刺激性气味。二氧化氯的特点如下：

（1）杀生能力强。它的杀生能力比氯气强，大约是氯气的 25 倍。杀生速度较氯快，且剩余剂量的药性持续时间长。

（2）ClO_2 适用的 pH 值范围广。在 pH 值为 $6 \sim 10$ 的范围内，能有效地杀灭绝大多数的微生物。这一特点为循环冷却系统在碱性条件下运行提供了方便。

（3）ClO_2 不与冷却水中的氨或大多数有机胺起反应，所以不会产生氯胺之类的致癌物质，无二次污染。如果水中含有一定量的 NH_3，那么 Cl_2 的杀生效果会明显下降，而 ClO_2 的杀生效果基本不变。

4. 臭氧（O_3）

臭氧是一种氧化性很强的杀生剂。臭氧是氧的同素体。气态臭氧带有蓝色，有特别臭味。液态臭氧是深蓝色，相对密度 1.71（$-183℃$时），沸点 $-112℃$。固态臭氧是紫黑色，熔点 $-251℃$。臭氧在水中的溶解度较大（大约是氧的 10 倍），当水中 pH 值小于 7 时，臭氧比较稳定；当水中 pH 值大于 7 时，臭氧分解成为氧气。臭氧在空气中最大允许浓度为 $0.1mg/L$，如果超过 $10mg/L$，对人有生命危险。

（1）臭氧对水的脱色、脱臭、去味、除氰化物、酚类等有毒物质及降低化学耗氧量 COD、生化耗氧量 BOD 等均有明显效果。如当臭氧加入量 $0.5 \sim 1.5mg/L$ 时，臭氧对水中致癌物质（1，2-苯并芘）的除去率可达 99%。臭氧的杀菌效果较好，当水中细菌数为 10^5 个/mL 时，加入 $0.1mg/L$ 的臭氧，在 1min 内即可将细菌杀死。

（2）臭氧还是一个好的黏泥剥离剂，它比氯气、双氧水、季胺盐和有机硫化物对软泥的剥离效果好。

（3）臭氧在水中的半衰期较短，过剩的臭氧会很快分解。

四、非氧化性杀生剂

在很多冷却水系统中，常常将氧化性杀生剂和非氧化性杀生剂联合使用。例如，在使用冲击性加氯为主的同时，间隔使用非氧化性杀生剂。以下介绍几种常用的非氧化性杀生剂。

（一）季胺盐

长碳链的季胺盐，是阳离子型表面活性剂和杀生剂，其结构式如下：

$$\left[\begin{array}{c} R_4 \\ | \\ R_3-N-R_1 \\ | \\ R_2 \end{array} \right]^+ X^-$$

式中 R_1、R_2、R_3 和 R_4——代表不同的烃基，其中之一必须为长碳链（$C_{12} \sim C_{18}$）结构；

X——常为卤素离子。

具有长碳链的季胺盐分子中，既有憎水的烷基，又有亲水的季胺离子，因此它既是一种能降低溶液表面张力的阳离子表面活性剂，又是一个很好的杀菌剂。它不仅具有此两种作用，还是一个很好的污泥剥离剂。

季胺盐的杀生机理，目前还不是完全清楚，一般认为，它具有以下作用：

（1）季胺盐所带的正电荷与微生物细胞壁上带负电的基团生成电价键。电价键在细胞壁上产生应力，导致溶菌作用和细胞的死亡。

（2）一部分季胺化合物可以透过细胞壁进入菌体内，与菌体蛋白质或酶反应，使微生物代谢异常，从而杀死微生物。

（3）季胺盐可破坏细胞壁的可透性，使维持生命的养分摄入量降低。

使用季胺盐作为杀生剂时，应注意以下几点：

（1）不能与阴离子表面活性剂共同使用，因为易产生沉淀而失效。

（2）当水中有机物质较多，特别是有各种蛋白质存在时，季铵盐易被有机物吸附而消耗，从而降低了效果。

（3）不能与氯酚类杀生剂共用。

（4）在弱碱性的水质（pH＝7～9）中的效果较好。

（5）在被尘埃、油类污染的系统中，药剂会失效；大量金属离子（Al^{3+}、Fe^{3+}）存在会降低药效。

（6）当添加量过多时，它们会产生大量泡沫。

（二）异噻唑啉酮

异噻唑啉酮的特点是杀菌效率高、范围广（对细菌、真菌、藻类均有效）。异噻唑啉酮是通过断开细菌和藻类蛋白质的键而起杀生作用。

异噻唑啉酮在较宽的 pH 值范围内都有优良的杀生性能。由于它是水溶性的，故能和一些药剂复配在一起。

在通常的使用浓度下，异噻唑啉酮与氯、缓蚀剂和阻垢剂在冷却水是彼此相容的。例如，在有 1mg/L 游离氯存在的冷却水中，加入 10mg/L 的异噻唑啉酮。经过 69h 后，仍有 9.1mg/L 的异噻唑啉酮保持在水中。

此药剂能在环境条件下，自动降解变为无害。有文献介绍，此药剂的不足之处是细菌对它有抗药性，药剂本身毒性较大，且成本较高。

 思考题

1. 循环冷却水系统通常有几种形式？
2. 接触散热的原理是什么？
3. 污垢沉积的影响因素是哪些？
4. 水稳剂的阻垢机理是什么？
5. 循环水中常见的微生物种类有哪些？
6. 列举出常见的杀菌剂。

第六章

发电机定子冷却水处理

第一节 系 统 简 介

一、发电机的冷却方式

随着我国电力事业的迅速发展，火力发电汽轮发电机组的单机容量由以前的 125MW 和 200MW 为主逐渐发展成为以 600MW 和 1000MW 为主。提高单机容量的最主要措施在于增加线负荷，但线负荷增加后绕组线圈的温度也随之升高，温度的增加对发电机的安全运行不利，因此必须改善发电机的冷却条件，提高其散热强度，才能将发电机各个部位的温度控制在允许的范围内，确保发电机安全、可靠地运行。

发电机主要采取的冷却介质有空气、氢气、水。空气的导热性能差、摩擦损耗大，因此很少应用于大型发电机组。氢气的导热能力比空气强，其导热率是空气的 6 倍以上，由于氢气是密度最小的气体，其摩擦损耗小，所以大型发电机广泛采用氢气冷却方式，但是由于氢气是易燃易爆的气体，因此采用氢气冷却对发电机外壳和轴密闭性能要求非常严格，需要增设油系统及氢气制造设备，在运行技术以及安全性能方面都有很高的要求，这在制造、安装及运行过程中都会带来很多困难。水的导热系数大，造价较低，危险性小，冷却效果十分明显，水作为发电机冷却介质在电厂中得到广泛应用。用水作为发电机的冷却介质能明显提高发电机的单机容量，缩小发电机体积，而且水内冷发电机在建设施工和安装时都比较方便，但是采用水来冷却发电机时容易造成空心铜导线的腐蚀，导致空心铜导线的堵塞和漏水事故。

目前，我国已经运行的汽轮发电机的冷却方式可以分为以下几种：

（1）定子绕组用空气外冷，铁芯空冷。

（2）定子绕组、转子绕组和铁芯都采用氢气外冷。

（3）定子绕组和定子铁芯用氢气外冷，转子绕组用氢气内冷。

（4）定子绕组和转子绕组用氢气内冷，定子铁芯采用氢气外冷。

（5）定子绕组用水内冷，转子绕组用氢内冷，铁芯氢冷。

（6）定子和转子绕组用水内冷，铁芯空冷。

（7）定子和转子绕组用水冷却，定子铁芯用氢外冷。

由于空气的冷却效率低，当前除了小容量的汽轮发电机仍采用空气冷却外，功率超过 50MW 的汽轮发电机都广泛采用了空气或氢气、水冷却介质混用的冷却方式。"水—氢—氢"是目前应用得最广泛的冷却方式，双水内冷是我国首创的发电机冷却技术。

二、定子冷却水系统水质要求及作用

由于发电机冷却水的运行环境是高压电场,为了保证发电机的安全稳定经济运行,对发电机定子冷却水的水质有如下要求:

(1) 绝缘性能好,即定子冷却水的电导率较低。

(2) 对发电机的冷却水系统要求无腐蚀性。

(3) 不允许冷却水中的杂质在空心铜导线内沉积结垢。

(4) 发电机定子冷却水应采用除盐水或凝结水,当发现汽轮机凝汽器有循环水漏入时,定子冷却水的补水必须用除盐水。

发电机定子冷却水水质具体标准见表 6-1。

表 6-1 发电机定子冷却水水质标准

标准编号	pH 值(25℃)	电导率(25℃)(μS/cm)	铜(μg/L)	溶解氧(μg/L)
DL/T 801—2010	8.0~9.0	0.4~2.0	≤20	—
	7.0~9.0			≤30
GB/T 12145—2016	8.0~8.9	≤2.0	≤20	—
	7.0~8.9			≤30

发电机定子冷却水系统的作用:保证冷却水不间断的流经定子线圈内部,从而将发电机定子线圈由于损耗引起的热量带走,以保证定子线圈的温升(温度)符合发电机运行的有关要求。同时,系统还必须控制进入定子线圈的压力、温度、流量、水的电导度等参数,使其运行指标符合相应的规定。

三、系统设备组成及作用

该系统的设备主要由定子冷却水箱、定子冷却水泵、定子冷却水冷却器、定子冷却水滤网、离子交换器、导电度仪等及有关管道、流量控制开关、阀门组成。系统结构简图如图 6-1 所示,流程图如图 6-2 所示。

(1) 定子冷却水箱:是定子冷却水系统中的一个储水容器。发电机出水管口伸入水箱内液面以下,可以消除发电机回水的汽化现象,回水中如含有微量氢气也可在水箱内释放。当箱内气体压力高于设计整定值时,安全阀自动排气。水箱上装有水位控制开关和就地水位计,当水箱水位下降时,控制开关动作,自动向水箱内补水及对不正常水位发出报警。补水来自化学除盐水或凝结水。

(2) 流量控制开关:监视并反馈定子冷却水流量,维持定子冷却水流量满足发电机冷却要求或设计要求。

(3) 定子冷却水泵:定子冷却水系统中装有两台(一备一用)并联的离心泵,泵的出口装有逆止阀。当泵出口压力低于整定值时或定子冷却水流量低于设定值时,联动备用泵,以维持系统正常运行,同时报警。

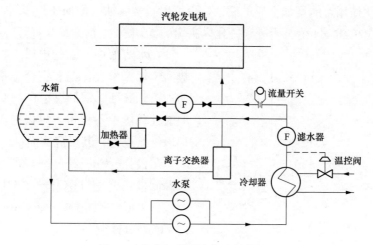

图 6-1　发电机定子冷却水结构简图

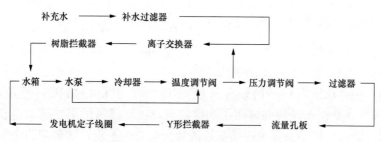

图 6-2　发电机定子冷却水流程图

（4）定子冷却水冷却器：冷却水系统中装有两台并联的水冷器，正常情况下一台运行，一台备用，通过调节冷却水流量控制发电机定子冷却水温度。

（5）定子冷却水滤网：定子水系统中装有两台并联的定子冷却水滤网，正常情况下一台运行，一台备用。定子冷却水滤网的滤芯用不锈钢网布置而成，滤网筒体底部设有排污口，滤网的两端跨接着差压开关，当差压超过设定值时，发出报警信号，此时应及时将备用滤网投入运行，并清理被堵滤网。

（6）离子交换器：离子交换器作用是保持进入定子绕组冷却水的导电率处于合适的值，通过连续地将冷却水中一小部分冷却水旁路流经混床式离子交换器来实现的，装机容量较大的机组多采用离子交换除盐去除系统中产生的杂质，以维持水质稳定。

四、定子冷却水腐蚀机理

金属的电化学研究表明，金属在不同的电位和 pH 值下，热力学稳定性不同：$Cu-H_2O$ 体系的电位在 $0.1 \sim 0.4V$ 范围内，介质 pH 值小于 6.9 或大于 10 时，金属铜处于腐蚀区域内；pH 值在 $6.9 \sim 10$ 范围内时，金属铜处于钝化区域内，在此区域内，铜趋向于被其氧化产物覆盖。$Cu-H_2O$ 体系的电位-pH 平衡图见图 6-3。由于覆盖在金属表面上的金属氧化物、氢氧化物或者不溶性盐类的保护，金属的溶解受到阻滞，因此，金属的腐蚀不单纯取决于金属生成的固体化合物的热力稳定性，还与这些化合物是否能在金属表面上生成黏附性好、无孔隙、连续的膜有关。若能生成这样的膜，则保护作用是完全的。可见，金属氧化作用可能增加金属的腐蚀，也可以减缓腐蚀，增加还是减缓腐蚀主要由金属所在溶液的电位和 pH 值是否处于钝化区决定的。

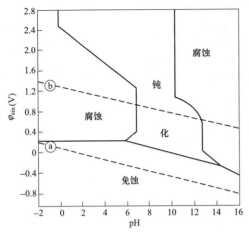

图 6-3　Cu-H_2O 体系的电位-pH 平衡图（25℃）

在水溶液中，铜的电极电位低于氧。从热力学观点出发，铜和铜合金都可以产生氧的去极化腐蚀。铜的腐蚀产物 Cu$(OH)_2$ 在弱酸性环境中不稳定，可以被溶解而使腐蚀得以继续进行，其反应式为：

阳极：　　$Cu - 2e \longrightarrow Cu^{2+}$　　　　(6-1)

阴极：$O^{2-} + H_2O \longrightarrow 2OH^-$　　(6-2)

　　　$Cu^{2+} + 2OH^- \longrightarrow Cu(OH)_2$　　(6-3)

$Cu(OH)_2 + 2H^+ \longrightarrow Cu^{2+} + 2H_2O$

(6-4)

反应式（6-3）生成的腐蚀产物具有一定的保护作用，在 pH 值较高时，它比较稳定；在 pH 值较低时，可按反应式（6-4）发生溶解。由此可见，在微酸性环境中，铜和铜合金的腐蚀是氧腐蚀，但是 H^+ 控制了腐蚀的二次发生。

另外，当水中存在游离 CO_2 时，水中 H^+ 浓度增高；当 pH 值在 4～7 时，H^+ 浓度为 $10^{-7} \sim 10^{-4}$ g/L。重碳酸根浓度与氢离子浓度接近，由于碳酸的第二解离度较低，所以碳酸根可以忽略。重碳酸根与金属离子所形成的盐大部分溶于水，碳酸根与金属离子所形成的盐多为难溶化合物，但在弱酸环境中，它们可以相互转化而溶解，对于铜盐，碳酸铜可溶于酸性溶液。这表明，铜和铜合金在弱碱性环境中较稳定，在酸性环境中不稳定。

五、定子冷却水腐蚀影响因素

1. pH 值

在水中，铜的电极电位低于氧的电极电位。从热力学的角度看，铜要失去电子被氧化腐蚀，腐蚀反应能否进行，取决于铜能否趋向于被其化合物所覆盖。如果铜的化合物在其表面的沉积快且致密，就能使溶解受到阻滞而起到保护作用，反之，腐蚀就会不断地进行下去。铜保护膜的形成和防腐性能与溶液的 pH 值关系密切，pH 值过高或过低，都会使铜发生腐蚀。pH 值在 7～10 之间，铜处于热力学的稳定状态，但由于受动力学影响，水的 pH 值在 7～9 之间时，铜在定子冷却水中表现的相对稳定。pH 值对铜腐蚀影响的模拟试验结果见图 6-4。

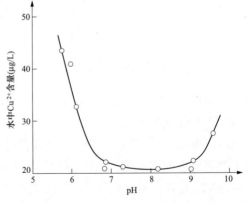

2. 电导率

从化学专业角度研究定子冷却水铜腐蚀速率影响因素，其对 pH 值变化敏感，而电

图 6-4　pH 值对铜腐蚀影响的模拟试验结果

导率值高低并不敏感，pH 值的权重远大于电导率；电气专业中有两种意见：一种意见认为电导率高对额定电压高的大型机组不利，理由是因电压高，聚四氟乙烯等绝缘引水管可能会发生绝缘内壁的爬电、闪络烧伤，所以认为电导率越低越好；另一种意见认为，大型机组绝缘引水管较长，电导率可以略高些。在新机组和大修后机组启动初期，定子冷却水的电导率值往往很难控制得很低，通过一段时间的运行调整，才会缓慢下降。电导率值不是越低越好，但也不可高出适当范围值，电导率对铜腐蚀量及腐蚀速度的影响如图 6-5、图 6-6 所示，铜的腐蚀速率随 pH 值的下降而急剧上升。调高 pH 值可降低铜的腐蚀速率，但同时电导率值又随之升高，在保证发电机安全的前提下，和现有标准保持一致性，要求电导率小于或等于 2μS/cm。

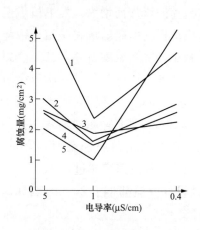

图 6-5 水的电导率对铜导线腐蚀的影响
（试验条件：82℃，水流速 1.1m/s，
周围介质为空气，试验时间 648h）

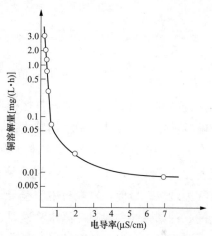

图 6-6 水的电导率对铜腐蚀速度的影响

3. 溶解氧

水中的溶解氧对铜的腐蚀影响较大，溶解氧会与铜发生反应，生成铜的氧化物，铜的氧化物附着在中空铜导线的内表面或者在定子冷却水中沉积，甚至堵塞中空铜导线，从而造成事故。研究表明，在冷却水中氧含量很高或很低时，铜的腐蚀速率均很低。水中溶解氧含量在 0.06~1mg/L 时，尤其是在 0.08~0.8mg/L 时，腐蚀现象明显；水中氧含量低于 60μg/L 或高于 1000μg/L 时，铜腐蚀速率较低；水的 pH 值在 8.0~9.5 之间时，水中的溶解氧对铜的腐蚀已不明显。

4. 含氨量

氨的浓度与电导率和 pH 的关系见表 6-2 和图 6-7。当定子冷却水 pH 值为 9.0 时，对应的氨浓度为 300μg/L。为保证定子冷却水的电导率小于 2.0μS/cm，氨含量应小于 180μg/L。故，在指标合格的情况下，氨离子含量较低，不会引起铜腐蚀。

表 6-2 氨、pH 值和电导率的关系

NH_3(μg/L)	10	50	100	200	300	400	500	600	700	800	900	1000
$NH_3 \cdot H_2O$(μmol/L)	0.59	2.94	5.88	11.76	17.65	23.53	29.41	35.29	41.18	47.06	52.94	58.82
pH 值（25℃）	7.78	8.41	8.67	8.91	9.05	9.12	9.20	9.24	9.26	9.33	9.37	9.40
DD(μS/cm)	0.17	0.69	1.3	2.1	2.9	3.7	4.2	5.0	5.5	6.0	6.4	6.8

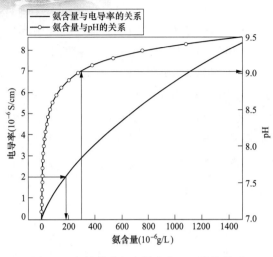

图 6-7　氨的浓度与电导率和 pH 值的关系

5. 温度

一般来说，温度升高，腐蚀速率也会加快。对于密闭式隔离的发电机系统，温度升高，也会导致腐蚀速度加快。

6. 流速

水的流速越高，对铜系统的机械磨损越大，水的流动会加速水中腐蚀产物从金属表面迁移，并破坏钝化膜，大量的试验结果表明，铜的腐蚀速度会随着水流速的增加而增大。发电机中空铜导线内沉积物引起的危害是定子冷却水流量减小，绕组温度升高，甚至烧毁。沉积物堵塞是逐渐严重的，所以绕组温度是加速升高的。例如，某发电机投运初期的绕组温升是 $2\sim3℃/a$，到后期达到 $15℃/a$。

除各种化学因素外，中空铜导线还有可能受到水流的冲刷腐蚀，腐蚀程度主要与水流速度有关。据资料表明，在水流速度为 $0.17m/s$ 时，铜导线的月腐蚀量为 $0.7mg/cm^2$；水流速度为 $1.65m/s$ 时，铜导线的月腐蚀量达 $2mg/cm^2$；水流速度超过 $4\sim5m/s$ 时，还会有气蚀现象。目前，发电机中空铜导线内水的流速设计一般都小于 $2m/s$，其冲刷量是很小的，冲刷腐蚀一般只在高水流速时才作为分析因素。

上述因素中，对铜的腐蚀影响最严重的因素是 pH 值，所以在对定子冷却水的处理过程中，除要保证水的电导率外，调节 pH 值是其中重要一项。提高 pH 值可采用 Na 型混床，补凝结水、精处理出水加氨后的水，加 NaOH 等方式。

第二节　处　理　工　艺

由于发电机定子冷却水是在高压电场中作冷却介质，水质要求具有良好的绝缘性能；导线内部水的流通截面积小，因此水中不应含有机械杂质及可能产生沉积物的杂质离子，且绝不允许出现堵塞，还要求整个系统不应有腐蚀现象。定子冷却水的处理主要是为了降低定子冷却水中的铜、铁等杂质含量，防止定子冷却水对铜线圈、流通系统造成腐蚀，确保机组安全运行。目前，调节定子冷却水水质的方式主要有缓蚀剂法、离子交换法、凝结水和除盐水协调处理法、离子交换法—加减法、离子交换法—充氮密封法、催化氧化法。

一、缓蚀剂法

缓蚀剂的作用机理是与铜表面的氧化物发生络合反应，在铜表面生成一层致密的膜，防止铜基体的腐蚀。定子冷却水中投加铜缓蚀剂，如 MBT、BTA、TTA 等。采用本方法时，应密切监视其运行情况，防止络合物沉积。

缓蚀剂法存在的主要问题是：

(1) 铜缓蚀剂在铜表面形成的是单分子膜，这层保护膜防护性能差，容易破损；

（2）定子冷却水中添加铜缓蚀剂后电导率将升高，容易造成定子冷却水的电导率超标；

（3）药品浓度不能在线检测，难以满足系统对缓蚀剂浓度的实时监测。

（4）缓蚀剂会在定子冷却水系统水流较慢的区域析出黏泥，这些黏泥与腐蚀产物能在空心铜导线中沉积结垢，严重时还能造成铜导线堵塞，使发电机绕组线圈超温，最终导致线棒烧毁。

二、离子交换法

（一）单床离子交换法

在定子冷却水泵出口设置一旁路，水经过离子交换器后回至定子冷却水箱，在离子交换器内填装树脂达到交换去除水中杂质的目的。单床离子交换法流程图如图 6-8 所示。

具体要求为：

（1）发电机定子冷却水箱以除盐水或凝结水为补充水源。

（2）发电机定子冷却水系统设置一台离子交换器，其进、出水应设置电导率、pH 值在线检测仪表和取样管。

（3）离子交换器进水端设置除盐水进水管，用于树脂正洗；出水管安

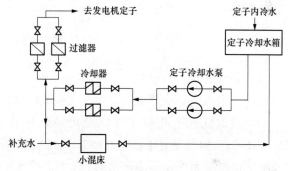

图 6-8　单床离子交换法流程图

装树脂捕捉器，防止树脂漏入定子冷却水箱。

（4）根据系统水质特性，离子交换器内装填由 RH 型和 ROH 型树脂配制的离子交换树脂。

（5）离子交换器投运前，应用除盐水正洗树脂，出水电导率不大于 $2\mu S/cm$、pH 值不大于 9 时并入系统。

（6）离子交换器正洗水和定子冷却水旁路处理水流量宜控制在冷却水循环流量的 $1\%\sim5\%$。

（7）离子交换器出水回到定子冷却水箱，对定子冷却水进行处理，保证定子冷却水铜含量合格。

其存在的主要问题是小混床出水 pH<7，达不到标准的规定值，对空心铜导线有侵蚀性。改进型的单台小混床装填 $RNa+RH+ROH$ 型树脂，用钠型树脂代替部分氢型树脂，经过离子交换后，定子冷却水中微量溶解的中性盐 $Cu(HCO_3)_2$ 转化为 NaOH。此法对提高定子冷却水 pH 值，减少铜腐蚀有一定的作用，但存在着水质电导率容易上升、树脂运行周期短、铜离子含量较大等问题。

（二）氢型混床—钠型混床处理法

在原有 $RH+ROH$ 小混床的基础上，并列增设一套 $RNa+ROH$ 小混床，其流程图如图 6-9 所示。运行时，交替投运 $RH+ROH$ 与 $RNa+ROH$ 小混床。在 pH 值偏低时，投

运 RNa＋ROH 小混床，此时电导率会随钠离子的出现而逐渐上升。当电导率升至较高时，pH 值合格后，切换至 RH＋ROH 小混床运行，定子冷却水的 pH 值及电导率会下降。通过交替运行不同的小混床，使定子冷却水的水质指标得到控制。

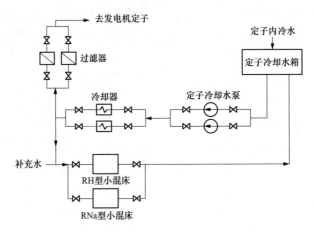

图 6-9　氢型混床—钠型混床处理法流程图

具体要求为：

（1）发电机定子冷却水箱以除盐水或凝结水为补充水源。

（2）发电机定子冷却水旁路处理系统中设置两台离子交换器，分别为钠型混床（RNa/ROH）和氢型混床（RH/ROH）。钠型混床出水检测 pH 值，氢型混床出水检测电导率，同时检测系统定子冷却水的 pH 和电导率。

（3）两台离子交换器并联连接。

（4）适时调节氢型混床和钠型混床的处理水量，维持定子冷却水循环系统的 pH 值在 7.5～9.0 之间，电导率小于 2.0μS/cm。

这种方法存在的问题是系统复杂、占地面积大、操作麻烦，特别是经常出现电导率超标的现象。

离子交换法实际上由于空气中二氧化碳的溶解，pH 值在 6～8 之间（一般在 7 左右），不可避免地会导致铜的腐蚀，很难保证水质符合标准要求。

三、凝结水和除盐水协调处理法

以除盐水和含氨的凝结水共同作为定子冷却水的补充水源，当定子冷却水的 pH 值偏低时，通过水箱排污和向定子冷却水箱补充凝结水，相当于向定子冷却水中加入微量的碱性物质，从而提高 pH 值；当电导率偏高时，通过水箱排污和向定子冷却水箱补充除盐水的方式降低电导率，相当于稀释。

具体要求为：

（1）发电机定子冷却水箱以除盐水和含氨凝结水为补充水源。

（2）在除盐水补水管和凝结水补水管设置取样点。

（3）在机组运行过程中，注意观测水质变化，适时排污和补水，调节水箱水质，维持循环系统定子冷却水 pH 值在 7.0～9.0 之间，电导率小于 2.0μS/cm。

这种方法存在的主要问题是：

（1）敞开的系统及较高的回水温度容易使氨挥发，最终使定子冷却水 pH 值下降；

（2）频繁排水、补水，操作复杂，易因液位计不准确造成事故；

（3）凝结水在机组启动、凝汽器泄漏等情况下水质不稳定，存在向定子冷却水系统引入杂质的危险，如不补水 pH 值又无法维持；

（4）未从根本上解决铜的腐蚀问题，只是被动地稀释了定子冷却水，降低了铜离子的含量。

四、离子交换—加碱法

发电机定子冷却水箱以除盐水或凝结水作为补充水源，在对定子冷却水进行混床处理的同时，再加入 NaOH 溶液，提高定子冷却水 pH 值，进而控制铜的腐蚀情况。向定子冷却水中加入 NaOH 溶液提高 pH 值，将定子冷却水由微酸性调节成微碱性，在有溶解氧存在的条件下，也能起到抑制铜导线腐蚀的作用。将 NaOH 配置成 $0.1\% \sim 0.5\%$ 的稀溶液，通过计量泵将溶液加入到小混床出口或水箱内，通过监测定子冷却水电导率控制加药泵启停，理论上将定子冷却水电导率控制在 $0.5\mu S/cm$ 时，定子冷却水 pH 值可达到 8.0 以上。此方法在去除定子冷却水中杂质离子的同时提高 pH 值抑制定子冷却水系统腐蚀。在离子交换法的基础上改装加碱装置，工艺简单，在近几年应用较多。

具体要求为：

（1）发电机定子冷却水箱以除盐水或凝结水为补充水源。

（2）发电机定子冷却水系统设置一台混合离子交换器。

（3）在离子交换器出口处设置碱化剂加药点。

（4）碱化剂采用优级纯氢氧化钠，用除盐水配制成 $0.1\% \sim 0.5\%$ 的溶液备用。

（5）采用计量泵加药，根据定子冷却水的 pH 值和电导率控制加药速度和加药量。

（6）控制定子冷却水 pH 值在 $7.5 \sim 9.0$ 范围内。

（7）在机组运行过程中，根据定子冷却水 pH 值的变化，适时调节碱化剂的加入量，维持定子冷却水 pH 值和电导率在合格范围内。

存在的主要问题：

（1）向定子冷却水系统内加入 NaOH 溶液，等于加入杂质，小混床树脂运行周期缩短；

（2）加药量控制不当，会导致定子冷却水电导率、pH 值在短时间内迅速超标；

（3）电导率、pH 值反应滞后，加药泵启停频繁，电导率、pH 值波动；

（4）NaOH 溶液质量不合格，易因加药不当引发问题。

五、离子交换—充氮密封法

这种方法是向定子冷却水箱内充入氮气密封，水箱内保持微正压，使水与空气隔离，降低定子冷却水中溶解氧含量又防止二氧化碳溶入定子冷却水中导致 pH 值下降，即定子冷却水贫氧状态运行，pH 值达到 7 即可。

具体要求为：

（1）发电机定子冷却水箱以除盐水或凝结水为水源。

（2）发电机定子冷却水旁路处理系统设置混合离子交换器。

（3）定子冷却水箱充氮密封，水箱上部空间保持微正压，保持氮气压力不超过100kPa，使水箱内的水与空气隔绝。

（4）在冷却水泵出水过滤器后的管道上设置取样点，安装在线电导率和溶解氧检测仪表。

（5）在离子交换器出水管设置取样点，安装在线电导率检测仪表。

（6）在机组运行过程中，适时观测水质变化，检查氮气压力，调节交换器处理流量，维持系统水质在合格范围内。

从实际运行情况看，为保证定子冷却水中的溶解氢及时排出，氮气压力维持较为困难，密封效果不好，溶解氧降不下来，未除去定子冷却水及除盐水补充水中带入的二氧化碳，很难解决铜的腐蚀问题。

充氮密封法存在安全隐患，仅有部分单位使用。

六、催化氧化法

定子冷却水中的溶解氧是铜导线发生腐蚀的重要原因。水中溶解氧对铜导线的腐蚀起到正反两个方面的作用。一般情况下，由于水中溶解氧的存在，铜导线发生氧化反应而被腐蚀，但是在一定条件下，溶解氧与铜发生反应生成的氧化物在铜的表面形成一层保护膜，能有效阻止铜的进一步腐蚀。因此，去除水中溶解氧可以防止铜的腐蚀，控制在一定条件下的氧化法也能防止铜的腐蚀。德国西门子公司开发了一种去除发电机定子冷却水溶解氧的技术，向定子冷却水箱上部空间充入氢气，使定子冷却水有一定的溶解氢，在定子冷却水循环系统的旁路系统中，以钯树脂作为媒介，使水中溶解氧还原为 H_2O，可将定子冷却水中的氧含量控制在 $30\mu g/L$ 以下，能有效地控制铜腐蚀。这种方法由于使用氢气而存在安全隐患，再加上钯树脂价格昂贵且对系统气密性要求高等原因，应用的不多。

第三节 离子交换——加碱法

一、碱化剂法的基本原理

发电机空心铜导线能与定子冷却水中的氧气和二氧化碳反应而产生腐蚀，铜导线的腐蚀会使定子冷却水中含 Cu^{2+} 和 HCO_3^-，定子冷却水系统经过旁路系统进入离子交换器，在离子交换器内发生的交换反应如下：

$$Cu^{2+} + RH \longrightarrow R_2Cu + 2H^+$$
$$HCO_3^- + ROH \longrightarrow R\,HCO_3 + OH^-$$
$$H^+ + OH^- \longrightarrow H_2O$$

定子冷却水小混床出水呈中性，长时间运转的情况下，定子冷却水系统内的水 pH 值应呈中性甚至低于 7。碱化剂法是将碱化剂加入到定子冷却水系统中去，维持一定的加药量，提高冷却水 pH 值，减缓定子冷却水系统腐蚀。常用的碱化剂有 $NaOH$、$NH_3 \cdot H_2O$。

二、加碱工艺

加碱装置设置碱液箱、电导表及取样系统、PLC控制系统、一台电磁加药泵，以及附属电源等。碱液箱用于配置 0.1%～0.5% 的稀碱液，电导表用于监测发电机线圈进定子冷却水电导，PLC元件用于上传数据及设置加药泵连锁，加药泵启动后向定子冷却水系统加入稀碱液。系统设计见图 6-10、图 6-11。

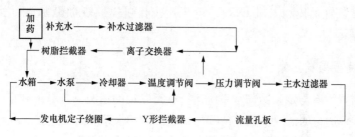

图 6-10 定子冷却水系统加碱点示意

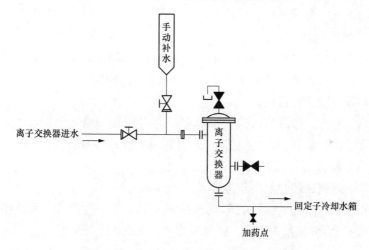

图 6-11 定子冷却水系统加碱点示意图

（1）加药点选择设置在发电机定子冷却水离子交换器出口管道上，离子交换器出口电导表前。不加药时电导表监测离子交换器出水电导率，判断树脂是否失效；加药时，电导表监测加药速率，防止过量加药对定子冷却水系统水质造成不良影响。

（2）加碱装置的电导表取样点在定子冷却水发电机入口管道上；电导表回水至定子冷却水箱。此电导独立于系统，专用于联锁启停加碱泵。

（3）电导率表可以设置两块，也可只设置一块。两块电导表可以取平均值，防止一块电导表出现异常，影响加碱泵运行。

（4）PLC系统设置联锁保护：

1）设置加碱泵启停联锁，如设置定子冷却水电导率低于下限 0.5μS/cm 时启动加碱泵，达到上限 0.7μS/cm 时停运加碱泵。

2）与主系统运行状态联锁，如定子冷却水泵状态，必须是定子冷却水泵运行状态下方可启动加碱泵。

3）碱液箱低液位联锁，设置碱液低于某个液位时停运加碱泵，防止加碱泵进空气或损坏加碱泵。

4）如加碱装置上设置两块电导表，可设置电导差值超过某个数值停运加碱泵联锁。此数值用于判定入口两电导数值是否出现异常。如两块电导表差值超过 0.1μS/cm 停运加碱泵，证明至少一块电导表已不能正常测量定子冷却水水质。

5）泵频率达到高限值联锁停泵：此数值用于设定泵频率高限值，当泵频率超出设定值时延时停泵，防止瞬时加药量过大，引起定冷水电导大幅波动。

（5）将加碱装置上传到主机 DCS 系统里，主机可以监视加碱泵运行状态，如指标异常，可以手动停运加碱泵。

三、加碱装置易发异常

（1）加碱装置没有与定子冷却水系统运行状态联锁的情况下，易出现定子冷却水系统已停运，但加碱装置运行的情况。碱液持续加到定子冷却水系统内，造成定冷水电导超标。

防范措施：在 DCS 系统内设置联锁，系统停运联停加碱泵。

（2）加碱装置电导表异常且显示偏低时，加碱泵会持续运行，将过量碱液加入到定子冷却水系统内，造成不良后果。

防范措施：加碱装置设置两块电导表，可以减少出现异常的机会；主机 DCS 系统内设置多级联锁报警，当加碱装置电导率、离子交换器电导率、定子线圈进水电导率任何一个电导率异常时都可以及时发现。

（3）碱液浓度不当。碱液浓度高，加碱泵运行时间短，电导率波动大；碱液浓度低，加药泵长时间运行，对泵有一定的损害，且大量的稀药液加入定子冷却水箱，会导致水箱液位上涨。

防范措施：根据调试经验，合理配置碱液浓度。

（4）加碱泵故障。若加碱泵不打药，及时检修即可；有一种极端情况是在加碱泵不运行的情况下，通过加碱泵向系统内吸药，碱液不停地进入定子冷却水箱，造成电导率超标。

（5）加碱装置安装、连接不牢固漏水。安装时必须牢固可靠，尽量采用不锈钢管路，少用软管；加药门宜采用截止阀和加装逆止门。

第四节　典型异常案例分析

一、发电机定子冷却水系统常见异常

1. 发电机断水

（1）现象：

1）"定子冷却水断水"报警。

2）"定子绕组进出水压差低"报警。

3）发电机定子绕组温度高。

4）延时定子冷却水断水保护动作。

（2）原因：

1）定子冷却水系统管道泄漏。

2）定子冷却水泵滤网堵塞。

3）定子冷却水水箱水位低。

4）定子冷却水泵故障跳闸，备用泵未联启。

（3）处理：

1）查找泄漏点，进行隔离。

2）切换滤网，联系检修清理。

3）定子冷却水箱补水至正常水位。

4）在额定负荷、绕组内充满水的情况下，当定子绕组水系统发生故障，允许断水持续运行的时间为30s；若发电机断水保护动作发电机掉闸，按事故停机程序处理。

2．定子冷却水电导率高

（1）原因：

1）定子冷却水离子交换器未投入；

2）离子交换器树脂失效或不足；

3）补充水水质不合格；

4）发电机内漏氢严重；

5）加碱装置运行异常；

6）定子冷却水冷却器泄漏。

（2）处理：

1）调整保持离子交换器流量，定冷线圈额定流量的5%～10%；

2）若补充水电导率合格，发电机漏氢不严重，而离子交换器出口电导率仍大于0.5μS/cm，则可能是离子交换器树脂不足或失效，应更换离子交换器树脂；

3）若定子冷却水电导率增大，且发电机内氢压降低很快，则可判断为发电机漏氢引起，应停机处理；

4）检查确认定子冷却水加碱装置运行是否正常，停运加碱装置，关闭加药门；

5）判断冷却器是否泄漏，隔离检修，并分析泄漏原因。

3．定子冷却水压力低

（1）现象：

1）定子冷却水压力指示下降；

2）定子冷却水流量指示下降；

3）定子冷却水回水温度升高；

4）定子线圈温度升高。

（2）原因：

1）定子冷却水滤网脏；

2）定子冷却水泵出力不足或故障；

3）系统相关放水门误开；

4）定子冷却水箱水位低或断水；

5）系统阀门误操作。

（3）处理：

1）检查定子冷却水滤网前后压差是否正常，应进行排污。

2）定子冷却水泵出口压力低时，检查备用泵应联启否则手动启动，若备用泵启动不成功，定子冷却水中断，发电机将跳闸，按紧急停机程序处理。

3）检查系统管路有无泄漏，相关阀门有无误操作。

4）严密监视发电机的相关温度。

二、典型异常

1. 定子冷却水系统污堵

（1）某厂离子交换器树脂流失，因滤网安装不当而未起作用，树脂随水流进入发电机系统，造成定子线圈堵塞，定子冷却水流量下降，发电机局部温度升高。停机反洗后未明显好转，后停机抽转子，拆水冷线棒接头，依次清理堵塞树脂。

防范措施：离子交换器更换树脂时禁止使用铁棍等尖锐物体搅动树脂排出，应采用水冲洗方式清理树脂；定期对离子交换器内树脂量、离子交换器出口滤网进行检查。

（2）某厂定子冷却水系统运行过程中定子冷却水流量下降，隔离检查发现在进发电机定子线圈前 Y 形过滤器处堵塞杂物，经检查发现该机组定子冷却水过滤器使用线棒式滤芯，材质不合格，运行期间降解，降解后的杂质进入系统。

防范措施：建议使用激光打孔不锈钢滤芯；保证滤芯质量。

2. 定子冷却水系统水质异常

（1）某厂定子冷却水电导逐渐上涨，判断为离子交换器树脂失效，更换树脂。更换树脂后一周左右化验水质铜离子 $10\mu g/L$。正常在树脂未失效时，很难检测出铜离子或铜离子含量很低。经多次检查发现，确定为离子交换器过水量低且无法调大，对离子交换器进行隔离检查。经检查确认为离子交换器底部滤网损坏，树脂流失，堵塞了离子交换器出口滤网，造成离子交换器过水低，导致定子冷却水系统水质无法有效净化，电导缓慢上涨、铜含量超标。

防范措施：安排运行人员每个班对离子交换器过水情况进行检查；有流量计检查流量计，没有流量计检查离子交换器进出口压力；最简单的方法就是检查离子交换器温度，因定子冷却水系统运行期间温度在 45℃ 左右，比较好判断。

（2）某厂在定期工作切换定子冷却水系统冷却器后，定子冷却水系统水质恶化，颜色发黑、电导超标、硬度超标、铜离子含量超标，发现后经多方配合检查，确认为冷却器腐蚀泄漏，在停运备用期间，冷却器用循环冷却水渗入到冷却器内部，长时间不用导致水质滋生微生物变质，投运后这部分水进入定子冷却水系统。

防范措施：冷却器备用期间保持通过少量定子冷却水，或将定子冷却水进水门保持开启，维持定子冷却水侧高压力，防止冷却器泄漏不合格水质进入系统；定期对备用冷却器进行检查，开启冷却水侧排污门，看是否有水流出，发现异常及时处理。

3. 定子冷却水加碱装置引发的异常

（1）加碱装置电导表死机，电导率不变化，低于设定的停泵条件，加药泵持续运行，将过量的稀碱液加入到定子冷却水系统内，造成水质超标，严重时会危及机组安全运行。

防范措施：设置多重联锁、报警、保护，出现任何异常先停运定子冷却水加碱装置加碱泵、关闭定子冷却水系统加药门。

（2）加碱装置 PLC 程序故障，加药泵加药过量。加碱装置由手动运行方式切为自动方式后，加药泵显示运行频率低，而实际加药泵高频率运行，将稀碱液快速注入定子冷却水系统，导致电导上涨报警。

防范措施：加碱装置程序必须经过本厂热控专业检查无误后方可使用，一经出现问题，应对所有加碱装置程序进行排查、优化。

 思 考 题

1. 发电机定子冷却水为什么需要进行处理？
2. 常见的定子冷却水处理方式及其优缺点有哪些？
3. 定子冷却水电导高原因及危害是什么？
4. 定子冷却水加碱装置可能引起的危害有哪些？

第七章

锅炉给水处理及化学监督

为了减轻或防止锅炉给水对锅炉及热力设备金属材料的腐蚀，并防止因使用给水减温引起混合式过热器、再热器和汽轮机积盐，就必须控制给水的质量。

对不同的给水处理方式，GB/T 12145《火力发电机组及蒸汽动力设备水汽质量》中规定了给水氢电导率、pH 值、溶解氧及铁、铜等控制指标，其目的是在尽可能降低给水中杂质浓度的前提下，通过控制给水中的这些指标，以抑制水、汽系统中的一般性腐蚀和流动加速腐蚀（flow-accelerated corrosion 简称 FAC）。

锅炉给水分低压给水和高压给水。从凝结水泵到除氧器的给水称低压给水，从给水泵进入锅炉的给水称高压给水。在火电厂的给水系统中金属材料主要有碳钢、不锈钢或铜合金。无论给水水质如何，水对金属材料或多或少都有一定的腐蚀作用。如果不对给水进行处理，大多数腐蚀产物都会随给水带入锅炉，并容易沉积在热负荷较高的部位，影响热的传导，轻则缩短锅炉酸洗周期，重则导致锅炉爆管。

给水处理是指向给水中加入水处理药剂，改变水的成分及其化学特性，如 pH 值、氧化还原电位等，以降低给水系统的各种金属的综合腐蚀速率。相比较而言，金属在纯净的中性水中的腐蚀速率往往比在弱碱性的水中高。所以，几乎所有的锅炉给水都采用弱碱性处理。

第一节　锅炉给水处理

一、锅炉给水的处理方式定义

随着机组参数和给水水质的提高，给水处理工艺也在不断发展和完善，目前有三种主要处理方式，即还原性全挥发处理、弱氧化性全挥发处理和加氧处理。

（1）还原性全挥发处理是指锅炉给水加氨和还原剂（又称除氧剂，如联氨）的处理，英文为 all-volatile treatment（reduction），简称 AVT（R）。

（2）弱氧化性全挥发处理是指锅炉给水只加氨的处理，英文为 all-volatile treatment（oxidation），简称 ［AVT(O)］。

（3）加氧处理是指锅炉给水加氧的处理，英文为 oxygenated treatment，简称 OT。

目前还原性全挥发处理［AVT(R)］、弱氧化性全挥发处理［AVT(O)］和加氧处理（OT）这三种给水处理方式可根据机组的材料特性、炉型及给水的纯度要求选择相应的给水处理方式。

二、还原性全挥发处理［AVT(R)］、弱氧化性全挥发处理［AVT(O)］和加氧处理（OT）的原理及作用

1. 抑制一般性腐蚀

从图 7-1 可以看出，要保护铁在水溶液中不受腐蚀，就要把水溶液中铁的形态由腐蚀区移到稳定区或钝化区。可以采取以下三种方法达到此目的：

（1）还原法：通过热力除氧并加除氧剂进行化学辅助除氧的方法以降低水的氧化还原电位（ORP），使铁的电极电位接近于稳定区，即还原性全挥发处理［AVT(R)］方式。

（2）氧化法：通过加氧气（或其他氧化剂）的方法提高水的氧化还原电位（ORP），使铁的电极电位处于 Fe_2O_3 的钝化区，即加氧处理（OT）方式。

（3）弱氧化法：只通过热力除氧（即保证除氧器运行正常）但不再加除氧

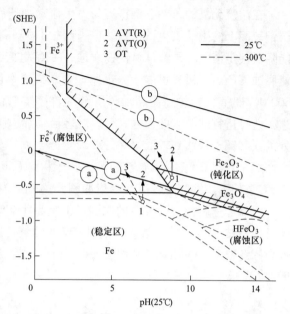

图 7-1　不同温度下铁—水体系电位—pH 平衡图

剂进行化学辅助除氧，使铁的电极电位处于 Fe_2O_3 和 Fe_3O_4 的混合区，即弱氧化性全挥发处理［AVT(O)］方式。

注：水的氧化还原电位（ORP）与铁的电极电位是两个不同的概念。氧化还原电位（ORP）通常是指以银-氯化银电极为参比电极，铂电极为测量电极，在密闭流动的水中所测出的电极电位。在 25℃ 时该参比电极的电极电位相对标准氢电极为 +208mV。氧化还原电位（ORP）是衡量水的氧化还原性的指标。铁的电极电位是指以银-氯化银电极（或其他标准电极）为参比电极，铁电极为测量电极，在密闭流动的水中所测出的电极电位，是说明在水中铁表面形成的状态。

在还原性全挥发处理［AVT(R)］方式下，由于降低了氧化还原电位（ORP），使铁生成稳定的氧化物和氢氧化物分别是 Fe_3O_4 和 $Fe(OH)_2$。它们的溶解度都较低，在一定程度上能减缓铁进一步腐蚀，这是一种阴极保护法。

在加氧处理（OT）方式下，由于提高了氧化还原电位（ORP），使铁进入钝化区，这时腐蚀产物主要是 Fe_2O_3 和 $Fe(OH)_3$，它们的溶解度都很低，能阻止铁进一步腐蚀，这是一种阳极保护法。

在弱氧化性全挥发处理［AVT(O)］方式下，由于提高氧化还原电位（ORP）幅度不大，使铁刚进入钝化区，这时腐蚀产物主要是 Fe_2O_3 和 Fe_3O_4，它们的溶解度较低，其防腐效果处于加氧处理（OT）和还原性全挥发处理［AVT(R)］之间。这也是一种偏向于阳极的保护法。

从以上分析可以看出，无论采用哪种给水处理方式都可以抑制水、汽系统铁的一般性腐蚀。对于铜合金而言，氧总是起到加速腐蚀的作用。所以，对于有铜系统机组，应尽量

采用还原性全挥发处理［AVT(R)］方式运行。不论在含氧量高还是低的水中，pH 值在 8.8～9.1 的范围内，铜的腐蚀速度都最低。

2. 抑制流动加速腐蚀

在湍流无氧的条件下钢铁容易发生流动加速腐蚀（FAC），其发生过程如下：附着在碳钢表面上的磁性氧化铁（Fe_3O_4）保护层被剥离进入湍流水或潮湿蒸汽中，使其保护性能降低甚至消除，导致母材快速腐蚀，一直发展到最坏的情况——管道腐蚀泄漏。流动加速腐蚀（FAC）过程可能十分迅速，壁厚减薄率可高达 5mm/a 以上。例如，某电厂一台 500MW 的直流锅炉，在高加母管分为许多支管的弯头处，5mm 厚的钢管半年就腐蚀穿透。选择适宜的给水处理方式可以减轻流动加速腐蚀（FAC）的损害，也能使省煤器入口处的铁和铜含量达到较低水平。

对于双层氧化膜的研究表明，外层膜是不很紧密的氧化铁，特别是 Fe_3O_4 在 150～200℃ 条件下，溶解度较高，不耐冲刷。这就是为什么在联氨处理条件下，炉前系统容易发生水流加速腐蚀（FAC）的原因，也是为什么使用联氨处理给水含铁量高，给水系统节流孔板易被 Fe_3O_4 粉末堵塞的原因。给水加氧处理就是为了改善这种条件。给水采用还原性全挥发处理［AVT(R)］和加氧处理（OT），其氧化膜结构示意图及形态对比图如图 7-2～图 7-4 所示。

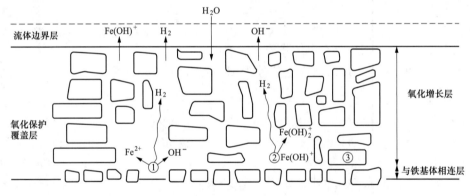

图 7-2 采用还原性全挥发处理［AVT(R)］的氧化膜结构示意

① $Fe + 2H_2O \rightleftharpoons Fe(OH)_2 + H_2\uparrow$
  $Fe(OH)_2 \rightleftharpoons Fe(OH)^+ + OH^-$
  $Fe(OH)_2 \rightleftharpoons Fe^{2+} + 2OH^-$

② $2Fe(OH)^+ + 2H_2O \rightleftharpoons 2Fe(OH)_2^+ + H_2\uparrow$

③ $Fe(OH)^+ + 2Fe(OH)_2^+ + 3OH^- \rightleftharpoons Fe_3O_4 + 4H_2O$

从上面三个图的对比可看到，采用加氧处理（OT）后，主要是将外层的 Fe_3O_4 的间隙中以及表面覆盖上 Fe_2O_3。改变了外层 Fe_3O_4 层空隙率高、溶解度高，不耐流动加速腐蚀的性质。给水采用弱氧化性全挥发处理［AVT(O)］所形成的氧化膜的特性介于加氧处理（OT）和还原性全挥发处理［AVT(R)］之间，也就是说这种给水处理方式所形成的膜的质量比加氧处理（OT）差，但优于还原性全挥发处理［AVT(R)］。

对于还原性全挥发处理［AVT(R)］，给水处于还原性气氛，碳钢表面生成磁性氧化膜的两个关键过程是：

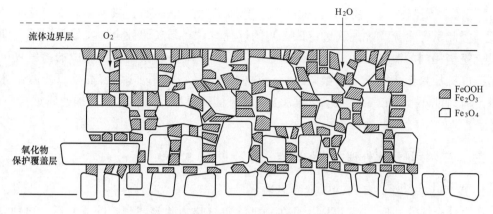

图 7-3　采用加氧处理（OT）的氧化膜结构示意

注　形成3价铁氧化物的有关反应

$$4Fe^{2+}+O_2+2H^+ \Longrightarrow 4Fe^{3+}+2OH^-$$

$$2Fe^{2+}+2H_2O+\frac{1}{2}O_2 \Longrightarrow Fe_2O_3+4H^+$$

$$Fe(OH)^++H_2O \Longrightarrow FeOOH+2H^++e^-$$

$$Fe_3O_4+2H_2O \Longrightarrow 3FeOOH+H^++e^-$$

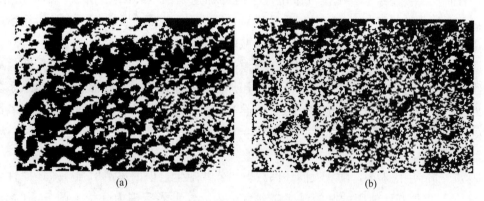

图 7-4　有氧处理和无氧处理对金属表面膜的影响

（a）还原性全挥发处理［AVT(R)］方式金属表面状态（放大 16 倍）；

（b）加氧处理（OT）方式金属表面状态（放大 16 倍）

（1）内部形貌取向连生层的生长，受穿过氧化物中的细孔进行扩散的氧气（水或含氧离子）的控制；

（2）可溶性 Fe^{2+} 产物溶解到了流动的水中，溶解过程受给水的 pH 和 ORP 控制。

一般而言，给水的还原性越强，在省煤器入口铁腐蚀产物的溶解度就越高。正常还原性全挥发处理［AVT(R)］情况下，氧化还原电位 ORP＜－300mV，给水中铁腐蚀产物的含量小于 10μg/L，一般不会发生流动加速腐蚀（FAC）。但值得注意的是，由于局部的流体处于湍流状态时，碳钢表面的磁性氧化膜（Fe_3O_4）会快速脱落，使得流动加速腐蚀（FAC）发展得非常快。但对于加氧处理（OT）和弱氧化性全挥发处理［AVT(O)］，则有完全不同的情形。在非还原性给水环境中，碳钢表面被一层氧化铁水合物（FeOOH）所覆盖，它也向下渗透到磁性氧化铁的细孔中，而且这种环境有利于 FeOOH 的生长。此类构成形式可产生效果有两个，一是由于氧向母材中的扩散（或进人）过程受到限制（或减弱），因而降低了整体腐蚀速率；二是减小了表面氧化层的溶解度。因此从产生流动加速腐蚀（FAC）的过程看，在与还原性全挥发处理［AVT(R)］时具有完全相同的流体动力特性的条件下，FeOOH 保护层在流动给水中的溶解度明显低于磁性铁垢（至少要低 2 个数量级）。总的结论是：采用加氧处理（OT）时给水的含铁量有时能小于 $1\mu g/L$（原子吸收法），并且能明显减轻或消除流动加速腐蚀（FAC）现象。

三、三种锅炉给水处理方式的特点

1. 还原性全挥发处理［AVT(R)］的特点

还原性全挥发处理［AVT(R)］是在物理除氧（热力除氧或真空除氧）后，再加氨和还原剂使给水呈弱碱性的还原处理。在 20 世纪 80 年代以前，在世界范围内几乎所有的锅炉给水都采用还原性全挥发处理［AVT(R)］。对于有铜系统的机组，兼顾了抑制铜、铁腐蚀的作用。对于无铜系统的机组，通过提高给水的 pH 值抑制铁腐蚀。但是后来试验发现，水质在达到一定的纯度后，加除氧剂只对铜合金的腐蚀有抑制作用，对钢铁不但没有好处，有时反而会使给水和湿蒸汽系统发生流动加速腐蚀（FAC）。所以，不加还原剂，使给水呈弱氧化性状态，或加氧使给水处于氧化性状态，反而会使无铜系统的机组给水的含铁量减小，使流动加速腐蚀（FAC）现象减轻或被抑制。

对于有铜系统，总是优先采用还原性全挥发处理［AVT(R)］。对于无铜系统，如果出现给水的含铁量较高（大于 $10\mu g/L$）、高压加热器疏水调节阀门经常卡涩，水汽系统的弯头处有冲刷减薄等现象，不宜采用还原性全挥发处理［AVT(R)］，最好采用弱氧性全挥发处理［AVT(O)］或加氧处理（OT）。

2. 弱氧性全挥发处理［AVT(O)］处理的特点

20 世纪 80 年代末期，随着人们环保意识和公共卫生意识的逐渐增强，对还原性全挥发处理［AVT(R)］所使用的联氨越来越质疑。为此，世界范围内开始了两方面的研究：一是开发无毒的新型除氧剂来代替联氨；二是取消除氧剂，改为弱氧化处理，即弱氧化性全挥发处理［AVT(O)］。后者更符合国际水处理的研究方向，即尽量少向水汽系统中添加化学药品，加药越简单越好。

弱氧化性全挥发处理［AVT(O)］是在对给水进行物理除氧的同时，只向给水中加氨（不再加任何其他药品）的给水水质调节方式。通常给水的氧化还原电位 ORP 在 $0\sim+80mV$ 之间。由于加氧处理（OT）对水质要求极高，对于没有凝结水精处理设备或精处理设备运行不正常的机组，给水的氢电导难以保证小于 $0.15\mu S/cm$ 的要求，这就无法采用加氧处理（OT）。而采用还原性全挥发处理［AVT(R)］时，给水的含铁量又高，这时可采用弱氧化性全挥发处理［AVT(O)］。这种处理方式通常会使给水的含铁量降低，省煤器管和水冷壁管的结垢速率也相应降低。当然全挥发处理（AVT）水工况也有缺点，主要表现在以下两个方面：

（1）给水含铁量较高，且锅炉内下辐射区局部产生铁的沉积物多。

全挥发处理（AVT）水工况下，水汽系统中铁化合物含量变化的特征是：高压加热器至锅炉省煤器入口这部分管道系统中，由于磨损和腐蚀，水中含铁量是上升的；在下辐射区，由于铁化合物在受热面上沉积，水中含铁量下降；在过热器中，由于汽水腐蚀结果，含铁量有所上升。因此铁的氧化物主要沉积在下辐射区。下辐射区受热面面积较小，热负荷很高，沉积物聚集会使管壁温度上升。

（2）凝结水除盐设备的运行周期缩短。

凝结水除盐装置混床中阳树脂中相当多的一部分交换容量被用于吸着氨，使得除盐设备运行周期短、再生频率高。再生时排放的废水量也多，处理再生废水的费用加大，而且补足再生过程所损耗的树脂量也大，这些都提高了运行费用。为了不除掉凝结水中的氨。有采用 NH_4-OH 混合床的。但采用 NH_4-OH 混合床时，凝结水处理系统出水水质往往差于 H-OH 混合床的出水水质，且运行工况也较复杂。

3. 加氧处理（OT）处理的特点

加氧处理（OT）是不对给水进行热力除氧，并向给水中加微量氧，同时向水中加入较少量氨。此时，给水中因含有微量的溶解氧而具有较强的氧化性。

对于超临界和超超临界机组来讲，合适的水处理是控制热力系统内腐蚀产物的主要手段。目前，加氧处理是利用纯水中溶解氧对金属的钝化作用，给水系统金属表面形成致密的氧化性保护膜，达到热力系统防腐、防垢的最佳效果。目前国外已经投运的超超临界机组的给水处理均采用加氧处理，该方法可以使省煤器入口的含铁量小于 1pg/L。国内超超临界机组大部分采用了给水加氧处理工艺，均取得了良好效果。因此可以说加氧处理是超超临界机组正常运行工况下唯一合理的给水处理方式。

四、锅炉给水水质调节

1. 氨

为了防止给水对金属的腐蚀，必须调节水的 pH 值。因为随着水的 pH 值的增大，铜铁的腐蚀明显减小。由于热力系统中有的低压加热器及疏水冷却器、凝汽器采用了铜合金材料，必须考虑水的 pH 值对水中铜的腐蚀影响。水的 pH 值在 9 以上时，铜的腐蚀随 pH 值的增大明显增大。从铁、铜等不同材质金属的防腐效果全面考虑，一般给水的 pH 值调节在 8.8~9.3 的范围内。调节给水 pH 的方法是在给水中加氨或胺，常称为加氨处理。

（1）氨的特性。

氨（NH_3）是一种挥发性物质，这一特点和 CO_2 相似。当给水进行加氨处理时，氨（NH_3）进入锅炉后会随蒸汽挥发出来，通过汽轮机后，随排气进入凝汽器。在凝汽器中一部分氨（NH_3）被抽气器抽走，余下的转入凝结水中，随后当凝结水进入除氧器后又会除掉一部分氨（NH_3），余下的氨（NH_3）仍然在给水中。在热力系统中，氨（NH_3）和 CO_2 虽然流程相同，但这两种物质的分配系数有很大差别。当采用氨处理给水时，在热力系统各个部位中的氨（NH_3）和 CO_2 的分布就大不相同，所以会出现某些地方氨（NH_3）过多，另一些地方氨（NH_3）过少。因此，不能用氨处理作为解决因游离 CO_2 而 pH 值过低问题的唯一措施，而应首先降低给水中碳酸化合物的含量，以此为前提，进行加氨处理，以提高给水的 pH 值，这样氨处理才会有良好的效果。

（2）给水加氨原理。

氨（NH_3）溶于水称为氨水，呈碱性，其反应式为

$$NH_3 + H_2O \longrightarrow NH_4OH$$

给水 pH 值过低的原因是含有游离 CO_2，所以加氨（NH_3）就相当于用氨水的碱性来中和碳酸的酸性。碳酸是二元酸，它和氨水的中和反应有以下两步，即

$$NH_4OH + H_2CO_3 \longrightarrow NH_4HCO_3 + H_2O$$
$$NH_4OH + NH_4HCO_3 \longrightarrow (NH_4)_2CO_3 + H_2O$$

计算表明，如加入氨（NH_3）的量恰好中和至 NH_4HCO_3，则水中的约为 pH 值 7.9；若中和至 $(NH_4)_2CO_3$，则水中的 pH 值约为 9.2。

（3）药品。

氨（NH_3）在常温常压下是一种有刺激性气味的无色气体，极易溶于水，其水溶液称为氨水，一般市售氨水的密度为 $0.071g/cm^3$，含氨量约 28%。氨在常温下加压很易液化，液态氨称为液氨，沸点 $-33.4°C$。氨在高温高压下不会分解，易挥发，所以可以在各种机组、各类型电厂中使用。

给水中加氨后，水中存在着下面的平衡关系：

$$NH_3 \cdot H_2O \longrightarrow NH_4^+ + OH^-$$

因而使水呈碱性，可以中和水中游离的二氧化碳，反应如下：

$$NH_3 \cdot H_2O + CO_2 \longrightarrow NH_4HCO_3$$
$$NH_3 \cdot H_2O + NH_4HCO_3 \longrightarrow (NH_4)_2CO_3 + H_2O$$

实际上，在水汽系统中 NH_3、CO_2、H_2O 之间存在着复杂的平衡关系。

水汽系统中热力设备在运行过程中，有液相的蒸发和汽相的凝结，以及抽汽等过程。氨又是一种易挥发的物质，因而氨进入锅炉后会挥发进入蒸汽，随蒸汽通过汽轮机后排入凝汽器。在凝汽器中，富集在空冷区的氨，一部分会被抽气器抽走，另一部分氨溶到凝结水中。随后当凝结水进入除氧器后，氨会随除氧器排汽而损失一些，剩余的氨则进入给水中继续在水汽循环系统中循环。试验表明，氨在凝汽器和除氧器中的损失率约为 20%～30%。如果机组设置了凝结水处理系统，则氨将在其中全部被除去，因而，在加氨处理时，要考虑氨在水汽系统和水处理系统中的实际损失情况。一般通过加氨量调整实验来确定，以使给水 pH 值调节到 8.8～9.3（9.2～9.6 无铜系统）的控制范围为宜。

因为氨是挥发性很强的物质，不论在水汽系统中的哪个部位加入，整个系统的各个部位都会有氨，但在加入部位附近管道中的水的 pH 值会明显高一些。因此，若低压加热器是铜管，水的 pH 值不宜太高；而为了抑制高压加热器碳钢管的腐蚀，则要求给水 pH 值调节得高一些。所以，在发电机组上，可以考虑给水加氨处理分两级，对有凝结水净化设备的系统，在凝结水净化装置的出水母管以及除氧器出水管道上分别设置两个加氨点。

尽管给水采用加氨处理调节 pH 值，防腐效果十分明显，但因氨本身的性质和热力系统的特点，也存在着不足之处。

1）由于氨的分配系数较大，所以氨在水汽系统中各部位的分布位置不均匀。所谓"分配系数"，是指水和蒸汽两相共存时，一种物质在蒸汽中的浓度与此蒸汽接触的水中的浓度的比值，它的大小与物质本身性质和温度有关。例如，在 90～110°C，氨的分配系数在 10 以上。这样为了在蒸汽凝结时，凝结水中也能有足够高的 pH 值，就要在给水中多

加氨，但这也会使凝汽器的空冷区蒸汽中的氨含量过高，使空冷区的铜管易受氨腐蚀。

2）氨水的电离平衡受温度影响较大。如果温度从 25℃ 升高至 270℃，氨的电离常数则从 1.8×10^{-5} 降到 1.12×10^{-5}，因此使水中 OH^- 的浓度降低。这样，给水温度较低时，为中和游离 CO_2 和维持必要的 pH 值所加的氨量，在给水温度升高后就显得不够，不足以维持必要的给水 pH 值，造成高压加热器碳钢管腐蚀加剧，给水中 Fe^{2+} 增加。

（4）加药点。

由于 NH_3 为挥发性物质，因此无论在热力系统的哪个部位加药，都可以使整个热力系统中有 NH_3。通常把 NH_3 加在补给水、给水或凝结水中，也可将 NH_3 直接加在汽包或蒸发器中。因为加药部位水的 pH 值要高一些，所以如为了提高补给水的 pH 值，可将 NH_3 加在补给水中，如给水的 pH 值较低，可将 NH_3 加在除氧器出口的给水中。

（5）加药量。

经验表明，加药量以使给水 pH 值调节到相对应运行工况下的 pH 值为准，实际所需的加药量要通过运行调整来决定。

（6）加药方法。

1）氨和铵盐都是易溶于水的，所以只要将他们配成稀溶液，例如含量不超过 5% 就可以加入，通常采用 0.3%～0.5%。

2）加药装置根据水汽系统取样装置控制信号，连续的对凝结水、给水进行加药，以减少热力系统的腐蚀，满足机组对水工况的要求。

图 7-5 是给水加氨系统图。

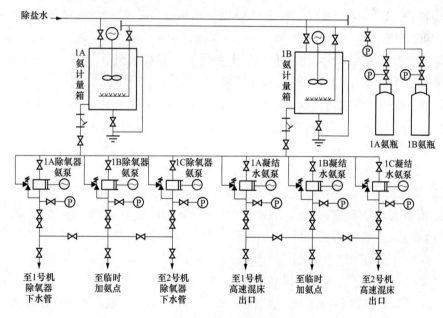

图 7-5　给水加氨系统

（7）注意事项。

加氨处理时要注意是否会引起黄铜腐蚀，因为当水中有氨存在时，它可以和 Cu^{2+}、Zn^{2+} 形成铜络离子 $[Cu(NH_3)^{2+}]$、锌氨络离子 $[Zn(NH_4)^{2+}]$，这样会使原来不溶于水的

$Cu(OH)_2$ 保护膜转化成易溶于水的络离子，破坏其保护作用，从而使得黄铜遭受腐蚀。所以在进行氨处理时，首先应能保证水汽系统中的含氧量非常低，且加氨量不宜过多。

2. 联氨

在高压以上的机组中给水除氧需同时采用热力除氧和化学除氧两种方法。热力法可将给水中的绝大部分溶解氧除掉，化学法可消除热力法难以完全除尽的残留溶解氧。化学除氧需在给水中投加还原剂类化学药品，此类药品必须具备能迅速地和氧完全反应，且反应产物和药品本身满足对锅炉的运行无害等条件，通常采用加联氨。

（1）联氨的物理性质。

1）联氨（N_2H_4）又称肼，在常温下是一种无色液体，易溶于水，它和水能结合成水合联氨（$N_2H_4 \cdot H_2O$），水合联氨在常温下也是一种无色液体。

2）在 25℃时，联氨的密度为 $1.004g/cm^3$，100％的水合联氨的密度为 $1.032g/cm^3$，24％的水合联氨的密度为 $1.01g/cm^3$；在 0.1Pa 时联氨和水合联氨的沸点分别为 113.5℃ 和 119.5℃，凝结点分别为 51.7℃ 和 2℃。

3）联氨容易挥发，当液体中 $N_2H_4 \cdot H_2O$ 的浓度不超过 40％时，常温下联氨的蒸发量不大。

4）空气中的联氨蒸气对呼吸系统和皮肤有侵害作用，被怀疑是致癌物，所以空气中的联氨蒸气不允许超过 1mg/L。

（2）联氨的化学性质。

1）联氨能在空气中燃烧，其蒸气量达 4.7％（按体积计）时，遇明火便发生爆炸；无水联氨的闪点为 52℃，85％的 $N_2H_4 \cdot H_2O$ 溶液的闪点可达 90℃；水合联氨的浓度低于 24％时，不会燃烧。

2）联氨水溶液呈弱碱性，因为它在水中会离解出 OH^-（$N_2H_4 + H_2O \Longrightarrow N_2H_3^+ + OH^-$），电离常数为 8.5×10^{-7}（25℃），它的碱性比氨的水溶液略弱。

3）联氨与酸可生成稳定的盐，它们在常温下都是结晶盐，熔点高，很安全，毒性比水合联氨小，运输、贮存、使用较为方便，也可用于锅炉中作为化学除氧剂。

4）联氨会热分解，其分解反应为

$$5N_2H_4 \longrightarrow 3N_2 + 4H_2 + 4NH_3$$

在没有催化剂的情况下，联氨的分解速度取决于温度和 pH 值。温度愈快，分解速度愈快；pH 值增大，分解速度降低。温度在 100℃ 以下时，分解速度很慢，但在 375℃ 以上时，分解速度大大加速。根据实践经验，高压锅炉加联氨处理时，其凝结水中基本无残留联氨。

5）联氨是还原剂，它不但可以和水中溶解氧直接反应，把氧还原（$N_2H_4 + O_2 \longrightarrow N_2 + 2H_2O$），并且还能将金属高价氧化物还原为低价氧化物，如将 Fe_2O_3 还原为 Fe_3O_4，将 CuO 还原为 Cu_2O，联氨的这些性质有助于在钢和铜的合金表面生成保护层，因而能减轻腐蚀和减少在锅炉内结铁垢和铜垢。

（3）影响联氨和氧反应的因素。

联氨和氧的直接反应 $N_2H_4 + O_2 \longrightarrow N_2 + 2H_2O$ 是个复杂的反应。为了使联氨和水中溶解氧的反应能进行得较快和较完全，要了解以下因素对反应速度的影响。

1）水的 pH 值。联氨在碱性水中才显强还原性，水的 pH 值在 9～11 之间时，反应速度最快，因而，若给水的 pH 值在 9 以上有利于联氨除氧的反应。

2）温度。温度愈高，联氨和氧的反应愈快。水温在 100℃ 以下时，反应很慢；水温高于 150℃ 时，反应很快。但是若溶解氧量在 10μg/L 以下时，实际上联氨和氧之间不再反应，即使提高温度也无明显效果。

3）催化剂。对苯二酚、对氮基苯酚等化合物能催化联氨和氧的反应，而且只须加入极微小的量。因而若在联胺溶液中加入少量这类物质，则能大大加快联氨的除氧作用，甚至在温度较低的情况下也是如此。

（4）给水加联氨除氧的工艺。

对于高压以上机组为了取得良好的除氧效果，给水联氨处理的合适条件应是：水温 150℃ 以上；水的 pH 值 9 以上；有适当的 N_2H_4 过剩量。实际电厂高压以上的火力发电机组，从高压除氧器流出的给水温度一般已经高于 150℃，给水 pH 值按运行规程中规定的参考值为 8.8～9.3，所以能满足联胺处理所需要的较佳条件。虽然在相同的温度和 pH 值条件下，N_2H_4 过剩量愈多除氧愈快，但在实际运行中联氨过剩量不宜过多。因为过剩量太大不仅多消耗药品使运行费用增加，而且可能使残留 N_2H_4 带入蒸气，另外联氨在高温高压下热分解产生过多的氨会增加凝汽器铜管的腐蚀。一般正常运行中控制省煤器入口处给水中联氨，过剩量为 20～50μg/L。联氨不仅与氧反应，还能与铁、铜氧化物反应，所以在锅炉启动阶段，由于水中的铁、铜氧化物较多，而且联氨还要消耗一部分在给水系统金属表面的氧化物上，因而应加大联氨的加药量，一般控制在 100μg/L，待到省煤器入口处给水有剩余联氨出现时，逐渐减少加药量，直到正常运行控制值。

联氨处理所用药剂一般为含 40% 联氨的水合联氨溶液，也可用更稀一些的。

（5）联氨加入部位。

联氨一般加在高压除氧器水箱出口的给水泵管中，通过给水泵的搅动，使药液和给水均匀混合。除氧器正常运行时，其出水的溶解氧含量已经很低，一般小于 10μg/L，温度又在 270℃ 以下，此时 N_2H_4 与溶解氧之间的反应很慢，所以实际上省煤器入口处给水中的溶解氧含量不会有明显降低。为了使联氨与氧作用时间长些，并且利用联氨的还原性减轻低压加热管的腐蚀，可以把联氨的加入点设置在凝结水泵的出口。

（6）药品。

不论是 N_2H_4、$N_2H_4 \cdot H_2O$，还是盐类，都具有还原性，但通常使用的处理剂是 40% $N_2H_4 \cdot H_2O$ 溶液。

（7）加药点。

联氨大都加在给水泵的低压侧，即除氧器出口管或凝结水混床出口管处。

给水加联氨系统如图 7-6 所示。

（8）加药量。

加药量以保证反应完成和辅助热力除氧的不足为宜。通常按省煤器入口给水中剩余的 N_2H_4 含量来控制，给水中过剩的 N_2H_4 控制在 20～50μg/L 范围内。

（9）加药方法。

1）将联氨溶液（40%）配成稀释液（0.1%），用加药泵送至加药点。

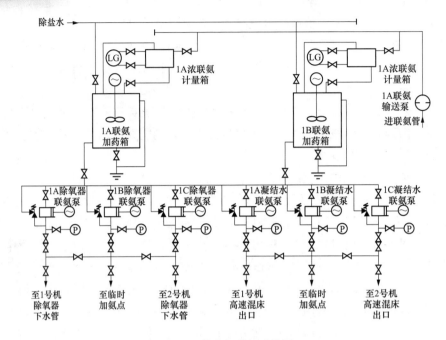

图 7-6　给水加联氨系统图

2）加药装置根据水汽取样装置的控制信号连续的对凝结水、给水进行加药，以减少热力系统的腐蚀，满足机组对水工况的要求。

（10）注意事项。

贮存：联氨浓溶液应当密封保存，大批的联氨应贮存在露天仓库或易燃物仓库。有联氨浓溶液的地方应严禁明火。

注意事项：搬运操作人员或分析联氨人员应戴橡皮手套和护目眼镜，严禁用嘴吸移液管。若药品溅入眼中，应立即用大量清水冲洗；若溅到皮肤上，可先用乙醇洗患处，然后用水冲洗，也可以用肥皂洗。

在操作联氨的地方应当通风良好，水源充足，以便当联氨溅到地上时用水冲洗。

3. 凝汽器真空除氧

凝汽器的除氧属于真空除氧。根据亨利定律：$p_g = Hx$（式中：H 为 Henry 常数，x 为气体摩尔分数溶解度，p_g 为气体的分压），平衡状态下，空气在气相中的分压与它在液相中的浓度成正比，Hx 值很大，也就是说，空气在水中的浓度远远小于在蒸汽中的浓度，蒸汽平衡凝结，必然有空气解析出来，解析出来的空气不断被抽气器抽走，维持凝结水面上的空气浓度，也就稳定了凝结水中的空气溶解量。这样，凝结水中的空气量较气象中低了很多，达到了除氧的目的。

第二节　炉　水　处　理

为了保证发电机组安全经济稳定运行，除了采用与其相适应的锅炉补给水、给水处理技术和完善的处理工艺外，还必须掌握锅炉内部水汽理化过程，理清发生热力设备腐蚀、结垢和污染蒸汽的实质，以便及时调整锅炉的水化学工况，使机组水汽质量满足或优于标准要求。

一、水垢和水渣

某些杂质进入锅炉后，在高温、高压和蒸发、浓缩的作用下，部分杂质会从炉水中析出固体物质并附着在受热面上，这种现象称之为结垢。这些在热力设备受热面水侧金属表面上生成的固态附着物称之为水垢。其他不在受热面上附着的析出物（悬浮物或沉积物）称之为水渣。水渣往往浮在汽包汽、水分界面上或沉积在锅炉下联箱底部，通常可以通过连续排污或定期排污排出锅炉。但是，如果排污不及时或排污量不足，有些水渣会随着炉水的循环，粘附在受热面上形成二次水垢。

1. 水垢的分类

水垢的化学组成比较复杂，通常由许多化合物混合而成，但往往又以某种成分为主。按水垢的主要化学成分可将水垢分为几类：

（1）钙镁水垢。

钙镁水垢中钙镁化合物的含量较高，大约占90%左右。此类水垢又可根据其主要化合物的不同成分分为碳酸盐水垢（主要为 $CaCO_3$）、硫酸钙水垢（$CaSO_4$、$CaSO_4 \cdot 2H_2O$）、硅酸钙水垢（$CaSiO_3$、$CaO \cdot 5SiO_2 \cdot H_2O$）和镁垢 $[Mg(OH)_2$、$Mg_3(PO_4)_2]$ 等。

（2）硅酸盐水垢。

硅酸盐水垢的化学成分大多是铝、铁的硅酸化合物，其化学结构复杂。此种水垢中的二氧化硅的含量为40%~50%，铁和铝的氧化物含量为25%~30%。此外，还有少量的钙、镁、钠的化合物。

（3）氧化铁垢。

氧化铁垢的主要成分是铁的氧化物，其颜色大多为灰色或黑色。目前，大型锅炉水冷壁垢的主要成分是氧化铁垢，其中 Fe_3O_4 占90%以上。

（4）铜垢。

当垢中金属铜的含量达到20%以上时，这种水垢称之为铜垢。铜垢往往会加速水冷壁管的腐蚀。

（5）磷酸盐垢。

当炉水采用协调磷酸盐-pH处理时，锅炉容易结磷酸盐垢，其主要化学成分磷酸亚铁钠 $[Na_4FeOH(PO_4)_2 \cdot \frac{1}{3}NaOH]$。通常会使炉管发生酸性磷酸盐腐蚀。

2. 水垢、水渣对锅炉的危害

（1）影响热传导。

水垢的导热性能很低，只有钢铁的几十分之一到几百分之一。水垢及其他物质的导热系数见表7-1。当锅炉水冷壁结垢后，将严重影响热量的正常传递，使锅炉热效率降低。更严重的是因传热不良，将导致炉管壁温升高，造成爆管事故。水冷壁管是用优质低碳钢制造的，管壁温度超过450℃时，其抗拉强度会急剧下降，管子会胀粗。炉管是否超温与热负荷、水在管内的流动状态和管内壁的结垢量有关。通常前两项是固定的，后一项随着锅炉运行时间而增长。以 220MW 机组为例，当锅炉热负荷为 464kW/m² ，炉水的温度为 330℃时，由图 7-7 可知洁净的炉管的壁温为 390℃，如果管内壁有 500g/m² 的沉积物时，金属的温度还要增加 80℃。在此情况下，管外壁的温度将升高到 470℃，这已经超过了 20 号碳钢的极限允许温度。所以，DL/T 794—2012《火力发电厂锅炉化学清洗导则》中规定，压力大于 12.7MPa 的锅炉，水冷壁达到 250～300g/m² 时就应对锅炉进行化学清洗。

表 7-1　　　　　　　　　　　　　　　　水垢等物质的导热系数

名　称	导热系数［W/(m・K)］
硫酸盐为主要成分的水垢	0.58～2.33
硅酸盐为主要成分的水垢	0.23～0.47
碳酸盐为主要成分的水垢	0.47～0.70
磷酸盐为主要成分的水垢	0.50～0.70
油脂为主要成分的水垢	0.058～0.12
四氧化三铁为主要成分的水垢	2.3～3.5
水冷壁用碳钢	47～58
铜	370～420
纯水	0.58～0.70

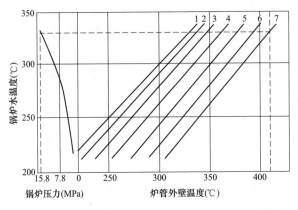

图 7-7　洁净蒸发管金属温度与热流密度和炉水温度的关系

(管壁厚度为 5mm；图中曲线为热流密度（W/m²）：图中 1 为 0，2 为 28×10^3，3 为 116×10^3，4 为 232×10^3，

5 为 348×10^3，6 为 464×10^3，7 为 580×10^3)

（2）引起垢下腐蚀。

由于沉积物的传热性很差，使得沉积物下的金属壁温升高，因而渗透到沉积物下面的炉水就会发生剧烈的蒸发浓缩。由于沉积物的阻碍，浓缩的炉水不易与炉管中部的炉水混均，其结果是沉积物下的炉水中的各种杂质深度浓缩，其浓缩液往往有很强的腐蚀性，导致炉管腐蚀甚至爆管。

（3）影响炉水循环。

如果炉水中的水渣过多，也会堵塞炉管，影响炉水循环。一般地，这种现象只发生在中压以下的锅炉。严重时，炉管堵死，并引起爆管。

（4）增加煤耗。

锅炉结垢后燃煤发出的热量不能很好地传递给炉水，造成排烟温度升高，增加了排烟热损失。当水冷壁结垢量达到 $300\sim400g/m^2$，通常每发 $1kW\cdot h$ 的电量就增加耗煤 $1\sim2g$。

（5）降低锅炉的使用寿命。

水冷壁因结垢而引起高温蠕变，发生胀粗或减薄现象，或结垢后因酸洗减薄而影响使用寿命。

二、水垢形成的原因及其防止方法

1. 钙、镁水垢形成的原因及其防止方法

（1）形成原因。

锅炉补给水中钙镁含量过高，随着水温的提高以及在蒸发、浓缩过程中，钙、镁盐的离子浓度乘积超过其溶度积而结垢。以软化水为补给水的锅炉容易发生此类问题。之所以超过溶度积有以下原因：

1）随着水温的升高，某些钙、镁盐类在水中的溶解度下降。几种钙、镁水垢在水中的溶解度与温度的关系如图 7-8 所示。

2）在加热蒸发过程中，水中的盐类逐渐被浓缩。

3）在加热蒸发过程中，水中的某些钙镁盐类发生了化学反应，从易溶于水的物质变成了难溶的物质而析出。例如，在水中重碳酸钙和重碳酸镁发生热分解反应：

$$Ca(HCO_3)_2 \longrightarrow CaCO_3\downarrow + H_2O + CO_2\uparrow$$
$$Mg(HCO_3)_2 \longrightarrow MgCO_3\downarrow + H_2O + CO_2\uparrow$$
$$MgCO_3 + H_2O \longrightarrow Mg(OH)_2 + CO_2\uparrow$$

水中析出的盐类物质，可能成为水垢，也可能成为水渣，这不仅决定于它的化学成分和结晶状态，还与析出时的条件有关。

（2）结垢部位。

加热器、省煤器以及凝汽器管等部位易形成碳酸钙水垢。锅炉水冷壁、蒸发器等热负荷较高的部位容易形成硫酸钙垢和硅酸钙水垢。

（3）防止方法。

为了防止锅炉受热面上结钙、镁水垢，一是要尽量降低给水的硬度，二是应采取适当的炉水处理。这要从以下几方面着手：

1）降低补给水的硬度，例如由软化水改为除盐水。

2）防止凝汽器泄漏。冷却水漏入到凝结水中，往往是锅内产生钙、镁水垢的主要原因，所以当凝结水发现有硬度时应及时查漏并及时处理。

3）对热电厂应连续监测生产返回水，对硬度超标的水不允许直接进入锅炉。

4）采用磷酸盐处理。一般凝汽器在正常情况下也会有微量的渗漏，容量在 200MW及以下机组一般不对凝结水进行处理。尽管补给水大多为二级除盐水，但有时给水中还是有微量的硬度。由于锅炉的蒸发强度大，给水中杂质通常要浓缩几百倍，使炉水中的钙镁离子浓度增至很大，可能会形成水垢。这时炉水应采用磷酸盐处理，使形成磷酸盐形式的钙镁水渣，并随锅炉排污排出。

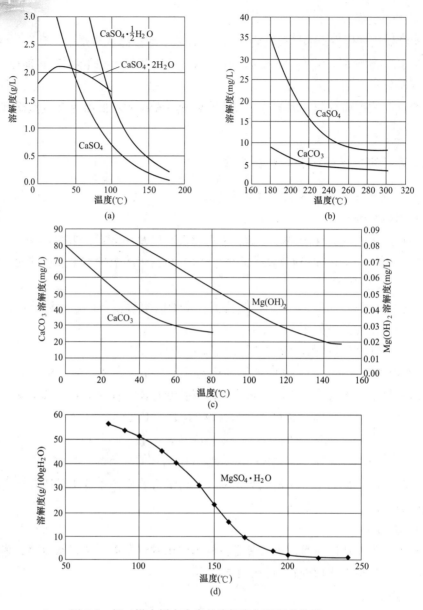

图 7-8　钙、镁水垢在水中的溶解度与温度的关系

2. 硅酸盐水垢形成的原因及其防止方法

（1）形成原因。

主要是给水中的铁、铝和硅的化合物含量较高，在热负荷较高的炉管内容易形成以硅酸盐主的水垢。例如，以地下水为水源的发电厂，往往地下水不经任何预处理就进入离子交换器，或者以地表水为水源的发电厂在预处理过程中操作不当，或者凝汽器发生泄漏而又没有凝结水精处理设备等都会使给水中含有一些极微小的黏土，其中含有硅、铝等化合物，它们进入锅炉后就会形成硅酸盐水垢。这种水垢在中压等级以下的锅炉容易发生。

关于硅酸盐水垢的形成机理，可能是在水中析出的一些黏土类的杂质在高热负荷的作用下与水冷壁表面上的氧化铁相互作用生成复杂的硅酸盐化合物。

$$Na_2SiO_3 + Fe_3O_4 \longrightarrow Na_2Fe_3O_4 \cdot SiO_2$$

经过 X 射线衍射分析硅酸盐水垢，证实了确实有 $Na_2Fe_3O_4 \cdot SiO_2$ 这种水垢的成分，而且含量有时高达 70% 以上。

（2）结垢部位。

热负荷较高或水循环不良的炉管容易形成硅酸钙水垢，往往向火侧的结垢比背火侧严重得多。

（3）防止方法。

为了防止硅酸盐水垢，应尽量降低给水中硅化合物、铝化合物和其他金属氧化物的含量。在平时对水质监测时，往往只监测给水中的可溶性硅。虽然从检测结果看，硅的含量不高，给人以误导，认为锅炉不会结硅垢，但实际上水中的全硅含量很高，锅炉已经有结硅垢的危险。由于检测全硅需要用氢氟酸转换法，考虑到分析操作人员的安全及环保问题，所以，不宜每天进行检测，但至少每个季度应对热力系统的水质进行一次全硅分析。另外，如果凝汽器发生泄漏，由于冷却水中含有大量的胶体硅，即使有凝结水精处理设备也无法全部除去。所以加强凝汽器的维护与管理以防止发生泄漏，是防止结硅酸盐垢的重要方法之一。

3. 氧化铁垢形成原因及其防止方法

（1）形成原因。

1）主要是炉水含铁量大和炉管的局部热负荷太高，水中的氧化铁沉积在管壁上形成氧化铁垢。炉水含铁量大的原因有：锅炉运行时，炉管遭到高温炉水腐蚀，或随给水带入的氧化铁，或在锅炉停用时产生的腐蚀产物，它们都会附着在热负荷较高的炉管上，转化为氧化铁垢。其转换机理为，炉水中铁的化合物主要是胶态的氧化铁。通常胶态的氧化铁带正电。当锅炉管局部热负荷很高时，该部位的金属表面与其他各部分金属之间，就会产生电位差。在热负荷较高的区域，金属表面因电子集中而带负电。这样带正电的氧化铁微粒就向带负电的金属表面聚集，结果便形成氧化铁垢。颗粒较大的氧化铁，在锅炉水急剧蒸发浓缩的过程中，在水中电解质含量较大和 pH 值较高的条件下，它也会逐渐从水中析出并沉积在炉管内壁上，成为氧化铁垢。

氧化铁垢的颜色与给水中的溶解氧含量关系较大。一般容量小的锅炉，给水除氧效果较差，这样炉水中就有一定量的溶解氧，氧化铁垢往往呈暗红色。大容量、高参数的锅炉，氧化铁垢一般呈灰色或黑色。实施给水加氧处理的锅炉，水冷壁氧化铁垢呈暗红色。

上述说法可以解释以下现象：

a. 高参数锅炉水冷壁内表面容易生成氧化铁垢。通常锅炉的参数越高，容量越大，锅炉的热负荷也就越大；另一方面，高参数锅炉炉水的温度较高，而铁的氧化物在水中的溶解度随着温度的升高而降低。结果使炉水中有更多的铁是以固态微粒存在而不以溶解状态存在，所以就比较容易形成氧化铁垢。

b. 分段蒸发锅炉的盐段炉管内氧化铁垢比净段严重。这主要是因为盐段炉水的含铁量高于净段炉水。研究证明，当炉管的局部热负荷达到 $125.6 \times 10^4 \, kJ/(m^2 \cdot h)$ 时，炉水含铁量达到 $100 \mu g/L$，就会产生氧化铁垢。

由此可知，形成氧化铁的主要原因是锅炉水含铁量和锅炉的热负荷都太高。锅炉水中

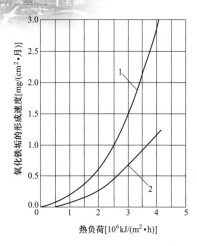

图 7-9　氧化铁垢的形成速度与热负荷的关系
1—给水含铁量 $50\mu g/L$；2—给水含铁量 $20\mu g/L$

的含铁量主要决定于给水的含铁量，炉管腐蚀对炉水含铁量的影响往往较小。氧化铁的形成速度与热负荷和给水含铁量的关系如图 7-9 所示。从图 7-9 中可以看出，热负荷越高、给水的含铁量越高，氧化铁的结垢速度就越快。

2）炉管上的金属发生腐蚀转化为氧化铁垢。在锅炉运行时，如果炉管内发生碱性腐蚀或汽、水腐蚀，其腐蚀产物附着在管壁上就形成氧化铁垢；在锅炉制造、安装或停用时，如果保护不当，发生大气腐蚀，在炉管内会生成氧化铁等腐蚀产物，这些腐蚀产物有的附着在管壁上，锅炉启动、运行后也会转化为氧化铁垢。

（2）结垢部位。

锅炉热负荷较高的部位（如喷燃器附近）或水循环不良的炉管容易形成氧化铁垢。一般地，高参数大容量的锅炉内容易形成氧化铁垢。

（3）防止方法。

1）减少给水、炉水的含铁量。除了对炉水进行适当的排污外，主要是防止给水系统发生运行腐蚀和停用腐蚀，以减少给水的含铁量。

为了减少锅炉在运行期间的腐蚀，防止过量的腐蚀产物随给水进入锅炉，除了要严格控制进入给水中的各类杂质外，还必须对给水进行适当地处理。例如，对给水采用给水加氧处理（OT）或弱氧化性全挥发处理［AVT(O)］，其给水中的含铁量要比传统的加氨和联氨除氧工况的还原性全挥发处理［AVT(R)］低得多。

2）减少组成给水的各部分水中的含铁量。除了对补给水、凝结水进行把关外，还应重点监控疏水和生产返回凝结水。在火电厂中，高加疏水系统在缺氧的环境下，往往因疏水流速过高发生流动加速腐蚀（FAC）。疏水流速过高是因为蒸汽在尚未完全凝结成水时，初期汽中有水，后期水中有汽造成的。低加疏水系统，往往因为漏入空气，使疏水的铁含量增高。对于热电厂，还应对用户返回的凝结水进行质量把关，不合格的返回水不能直接进入锅炉。

3）若凝汽式电厂中分段蒸发锅炉的排污率小于1％时，则常常会因盐段炉水的浓缩倍率过大，导致含铁量增高，以致在盐段炉管内生成氧化铁垢。为了防止在锅炉盐段产生氧化铁垢，可采取降低盐段与净段的浓缩倍率的措施，或者用增大排污率的临时性措施，来控制盐段炉水的含铁量。

4）对于中小锅炉，还可以向炉水中加络合剂，使铁的氧化物变成稳定的络合物，以减缓或防止氧化铁垢的生成。

4. 铜垢形成原因及其防止方法

（1）形成原因。

在热力系统中，铜合金设备遭到氨和氧的共同腐蚀或单独腐蚀后，铜的腐蚀产物随给水进入锅炉。在沸腾的碱性炉水中，部分铜的腐蚀产物是以络合物的形式存在的。这些络合和铜离子形成电离平衡。所以，水中的铜离子的实际浓度与这些铜的络合物的稳定性有关。在高热负荷部位，炉水中的部分铜的络合物被破坏变成铜离子，使炉水的铜离子含量升高；另一方面，由于高温热负荷的作用，炉管中的高热负荷部位的金属保护膜被破坏，使高热负荷部位的金属表面与其他部分的金属产生电位差，局部热负荷越大时这种电位差也就越大。结果铜离子就在带电荷多的局部热负荷高的区域获得电子而析出金属铜 $(Cu^{2+}+2e\longrightarrow Cu)$；与此同时，在面积很大的邻近区域进行着释放电子的过程 $(Fe\longrightarrow Fe^{2+}+2e)$，所以铜垢总是在局部热负荷高的管壁上发生。开始析出的金属铜呈一个个多孔的小丘，小丘的直径为 0.1～0.8mm，随着许多小丘逐渐连成整片，形成多孔的海绵状的沉淀层。炉水冲灌到这些小孔中，由于热负荷很高，孔中的炉水很快就被蒸干而将水中的氧化铁、磷酸钙、硅化合物等杂质留下，这一过程直到小孔填满为止。杂质填充的结果就使垢层中的铜的百分含量比铜垢刚形成且未填充杂质时低。铜垢有很好的导电性，不妨碍上述过程的继续进行，所以在已经生成的垢层中又按同样的过程生成新的铜垢层，结垢过程便这样继续进行下去。所以在水垢的表层，含铜量可达到 70％～90％，越靠近金属表面，垢层的含铜量就越低，一般只有 7％～20％，甚至更低。某电厂 2 号锅炉水冷壁垢的成分分析结果见表 7-2。

表 7-2　　　　　　　　　　某电厂 2 号锅炉水冷壁垢的成分分析结果

取样部位	元素成分（％）									主要物质
	Si	P	Ca	Cr	Mn	Fe	Cu	Zn	Al	
水冷壁背火侧垢样	0.8	2.3	5.1	0.4	0.5	53.6	10.1	26.3	0.9	$MeFe_2O_4$、Cu_2O、单质 Cu,
水冷壁向火侧垢样	0.3	0.5	0.3	0.5	0.6	20.9	27.3	49.6	—	$Ca_5(PO_4)_3(OH)$

注　元素分析采用能谱法，分析结果不包括 Na 以下的元素。物相分析采用 X 射线衍射法，不能检测非晶体物质。

（2）结垢部位。

在局部热负荷很高的炉管内，容易结铜垢。高负荷区比低负荷区严重，向火侧比背火侧严重。

（3）防止铜垢的方法。

为了防止在锅炉内生成铜垢，在锅炉运行方面，应尽可能避免炉管局部热负荷过高；在水质方面，应尽量降低炉水的含铜量。降低炉水的含铜量有以下方法：

1）加强锅炉的排污，这会伴随热量损失和水损失。

2）向炉水中加络合剂，使炉水的铜离子形成稳定的络合物，从而使铜离子不发生沉积。

3）减少给水的铜含量，应从防止凝结水系统和给水系统含铜设备的腐蚀着手。对于凝结水系统，如凝汽器管采用耐氨腐蚀的管材或空抽区采用镍铜合金的管材。有条件时应对凝结水进行精处理。对于给水系统，如果含有铜合金材料，应采用给水还原性全挥发处理［AVT（R）］方式，使铜的腐蚀量最小。

三、防止产生水垢的方法

1. 减少进入给水中杂质的含量

制备高纯度的补给水，彻底除去水中的各种容易结垢的杂质，例如利用软化或除盐系统彻底除去钙镁离子，利用阴离子交换法彻底除去水中的 SiO_3^{2-}、SO_4^{2-} 等容易形成水垢的阴离子。总之，根据机组参数，制备出符合补给水要求的水质。

防止凝汽器管发生腐蚀泄漏，并及时的查漏堵漏。300MW 及以上的机组，大都配备凝结水精处理设备，以防止因凝汽器管泄漏，冷却水直接进入锅炉而产生腐蚀和结垢。

对于生产返回的凝结水、疏水必须严格控制，必要时也要进行相应软化或除盐处理，有时还要进行除油、除铁处理。

2. 防止水、汽系统发生腐蚀，尽量减少给水的铜、铁含量

高压给水系统采用除氧、加氨水的方法防止铁腐蚀；低压给水系统如果加热器含铜合金时，加联氨和氨水的方法防止铜腐蚀，不含铜合金时也可以不加联氨，但必须加氨水调节 pH 值。凝汽器管为铜管时，空抽区选用镍铜管防止氨腐蚀。此外，在机组启动过程中，要加强水、汽质量监督，对不合格的水质要及时排放或换水。

3. 采用适当的炉水处理方法

目前炉水的处理方式有三种，即磷酸盐处理、氢氧化钠处理和全挥发处理。

（1）磷酸盐处理：为了防止炉内生成钙、镁水垢和减少水冷壁管腐蚀，向炉水中加入适量磷酸三钠的处理，英文为 phosphate treatment，简称 PT。

（2）氢氧化钠处理：为了减缓水冷壁管腐蚀，向炉水中加入适量氢氧化钠的处理，英文为 caustic treatment，简称 CT。

（3）全挥发处理：锅炉给水加氨和联氨或只加氨，炉水不再加任何药剂的处理，英文为 all-volatile treatment，简称 AVT。

目前在全世界范围内约有 65% 的汽包锅炉采用磷酸盐处理（PT），约有 10%～15% 采用氢氧化钠处理（CT），约有 20%～25% 采用全挥发处理（AVT）。在我国约有 98% 的汽包锅炉采用磷酸盐处理（PT），不足 1% 采用氢氧化钠处理（CT），不足 1% 采用全挥发处理（AVT）。

四、磷酸盐处理

为了防止在汽包锅炉中产生钙垢，除了保证给水水质外，通常还需要在锅炉水中投加某些药品，使随给水进入锅内的钙离子在锅炉内不生成水垢，形成水渣随锅炉排污排除。在发电厂的锅炉中，最宜用作锅内加药处理的药品是磷酸盐。这种向锅炉水中投加磷酸盐的处理方法，简称为磷酸盐处理。

磷酸盐处理始于 20 世纪 20 年代，至今已应用发展了 90 多年。起初，机组容量较小，锅炉补给水为软化水，汽包内还分盐段与净段，那时磷酸盐处理应用起来比较省事、简单。近几十年来，锅炉补给水由软化水改为除盐水，水质很纯；随着电力工业不断发展，机组参数增长较快。为适应水质变化和大机组发展需要，经过试验研究与不断实践，磷酸盐处理得到了很大发展，人们对磷酸盐处理的特点、处理工艺存在的问题有了更深刻的认识，并研究出了具体对策及参数控制要求，关键是合理应用。因此，时至今日，磷酸盐处理仍然是汽包锅炉主要的炉内化学处理工艺。因为磷酸盐处理不仅为炉水提供适当的碱性，还对炉水中酸或碱的污染具有较强的缓冲能力，即增强了炉水的抗污染能力，尤其是当遇到偶然的凝汽器泄漏和机组启动时的给水污染时，磷酸盐处理的适应能力强得多；另

外，炉水中存在磷酸盐，由于共沉积作用，可以减少饱和蒸汽对氯化物和硫酸盐等离子的携带，从而减缓汽轮机的酸腐蚀。

（一）磷酸盐处理的作用

虽然锅炉补给水一般都经过比较完善的水处理，但给水中仍然会带入各种微量杂质，有些杂质经过浓缩后使炉管内产生腐蚀和结垢。采用磷酸盐处理可起到以下作用：

（1）可消除炉水中的硬度。

在碱性炉水条件下，一定量的磷酸根（PO_4^{3-}）与钙、镁离子形成松软的水渣，易随锅炉排污排除，其反应如下：

$$10Ca^{2+} + 6PO_4^{3-} + 2OH^- \longrightarrow Ca_{10}(OH)_2(PO_4)_6 \downarrow$$

$$3Mg^{2+} + 2SiO_3^{2-} + 2OH^- + H_2O \longrightarrow 3MgO \cdot 2SiO_2 \cdot 2H_2O \downarrow$$

（2）提高水的缓冲能力。

对炉水进行磷酸盐处理可维持炉水的 pH 值，提高炉水的缓冲能力，即提高炉水对杂质的抗干扰能力。当凝汽器泄漏而又没有凝结水精处理时，或有精处理设备但运行不正常时，或补给水中含有机物时，都可能引起炉水的 pH 值下降。这时采用磷酸盐处理的炉水的缓冲能力要比其他处理方式强。

（3）减缓水冷壁的结垢速率。

在三种炉水处理方式中，采用炉水磷酸盐处理，锅炉的结垢速率要低些。在国内，炉水氢氧化钠处理起步较晚，运行经验较少。根据我国仅有的十几台采用全挥发处理的锅炉的实际运行情况，即使给水水质很好，锅炉的结垢速率仍然较高，运行 4~6 年就需要进行化学清洗，而采用磷酸盐处理的同类型锅炉化学清洗周期一般在 6 年以上。

（4）改善蒸汽品质、改善汽轮机沉积物的化学性质和减缓汽轮机腐蚀。

与全挥发处理相比，进行磷酸盐处理时炉水的 pH 值要高些，而炉水 pH 值会影响炉水中的硅化合物的形态，SiO_2 与硅酸盐的水解平衡如下：

$$SiO_3^{2-} + H_2O \longrightarrow HSiO_3^- + OH^-$$

$$HSiO_3^- + H_2O \longrightarrow H_2SiO_3 + OH^-$$

$$H_2SiO_3 \longrightarrow SiO_2 + H_2O$$

从以上水解平衡式可以看出，提高炉水的 pH 值，即 OH^- 浓度增加，平衡向生成硅酸盐的方向移动，使炉水中 SiO_2 浓度减少。对于高压及以上的锅炉，蒸汽溶解携带 SiO_2 的能力较强而溶解携带 SiO_3^{2-} 和 $HSiO_3^-$ 的能力很弱，提高炉水的 pH 值后部分 SiO_2 转换成 $HSiO_3^-$ 或 SiO_3^{2-}，所以采用磷酸盐处理时炉水的允许含硅量要相对高些。

另外，相对全挥发处理而言，采用磷酸盐处理时给水的加氨量可少些，这会减轻有铜机组的氨腐蚀，减轻汽轮机铜垢的沉积。

（二）易溶盐"暂时消失"现象

有的汽包锅炉，在运行时会出现一种水质异常的现象，即当锅炉负荷增高时，锅炉水中某些易溶钠盐（Na_2SO_4、Na_2SiO_3 和 Na_3PO_4）的浓度明显降低；当锅炉负荷减少或停炉时，这些钠盐的浓度重新增高，这种现象称为盐类"隐藏"现象，也称为盐类暂时消失现象。

这种现象的实质是：在锅炉负荷增高时，锅炉水中某些易溶钠盐有一部分从水中析出，沉积在炉管管壁上，结果使它们在锅炉水中的浓度降低；在锅炉负荷减少时或停炉时，沉积在炉管管壁上的钠盐又被溶解下来，使它们在锅炉水中的浓度重新增高。由此可知，出现盐类"隐藏"现象时，在某些炉管管壁上必然有易溶盐的附着物形成。

1. 发生的原因

发生盐类"隐藏"现象的原因，认为与下列情况有关：

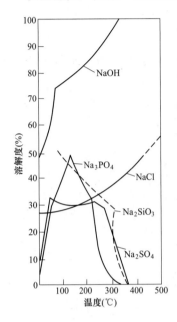

图 7-10　钠化合物在水中溶解度与温度的关系

（1）与易溶盐的特性有关。在高温水中，某些钠化合物在水中的溶解度随水温升高而下降。从钠化合物在水中溶解度与温度关系图 7-10 中可看出，Na_2SO_4、Na_2SiO_3 和 Na_3PO_4 在水中的溶解度先随水温升高而增大，当温度达到某一数值继续升高时，其溶解度下降。这种变化以 Na_3PO_4 最为明显，尤其是当水温超过 200℃ 以后，它的溶解度随着水温升高急剧下降，在高温水中 Na_3PO_4 的溶解度很小。

在中压及中压以上参数的锅炉中，锅炉水的温度都很高，由于上述几种钠化合物在高温水中的溶解度较小，如果炉管内发生锅炉水的局部蒸发浓缩，它们就容易在此局部区域达到饱和浓度。

上述几种钠盐的饱和溶液的沸点较低，当炉管局部过热其内壁温度较高时，这些钠盐的水溶液能完全蒸干而形成固态附着物。研究得知，Na_2SO_4、Na_2SiO_3 或 Na_3PO_4 单独形成溶液时，饱和溶液的沸点比纯水的沸点稍高，但两者温差不太大。对于 Na_2SO_4，在 $p=9.8MPa$ 时，其饱和溶液的沸点只比纯水沸点高 10℃（在其他压力下，这种温差也大约在 10℃ 左右的范围内）；对于 Na_3PO_4，这种温差还要小些。当水溶液中除了某种钠盐外还有其他钠盐时，这种温差比该钠盐单独存在时要稍高一点，但仍然不大。如果炉管内壁的温度高于纯水沸点的数值超过了上述温差，就会有钠盐析出并附着在管壁上，其中以 Na_3PO_4 最容易形成这种附着物。

（2）与炉管的热负荷有关。炉管的热负荷不同时，炉管内水的沸腾和流动工况也不同。在锅炉出力增大和减小两种情况下，炉管的热负荷有很大不同，现将这两种情况分述如下：

1）锅炉出力增大。当锅炉出力增大时，由于炉膛内热负荷增加，上升管内的炉水容易发生不正常的沸腾工况（膜态沸腾）和流动工况（汽水分层、自由水面和循环倒流等）。这些异常工况都会造成炉管的局部过热，结果使管内锅炉水发生局部蒸发浓缩，导致某些易溶盐析出附着在管壁上。

2）锅炉出力减小或停炉。当锅炉出力减小或停炉时，炉膛内热负荷降低，炉管内恢复汽泡状沸腾的工况。在这种工况下，沸腾产生的汽泡靠浮力和水流冲力离开管壁；与此同时，周围的水流近管壁，使管壁得到及时冷却。这样，不仅使管壁不再出现局部过热，而且由于管壁受到锅炉水的冲刷，原来析出并附着在此管壁上的易溶钠盐可重新溶于锅炉水中。此外，当出力减小或停炉时，由于炉膛内热负荷不均匀性减小或消除，炉水流动工况不正常的上升管也会恢复正常的工况，此管壁上的易溶盐也会重新溶于水中。

（3）与炉管上的沉积物有关。在同样的磷酸盐含量下，遇负荷波动时，有的锅炉发生暂时消失现象，有的则不发生。究其原因，炉管上有沉积物是一个因素。

2. 磷酸盐隐藏的危害及防止方法

磷酸盐在炉管上生成的易溶盐的附着物，其危害性与水垢相似，有以下几种：

（1）能与炉管上的其他沉积物，如金属的腐蚀产物、硅化合物等发生反应，生成难溶的水垢。

（2）因其传热不良，在某些情况下也可能直接导致炉管金属严重超温，甚至爆管。

（3）能引起沉积物下的金属腐蚀。最新研究表明，在高热负荷的炉管上，会生成 $Na_4Fe^{3+}OH(PO_4)_2 \cdot \frac{1}{3}NaOH(s)$ 的固相物，具有酸性腐蚀的特征；在热负荷降低时，由于 $Na_4Fe^{3+}OH(PO_4)_2 \cdot \frac{1}{3}NaOH(s)$ 的再溶解过程中在垢下直接产生游离的 NaOH，使金属发生碱性腐蚀。通常运行时只监测炉水的 pH 值或碱度，这种腐蚀往往觉察不到，实际上在发生磷酸盐隐藏的炉管上已经发生了严重的腐蚀。

防止磷酸盐的隐藏现象有以下方法：

（1）改变炉水的钠磷摩尔比。通常是将钠磷摩尔比提高到 $3.0 \sim 4.0$，使炉水中的 HPO_4^{2-} 的浓度降低到零。

（2）改善锅炉的运行工况。可从以下面方面入手：

1）改善燃烧工况，使炉膛内各部分的炉管受热均匀；防止炉膛结渣，避免局部热负荷过高。一般地，如果靠近水冷壁的火焰温度达到 1300℃ 以上，就容易发生磷酸盐的隐藏现象，超过 1400℃ 时肯定会发生磷酸盐隐藏现象。

2）改善锅炉水的流动工况，以保证水循环正常进行。例如，对于亚临界的锅炉，由于汽、水重力差小，自然循环的锅炉难以保证整个炉膛的水冷壁的水循环都能正常进行，设计时考虑采用强制循环。另外设计时还应尽量避免水平蒸发管，防止水流不畅，发生汽塞。

由于直流锅炉中所有的给水一次性全部加热为蒸汽，给水的水质与蒸汽的质量相当，不存在炉水浓缩现象，所以直流锅炉不进行炉水处理。所谓的炉水处理是指对汽包锅炉的炉水进行处理。虽然对锅炉给水的水质进行了严格地质量控制，但是给水中微量溶解盐类、悬浮物、胶体以及溶解气体等各种杂质进入锅炉后，经高温、高压蒸发，炉水不断浓缩。对于电站锅炉，炉水中的某些杂质浓度可达到给水的 $50 \sim 300$ 倍。如果不对炉水进行处理，必然会使锅炉发生腐蚀、结垢和汽水共腾等故障。不仅降低了炉管的传热效果，增加了燃料消耗，导致热效率下降，而且还会使锅炉的使用寿命缩短，甚至发生爆管，威胁锅炉的安全运行。

为了防止因锅炉水质引起的故障，确保锅炉安全运行，提高锅炉的运行效率，除了应提高给水水质，尽量减少杂质和腐蚀产物进入锅炉外，还需要采取各种方法对炉水进行处理。加强锅炉排污，补充大量的新鲜水是最简单的方法之一。但是，这不但损失了大量的水，也浪费了热能。所谓的炉水处理是指向炉水中加入适当的化学药品，使炉水在蒸发过程中不发生结垢现象，并能减缓炉水对炉管的腐蚀，在保证锅炉安全运行的前提下尽量降低锅炉的排污率，以保证锅炉运行的经济性。因此，不管是从保证锅炉安全运行的角度，还是从提高锅炉的热效率与节水、节能等方面考虑，都应对炉水进行必要的处理。

汽包锅炉炉水采用磷酸盐处理之所以应用广泛，就是因为这种方法能将钙镁杂质生成水渣，通过锅炉连续排污排出炉外，能有效地防止锅炉结钙镁水垢。但是要注意磷酸盐过量或使用不当，容易发生隐藏现象并生成磷酸盐铁垢。

（三）传统磷酸盐处理（PT）

1. 原理

磷酸盐防垢处理就是用加磷酸盐溶液的办法，使锅炉水中经常维持一定含量的磷酸根（PO_4^{3-}）。由于锅炉水处在沸腾条件下，而且它的碱性较强（锅炉水的 pH 值一般在 $9\sim10$ 的范围内），因此，炉水中的钙离子与磷酸根会发生下列反应：

$$10Ca^{2+} + 6PO_4^{3-} + 2OH^- \longrightarrow Ca_{10}(OH)_2(PO_4)_6$$
$$（碱式磷酸钙）$$

生成的碱式磷酸钙是一种松软的水渣，易随锅炉排污排除，且不会粘附在锅内转变成水垢。

因为碱式磷酸钙是一种非常难溶的化合物，它的溶度积很小，所以当锅炉水中保持有一定量的过剩 PO_4^{3-} 时，可以使锅炉水中钙离子（Ca^{2+}）的含量非常小，以至在锅炉水中它的浓度与 SO_4^{2-} 浓度或 SiO_3^{2-} 浓度的乘积不会达到 $CaSO_4$ 或 $CaSiO_3$ 的溶度积，这样锅内就不会有钙垢形成。

采用磷酸盐对锅炉水进行处理时，常用的药品为磷酸三钠（$Na_3PO_4 \cdot 12H_2O$）。对于以钠离子交换水作补给水的热电厂，有时因为补给水率大，锅炉水碱度很高。为了降低锅炉水的碱度，可采用磷酸氢二钠（Na_2HPO_4）进行处理。此时，可以消除一部分游离 NaOH，其反应式如下：

$$NaOH + Na_2HPO_4 \longrightarrow Na_3PO_4 + H_2O$$

2. 锅炉水中的磷酸根含量标准

根据以上叙述可知，为了达到防止在锅炉中产生钙垢的目的，在锅炉水中要维持足够的 PO_4^{3-} 含量。这个含量和炉水中的 SO_4^{2-}、SiO_3^{2-} 含量有关，从理论上来讲是可以根据溶度积推算的，但是实际上因为没有得出钙化合物在高温锅炉水中溶度积的数据，而且锅内生成水渣的实际反应过程也很复杂，所以锅炉水中 PO_4^{3-} 含量究竟应维持多大合适，还估算不出，主要凭实践经验来定。根据锅炉的长期运行实践，为了保证锅炉磷酸盐处理的防垢效果，锅炉水中应维持的 PO_4^{3-} 含量见表 7-3。

表 7-3　　　　　　　　　　锅炉水中应维持的 PO_4^{3-} 含量

锅炉主蒸汽额定压力（MPa）	磷酸根（mg/L）		
	不分段蒸发	分段蒸发	
		净段	盐段
$3.8\sim5.8$	$5\sim15$	$5\sim12$	$\leqslant75$
$5.9\sim12.6$	$2\sim10$	$2\sim10$	$\leqslant50$
$12.7\sim15.6$	$2\sim3$	$2\sim8$	$\leqslant40$
$15.7\sim18.6$	$\leqslant1$	—	—

对于工作压力为 $5.9\sim15.6\mathrm{MPa}$ 的锅炉，如果凝汽器泄漏频繁，给水硬度经常波动，那么 PO_4^{3-} 含量应控制得高一些，可按表 7-4 中锅炉工作压力低一档次的标准进行控制。

锅炉水中的 PO_4^{3-} 不应太多，太多了不仅随排污水排出的药量会增多，使药品的消耗增加，而且还会引起下述不良后果：

1）增加锅炉水的含盐量，影响蒸汽品质。

2）有生成 $Mg_3(PO_4)_2$ 的可能。我们知道，随给水进入锅内的 Mg^{2+} 量常常是较少的，在沸腾着的碱性锅炉水中，它会和随给水带入的 SiO_3^{2-} 发生下述反应：

$$3Mg^{2+} + 2SiO_3^{2-} + 2OH^- + H_2O \longrightarrow 3MgO \cdot 2SiO_2 \cdot 2H_2O \downarrow (蛇纹石)$$

此反应生成的蛇纹石呈水渣形态，虽然易随锅炉水的排污排除，但是当锅炉水中 PO_4^{3-} 过多时，有可能生成 $Mg_3(PO_4)_2$ 和 $Fe_3(PO_4)_2$。$Mg_3(PO_4)_2$ 和 $Fe_3(PO_4)_2$ 在高温水中的溶解度非常小，能粘附在炉管内形成二次水垢。这种二次水垢是一种导热性很差的松软水垢。

3）容易在高压、超高压及以上压力锅炉中发生磷酸盐的"隐藏"现象。发生这种现象时，在热负荷很大的炉管内有磷酸氢盐的附着物生成。对于高压分段蒸发锅炉，当盐段锅炉水中 PO_4^{3-} 含量超过 $100\mathrm{mg/L}$ 时，更容易发生这种现象。

3. 加药方式

磷酸盐溶液一般是在发电厂的炉内加药间配制的，其制配系统如图 7-11 所示。在药品溶解箱中用补给水将固体磷酸盐溶解成浓磷酸盐溶液（此溶液中磷酸盐的质量分数一般可为 $5\%\sim8\%$），然后用泵将此溶液通过机械过滤器送至磷酸盐溶液贮存箱内。过滤是为了除掉磷酸盐溶液中悬浮的杂质，以保证溶液的纯净和减轻加药设备的磨损。

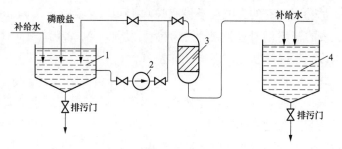

图 7-11　磷酸盐溶液制备系统
1—磷酸盐溶解箱；2—泵；3—过滤器；4—磷酸盐溶液贮存箱

磷酸盐溶液加入锅内的方式是将磷酸盐溶液直接加在汽包内的锅炉水中，这种加药方式是用高压力、小容量的活塞泵（泵的出口压力略高于锅炉汽包压力），连续地将磷酸盐溶液加至汽包内的锅炉水中。加药系统如图 7-12 所示。

加药时，先在溶液贮存箱中将来自过滤器的浓 Na_3PO_4 溶液用补给水稀释。稀释后溶液的磷酸盐质量分数，视加药泵的容量和应加入锅内的药量而定，一般为 $1\%\sim5\%$，然后将此稀溶液引入计量箱内，再用加药泵加至锅炉汽包内。加药系统中应设有备用加药泵，两台同参数的锅炉可共用三台加药泵，其中一台作备用。汽包水室中设有磷酸盐加药管，为使药液沿汽包全长均匀分配，加药管应沿着汽包长度方向铺设，管上开有许多等距离的小孔（$\phi3\sim\phi5\mathrm{mm}$）。此管应装在下降管管口附近，并应远离排污管处，以免排掉药品。

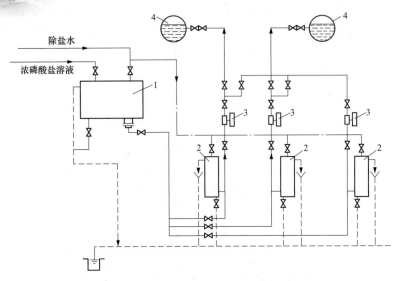

图 7-12　锅炉水磷酸盐溶液加药系统

1—磷酸盐溶液贮存箱；2—计量箱；3—加药泵；4—锅炉汽包

采用这种加药系统时，为了改变加入锅内的磷酸盐溶液量，应调节加药泵的活塞行程或改变放入计量箱中溶液的磷酸盐质量分数。

在锅炉运行中，如发现锅炉水中 PO_4^{3-} 过高，可暂停加药泵，待锅炉水中 PO_4^{3-} 含量正常后，再启动加药泵。

这种加药方式的优点是：进药量均匀，锅炉水中 PO_4^{3-} 含量稳定。

在按上述方式加药时，有的发电厂装设有炉水 PO_4^{3-} 含量的自动调节设备，它是利用炉水 PO_4^{3-} 测试仪表的输出信号控制加药泵，能自动地、精确地维持炉水中 PO_4^{3-} 含量。采用这种设备还可以减轻磷酸盐处理时的工作量。

4. 加药量的估算

用磷酸盐处理锅炉水时，要考虑随给水进入锅内的钙离子变成水渣要消耗 PO_4^{3-} 的问题。加入的磷酸盐药量与给水的硬度有关，当给水硬度增高时（如凝汽器偶尔发生泄漏时），加药量也应增多。但是，由于生成水渣的实际化学反应很复杂，前面所说的生成碱式磷酸钙，只不过是其主要反应，所以不能精确地计算加药量，实际的加药量只能根据锅炉水应维持的 PO_4^{3-} 含量，通过调整求得。在设计磷酸盐加药系统时，为了方便起见，不按给水中钙离子量而按水硬度估算加药量。下面介绍估算方法。

（1）锅炉启动时的加药量。锅炉启动时，炉水中还没有 PO_4^{3-}，为了使锅炉水中的 PO_4^{3-} 含量达到规定的标准，需要加入的工业磷酸三钠量（G_{LI}）可按式（7-1）计算：

$$G_{LI} = (1/0.25)(1/\varepsilon)(1/1000)(V_G I_{LI} + 28.5 H V_G) \text{ kg} \qquad (7\text{-}1)$$

式中　V_G——锅炉水系统的容积，m^3；

　　　I_{LI}——锅炉水中应维持的 PO_4^{3-}，mg/L；

　　　H——给水的硬度，$mmol/L$；

　　28.5——使 $1mol$（$1/2Ca^{2+}$）的钙离子变为 $Ca_{10}(OH)_2(PO_4)_6$ 所需的 PO_4^{3-}（g）；

　　0.25——磷酸三钠（$Na_3PO_4 \cdot 12H_2O$）中含 PO_4^{3-} 的分率；

ε——工业磷酸三钠产品（$Na_3PO_4 \cdot 12H_2O$）的纯度，一般为 $0.95 \sim 0.98$。

（2）锅炉运行时的加药量。锅炉投入运行后，由于随给水进入锅内的钙离子变成水渣要消耗 PO_4^{3-}，而且锅炉排污带走部分 PO_4^{3-}，所以要保持锅炉水中一定的 PO_4^{3-} 含量，应连续不断的补加磷酸三钠溶液。运行时的加药量 D_{LI} 可按式（7-2）计算：

$$D_{LI} = (1/0.25)(1/\varepsilon)(1/1000)(28.5HD_{GE} + D_P I_{LI}) \text{ kg/h} \tag{7-2}$$

式中 D_{GE}——锅炉给水量，t/h；

D_P——锅炉排污水量，t/h；

I_{LI}——锅炉水中应维持的 PO_4^{3-}，mg/L。

5. 注意事项

锅炉水的磷酸盐防垢处理是向锅炉水中添加不挥发的盐类物质，使锅炉水的含盐量增加。它使用时间最早、最长，可用于高、中、低压汽包锅炉上。为了既能保证处理的效果，又不影响蒸汽品质，必须注意以下几个方面：

（1）给水的残余硬度应小于 $5\mu mol/L$（对于水的净化工艺比较简单的低压锅炉或工业用锅炉，给水的最大残余硬度也不应大于 $35\mu mol/L$），以免在锅炉水中生成的水渣太多，增加锅炉的排污，以至影响蒸汽品质。

（2）应使锅炉水中维持规定的过剩 PO_4^{3-} 含量。另外，加药要均匀，速度不可太快，以免锅炉水含盐量骤然增加，影响蒸汽品质。

（3）及时排除生成的水渣，以免锅炉水中集聚很多水渣，影响蒸汽品质。

（4）对于已经结垢的锅炉，在进行磷酸盐加药处理时，必须先将水垢清除掉。因为 PO_4^{3-} 还能与原先生成的钙垢作用，水垢逐渐变成水渣或者脱落，锅炉水中因而产生大量水渣而影响蒸汽品质。严重时脱落的水垢甚至会堵塞炉管，导致水循环发生故障。

（5）药品应比较纯净，以免杂质进入锅内，引起锅炉腐蚀和蒸汽品质劣化。药品质量一般应符合下述标准：$Na_3PO_4 \cdot 12H_2O$ 不小于 95%，不溶性残渣不大于 0.5%。

另外，在水质条件恶化时，如凝汽器发生泄漏或机组处在启动阶段，要及时排污换水，将磷酸盐软垢排掉，以防沉积影响水循环甚至造成爆管。即使在正常水质条件下，也要注意一定的排污量，尤其是定排一定要定期进行。

6. 磷酸盐处理存在的问题

当锅炉负荷升高时，炉水中的磷酸盐浓度明显降低，有时还伴随着炉水的 pH 值升高；当锅炉负荷降低时，炉水中的磷酸盐浓度明显升高，有时还伴随着炉水的 pH 值降低；这种现象称为磷酸盐的隐藏现象。发生磷酸盐隐藏现象的主要原因有：

（1）磷酸盐的沉积。锅炉水冷壁管热负荷很高，发生剧烈地沸腾汽化过程，管内近壁层炉水中磷酸盐被浓缩到很高的浓度，在此区域很容易达到饱和浓度。在锅炉超高压及以上条件下，磷酸盐饱和溶液的沸点高于纯水沸点的温差不超过 $10℃$。当水溶液中除了磷酸钠盐外尚有其他钠化合物时，这种温差比只有磷酸钠盐存在时要稍高一点，但仍然不大。所以，当水冷壁因热负荷高或局部过热使管内壁的温度高于纯水沸腾温度的数值，超过上述温差时，磷酸钠盐就会以固相析出并附着在管壁上，以前运行人员认为隐藏发生时，析出的固体只是以钠盐、正磷酸盐、酸式磷酸盐或焦磷酸盐的形式存在，再溶出时是这些盐类的重新溶解。实际上，磷酸钠盐不仅发生了沉积，而且和炉内的腐蚀产物及管壁保护膜发生了反应。

（2）磷酸盐与炉管内壁的 Fe_3O_4 反应，生成以 $Na_4FeOH(PO_4)_2 \cdot \frac{1}{3}NaOH$ 为主的腐蚀产物，消耗了磷酸盐。这才是磷酸盐隐藏的主要控制机理。该反应是可逆反应，磷酸盐的浓度必须超过一个临界值才开始进行。随着温度的增高临界值降低，所以温度越高越容易发生磷酸盐的隐藏现象。试验证明，发生隐藏时发生的反应与 Na^+ 与 PO_4^{3-} 的摩尔比（R）有关。

①当 $R<2.5(320℃)$ 时：

$$Fe_3O_4(s)+5HPO_4^{2-}(aq)+9\frac{2}{3}Na^+(aq)=NaFe^{2+}PO_4(s)+$$

$$2Na_4FeOH(PO_4)_2 \cdot \frac{1}{3}NaOH(s)+\frac{1}{3}OH^-(aq)+H_2O(l)$$

②当 $2.5<R\leqslant3.0$（320℃）时：

$$Fe_3O_4(s)+\left(4+\frac{1}{x}\right)HPO_4^{2-}(aq)+\left(\frac{20}{3}+\frac{3}{x}\right)Na^+(aq)=\frac{1}{x}Na_{3-2x}Fe_x^{2+}PO_4(s)+$$

$$2Na_4FeOH(PO_4)_2 \cdot \frac{1}{3}NaOH(s)+\left(\frac{4}{3}-\frac{1}{x}\right)OH^-(aq)+\frac{1}{x}H_2O(l)$$

当 Na^+ 与 PO_4^{3-} 的摩尔比 $R=3.0$ 时，上式中的 $x=0.2$；当 Na^+ 与 PO_4^{3-} 的摩尔比 $R=3.5$ 时，上式中的 $x<0.1$。

③当 $R\geqslant2.5(350℃)$ 时：

$$Fe_3O_4(s)+2HPO_4^{2-}(aq)+13Na^+(aq)=3Na_4FeOH(PO_4)_2 \cdot \frac{1}{3}NaOH(s)+$$

$$H^+(aq)+\frac{1}{2}H_2(g)$$

④当 $R\geqslant4(320℃)$ 时，磷酸盐不与 Fe_3O_4 发生反应。

所以低的 Na^+ 与 PO_4^{3-} 的摩尔比容易造成磷酸盐的隐藏。因此，《火电厂汽水化学导则 第 2 部分 锅炉炉水磷酸盐处理》DL/T 805.2 中规定，锅炉压力在 12.7MPa 以上，不允许使用 Na_2HPO_4，也就是炉水不应采用协调 pH—磷酸盐处理（CPT）。

7. 发生酸性磷酸盐腐蚀

酸性磷酸盐腐蚀是近几年才确认为与磷酸盐隐藏和再溶出相关的一种腐蚀形式。最初采用炉水协调 pH—磷酸盐处理（CPT）时，Na^+ 与 PO_4^{3-} 的摩尔比（R）控制在 2.3～2.8。为此往往连续向锅炉加入 Na_2HPO_4 或 NaH_2PO_4，使 R 和 pH 值都降低，但由于炉水中含有氨，pH 值的降低可能辨别不出，所以，如果加入 Na_2HPO_4 或 NaH_2PO_4 的量过大就容易发生酸性磷酸盐腐蚀。

由于磷酸盐水解可产生游离的 NaOH，在 20 世纪 50 年代锅炉采用铆接技术，NaOH 常常引起锅炉发生碱性腐蚀（又称苛性脆化）。锅炉补给水改为除盐水后，酸性磷酸盐腐蚀的机理分为两个步骤：

（1）加有 NaH_2PO_4 或 Na_2HPO_4 的炉水流经一个突出物（这个突出物可以是物理因素，如焊渣，也可以是热力学因素，如传热不良，也可以是水利因素，如流动不畅），使该部位产生一个蒸汽覆盖层，底部接近于蒸干，导致水中的 Fe_3O_4 和 Cu 沉积，见图

7-13。

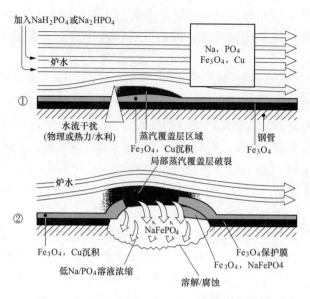

图 7-13 磷酸盐隐藏和酸性磷酸盐腐蚀机理图

（2）沉积层破裂后，Fe_3O_4、Cu 的沉积物与 NaH_2PO_4 或 Na_2HPO_4 反应生成 $NaFePO_4$，内部并带有红色的斑点，经分析该红色的斑点为 Fe_2O_3，其反应如下：

$$2Na_2HPO_4 + Fe + \frac{1}{2}O_2 \longrightarrow NaFePO_4 + Na_3PO_4 + H_2O$$

$$2Na_2HPO_4 + Fe_3O_4 \longrightarrow NaFePO_4 + Na_3PO_4 + Fe_2O_3 + H_2O$$

$$3NaH_2PO_4 + Fe_3O_4 \longrightarrow 3NaFePO_4 + \frac{1}{2}O_2 + 3H_2O$$

8. 酸性磷酸盐腐蚀与碱性沟槽腐蚀的区别

（1）由于酸性磷酸盐的腐蚀特征与碱性沟槽腐蚀极为相似，一般都发生在向火侧。碱性沟槽腐蚀的特征是腐蚀产物分两层，两层之间有针型的二价、三价铁离子钠盐晶体。酸性磷酸盐腐蚀产物外层为黑色，内层为灰色并含有 $NaFePO_4$ 化合物。研究发现，Na^+ 与 PO_4^{3-} 的摩尔比只有在 2.6 以下并且温度高于 177℃时才容易发生酸性磷酸盐腐蚀。

（2）酸性磷酸盐腐蚀一度曾误认为是碱腐蚀，直到 20 世纪 90 年代初才由加拿大专家揭开了这一谜底，并提出了平衡磷酸盐处理（EPT）的概念。后来美国电科院（EPRI）对平衡磷酸盐处理（EPT）做了大量的研究工作，从理论和实践证实了平衡磷酸盐处理（EPT）的正确性。即采用平衡磷酸盐处理（EPT），可以最大程度避免锅炉发生酸性磷酸盐腐蚀。

近几年来我国对磷酸盐处理进行了大量的研究工作，在磷酸盐的应用方面也取得了明显的成果。首先充分认识了协调 pH-磷酸盐处理（CPT）的缺点，已经使用 20 年的协调 pH-磷酸盐处理（CPT）在新的炉水处理标准 DL/T 805.2《火电厂汽水化学导则 第 2 部分 锅炉炉水磷酸盐处理》中不再推荐使用。其次我们认为国外平衡磷酸盐处理（EPT）的定义不够确切，特别是对有凝结水精处理的机组，炉水中的硬度通常为零，适当地加入磷酸盐还是有必要的，所以在新标准中对平衡磷酸盐处理（EPT）做了新的定义：为了防止炉内生成钙镁水垢和防止水冷壁管发生酸性磷酸盐腐蚀，维持炉水中磷酸三钠含量低于发生磷酸盐隐藏现象的临界值，同时允许炉水中含有不超过 1mg/L 游离氢氧化钠的处理。

（四）协调 pH 磷酸盐处理（CPT）

在符合特定的条件时，磷酸盐处理不仅可防止钙垢，还可起到防止锅炉炉管碱性腐蚀的作用，此时称为协调 pH-磷酸盐处理（CPT）。协调 pH-磷酸盐处理（CPT）是一种既严格又合理的锅内水质调节方法。实施这种锅内处理时，锅炉水水质调节的要点是使锅炉水磷酸盐（其总含量用 PO_4^{3-} 表示）含量和 pH 值相应地控制在一个特定的范围内，因此也叫炉水磷酸盐-pH 控制。

1. 原理

协调 pH-磷酸盐处理（CPT）就是除向汽包内添加 Na_3PO_4 外，还添加其他适当的药品，使锅炉水既有足够高的 pH 值和维持一定的 PO_4^{3-} 含量，又不含有游离 NaOH。

要保证锅内不存在游离 NaOH，必须解决以下两个问题：

（1）使锅炉水中没有游离 NaOH；

（2）在发生盐类暂时消失现象时，锅炉炉管管壁边界层液相中不因化学反应而产生游离 NaOH。

当向锅炉水中添加磷酸氢盐时，它可以与游离 NaOH 发生反应。如用 Na_2HPO_4 时

$$Na_2HPO_4 + NaOH \longrightarrow Na_3PO_4 + H_2O$$

所以，只要加入足够的 Na_2HPO_4，使得锅炉水中的 NaOH 都成为 Na_3PO_4 的一级水解产物，就消除了锅炉水中的游离 NaOH。但是这样不能保证不发生以上所述的问题2）。这是因为，Na_3PO_4 溶液在发生盐类暂时消失现象（即"隐藏"现象）时，由于在炉管管壁上生成了附着物 $Na_5H_{0.15}PO_4$，所以在管壁边界层液相中又会产生游离 NaOH。

研究发现，磷酸盐溶液发生暂时消失现象时，析出的固相附着物是磷酸氢盐，它的组成与溶液中磷酸盐的组分有关。

为了描述水溶液中不同组分的磷酸盐，人为地给定一个比值，记为 Na/PO₄（或者 Na：PO₄），它代表磷酸盐溶液中钠离子（Na^+）的摩尔数与磷酸根（PO_4^{3-}）的摩尔数之比。为了方便起见，有时简称为摩尔比（R）。例如，Na_3PO_4 溶液中 Na/PO₄ 摩尔比（R）为3；Na_2HPO_4 溶液中 Na/PO₄ 摩尔比（R）为2；对于各种不同组成比例的 Na_3PO_4 和 Na_2HPO_4 混合溶液，Na/PO₄ 摩尔比（R）在 2～3 之间，且 Na_2HPO_4 越多，溶液的 Na/PO₄ 摩尔比（R）越接近于2。

研究得知，当磷酸盐溶液的 Na/PO₄ 摩尔比（R）大于 2.13 且小于 2.85 时，即使发生磷酸盐暂时消失现象，析出磷酸氢盐固相附着物时，炉管管壁边界层中也不会产生游离的 NaOH。

如果能使锅炉水中同时含有 Na_3PO_4 和 Na_2HPO_4 这两种磷酸盐，并且使锅炉水的 Na/PO₄ 摩尔比（R）小于 2.85，那么，不仅锅炉水中没有游离 NaOH，而且即使发生盐类暂时消失现象，锅内也不可能出现游离 NaOH。这样就可避免炉管发生碱性腐蚀。

为了防止炉管有发生酸性腐蚀的可能性，必须保证锅炉水的 pH 值较高。此外，考虑

到高压和超高压锅炉水中含有少量 NH₃，为了"淹没"锅炉水中 NH₃ 所产生的影响，因此将锅炉水 Na/PO₄ 摩尔比（R）的下限定为 2.30 较合适。

总之，协调 pH-磷酸盐处理要求炉水的 Na/PO₄ 摩尔比（R）在 2.30～2.80 的范围内。从这个要求出发，在进行锅内处理时，若锅炉水的 Na/PO₄ 摩尔比（R）大于 2.80，则相应地要往锅内混加 Na₂HPO₄；若锅炉水 Na/PO₄ 摩尔比（R）小于 2.30，应相应地改变加药组分，必要时要往锅内混加适量的 NaOH，从而在维持锅炉水 PO_4^{3-} 为正常值的条件下，锅炉水的 Na/PO₄ 摩尔比相应有所提高。此外，实施锅炉水协调 pH-磷酸盐处理时，应保证超高压锅炉炉水 pH（25℃）≥9.20，高压锅炉炉水 pH（25℃）≥9.10。

综上所述可知，协调 pH-磷酸盐处理除了可以使锅内没有游离 NaOH，因而不发生炉管的碱性腐蚀外，还使锅炉水有足够的 PO_4^{3-} 和较高的 pH 值，因而不会产生钙垢，也不会发生因锅炉水 pH 值偏低所引起的故障。

2. 水质控制

实施高压和超高压锅炉水的协调 pH-磷酸盐处理时，锅炉水实际上可看成 Na₃PO₄ 和 Na₂HPO₄ 的缓冲溶液。磷酸盐缓冲溶液的 pH 值可按理论公式计算出来，通过计算可得到各种不同组分的磷酸盐水溶液的 pH 值（25℃）和磷酸盐总浓度（以 mg/L PO_4^{3-} 表示）的关系，如图 7-14 和表 7-4 所示。对于以除盐水（或蒸馏水）作为补给水的高压、超高压汽包锅炉，因为锅炉水中盐类杂质的含量很小，炉水中 NH₃ 含量也较少，而且已采取了提高炉水 pH（25℃）和控制 Na/PO₄（R）下限的方法，这样就可用上述理论计算结果，按图 7-14，由锅炉水的 pH 值（25℃）和 PO_4^{3-} 查出炉水 Na/PO₄ 摩尔比（R）。

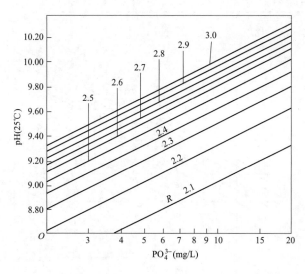

图 7-14　磷酸盐总浓度（以 mg/L PO_4^{3-} 表示）和 pH 值（25℃）的关系

图 7-15 是在图 7-14 的基础上得到的。它便于超高压锅炉和高压锅炉实施锅炉水协调 pH-磷酸盐处理时的实际应用。锅炉水的 pH（25℃）和 PO_4^{3-} 的精确测定值应落在图 7-15 的黑线所示的控制区域内，这里就是协调 pH-磷酸盐处理所提供的炉水运行的"安全区"。

表 7-4　　锅炉水的 PO_4^{3-}、pH 值（25 ℃）、Na/PO_4 摩尔比（R）的对应值

PO_4^{3-} (mg/L) \\ pH	3.0	2.9	2.8	2.7	2.6	2.5	2.4	2.3	2.2	2.1
					R					
2	9.322 9	9.277 1	9.226 0	9.168 0	9.101 0	9.021 9	8.925 0	8.800 0	8.623 9	8.344 1
3	9.498 8	9.453 0	9.401 9	9.343 9	9.276 9	9.197 8	9.100 8	8.975 9	8.799 8	8.498 8
4	9.623 5	9.577 8	9.526 6	9.468 6	9.401 7	9.322 5	9.225 6	9.100 6	8.924 8	8.623 5
5	9.720 2	9.674 5	9.623 3	9.565 3	9.498 4	9.419 2	9.322 3	9.197 4	9.021 3	8.720 2
6	9.799 2	9.753 5	9.702 3	9.644 3	9.577 4	9.498 2	9.401 3	9.276 3	9.100 2	8.799 2
7	9.866 0	9.820 2	9.769 1	9.711 1	9.644 1	9.564 9	9.468 0	9.343 1	9.167 0	8.866 0
8	9.923 8	9.878 0	9.826 8	9.768 9	9.701 9	9.622 7	9.525 8	9.400 9	9.224 8	8.923 8
9	9.974 7	9.929 0	9.877 8	9.819 8	9.752 9	9.673 7	9.576 8	9.451 8	9.275 7	8.974 7
10	10.020 3	9.974 5	9.923 8	9.865 4	9.798 4	9.719 2	9.622 5	9.497 4	9.321 3	9.020 3
11	10.061 5	10.015 7	9.964 6	9.906 6	9.839 6	9.760 4	9.663 5	9.538 6	9.362 5	9.061 5
12	10.099 1	10.053 3	10.002 2	9.944 2	9.877 2	9.798 0	9.701 1	9.576 2	9.400 1	9.099 0
13	10.133 6	10.087 9	10.036 7	9.978 7	9.911 8	9.832 6	9.735 7	9.610 7	9.434 6	9.133 6
14	10.165 6	10.119 8	10.068 7	10.010 7	9.943 8	9.864 6	9.767 7	9.642 7	9.466 5	9.165 6
15	10.195 4	10.149 4	10.098 5	10.040 5	9.973 5	9.894 3	9.797 4	9.672 5	9.496 4	9.195 4
16	10.223 2	10.177 4	10.126 3	10.068 3	10.001 4	9.922 2	9.825 2	9.700 3	9.524 2	9.223 2
17	10.249 3	10.203 6	10.152 4	10.094 4	10.027 5	9.948 3	9.851 4	9.726 4	9.550 4	9.249 3
18	10.274 0	10.228 2	10.177 0	10.119 1	10.052 1	9.972 9	9.876 0	9.751 1	9.575 0	9.273 9
19	10.297 2	10.251 5	10.200 0	10.142 9	10.075 4	9.996 2	9.899 3	9.774 4	9.596 3	9.292 7
20	10.319 3	10.273 6	10.222 4	10.164 4	10.097 5	10.016 1	9.921 4	9.796 0	9.620 0	9.319 3

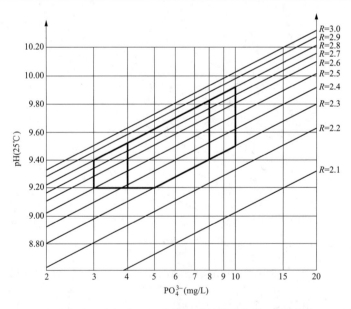

图 7-15　超高压锅炉炉水协调 pH-磷酸盐处理控制图

在进行锅炉水的协调 pH-磷酸盐处理时，要精确地测定炉水的 pH（25 ℃）和 PO_4^{3-}，要求测试结果的有效数字为三位［如炉水 PO_4^{3-} 为 6.58mg/L，pH（25 ℃）为 9.56］。精确地测定锅炉水的 pH(25℃) 和 PO_4^{3-}，并使之严格地控制在图 7-15 所示的控制区域内，就是协调 pH-磷酸盐处理的关键所在。

高压和超高压锅炉实施锅炉水协调 pH-磷酸盐处理时，锅炉水水质控制如下：pH(25℃)＞9.10、PO_4^{3-} 为 4～10mg/L、Na/PO_4 摩尔比为 2.3～2.8。

在实际测定中，测得某温度（t℃）下锅炉水水样的 pH（t）值，可按式（7-3）换算成 25℃下的 pH 值（25℃）。

$$pH(25℃)=pH(t)+\alpha(25-t) \tag{7-3}$$

式中 α 为实测的锅炉水 pH 值温度校正系数。对不同的锅炉，不同的水质条件，α 的数值各不相同。例如有的锅炉 α 的实测值为－0.025/℃，有的锅炉 α 的实测值为－0.030/℃。

3. 锅内加药配方

实施锅炉水协调 pH－磷酸盐处理时，药品的配方应按锅炉的不同水质条件决定。

1）锅炉水中有游离 NaOH，即锅炉水 Na/PO_4 摩尔比（R）大于 3.0。锅内处理应由原来的 Na_3PO_4 单一配方，改为"$Na_3PO_4＋Na_2HPO_4$"处理的配方。现场使用的是工业磷酸三钠（$Na_3PO_4 \cdot 12H_2O$）和工业磷酸氢二钠（$Na_2HPO_4 \cdot 12H_2O$）。配制药液时，这两种磷酸盐的质量比与药液箱中药液的 Na/PO_4 摩尔比（R）如表 7-5 所示。

表 7-5　磷酸盐溶液制备箱中药液 $Na_3PO_4 \cdot 12H_2O/Na_2HPO_4 \cdot 12H_2O$ 质量比（X）与药液的 Na/PO_4 摩尔比（R）对照表

X	1/4	1/2	3/4	1/1	1.5/1	2/1	2.5/1	3/1	3.5/1	4/1
R	2.19	2.32	2.41	2.49	2.59	2.65	2.70	2.74	2.77	2.79

利用表 7-6，可按需要方便地配制各种不同 Na/PO_4 摩尔比（R）的磷酸盐溶液。例如，欲制备摩尔比（R）为 2.5 的磷酸盐溶液，则在溶解槽中加入 $Na_3PO_4 \cdot 12H_2O$、$Na_2HPO_4 \cdot 12H_2O$，它们的配比为 1:1。

某超高压锅炉锅炉水 Na/PO_4 摩尔比（R）大于 3.0，实施炉水协调 pH-磷酸盐处理时，按"1:1"制备 $R=2.5$ 的磷酸盐溶液，用加药泵加入汽包中，只要锅炉水的 PO_4^{3-} 大于 4mg/L，锅炉水 pH 和锅炉水 Na/PO_4 摩尔（R）比便一直保持合格（R 为 2.5～2.8）。

2）锅炉水 PO_4^{3-} 已达到 10mg/L、锅炉水 pH 值仍低于 9 的锅炉。锅内处理应由原来的 Na_3PO_4 单一配方，改为"$Na_3PO_4＋NaOH$"处理的配方。

现场使用的是固体工业磷酸三钠（$Na_3PO_4 \cdot 12H_2O$）和工业氢氧化钠（NaOH）。配制药液时，这两种药品的质量比与药液箱中药液的 Na/PO_4 摩尔比（R）见表 7-6。

表 7-6　混合药液中 $NaOH/Na_3PO_4 \cdot 12H_2O$ 质量比（X）与药液的 Na/PO_4 摩尔比（R）对照表

X	1/3	1/4	1/5	1/6	1/7	1/8	1/9	1/10	1/11
R	6.16	5.40	4.90	4.58	4.36	4.19	4.06	3.95	3.86
X	1/12	1/13	1/14	1/15	1/16	1/17	1/18	1/19	1/20
R	3.79	3.73	3.68	3.63	3.59	3.56	3.53	3.50	3.47

利用表 7-6，制备 "NaOH＋Na₃PO₄" 混合药液是很方便的。例如，欲制备 Na/PO₄ 摩尔比（R）约为 4.2 的混合溶液 1.5m³，药品溶解槽中加入的固体工业磷酸三钠和工业氢氧化钠的质量比大约取 8∶1（$x = 1/8$），即每加入 100kg 固体工业磷酸三钠，应加入 12.5kg 工业氢氧化钠，用除盐水溶解搅拌均匀，然后加除盐水至容器刻度线，使混合溶液体积为 1.5m³，即可供使用（此混合溶液的 PO_4^{3-} 浓度约为 3%）。

实例中，某高压汽包锅炉以二级除盐水作补给水，因给水受到有机物污染，锅内单加磷酸三钠处理锅炉水已不可能使锅炉水 pH 值（25℃）合格。为了保证该锅炉运行的安全，实施协调 pH-磷酸盐处理。该炉按工业磷酸三钠和氢氧化钠质量比为 6∶1 制备混合药液（$R = 4.58$），用加药泵加入锅内。只要锅炉水 PO_4^{3-} 维持 5mg/L 以上，锅炉水 pH（25℃）就在 9.3 以上，锅炉水 Na/PO₄ 摩尔比（R）保持在 2.5～2.8 范围内。

4. 水质异常时的调节

锅炉水 Na/PO₄ 摩尔比（R）偏离控制范围时，调节方法如下：

1）当锅炉水 Na/PO₄ 摩尔比高于规定的控制上限而不能很快恢复时（因系统中进入碱性污染物所致），可暂时单加磷酸氢二钠，使锅炉水 Na/PO₄ 摩尔比（R）下降。为此，可将固体工业磷酸氢二钠在一个备用小药箱内（也可暂用计量箱）配成质量分数为 3% 左右的溶液，用加药泵加入锅内，直到锅炉水 Na/PO₄ 摩尔比（R）合格，然后再继续把原来贮存箱中的磷酸盐混合溶液加入锅内。

2）当锅炉水 Na/PO₄ 摩尔比（R）低于规定的控制下限时（因系统中进入酸性污染物所致），可相应临时补加氢氧化钠溶液，在一个备用小药箱内（也可暂用计量箱），临时配制成 2% 左右的 NaOH 溶液，用加药泵加入汽包中，使锅炉水 Na/PO₄ 摩尔比（R）恢复正常值，然后再继续往汽包中加入原来的混合溶液。

5. 适用范围及注意事项

锅炉水的协调 pH-磷酸盐处理，虽然是兼备防垢防腐蚀效益的一种好的锅内水处理方法，但并不是所有的锅炉都能采用，一般只宜用于具备以下两个条件的锅炉：一是此锅炉的给水以除盐水或蒸馏水作补给水；二是与此锅炉配套的汽轮机的凝汽器较严密，不会经常发生凝汽器漏泄。否则，锅炉水水质容易变动，要使锅炉水中 PO_4^{3-} 与 pH 值的关系符合协调 pH-磷酸盐处理要求很困难。

协调 pH-磷酸盐处理的加药系统、方法，加药处理时需要注意的问题及锅炉水中应维持的 PO_4^{3-} 含量等，与一般的锅炉水磷酸盐防垢处理相同。

但要注意，协调 pH-磷酸盐处理的初衷是好的，既为防止高热负荷下的碱腐蚀，又为避免酸性腐蚀，但实际上磷酸盐暂时消失现象和酸性磷酸盐腐蚀仍发生。也就是说，协调 pH-磷酸盐处理不但不能解决暂时消失现象，反而由于加入 Na_2HPO_4 带来了酸性磷酸盐腐蚀的危险。因此，汽包锅炉不宜再推荐采用协调 pH-磷酸盐处理。

（五）低磷酸盐处理

只要能达到防垢的目的，锅炉水中 PO_4^{3-} 的含量以低些为好，所以，在确保给水水质非常优良的情况下，应尽量降低锅炉水中 PO_4^{3-} 含量的标准。有些高参数汽包锅炉，由于采用了优良的水净化技术，补给水水质得到了良好的保证，而且因为与该锅炉配套的汽轮机组的凝汽器非常严密，凝结水的水质也有可靠的保证（有的机组还装设了凝结水净化设备，凝结水水质很好），因此随给水进入锅内的 Ca^{2+}、SO_4^{2-} 和 SiO_3^{2-} 等非常少。对这些锅炉进行锅炉水的磷酸盐处理时，其中 PO_4^{3-} 含量的标准很低，这种锅内处理称为低磷酸盐处理。表 7-7 是炉水磷酸根含量和标准 pH 控制标准 GB 12145—2016《火力发电机组及蒸汽动力设备水汽质量》。

表 7-7　　　　　　　　　　炉水磷酸根含量和标值 pH 控制标准

锅炉汽包压力 (MPa)	磷酸根（mg/L）	pH（25℃）	
	标准值	标准值	期望值
3.8～5.8	5～15	9.0～11.0	—
5.9～10.0	2～10	9.0～10.5	9.0～10
10.1～12.6	2～6	9.0～10.0	9.5～9.7
12.7～15.6	≤3	9.0～9.7	9.3～9.7
>15.7	≤1	9.0～9.7	9.3～9.6

若锅炉水采用低磷酸盐处理，在与此锅炉配套的凝汽器发生泄漏时，应及时增加磷酸盐的加药量。凝汽器严密性较差（渗漏量较大）或泄漏频繁的机组，不宜采用低磷酸盐处理。

关于低磷酸盐处理，目前我国工作压力为 15.7～18.6MPa 的锅炉，即亚临界参数锅炉用得较多。采用低磷酸盐处理时，只加 Na_3PO_4，锅炉水水质控制指标是：pH 为 9～9.7；PO_4^{3-} 为 0.5～1mg/L。如果维持的 PO_4^{3-} 浓度较低，需辅以 NaOH 处理（允许游离 NaOH 小于 1mg/L），以维持炉水 pH 在 9.3～9.6。这种处理方式对于防止钙、镁水垢沉积和维持炉水 pH 有较好效果，但也还存在不同程度的磷酸盐"隐藏"现象。

（六）平衡磷酸盐处理（EPT）

由于进行协调 pH-磷酸盐处理不能从根本上消除磷酸盐暂时消失现象，有些进行协调 pH-磷酸盐处理的锅炉，特别是高参数锅炉，发生了磷酸盐暂时消失，Na/PO₄ 摩尔比（R）值无法控制在规定的范围之内，严重的发生酸性磷酸盐腐蚀和应力腐蚀，影响锅炉的安全运行。

为此，加拿大研究人员提出了平衡磷酸盐处理（EPT），和美国专家提出的低磷酸盐低氢氧化钠处理相似，这是一种可以避免发生磷酸盐暂时消失现象的炉内磷酸盐处理新技术。平衡磷酸盐处理（EPT），又称平衡法，其基本原理是使炉水磷酸盐含量减少到只够和硬度成分起反应所需的最低浓度，即"平衡"浓度（完全由加入的 Na_3PO_4 提供）；同时向炉水中加入适量 NaOH，即允许炉水中有微量 NaOH 存在（通过测定 pH 值以确定 NaOH 的存在，并对测定的 pH 值进行校正处理，以消除 NH_3 对炉水 pH 值的影响），以使炉水 pH 值在合格范围；同时要求炉水中的 Na/PO₄ 摩尔比（R）大于 3，以避免磷酸盐和氧化铁反应。

平衡磷酸盐处理的特点是，锅水 PO_4^{3-} 浓度保持在较低的水平，Na/PO₄ 摩尔比（R）值保持在 3.0～3.5，允许有游离 NaOH 存在。据文献介绍，进行平衡磷酸盐处理时，一般不加 NaOH，只在炉水 pH 值偏低时加入。炉水 PO_4^{3-} 浓度保持在较低水平，实际上是要满足两个要求，一是不发生磷酸盐暂时消失现象，二是够和炉水中的硬度离子反应。根据运行实践，这种处理方法可以消除磷酸盐暂时消失现象。有文献介绍，把炉水 PO_4^{3-} 浓度控制在 1mg/L 以下，基本可以防止发生磷酸盐暂时消失现象。

平衡磷酸盐处理被工业所接受是 20 世纪 80 年代末期。据估计，目前世界上进行平衡磷酸盐处理的机组数量已达几百台，它完全消除了磷酸盐暂时消失现象，许多电厂锅炉已在平衡磷酸盐处理水工况下成功运行了二三十年而没有发生任何问题。

进行平衡磷酸盐处理（EPT）要考虑的问题是，平衡磷酸盐处理（EPT）能不能保证不发生局部浓缩的游离 NaOH 碱性腐蚀、能不能保证沉积物不附着在炉管管壁上并发展成水垢，或者即使沉积物附着在管壁上并发展成水垢，也不会发生沉积物下腐蚀；同时还要考虑在碱性条件下 Cl^-、SO_4^{2-} 等侵蚀性离子对磁性四氧化三铁膜会不会破坏而引起点蚀以及炉水中允许的 Cl^-、SO_4^{2-} 的最高浓度等，这还需要进一步试验来说明。因而对于凝汽器严密性较差或经常发生泄漏的机组，不宜应用平衡法。

平衡磷酸盐处理（EPT）运用后，蒸汽品质提高，炉水水质明显改善，炉水 pH 值合格稳定，减缓了设备腐蚀，炉水含盐量降低，消除了磷酸盐暂时消失现象，锅炉排污率降低，加药量减少，生产成本降低，保障了机组的安全稳定运行。但要注意，采用平衡磷酸盐处理（EPT）后，炉水的磷酸盐浓度降低，缓冲性减小，要求炉水水质相对稳定；在异常水质工况下，如遇有凝汽器泄漏时，应按异常水质工况进行处理。

五、氢氧化钠处理（CT）

英国 20 世纪 70 年代即开始采用低浓度纯 NaOH 调节汽包锅炉水质，距今已有约 50 多年的成功经验；德国、丹麦等国在磷酸盐处理运行中发现磷酸盐"暂时消失"造成腐蚀后也放弃磷酸盐处理改为 NaOH 调节汽包锅炉水质，并都相应制定了运行导则。至今，英国、德国、丹麦和我国等，已在除盐水作补给水的高压及以上压力的汽包炉机组（包括压力 16.5～18.5MPa 的 500MW 汽包炉机组）上成功应用了炉水 NaOH 处理。

1. NaOH 处理的必要性和可行性

（1）与炉水磷酸盐处理相比，NaOH 处理更实用。炉水磷酸盐处理本是为防止结钙、镁水垢的，正常运行时，如果凝汽器不发生泄漏，现代补给水处理设备和凝结水处理设备能保证给水硬度在国标允许范围内，因而磷酸盐的防钙作用减弱。高纯给水进入锅炉，即使有浓缩，其硬度一般也很小，达不到形成水垢的溶度积，因而对这种高纯炉水没有必要进行预防性处理，即没有必要加较多的磷酸盐来处理微量的钙、镁硬度。磷酸盐在高温高压锅炉水中的副作用表现得越来越明显，如负荷变化时发生磷酸盐"暂时消失"现象，生成磷酸亚铁钠腐蚀产物、在炉水 pH 值降至 9.3 以下时形成磷酸盐垢的概率增大等。另外，还可能由于磷酸盐药品的纯度低而人为地将杂质带入炉内，使水冷壁管的沉积量增大，造成沉积物下介质浓缩腐蚀。

炉水处理如果主要着眼于正常运行水质，现阶段则只需进行一些微量调节和控制，如采用不挥发性碱进行炉水处理，理论上用 LiOH 最好，实际上 NaOH 最实用。

（2）发生碱性腐蚀和苛性脆化可能性小。以前人们对采用 NaOH 进行炉水处理担心发生碱性腐蚀和苛性脆化，但是，随着现代锅炉都由铆接改为焊接，给水水质变纯，发生这两类腐蚀破坏的可能性越来越小。另外，除盐水和凝结水的缓冲性很弱，微量的杂质可对水质产生明显影响，如少量的氢离子就可使水质 pH 值有明显偏低，并且，当前水源的污染日趋严重，污染物中很大一部分是有机物，它们随生水一起进入化学水净化系统，大部分不能被水处理系统过滤器截留，进入给水管道后在 102℃ 下就开始分解，当水温达 210℃ 时分解加剧，在锅炉水中分解产生酸，引起炉水 pH 值下降，会导致水冷壁管的严重腐蚀，也会使炉水、蒸汽中的铁化合物含量增加，氧化铁垢形成加剧，硅沉积物增多。因此，采用 NaOH 进行炉水处理不必担心发生碱性腐蚀和苛性脆化。

（3）与加氨处理相比，NaOH 处理更适合提高水的 pH 值。最简单的方法是对水进行加氨处理，这对低温的凝结水和给水很有效。但是，高温时由于氨的电离常数随温度升高而降低，因而加氨不能保证炉水必要的碱性。对于炉水，由于在两相介质条件下，加入的氨有相当一部分随饱和蒸汽一起从水中释放出来而被蒸汽带走，因而可能使炉水 pH 值降低，甚至低于给水 pH 值，在强烈沸腾的近壁层还可能出现酸性介质。

研究表明，存在潜在酸性化合物的条件下，不论氨剂量多大，氨处理均不能解决上述问题。氨处理时在强烈沸腾的近壁层不可避免的出现异常介质，它引起水冷壁管内表面上 Fe_3O_4 膜的破坏和形成过程交替进行，形成的多孔层状 Fe_3O_4 膜不具有保护性能。如果这时在此处有酸性介质浓缩，金属就会强烈腐蚀，高热负荷区的水冷壁管首先遭到破坏。所以传统的挥发性水工况通过给水加氨调节炉水 pH 值的方法不能消除"腐殖酸盐"进入锅炉后造成的不良后果，解决的最佳办法是采用不挥发性碱—NaOH 处理。

（4）在海水作冷却水时，适合用 NaOH 处理。在采用海水作冷却水的机组，凝汽器发生泄漏时，氯化镁、氯化钙等会随冷却水一起漏入凝结水，之后进入给水管道和锅炉，温度大于 190℃ 时水解形成盐酸。在这种情况下，高热负荷区域疏松沉积物层下的 pH 值会降到 5 以下，因而金属也会遭受严重的局部腐蚀。如果炉水采用 NaOH 调节 pH 值，则可防止水冷壁管的这种破坏；和磷酸盐相比，NaOH 没有反常溶解度，不会发生隐藏现象。

2. NaOH 处理的原理与实施

研究结果表明，浓度适中的 NaOH 溶液不同于氨溶液，它能显著提高膜的稳定性。在与流动中性水相接触的碳钢表面形成的 Fe_3O_4 膜的抗腐蚀和抗侵蚀性能要比在低浓度 NaOH 溶液中形成的膜差得多。因为 NaOH 存在时，金属表面不仅有自身的氧化层，而且还有一层羟基铁氧化物覆盖，也对金属起保护作用。这层膜愈牢固和致密，防腐蚀效果愈好。但是，直到目前，对于 NaOH 水工况下高温水中金属表面氧化膜状况和性能的研究还不够，还需要进一步研究和探讨。

对于单纯采用 NaOH 处理的锅炉，有人主张炉水中 NaOH 浓度小于 1mg/L，也有人认为可略高于 1mg/L。对于大容量机组，炉水中 NaOH 的量可适当低一些。

实施 NaOH 水工况的机组，不仅要求炉管壁保持洁净，且给水也应保持较高的纯度。因为含盐量高的给水用 NaOH 碱化，尽管可以有效地拟制金属全面腐蚀，但局部腐蚀和碱性腐蚀的可能性却大大增加了。所以给水的纯度要求较高，且还要定期对机组进行排污。

一般，采用 NaOH 水工况的锅炉，其凝结水、给水的碱化仍需要加氨，NaOH 添加到炉水中。但有的国家建议将 NaOH 溶液同氨溶液一起添加到省煤器前的除氧水中，其中 NaOH 是加到除氧器后的给水管道中，这样可达到最佳的混合，消除了直接向汽包内添加时造成的局部 pH 值偏高。氢氧化钠的投加量只须维持炉水要求的碱性即可。但给水一般会作为蒸汽的减温水，并不适合国内机组。

国外经验表明，汽包炉采用 NaOH 工况后，解决了以前氨水调节炉水 pH 值时存在的问题。德国采用全挥发处理的燃油汽包炉经常遭受脆性损坏，当向给水中投加 NaOH 后，水冷壁管遭受的腐蚀就停止了。美国专家对高压锅炉内部腐蚀的广泛研究指出，在新产生蒸汽的管子内表面足够清洁的条件下，存在 NaOH 不会引起腐蚀，并且还能防止由于凝汽器泄漏使炉水 pH 值下降所引起的腐蚀。英国电厂广泛采用 NaOH 工况的原因是炉水中存在氢氧根离子有利于在锅炉金属表面恢复损坏的保护膜。有一台机组，全挥发处理（AVT）工况下时，炉水铁含量约在 $100\mu g/L$ 左右，蒸汽中的氢含量大约为 $12\mu g/L$，尽管采取经常排污的措施但无法消除铁浓度上升的问题，造成用来监测铁含量的膜式过滤器的颜色变成了黄色，这表明大部分铁是由于锅内腐蚀过程形成的。在用 $70\mu g/L$ 左右的 NaOH 对给水进行补充处理后，锅炉水的铁含量降到了 $10\sim20\mu g/L$。运行几年后的检查表明，水冷壁管和汽包均处于完好状态，并消除了水冷壁管的结垢和腐蚀问题。

3. NaOH 水工况的优点

（1）水、汽质量明显改善：NaOH 水工况下炉水的缓冲能力很强，能中和游离酸生成中性盐，不增加水的电导率，可有效防止锅炉水冷壁管的酸性腐蚀；NaOH 水工况下金属管壁保护膜性能强，NaOH 在提高 pH 值、重建表面膜的效果上很好，减少了炉水中的铁含量，降低了氧化铁垢的形成速度；NaOH 工况下，由于 NaOH 和 SiO_2 可形成可溶性的硅酸钠而通过排污排掉，因此水冷壁管内沉积物中硅酸盐化合物的百分含量降低，如某机组采用 NaOH 工况前硅酸盐含量为 $14\%\sim21\%$，而采用 NaOH 工况后下降为 $0.6\%\sim2.5\%$。

（2）炉水参数容易控制。因为与磷酸盐相比，NaOH 有分子量小、电离度大、水溶性好等特点，在锅炉负荷波动、启动或停运时，不会因 NaOH 的溶解性能变化而导致其在锅炉管壁上沉积，采用 NaOH 调节的炉水缓冲性好，不会造成锅水 pH 值、PO_4^{3-} 的忽高忽低，避免了管壁上的酸式磷酸盐沉积，不仅现场操作省时省力，而且从根本上减少了水冷壁管上的沉积，尽可能地降低了炉水的介质浓缩腐蚀。

某机组实施 NaOH 处理 3 年多后对其整个水汽系统进行了检查，发现以下问题：①汽包颜色比原来的褐色发黑，内壁很干净光洁，无腐蚀、无沉积，以前加药管口、下降管口沉积多的状况彻底改观；②过热器管、再热器管、省煤器管和水冷壁管内部干净，水冷壁管原来［采用协调-pH 磷酸盐处理（CPT）法时］已有的腐蚀状态（$1\sim2mm$ 的小腐蚀坑）基本如故，一个大修周期未见明显向深发展；③除氧器水箱、凝汽器铜管等部位的腐蚀、结垢情况良好；④汽轮机的中、低压级隔板、叶片成灰蓝色，基本无积盐、无腐蚀；⑤高压级隔板、叶片上有疏松的灰蓝色积盐，除掉积盐后未见腐蚀。

（3）NaOH 处理带来的经济效益和社会效益。采用 NaOH 调节后，锅炉水质得到优化。由于水质的大幅度提高，带来以下一系列改观：锅炉排污实行状态排污，即根据水质的优劣确定排污量的大小，排污率减小，不仅节水节煤，还减少了现场运行人员的劳动强度，减少了高压阀门因频繁操作引起的检修和更换次数；水冷壁管沉积率降低，可延长化学清洗周期；加药量少，补水率低，化学废水排放量减少，锅水排污无磷化，有利于环境保护；水汽系统环境改善，有效提高了发电机组的安全、可靠和经济性。

4．NaOH 水工况应注意的一些问题

对于在磷酸盐工况或全挥发工况下运行因盐类隐藏频繁或因炉水 pH 值偏低发生问题的汽包炉机组，NaOH 水工况不失为一个很好的选择。尤其对于采用海水冷却的机组，用 NaOH 水工况更有极大的优越性。但是，实施 NaOH 水工况还应注意以下一些问题：

（1）机组在转向 NaOH 工况之前，必须对水冷壁系统进行化学清洗，以防止多孔沉积物下 NaOH 浓缩引发碱性腐蚀。

（2）凝汽器的泄漏在运行中是不可避免的，必须严格执行化学监督的三级处理制度，应设法杜绝或"消灭"凝汽器的泄漏在萌芽状态。运行中发现微渗、微漏（凝结水硬度小于 3μmol/L），需尽快查漏、堵漏，短时间内不必向炉水中另加药剂，加大排污换水即可。实践证明：炉水水质优化后，由于炉水含盐量很低，短时间的微渗达不到各种离子的溶度积，故对水冷壁构不成大的威胁。国外有关资料提出高压锅炉相应的无垢工况是：总含盐量为 30mg/L 条件下，可维持炉水钙硬不大于 20μmol/L。

高纯水情况下，只有给水中出现硬度时才可适当添加磷酸三钠，待硬度消失后，应停止加磷酸盐。

（3）采用 NaOH 调节炉水，要求炉水在线仪表配备 pH 表和比电导率表，蒸汽系统配备钠表和氢电导率表，以便随时监测水汽的瞬间变化情况，有条件的最好将炉水也加装在线钠表。

第三节 水质劣化处理

一、给水水质监测及水质劣化处理

给水的氢电导率、pH 值和溶解氧是影响锅炉腐蚀的主要因素，必须使用在线表计连续监测。铁、铜含量是对以上 3 项指标以及给水处理方式的综合反映，可进行定期监测。对于水中的硬度和含油量，可根据具体情况进行间隔时间更长的定期监测。对于滨海电厂，检测凝结水的含钠量是不可缺少的项目。

当给水质量劣化时，应迅速检查取样是否有代表性，化验结果是否正确，并综合分析系统中水、汽质量的变化，确认无误后，应首先进行必要的化学处理，并立即向有关负责人汇报。负责人应责成有关部门采取措施，使给水质量在规定的时间内恢复到标准值。下列三级处理的含义为：

一级处理——有造成腐蚀、结垢、积盐的可能性，应在 72h 内恢复至正常值。

二级处理——肯定会造成腐蚀、结垢、积盐，应在 24h 内恢复至正常值。

三级处理——正在进行快速腐蚀、结垢、积盐，应在 4h 内恢复至正常值，否则停炉。

在异常处理的每一级中，如果在规定的时间内尚不能恢复到正常值，则应采取更高一级的处理方法。对于汽包锅炉，在恢复标准值的同时应采用降压方式运行。

1．还原性全挥发处理［AVT(R)］、弱氧化性全挥发处理［AVT(O)］工况时的异常处理

还原性全挥发处理［AVT(R)］、弱氧化性全挥发处理［AVT(O)］时锅炉给水水质

异常的处理值见表 7-8 规定。

表 7-8　　　还原性全挥发处理 [AVT(R)]、弱氧化性全挥发处理 [AVT(O)]
时锅炉给水水质异常的处理值

项　目		标准值	处理值		
			一级	二级	三级
氢电导率（25℃）	有精处理	≤0.15	>0.15	>0.20	>0.30
（μS/cm）	无精处理	≤0.30	>0.30	>0.40	>0.50
pH①（25℃）	有铜系统	8.8～9.3	<8.8 或>9.3	—	—
	无铜系统②	9.2～9.6	<9.2	—	—
溶解氧	AVT（R）	≤7	>7	>20	—
μg/L	AVT（O）	≤10	>10	>20	—

①　直流炉给水 pH 值低于 7.0，按三级处理。

②　凝汽器管为铜管、其他换热器都为钢管的机组，给水 pH 标准值为 9.1～9.4，一级处理 pH 值为小于 9.1 或大于 9.4。采用加氧处理的机组，一级处理为 pH 值小于 8.5。

2. 加氧处理（OT）时的异常处理

汽包锅炉：当给水或汽包下降管炉水氢电导率超过加氧处理（OT）的标准值时，应及时转为弱氧化性全挥发处理 [AVT(O)]。

直流锅炉：给水采用加氧处理（OT）时水汽质量偏离控制指标时的处理措施见表 7-9。

表 7-9　　　直流锅炉加氧处理（OT）时给水水质异常的处理措施

项　目	标准值	处　理　值	
氢电导率（25℃）	≤0.15	0.15～0.2	≥0.2
（μS/cm）	正常运行	立即提高加氨量，调整给水 pH 值到 9.0～9.5，在 24h 内使氢电导率降至 0.15μS/cm 以下	停止加氧，转为 [AVT(O)]

3. 给水水质劣化的可能原因及处理措施

当发现给水水质劣化时首先应检查取样和测试操作是否正确，必要时应再次取样检测。当确认水质劣化时应及时找出原因，采取措施。

（1）给水硬度不合格或出现外观浑浊。

可能有的原因与相应处理措施：

1）凝结水、补给水或生产返回水的硬度太大或太浑浊，应查明污染的水源，并进行处理或减少使用。

2）没有凝结水精处理设备，或精处理设备没有投运，应重点检查凝汽器是否泄漏，并采取堵漏措施。

3）补给水中带有硬度，应检查除盐水箱的水质是否正常，水质不合格时应停止使用，并检查除盐设备是否运行正常。

4）如果生产返回水中有硬度应停止使用，并查找原因。

5）生水漏入给水系统。凝结水水泵、凝结水升压泵的密封水如果压力过高，冷却水有可能进入低压给水系统。

（2）给水的氢电导率、含硅量不合格。

可能有的原因与相应处理措施：

1）凝结水、补给水或生产返回水的氢电导率、含硅量不合格。应采取的措施：应加强汽包锅炉的排污和蒸汽品质监督，严重时应采取降压运行甚至停炉。

2）锅炉连续排污扩容器送往除氧器的蒸汽严重带水。应采取的措施：这时应及时调整扩容器的排污方式，降低水位运行。

（3）溶解氧量不合格。

可能有的原因及相应处理措施：

1）除氧器的运行方式不正常，包括除氧排气门开度太小，加热蒸汽的参数太低、流量不足等，应进行相应的调整。

2）除氧器内部装置有缺陷，应及时检修。

3）凝汽器真空系统不严密，漏入空气；进入凝汽器的各种水没有进行充分的脱气处理。应采取查漏、堵漏措施；改造系统使进入凝汽器的各种水有充分的脱气时间和脱气空间。

4）真空泵出力不足。

（4）含铁量或含铜量不合格。

可能有的原因及相应处理措施：

1）凝结水、补给水或生产返回水中铁、铜含量过高或回收的过程对系统产生腐蚀。应采取的措施：在加强汽包锅炉的排污和蒸汽品质监督的同时，采取适当的处理措施。

2）低压给水或高压给水的 pH 值偏低或偏高。有时尽管 pH 值在合格的范围内，但长期接近标准的上限或下限，都会成为不合格的原因。一般地，pH 值偏高，给水的含铜量偏高，pH 值偏低，给水的含铁量偏高。所以，应对加氨系统进行适当的调整。

二、炉水水质监测及水质劣化处理

1. 炉水水质监测

为了防止锅炉内结垢、腐蚀和产生不良蒸汽等问题，必须对锅炉炉水进行监督。水质监督项目如下：

（1）含硅量和电导率。限制锅炉炉水的含硅量和含盐量（通过电导率表征），是为了保证蒸汽质量。

（2）氯离子。锅炉炉水的氯离子含量超标时，一方面可能破坏水冷壁的保护膜并引起腐蚀（在水冷壁管热负荷高的情况下，更容易发生这种现象）；另一方面可能引起汽轮机高级合金钢的应力腐蚀。

（3）磷酸根。当锅炉炉水进行磷酸盐处理时应维持一定量的磷酸根，这主要是为了防止水冷壁管形成钙、镁结垢及减缓结垢的速率；增加炉水的缓冲性，防止水冷壁管发生酸性或碱性腐蚀；降低蒸汽对二氧化硅的溶解携带，改善汽轮机沉积物的化学性质，减少汽轮机腐蚀。锅炉炉水中的磷酸根含量不能太少或太多，应控制在一个适当范围内。

（4）pH 值。

锅炉炉水的 pH 值应不低于 9，原因如下：

1）pH 值低时，水对锅炉的腐蚀性增强。

2）炉水中 PO_4^{3-} 和 Ca^{2+} 的反应只有 pH 值足够高的条件下，才能生成易排除的水渣。

3）为了抑制炉水中硅酸盐的水解，减少硅酸盐的溶解携带。

炉水中的 pH 值也不能太高，因为当炉水磷酸根浓度符合规定时，若炉水 pH 值很高，就表明炉水中游离氢氧化钠较多，容易引起碱性腐蚀。

2. 炉水水质劣化的可能原因及处理措施

（1）外状浑浊。

可能有以下原因：

1）给水浑浊或硬度太大。

2）锅炉长期没有排污或排污量不够。

3）新锅炉或检修后锅炉在启动的初期。

处理方法：

1）查明硬度或浑浊的水源，并将此水源进行处理或减少使用量。

2）严格执行锅炉的排污制度。

3）增加锅炉排污量直至水质合格为止。

（2）含硅量、含钠量（或电导率）不合格。

可能有以下原因：

1）给水水质不良。

2）锅炉排污不正常。

处理方法：

1）查明不合格的水源，并将此水源进行处理或减少使用量。

2）增加锅炉排污量或消除排污装置缺陷。

（3）磷酸根不合格。

可能有以下原因：

1）磷酸盐的加药量过多或过少。

2）加药设备存在缺陷或管道被堵塞。

处理方法：

1）调整磷酸盐的加药量。

2）检修加药设备或疏通堵塞管道。

（4）炉水 pH 值低于标准。

可能有以下原因：

1）给水夹带酸性物质进入锅炉。

2）磷酸盐的加药量过低或药品错用。

3）锅炉排污量太大。

处理方法：

1）增加磷酸盐加药量，必要时投加 NaOH 溶液。

2）调整磷酸盐的加药量或药品配比，检查药品是否错用。

3）调整锅炉排污。

 思考题

1. 叙述水渣和水垢的形成及其防止方法。
2. 炉水联氨处理的目的和原理是什么？
3. 炉水加氨的目的是什么？
4. 叙述炉水磷酸盐处理的目的和原理，协调 pH-磷酸盐处理的目的及控制标准。
5. 叙述 NaOH 处理的目的和原理。
6. 叙述易溶盐"暂时消失"现象，磷酸盐隐藏现象的危害及防止方法。
7. 为什么要控制炉水的 pH 大于 9？

第八章

水 化 学 工 况

第一节 概　述

火力发电厂由于大量使用金属材料，并且金属材料的使用环境大都接近其极限使用条件，因而常因腐蚀而引发事故，造成重大损失。用于发电的水汽循环系统包含了绝大部分电站重要热力设备，是防腐工作的重点。控制水汽循环系统热力设备腐蚀的最有效途径就是选择和维持一个合适的水化学工况，直流炉已得到很好解决，但对汽包炉还没有找到非常理想的方法。目前用于汽包炉的还原性水化学工况普遍存在系统腐蚀速度快、给水和炉水铁含量高、锅炉结垢速度快、酸洗间隔短、无法避免有毒化学除氧剂的使用等问题，因此很有必要为汽包炉机组选择一种合理的水化学工况。

水化学工况也称水规范，是指锅炉的给水与炉水处理方式及所维持的主要水质指标。根据国内外的资料和实际运行情况，目前应用于亚临界及以上机组的水工况主要有两大类，共六种，即还原性水工况（包括磷酸盐水工况、氢氧化钠水工况、碱性全挥发水工况和络合物水工况）和氧化性水工况（包括中性水工况和联合水工况）。还原性水工况中的磷酸盐水工况、氢氧化钠水工况和络合物水工况主要用于汽包炉，碱性全挥发处理（AVT）可用于汽包炉和直流炉，氧化性水工况主要用于直流炉。

还原性水工况的突出优点是安全性高、适应性强和操作控制方便，主要的不足是腐蚀速度相对较快，特别是炉前凝结水和给水系统，从低压加热器到省煤器进口这一段弯管、给水泵进口和其他进出水分布装置等紊流部位的腐蚀损坏情况尤为严重，致使引起事故停机及大修期间更换的概率增大。同时，这些腐蚀又引起给水和炉水中的铁浓度偏高，铁垢形成速度加快，机组酸洗间隔缩短。另外，还原性水工况所加的化学除氧剂联氨为易挥发、易燃、有毒和被疑为致癌物质，存在使用上的问题，寻找其替代品的工作一直都在进行，但对亚临界以上机组来说，目前还没有找到两全其美的办法。氧化性水工况的主要优点是系统腐蚀速度慢，炉水含盐量低，锅炉内部干净、运行压降小、锅炉结垢速度慢、清洗周期长、不需加除氧剂、化学药品消耗少等；氧化性水工况主要的不足是对给水品质要求严格，对系统本身及其运行控制要求高。

由于氧化性水工况对机组的腐蚀要远小于还原性水工况，因此目前直流锅炉都倾向于采用加氧水工况。对于汽包炉，由于存在炉水的浓缩问题，水质条件无法达到传统氧化性水工况的要求，因而在使用上受到了限制，目前仍是以还原性水工况为主，使用较多的有平衡磷酸盐处理和氢氧化钠处理。

还原性水工况下系统腐蚀速度快的原因是该工况下所形成的 Fe_3O_4 钝化膜疏松、溶解性大；氧化性水工况的成功之处在于通过维持一个氧化性的环境，在钢铁表面形成并维持一层致密、溶解性小、更耐腐蚀的 Fe_2O_3/Fe_3O_4 保护膜，从而达到减轻金属腐蚀速度以及流动加速腐蚀（FAC）问题的目的。经过理论计算和实验室研究发现，要达到后者的效果，氧浓度并不需要太高。

控制腐蚀的氧化性水工况与传统的炉内水处理基本原理大相径庭，根据 pH 值不同，分为中性水工况和联合水工况。在欧洲这种方法已在电站锅炉和工业锅炉中广泛采用，我国 20 世纪 80 年代后期开始研究这种技术。

汽包锅炉本体和炉前系统的热力设备选用的金属材料主要是碳钢和低合金钢，它们在高温高压给水，特别是炉水中的耐蚀性较差，因此必须采取适当的防护措施。一般常温的防腐蚀方法的使用受到限制，例如不耐高温的有机涂层就不能用于热力设备高温部位的防护。目前，最为经济、有效的防护措施是采用适当的水化学工况，使金属表面形成稳定、完整、致密、牢固的氧化物保护膜来防止高温介质的侵蚀，保证锅炉受热面管内、汽轮机通流部分、凝结水、给水系统管壁内不产生沉积物，并保证热力设备水汽侧不发生腐蚀。水化学工况包括给水、凝结水处理和炉水处理。对水化学工况的基本要求是：

（1）尽量减少锅炉内的沉积物，延长清洗间隔时间。在锅炉内，特别是下辐射区水冷壁管内总是不可避免地会产生沉积物（主要是氧化铁的沉积物），为了排除这些沉积物以保证锅炉安全运行，应定期进行化学清洗。锅炉水化学工况的基本要求之一就是必须使机组两次化学清洗间隔的运行时间能与设备大修的间隔时间相适应。应该注意到，从经济角度考虑，越是大容量机组，越是希望延长设备大修间隔时间，这反过来对锅炉的水化学工况提出了更高的要求。

（2）尽量减少汽轮机通流部分的杂质沉积物。因为蒸汽参数很高，其溶解杂质的能力很大，给水中的盐类物质几乎全部被蒸汽溶解带到汽轮机中去。亚临界蒸汽溶解铜化合物的能力较大，在汽轮机最前面的级中可能产生铜的沉积物。解决汽轮机内铜沉积的最根本的办法是热力设备完全不用铜合金。

第二节　给水和凝结水处理的全挥发处理（AVT）水化学工况

给水-凝结水系统的腐蚀主要是氧腐蚀和酸性腐蚀，它们对热力设备的危害表现在以下两个方面：

（1）直接造成热力设备腐蚀损坏，使其使用寿命缩短，甚至造成管道、水箱等穿孔泄漏，从而严重影响机组的正常运行。

（2）腐蚀产物被介质带入后续设备中，在热负荷高的受热面上沉积，由此可引起炉管局部过热，甚至爆管，造成严重后果。

为了保证给水水质，亚临界及以上参数机组的水处理有如下特点：

（1）在补给水制备方面，对水处理系统和设备的选用要求较高，对运行管理的要求严格。要求有完善的预处理设备和至少两级的化学除盐装置，其第二级应为混合床除盐或电除盐装置，以除去水中各种悬浮态、胶态、离子态杂质和有机物，并且应有防止水处理系统内部污染（如树脂粉末、微生物、腐蚀产物等被补给水携带）的措施，以保证高纯度的补给水水质。

（2）在凝结水净化处理方面，要求100％的凝结水都经过净化处理，完全除去进入蒸汽凝结水中的各种杂质，包括盐类物质和腐蚀产物等。

（3）在给水水质调节处理方面，要求采用适宜的挥发性药品处理，以保证机组在稳定工况和变工况运行时都能抑制机组各个部位，特别是凝结水、给水系统的腐蚀，从而使给水中腐蚀产物的含量符合给水水质标准。

因此，为防止汽包炉给水、凝结水系统的腐蚀，在我国主要实行全挥发处理（AVT），有部分单位在尝试着取消给水的加联氨除氧处理方式，而代之以加氧和加氨调节pH的联合水处理（CWT），即向电导率小于0.15μS/cm的给水中加入适量的氨，将给水的pH值提高到8.0～9.0，再加入微量的气态O_2（30～150μg/L），以使钢表面上形成更稳定、致密的Fe_3O_4-Fe_2O_3双层钝化保护膜，从而达到进一步减少锅炉金属腐蚀的目的。此方法是加氧处理和加氨碱化处理的联合应用，所以称为联合水处理。这要求凝汽器不泄漏，凝结水精处理设备能正常投运，且出水水质好，另外要求对机组热力设备采取合适的停用保护措施。

全挥发处理（AVT）是在对给水进行热力除氧的同时向给水、凝结水中加入氨和联氨，从而达到抑制汽水系统金属腐蚀的目的。在给水、凝结水中加氨，不仅可中和水中的二氧化碳等酸性物质，防止酸性腐蚀；而且可以控制和维持给水、凝结水pH值，以增强金属表面钝化膜在水中的稳定性，从而达到抑制汽水系统金属腐蚀的目的。由于热力除氧和联氨的加入，给水具有较强的还原性，所以AVT水工况是一种还原性水工况。下面首先介绍给水pH值调节以及热力除氧和联氨化学除氧的原理，然后介绍AVT水化学工况的控制方法及缺点。

一、给水 pH 值调节

给水的pH值调节就是往给水中加入一定量的碱性物质，中和给水中的游离二氧化碳，并碱化介质，使给水的pH值保持在适当的碱性范围内，从而将给水系统中钢和铜合金材料的腐蚀速度控制在较低的范围，以保证铁和铜的含量符合规定的标准。目前火电厂中用来调节给水pH值的碱化剂一般都采用氨（NH_3）。

1. 氨的性质及在水汽系统中的理化过程

氨在常温常压下是一种有刺激性气味的无色气体，极易溶于水，其水溶液称为氨水。一般市售氨水的密度为0.91g/cm³，含氨量约28％。氨在常温下加压很容易液化。液氨的沸点为−33.4℃。由于氨在高温高压下不会分解、易挥发、无毒，因此可以在各种压力等级的机组及各种类型的锅炉中使用。

给水中加氨后，水中存在下面的平衡关系：

$$NH_3 \cdot H_2O \longrightarrow NH_4^+ + OH^-$$

因而水呈碱性，可以中和给水中的游离二氧化碳。其中和反应可以认为是：

$$NH_3 \cdot H_2O + CO_2 \longrightarrow NH_4HCO_3$$

$$NH_3 \cdot H_2O + NH_4HCO_3 \longrightarrow (NH_4)_2CO_3 + H_2O$$

实际上，在水汽系统中NH_3、CO_2、H_2O之间存在着复杂的平衡关系。在热力设备运行过程中，水汽系统中有液相的蒸发和汽相的凝结，以及抽汽等过程。氨又是一种易挥发的物质，因而氨进入锅炉后会挥发进入蒸汽，随蒸汽通过汽轮机后排入凝汽器。在凝汽器中，富集在空冷区的氨，一部分会被抽汽器抽走，还有一部分氨溶入了凝结水中。随后，当凝结水进入除氧器时随除氧器排汽而损失一些，剩余的氨则进入给水中继续在水汽循环系统中循环。全挥发处理（AVT）运行试验表明，氨在凝汽器和除氧器中的损失率约在 20%～30%。如果机组设置有凝结水净化处理系统，则氨将在其中全部被除去。因此，在加氨处理时，估算加氨量的多少，要考虑氨在水汽系统和水处理系统中的实际损失情况，一般通过加氨量调整试验来确定。

2. 给水的 pH 值控制范围

根据图 8-1 所示的碳钢在 232℃、含氧量低于 0.1mg/L 的高温水中的动态腐蚀试验结果，从减缓碳钢的腐蚀考虑，应将给水的 pH 值调整到 9.5 以上为好。但是，目前热力系统中的凝汽器、低压加热器等都使用了铜合金材料，因此还必须考虑到水的 pH 值对水中的铜合金的腐蚀影响。图 8-2 是水温 90℃时，用氨碱化的水中铜合金的腐蚀试验结果。从图中可以看出，pH 值在 8.5 与 9.5 之间，铜合金的腐蚀是较小的；pH 值高于 9.5，则铜合金的腐蚀迅速增大；pH 值低于 8.5，尤其是低于 7 时，铜合金的腐蚀也急剧增高。因此，目前对钢铁和铜合金混用的热力系统，为兼顾钢铁和铜合金的防腐蚀要求，一般将给水的 pH 值调节在 8.8～9.3（或 9.4）的范围内。但是，控制给水 pH 值在这个范围，对发挥凝结水净化装置中的离子交换设备的最佳效能是不利的，因为给水的 pH 值调节采用加氨的方法，必然使水汽系统内的氨含量过高，这将使处理凝结水精处理的混床的运行周期缩短，而且对保护钢铁材料不受腐蚀来说，这个范围也不是最佳的，因为它不够高。根据试验研究，要使给水的含铁量降到 10μg/L 以下，至少需将给水的 pH 值提高到 9.3 以上。因此，目前无铜机组在采用全挥发处理（AVT）时，一般是将给水的 pH 值控制在 9.3～9.5 的范围内。

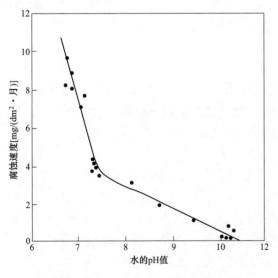

图 8-1　碳钢在高温水中的腐蚀速度和
水的 pH 值的关系

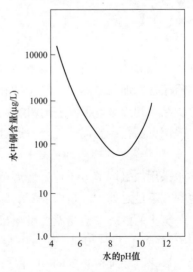

图 8-2　铜合金在 90℃水中的腐蚀与
水的 pH 值的关系

3. 氨的加入

因为氨是挥发性很强的物质，不论在水汽系统的哪个部位加入，整个系统的各个部位都会有氨，但在加入部位附近的设备及管道中水的 pH 值会明显高一些。经过凝汽器和除氧器后，水中的氨含量将会显著降低，通过凝结水净化处理系统时水中的氨将全部被除去。因此，为抑制凝结水-给水系统设备和管道，以及锅炉水冷壁系统炉管的腐蚀，在凝结水净化装置的出水母管及除氧器出水管道上分别设置加氨点，进行两级加氨处理，将给水的 pH 值调节到 9.2～9.6，以使系统中铁和铜含量都符合水质标准的要求。

常用的给水、凝结水加氨系统如图 8-3 所示。

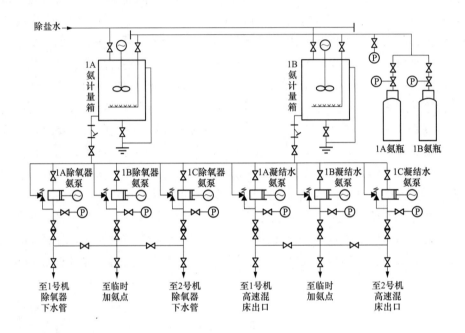

图 8-3　给水、凝结水加氨系统图

加氨处理的药剂可用液态氨和浓氨水。加药前，应先将其配成 0.3%～0.5% 的稀溶液，然后用柱塞加药泵加入凝结水净化装置的出水母管和除氧器下水管中。加药过程中，应根据凝结水和给水 pH 值手工调整氨计量泵的行程，也可根据凝结水和给水 pH 值监测信号，采用可编程控制器或工控机通过变频器控制加药泵进行自动加药。

4. 给水加氨处理存在的问题

给水采用加氨调节 pH 值，防腐效果十分明显，但因氨本身的性质和热力系统的特点，也存在不足之处。一是由于氨的分配系数较大，所以氨在水汽系统各部位的分布不均匀；二是氨水的电离平衡受温度影响很大，如温度从 25℃ 升高到 270℃，氨的电离常数从 1.8×10^{-5} 降到 1.12×10^{-6}，使水中 OH^- 离子的浓度降低。这样，给水温度较低时，为中和游离二氧化碳和维持必要的 pH 值所加的氨量，在给水温度升高后就显得不够，不足以维持必要的给水 pH 值。这是造成高压加热器碳钢管束腐蚀加剧的原因之一，由此还会造成高压加热器后给水含铁量增加的不良后果。为了维持高温给水中较高的 pH 值，则必须增加给水的含氨量，这就可能使水汽中氨浓度过高，从而将使处理凝结水的混床设备的运行周期缩短。

二、热力除氧

根据亨利定律，一种气体在与之相接触的液相中的溶解度与它在气液分界面上气相中的平衡分压成正比。在敞口设备中把水温提高时，水面上水蒸气的分压增大，其他气体的分压下降，则这些气体在水中的溶解度也下降，因而不断从水中析出。当水温达到沸点时，水面上水蒸气的压力和外界压力相等。其他气体的分压降至零，溶解在水中的气体可能全部逸出。利用亨利定律，在敞口设备（如热力除氧器）中将水加热到沸点，使水沸腾，这样水中溶解的氧就会析出，这就是热力除氧的原理。由于亨利定律在一定程度上也适用于二氧化碳等其他气体，因此热力法不仅可除去水中溶解的氧，也能同时除去水中的二氧化碳等其他气体。二氧化碳的去除，又会促使水中的碳酸氢盐分解，所以热力法还可除去水中部分碳酸氢盐。

热力除氧器的功能是把水加热到除氧器工作压力下的沸点，并且通过喷嘴产生水雾及淋水盘或填料形成水膜等措施尽可能地使水流分散，以使溶解于水中的氧及其他气体能尽快地析出。热力除氧器按其工作压力不同，可分为真空式、大气式和高压式三种。真空式除氧器的工作压力低于大气压力，凝汽器就具有真空除氧作用。因此，在高参数、大容量机组中，通常是将补给水补入凝汽器，而不是补入除氧器，这进一步改善了除氧效果，可使给水达到"无氧"状态。大气式除氧器的工作压力（约为 0.12MPa）稍高于大气压力，常称为低压除氧器。高压式除氧器在较高的压力（一般大于 0.5MPa）下工作，其工作压力随机组参数的提高而增大。目前机组通常都采用卧式高压除氧器。

三、联氨处理

1. 联氨的性质

联氨又称肼，在常温下是一种无色液体，易溶于水，它和水结合成稳定的水合联氨（$N_2H_4 \cdot H_2O$），水合联氨在常温下也是一种无色液体。在 25℃时，联氨的密度为 $1.004g/cm^3$，100％水合联氨的密度为 $1.032g/cm^3$，24％的水合联氨的密度为 $1.01g/cm^3$。在 101.3kPa 时联氨和水合联氨的沸点分别为 113.5℃和 119.5℃，凝固点分别为 2.0℃和 -51.7℃。

联氨易挥发，当溶液中 N_2H_4 的浓度不超过 40％时，常温下联氨的蒸发量不大。空气中联氨蒸气对呼吸系统和皮肤有侵害作用，所以空气中的联氨蒸气量不允许超过 1mg/L。联氨能在空气中燃烧，其蒸气量达 4.7％（按体积计）时，遇火便发生爆炸。无水联氨的闪点为 52℃，85％的水合联氨溶液的闪点可达 90℃。水合联氨的浓度低于 24％时，则不会燃烧。

联氨水溶液呈弱碱性，因为它在水中会电离出 OH^-：$N_2H_4 + H_2O \rightarrow N_2H_5^+ + OH^-$，25℃时的电离常数为 8.5×10^{-7}，它的碱性比氨的水溶液弱（25℃时，氨的电离常数为 1.8×10^{-5}）。

联氨会热分解，其分解产物可能是 NH_3、N_2 和 H_2，分解反应为：

$$5N_2H_4 \longrightarrow 3N_2 + 4NH_3 + 4H_2$$

在没有催化剂的情况下，联氨的分解速度取决于温度和pH值。温度愈高，分解速度愈高；pH值增高，分解速度降低。

联氨是还原剂，不但可以和水中溶解氧直接反应，把氧还原：

$$N_2H_4 + O_2 \longrightarrow N_2 + 2H_2O$$

还能将金属高价氧化物还原为低价氧化物，如将 Fe_2O_3 还原为 Fe_3O_4、CuO 还原为 Cu_2O 等。

2. 影响联氨除氧反应的因素

联氨除氧反应是个复杂的反应，反应速度受水的 pH 值、水温等的影响。联氨在碱性水中才显强还原性，它和氧的反应速度与水的 pH 值关系密切，水的 pH 值在 9~11 之间时，反应速度最大。温度愈高，联氨和氧的反应愈快。水温在 100℃ 以下时，反应很慢；水温高于 150℃ 时，反应很快。溶解氧量在 10μg/L 以下时，实际上联氨和氧之间不再反应，即使提高温度也无明显效果。

3. 联氨除氧的工艺条件

为了取得良好的除氧效果，给水联氨处理的合适条件应是：水温 150℃ 以上，水的 pH 值 9 以上，有适当的联氨过剩量。一般正常运行中控制省煤器入口处给水中的联氨过剩量 20~50μg/L。在锅炉启动阶段，应加大联氨的加药量，一般控制在 100μg/L。

4. 联氨的加药系统及操作注意事项

联氨处理所用药剂一般为含 40% 联氨的水合联氨溶液，也可能用更稀一些的，如 24% 的水合联氨。机组常用的给水、凝结水联胺加药系统如图 8-4 所示。

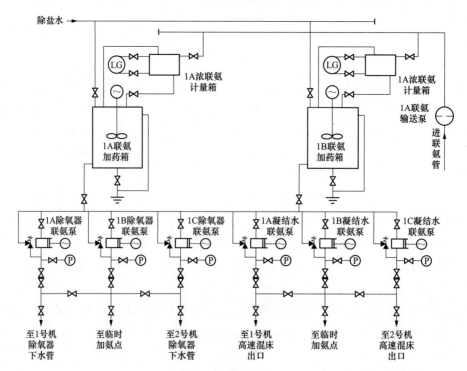

图 8-4　联氨加药系统图

为了尽量避免操作人员接触浓联氨，该系统设有浓联氨计量箱。加药前先将浓联氨通过输送泵注入该计量箱进行计量，然后再打开加药箱进口门将浓联氨引入加药箱，并加水稀释至一定浓度（如0.1%），搅拌均匀，然后即可启动加药泵把联氨加入系统。加药过程中，应根据凝结水和给水含氧量手工调整联氨计量泵的行程，也可根据凝结水和给水含氧量监测信号，采用可编程控制器或工控机通过变频器控制加药泵进行自动加药，以控制水中含氧量不大于10μg/L。由于这种加药系统基本上是密闭的，工作人员不和联氨直接接触，联氨在空气中的挥发量很小，所以比较安全。

由于联氨有毒，易挥发，易燃烧，所以在保存、运输、使用时要特别注意。联氨浓溶液应密封保存，水合联氨应贮存在露天仓库或不易燃材料仓库，联氨贮存处应严禁明火，操作或分析联氨的人员应戴眼镜和橡皮手套，严禁用嘴吸管移取联氨。药品溅入眼中应立即用大量水冲洗，若溅到皮肤上，可先用乙醇洗受伤处，然后用水冲洗，也可以用肥皂洗。在操作联氨的地方应当通风良好，水源充足，以便当联氨溅到地上时用水冲洗。

四、全挥发处理（AVT）水工况的缺点

全挥发处理（AVT）水工况的主要缺点表现在以下两个方面：

(1) 给水含铁量较高，且锅炉内下辐射区局部产生铁的沉积物多。

全挥发处理（AVT）水工况下，水汽系统中铁化合物含量变化的特征是：高压加热器至锅炉省煤器入口这部分管道系统中，由于磨损和腐蚀，水中含铁量是上升的；在下辐射区，由于铁化合物在受热面上沉积，水中含铁量下降；在过热器中，由于汽水腐蚀结果，含铁量有所上升。因此铁的氧化物主要沉积在下辐射区。下辐射区受热面面积较小，热负荷很高，沉积物聚集会使管壁温度上升。

(2) 凝结水除盐设备的运行周期缩短。凝结水除盐装置混床中阳树脂的相当多的一部分交换容量被用于吸附氨，使得除盐设备运行周期短、再生频率高。再生时排放的废水量也多，处理再生废水的费用加大，而且补足再生过程所损耗的树脂量也大，这些都提高了运行费用。为了不除掉凝结水中的氨。有采用 NH_4-OH 混合床的，但采用 NH_4-OH 混合床时，凝结水处理系统出水水质往往低于 H-OH 混合床的出水水质，且运行工况也较复杂。

第三节　空冷机组水化学工况

我国是一个严重缺水且水资源分布不平衡的国家，我国的淡水资源总量为 28 000m³，占全球水资源的6%。但是我国的人均水资源量只有2300m³，仅为世界平均水平的四分之一，是全球人均水资源最贫乏的国家之一，又是世界上用水量最多的国家，仅 2002 年，全国淡水取用量就达 5497 亿 m³，大约占世界年取用量的 13%。

在水冷凝汽器发电机组中，耗水量的90%以上是在冷却塔中蒸发掉的。空冷凝汽器采用空气直接冷却，省去了作为中间冷却介质的水。因此，采用直接空冷凝汽器系统的机组比水冷凝汽器发电机组节水约90%，这是直接空冷机组的最大优势。

因为没有循环冷却塔，也就没有循环水系统的排污问题；没有冷却塔及其临近地区形成水雾和结冰问题；电厂选址非常灵活——电厂无需靠近水源建设。这给火力发电厂建设特别是富煤而干旱缺水地区的发电厂建设开辟出了一条新路。因为北方地理环境、水资源情况和气候原因，空冷机组因其卓越的节水性能而备受青睐，目前在北方地区建设的火电机组大部分为空冷机组。

一、空冷机组及系统

当前用于发电厂的空冷系统主要有直接空冷、混合式凝汽器间接空冷和表面式凝汽器间接空冷。

直接空冷系统是指汽轮机的排汽直接用空气来冷凝，蒸汽与空气间进行热交换，冷却所需的空气由机械通风方式供应。直接空冷系统的特点是无中间介质，传热效果好，不需大型冷却塔，占地面积小，初期投资相对较低，运行灵活，防冻性能好。不足之处是严密性要求高，启动抽真空时间长，厂用电较高，风机噪声大。

具有混合式凝汽器的间接空冷系统主要由喷射式凝汽器和空冷塔构成。在凝汽器中把汽轮机的排汽凝结成水，凝结水被打到空冷塔里具有人字形翅片管束的散热器中，经与空气对流换热，冷却后通过调压泵的冷却水再送入凝汽器进入下一循环。由于直接混合，循环水纯度与凝结水要求一样。混合式间接空冷系统的优点是没有水的损失，可采用自然通风冷却塔，布置也较灵活。缺点是设备多，系统较复杂，散热器防冻性能差，初期投资高于直接空冷系统。

表面式凝汽器的间接空冷系统主要由表面式凝汽器和空冷塔构成。该系统与常规的湿冷系统基本相仿，只是用空冷塔代替湿冷塔，用除盐水代替循环水，用密闭式循环冷却水系统代替敞开式循环冷却水系统，凝汽器用不锈钢管代替铜管。表面式间接空冷系统的优点是厂用电低，设备少，冷却水系统与汽水系统分开，冷却水量可调节，冷却水系统中可充防冻液防冻。缺点是占地面积大，基建投资高，由于系统中两次换热都是表面式换热，效率有所降低。

二、热冷机组水化学工况

（1）水质特点：由于空冷系统理论上不存在水的消耗，所以空冷机组的冷却水使用化学除盐水或凝结水，不存在湿式冷却那样因凝汽器泄漏污染水质的情况。空冷系统庞大，系统的严密性较差，如果冷却水和凝结水为同一水系，则凝结水的含氧量较高。在空冷系统投运初期，系统内的杂质置换时间长，如空冷系统中的灰尘、砂粒通常要经过较长的时间才能冲洗干净。

（2）空冷系统的凝结水与大面积的空冷金属部件接触，可能产生两方面的危害：

1）金属的腐蚀产物成为凝结水精处理的严重负担。在机组投运的初期，如果使用粉末树脂过滤器，运行几个小时就失效，更换粉末树脂的费用相当高。

2）为了提高空冷效果，空冷管元件设计的比较薄，按主机和主要辅机的设计寿命为30年考虑，必须采用适当的运行防腐措施和停（备）用防腐措施，以保证空冷系统的使用寿命与主机同寿命。

对于只有碳钢材料的空冷系统防腐相对简单,对于含有混合金属的空冷系统,如铝、铁系统,铜、铁系统,防腐就比较复杂,往往不能使两种金属同时处于最佳的防腐状态。在实际工作中往往采用折中的方法。现代大型空冷系统多采用单一的金属材料—碳钢。

(3) 设置以除去腐蚀产物为主的凝结水精处理。由于冷却水与大面积的空冷金属元件接触,凝结水中的含铁量(或含铝量)远远超过锅炉给水水质标准。凝结水精处理可设置串联固定阳、阴床或单独使用混床,也可使用粉末树脂过滤器。它们各有各的优缺点。使用固定阳床、阴床的优点是系统可除去腐蚀产物和盐类,有利于机组投运初期水质控制。耐温较差的阴树脂在夏季因高温退出运行,但阳床继续运行,有利于除去凝结水腐蚀产物。缺点是设备投资大,运行维护费用高。使用混床的优点是可除去凝结水中的腐蚀产物和盐类,出水水质好。缺点是凝结水温度高时混床因有不耐温度的阴树脂而不得不退出运行。粉末树脂过滤器的优点是使用温度相对较高,由于粉末树脂是一次性使用,树脂热分解需要温度和时间,一般运行一个周期(约3周)树脂尚未达到降解的程度。缺点是不能对凝结水进行除盐,投运初期水质难以保证,运行费用也较高。

(一) 间接空冷机组的水化学工况

我国研究并采用间接空冷技术比较早,但发展缓慢。在20世纪80年代大同第二发电厂引进匈牙利空冷技术,建成2台200WM海勒空冷机组。20世纪90年代在消化吸收国外空冷技术的基础上内蒙古丰镇电厂建成3台200WM海勒空冷机组,太原第二热电厂建成2台200WM哈蒙式空冷供热机组。当时由于工业发展缓慢,工业用水的消耗量不是很大,建设空冷机组的迫切程度不像现在这样高。相对直接空冷技术而言,间接空冷的制造技术和控制技术都要简单些。

1. 海勒式间接空冷机组

(1) 海勒式空冷系统简介。

海勒式空冷系统是匈牙利海勒(Heller)教授在20世纪50年代为解决因缺乏冷却水而提出的一种间接空冷系统。1961年在鲁其利建成120WM的空冷机组,后经过多次改进,使其空冷机组逐步完善。海勒式空冷系统示意图如图8-5所示。

空冷塔为水泥结构,内有多组空冷散热器,用自然通风的方式冷却管子里的水。凝结水和冷却水为同一水。为了提高散热效果,散热器的材质选用铝材。空冷系统水的循环流程为:经过冷却塔冷却的冷却水通过水轮发电机,进行能量回收后进入凝汽器,以喷射的方式冷凝汽轮机的排汽,凝结水通过循环水泵进

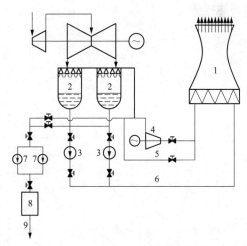

图 8-5 海勒式空冷系统示意图

1—空冷塔;2—喷射式凝汽器;3—循环水泵;
4—水轮发电机;5—回水管;6—来水管;7—凝结水泵;
8—凝结水精处理混床;9—至低压给水系统

入空冷塔进行冷却。冷却后的一部分水通过凝结水泵进入到凝结水精处理,主要是除去水中的腐蚀产物。

(2) 海勒式空冷化学水工况。

由于散热器采用了传热性能较好的铝制散热器，而冷却水与凝结水又为同一种水，给空冷系统的防腐带来较大的难度。如果采用给水加氨处理，则蒸汽的 pH 值必然会增高，铝制散热器的腐蚀就相当严重。受铝材质的制约，锅炉给水处理只能采用中性。由于碳钢在中性水中腐蚀速度很高，无法满足锅炉给水含铁量的要求，人们很自然就想到了加氧处理。因为加氧处理后水汽系统的含铁量较低，并且与 pH 值的关系不大。我国最早实行汽包锅炉加氧处理。其水质指标如下：

给水的氢电导率控制在 $0.3\mu S/cm$ 以下，pH 值控制在 $6.8\sim7.8$，溶解氧控制在 $50\sim500\mu g/L$。在实际运行中，给水的氢电导率在 $0.2\sim0.3\mu S/cm$，夏季高温时到 $0.35\mu S/cm$，给水不加氨、联氨，也不加氧，仅靠空冷系统漏入的空气和适当的除氧器排气门开度维持溶解氧量。空气漏入空冷系统后经凝结水混床除去二氧化碳，经除氧器除去部分氮气和氧气。

空冷机组锅炉炉水处理也同样不能使用挥发性的碱，可使用微量的氢氧化钠处理，也可以使用低磷酸盐处理。目前这两种方式在空冷机组都得到应用。

2. 哈蒙式间接空冷机组

(1) 哈蒙式空冷系统简介。

哈蒙式空冷系统与一般的湿式冷却系统相似，配备表面式凝汽器，凝结水与冷却水彼此独立，见图8-6。我国 200MW 哈蒙式空冷机组于 1994 年在太原第二发电厂建成 $2\times200MW$ 的空冷供热机组。由于凝汽器为铜管，设有凝结水精处理，初投资稍高，但运行费用低。我国随后建设的机组都在 300MW 及以上，按设计规程需要配置凝结水精处理，凝汽器再使用铜管投资费用和运行费用都要增加，所以以后建设的空冷机组再也没有采用这种空冷方式。

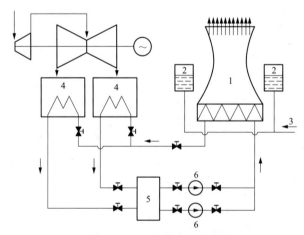

图 8-6　哈蒙式空冷系统示意图

1—空冷塔；2—高位水箱；3—空冷补水；

4—喷射式凝汽器；5—塔底环形水箱；6—循环水泵

(2) 哈蒙式空冷化学水工况。

哈蒙式空冷系统是单独的冷却系统，并且不需要补水，因此可采用除盐水，还可以单独加药进行防腐处理。200MW 机组冷却水接触的碳钢面积为 5000m²，接触的黄铜管的面

积为 $10^4 m^2$，冷却水的容积为 $2200 m^3$。由于系统存在碳钢和黄铜两种材质，它们的电化学性能存在显著的差异，因此就需要研究适合这两种材质的化学水工况。按照空冷系统水容积大，停用期间不宜放水的特点，经过研究，其运行、停用期间为同一水质的化学水工况，即：采用 Hsn70-1A 黄铜管的表面式凝汽器、碳钢散热器的空冷系统，在优先考虑碳钢耐腐蚀寿命的前提下，其化学水工况宜采用碱性除氧工况，碱化剂为氨，除氧剂为催化联氨。水质控制指标为 pH＝$10\sim10.5$，催化联氨 $40\sim100 mg/L$，溶解氧浓度小于 $20\mu g/L$。在此化学水工况下长期运行及检修停用，碳钢和黄铜均未出现局部腐蚀。腐蚀产物及长期运行的水质也未对金属的腐蚀速度有明显的影响，满足工程的需要。

（二）直接空冷机组的水化学工况

1. 直接空冷技术介绍

直接空冷系统以其投资小，适应性强以及冷却效率高等特点，目前被广泛使用，以下就直接空冷机组水化学工况的相关问题做详细介绍。目前投产和在建的直接空冷机组见表 8-1。

表 8-1 全国直接空冷机组部分电厂

电厂名称	机组容量（MW）	台数	投运日期
章泽电厂	300	2	2003
华能山西榆社电厂	300	2	2004
国电大同二电厂	600	2	2006
内蒙古上都电厂	600	4	2006
内蒙古托克托电厂	600（660MW）	6	2005（2016）
国华锦界电厂	600	4	2006
内蒙古达拉特电厂	600	2	2007
华能铜川电厂	600	4	2007
华能伊敏电厂	600	2	2007

汽轮机的排汽通过大直径的管道进入布置于主厂房前的空冷凝汽器，采用轴流风机使冷空气流过空冷凝汽器，以此使蒸汽得到冷凝，冷凝水经过处理后送回到凝结水系统。当然，要长期稳定地完成这个过程，还涉及到其他诸多因素。为了便于清楚地说明系统所要求达到的性能，人为地将该系统划分为若干个子系统。

直接空冷机组汽水流程见图 8-7，各子系统的基本性能要求叙述如下：

（1）空冷凝汽器系统。空冷凝汽器系统是由担负散热任务的空冷凝汽器和提供冷却空气的轴流风机等设备组成，以 600MW 直接空冷凝汽器为例，其参数见表 8-2。

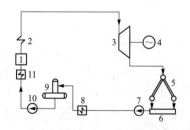

图 8-7 直接空冷机组汽水流程图

1—锅炉；2—过热器；3—汽轮机；4—发电机；
5—空冷凝汽器；6—凝结水箱；7—冷凝水泵；
8—低压加热器；9—除氧器；
10—给水泵；11—高压加热器

表 8-2   600MW 直接空冷凝汽器参数

凝汽器形式	顺流	逆流
冷却三角数	40	16
翅片管外形尺寸（mm）	219×19	219×19
翅片外形尺寸（mm）	190×19	190×19
翅片厚度（mm）	0.25	0.25
翅片间距（mm）	2.3	2.3
翅片管/翅片材质	碳钢/铝	碳钢/铝
翅片管加工方法	波形板钎焊	波形板钎焊
翅片管排数	1	1
扁平基管横截面尺寸（mm）	216×16	216×16
扁平基管壁厚（mm）	1.5	1.5
管束数	480	192
管束尺寸（m）	10×2.22×0.4	10×2.22×0.4
每一管束迎风面积（m²）	22.2	22.2
每一管束芯管总数	39	39
每一管束翅片面积（m²）	2735	2735
每一管束重量（t）	3.7	3.7
进风口高度（m）	43	43
设计条件下初始温差（ITD）（K）	37.1	37.1
设计压力（bar.g）	0.45	0.45
试验压力（bar）	0.02	0.02
设计温度（℃）	120	120
制造厂	GEA	GEA
空冷系统占地面积〔长(m)×宽(m)〕	93.24×91.2	

（2）排汽管道系统。排汽管道系统是指从汽轮机低压缸（排汽装置）出口到与连接各空冷凝汽器的蒸汽分配管之间的管道以及在排汽管道上设置的滑动和固定支座、膨胀补偿器、相关的隔断阀门等。

（3）凝结水收集系统。凝结水收集系统是指汽轮机排汽经空冷凝汽器凝结成水后，通过凝结水管道收集到凝结水箱，然后通过凝结水泵送入凝结水精处理系统。排汽管道系统的疏水以及其他的疏水进入疏水水箱后通过疏水水泵也送入凝结水箱。

（4）抽真空系统。抽真空系统由三台同容量的水环式真空电动泵（即正常运行时一运两备；机组启动时全部投运）以及所需的管道、阀门等组成。真空泵的排气通过消音器排入大气。该系统用于将空冷凝汽器中不能凝结的气体抽出，以便保持系统的真空状态。该系统也同样要求严密不漏气，并且在运行过程中始终保证有一台真空泵抽气装置工作。

（5）空冷凝汽器清洗系统。为了防止落在空冷凝汽器表面的灰尘影响散热效果和腐蚀，需设置半自动的水力清洗系统。定期对空冷凝汽器进行清洗。清洗系统在机组运行中也应能对空冷凝汽器进行冲洗。

（6）控制系统。直接空冷系统在机组集中控制室进行控制。在集中控制室内的分散控制系统（DCS）中设独立的控制器对直接空冷系统进行监控。控制系统以计算机控制实现了直接空冷系统的正常启停；正常运行工况的监视和调整；异常工况的报警和紧急事故的处理。

2. 直接空冷机组的水化学工况

直接空冷式凝汽器是非封闭式的，汽轮机排出的蒸汽在鳍片管束内流动，空气在鳍片管外对蒸汽直接冷却。为了提高冷却效果，管束下面装有风扇进行强制通风或将管束建在自然通风塔内。目前一般采用强制通风。与传统湿冷机组相比，凝结水有如下特点：

（1）凝结水含盐量低且稳定。由于采用空气冷却，不存在常规水冷式机组凝汽器泄漏污染凝结水的问题，因此其凝结水含盐量明显低于常规水冷机组，数值大小仅决定于蒸汽品质以及系统腐蚀产物。

（2）凝结水温度较湿冷机组高。由于空冷机组的背压比水冷机组高，所以空冷机组凝结水温度比水冷机组要高，一般空冷机组凝结水温度可达 $60\sim80℃$ 比环境大气温度高出 $30\sim40℃$。

（3）空冷系统庞大，导致铁、溶解氧气等含量高。空冷机组由于冷却面积和系统庞大，又在高真空条件下工作，因此漏入空气的机会增多，凝结水中溶解氧气的含量增多；也正因为系统庞大，凝结水中金属腐蚀产物增高，主要是铁的氧化物。

（4）精处理系统的特点。由于直接空冷机组凝结水的水质特点，凝结水精处理系统与水冷机组不同，由于凝结水的温度高而普通精处理高速混床阴树脂不宜长期在温度高于 $60℃$ 水温下运行时，夏季空冷机组凝结水温度基本都超过此温度，这样普通高速混床就无法投运。因此空冷机组凝结水精处理一般采用阳床加阴床或粉末过滤器系统。

由于阳床加阴床系统和粉末树脂覆盖过滤器系统，各自的特点及处理水质的能力不同，因此应用不同系统的空冷机组在机组试运时也要采取不同的措施才能使机组水汽指标尽快符合标准。

由于直接空冷系统采用全铁系统，机组也可采取全钢系统，所以化学水工况只考虑碳钢的防腐即可。最简单可行的方式是提高水汽系统的 pH 值。根据凝结水处理方式可分两种情况，一是采用粉末树脂过滤器，对 pH 值没有要求，因此可采用提高 pH 值的方法。二是固定阳床、阴床。如果阳床按 H 型运行方式，就不能过高的提高 pH 值，防腐效果差。如果按 H 型→铵型的运行方式，即运行中氨化，可提高 pH，目前大多采用后者。

思考题

1. 为什么炉水的 pH 要控制在 9.0~9.5 的范围内？

2. 叙述氨的性质及其在水汽系统中的理化过程。

3. 试述给水除氧原理。

4. 给水加氨的目的是什么？运行条件有哪些？

5. 试述给水加联氨的目的和原理，运行条件是什么？

6. 试述全挥发处理（AVT）水化学工况和空冷机组水化学工况的特点。

第九章

热力设备腐蚀与防护

第一节　腐蚀的定义及类型

一、腐蚀定义

由于材料与环境反应而引起材料的破坏或变质称为腐蚀。材料包括金属材料和非金属材料。金属腐蚀可定义为：由于金属与环境反应而引起金属的破坏或变质；或除了单纯机械破坏以外金属的一切破坏；或金属与环境之间的有害反应。金属表面和它接触的物质发生化学或电化学作用，使金属从表面开始破坏，这种破坏称为腐蚀，例如，铁器生锈和铜器长铜绿等，就是铁和铜的腐蚀。腐蚀有均匀腐蚀和局部腐蚀两类。

金属腐蚀过程就是材料和环境的反应过程。环境一般指材料所处的介质、温度和压力等。

电厂的热力设备在制造、运输、安装、运行和停运期间，会发生各种形态的腐蚀。我们研究热力设备腐蚀的任务，就是要认真分析热力设备腐蚀的特点，了解腐蚀产生的条件，找出腐蚀产生的原因，掌握腐蚀的防止方法。

目前在发电厂中比较常见的腐蚀是给水系统的腐蚀、锅内腐蚀、汽轮机腐蚀以及凝汽器腐蚀等。

二、腐蚀类型

1. 均匀腐蚀

均匀腐蚀是金属和侵蚀性物质相接触时，整个金属表面都产生不同程度的腐蚀。

2. 局部腐蚀

局部腐蚀只在金属表面的局部位置产生腐蚀，结果形成溃疡状、点状或晶粒间腐蚀等。图 9-1 中所示的是各种腐蚀类型。

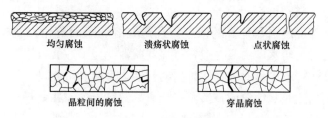

图 9-1　腐蚀类型

（1）溃疡状腐蚀。这种腐蚀是发生在金属表面的个别点上，而且是逐渐往深度发展的。

（2）点状腐蚀。点状腐蚀与溃疡腐蚀相似，不同的是点状腐蚀的面积更小，直径在0.2～1mm之间。

（3）晶粒间腐蚀。晶粒间腐蚀是金属在侵蚀性物质（如浓碱液）与机械应力共同作用下，腐蚀是沿着金属晶粒边界发生的，其结果使金属产生裂纹，引起机械性能变脆，造成金属苛性脆化。

（4）穿晶腐蚀。穿晶腐蚀是金属在多次交变应力（如振动或温度、压力的变化等）和侵蚀性介质（碱、氯化物等）的作用下，腐蚀穿过晶粒发生的，其结果引起金属机械性能变脆以致造成金属横向裂纹。

总之，局部腐蚀能在较短的时间内，引起设备金属的穿孔或裂纹，危害性较大；均匀性腐蚀虽然没有显著缩短设备的使用期限，但是腐蚀产物被带入锅内，就会在管壁上形成铁垢，引起管壁的垢下腐蚀，影响安全经济运行。

第二节 给水系统的腐蚀与防护

一、给水系统腐蚀的原因

给水系统是指凝结水的输送管道、加热器、疏水的输送管道和加热设备等。这些设备的腐蚀结果，不仅使设备受到损坏，更严重的是使给水受到了污染。

给水虽然是电厂中较纯净的水，但其中还常含有一定量的氧气和二氧化碳气。这两种气体是引起给水系统金属腐蚀的主要因素。

1. 水中溶解氧

水中溶解有氧气引起设备腐蚀的特征一般是在金属表面形成许多小型鼓包，其直径由1mm至30mm不等。鼓包表面的颜色有黄褐色或砖红色，次层是黑色粉末状的腐蚀产物。当这些腐蚀产物被清除后，便会在金属表面出现腐蚀坑。

氧腐蚀最容易发生的部位是给水管道、疏水系统和省煤器等处。给水经过除氧后，仍有少量氧，给水在省煤器中由于温度较高，含有少量氧也可能使金属发生氧腐蚀。特别是当给水除氧不良时，腐蚀就会更严重。

（1）产生耗氧腐蚀的部位。

锅炉运行时，耗氧腐蚀通常发生在给水管道、省煤器、补给水管道、疏水系统的管道和设备及炉外水处理设备等。凝结水系统受耗氧腐蚀程度较轻，因为凝结水中正常含氧量低于30μg/L，且水温较低。

决定耗氧腐蚀部位的因素是氧的浓度。凡是有溶解氧的部位，就有可能发生耗氧腐蚀。锅炉正常运行时，给水中的氧一般在省煤器就消耗完了，所以锅炉本体不会遭受耗氧腐蚀。但当除氧器运行不正常时或在锅炉启动初期，溶解氧可能进入锅炉本体，造成汽包和下降管腐蚀；因为此时水冷壁内一般不可能有溶解氧腐蚀。在锅炉运行时，省煤器的入口段的腐蚀一般比较严重。

（2）耗氧腐蚀特征。

钢铁发生耗氧腐蚀时，钢铁表面形成许多小型鼓包或称瘤状小丘，形同"溃疡"，这些小丘的大小及表面颜色相差很大。小至一毫米，大到几十毫米。低温时铁的腐蚀产物颜色较浅，以黄褐色为主；温度较高时，腐蚀产物颜色较深，为砖红色或黑褐色。

（3）耗氧腐蚀机理。

碳钢表面由于电化学性质不均匀，如因金相组织的差别、冶炼夹杂物的存在、氧化膜的不完整、氧浓度差别等因素造成各部分电位不同，形成微电池作用，发生腐蚀，反应式为

阳极反应：
$$Fe \longrightarrow Fe^{2+} + 2e$$

阴极反应：
$$O_2 + 2H_2O + 4e \longrightarrow 4OH^-$$

所生成的 Fe^{2+} 进一步反应，即 Fe^{2+} 水解产生 H^+，反应式为

$$Fe^{2+} + H_2O \longrightarrow FeOH^+ + H^+$$

H^+ 易将钢中夹杂物如 MnS 溶解，其反应式为

$$MnS + 2H^+ \longrightarrow H_2S + Mn^{2+}$$

生成的 H_2S 加速铁的溶解，因腐蚀而形成的微小蚀坑将进一步发展。由于小蚀坑的形成，Fe^{2+} 的水解，坑内的溶液和坑外溶液相比，pH 值下降，溶解氧的浓度下降，形成电位的差异，坑内的钢进一步腐蚀，蚀坑得到扩展和加深。所生成的腐蚀产物覆盖坑口，氧很难扩散进入坑内。坑内由于 Fe^{2+} 的水解溶液 pH 值进一步下降，这样蚀坑可进一步扩散，形成闭塞电池。闭塞区内继续腐蚀，钢变成 Fe^{2+}，并且水解产生 H^+。为了保护电中性，Cl^- 可以通过腐蚀产物电迁移进入闭塞区，O_2 在腐蚀产物外面蚀坑的周围还原成为阴极保护区。

可以通过碳钢浸在中性的充气 NaCl 溶液的试验来看一下热力设备运行时的氧腐蚀机理，如图 9-2 所示。

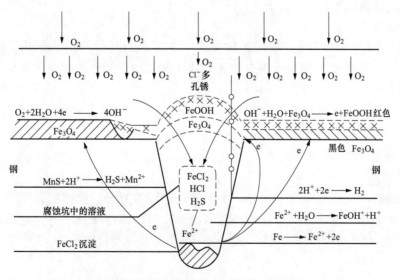

图 9-2　铁在中性充气 NaCl 溶液中耗氧腐蚀机理示意

热力设备运行时耗氧腐蚀的机理和碳钢在充气 NaCl 溶液中的机理相似。虽然在充气 NaCl 溶液中氧、Cl^- 浓度高，但是热力设备运行时同样具备闭塞电池腐蚀的条件。

第一，能够组成腐蚀电池。由于炉管表面的电化学不均匀性，可以组成腐蚀电池，阳极反应为铁离子化，生成的铁离子会水解使溶液酸化，阴极反应为氧的还原。

第二，可以形成闭塞电池。腐蚀反应产生铁的氧化物，不能形成保护膜，却阻碍氧的扩散，腐蚀产物下面的氧耗尽后，得不到氧的补充，形成闭塞区。

第三，闭塞区内继续腐蚀。钢变成 Fe^{2+}，而 Fe^{2+} 发生水解，产物疏松不具有保护性，Fe^{2+} 可以通过腐蚀产物电迁移进入闭塞区，在腐蚀产物外面腐蚀坑的周围还原成为阴极保护区。

（4）耗氧腐蚀的影响因素。

运行设备的耗氧腐蚀的关键在于形成闭塞电池，金属表面保护的完整性直接影响闭塞电池的形成。所以影响膜完整的因素，也是影响耗氧腐蚀总速度和腐蚀分布状况的因素。各种耗氧腐蚀所起的作用要进行具体分析。

水中氧浓度的影响。在发生耗氧腐蚀的条件下，氧浓度增加，能加速电池反应，例如，凝结水的含氧量比给水的含氧量高，所以凝结水系统的腐蚀比给水系统严重。

疏水系统中由于疏水箱一般不密闭，因此耗氧腐蚀比较严重。

（5）防止方法。

要防止耗氧腐蚀，主要的方法是减少水中的溶解氧，或在一定条件下增加溶解氧。对于热力发电厂，因为天然水中溶有氧气，所以补给水中含有氧气。汽轮机凝结水中也有氧，因为空气可以从汽轮机低压缸、凝汽器、凝结水泵或其他处于真空状态下运行的设备不严密处漏入凝结水。敞口的水箱、疏水系统和生产返回水泵中，也会溶入空气。可见，给水中必然含有溶解氧。通常，我们用给水除氧的方法来防止锅炉运行期间的耗氧腐蚀。

给水除氧常采用热力除氧法和化学药剂除氧法。热力除氧法是利用热力除氧器将水中溶解氧除去，它是给水除氧的主要措施。化学药剂除氧法是在给水中加入还原剂除去热力除氧后给水中残留的氧，它是给水除氧的辅助措施。

2. 水的 pH 值

当水的 pH 值小于 4 时，主要是酸性腐蚀。耗氧腐蚀作用相对来说影响比较小。

当水的 pH 值为 4～9 时，钢腐蚀主要取决于氧浓度，随氧浓度增大而增大，与水的 pH 值关系很小。

当水的 pH 值为 9～13 范围内，因钢的表面能生成较完整的保护膜，抑制了耗氧腐蚀。

当水的 pH 值大于 13 时，钢的腐蚀产物为可溶性的铁的含氧酸盐，因而腐蚀速度急剧上升。溶解氧含量的影响不显著。

3. 水的温度

密闭系统中，当氧的浓度一定时，水温升高，铁的溶解反应速度和氧的还原速度增加，所以腐蚀加速。在敞口系统中，随温度的升高，氧向钢铁表面的扩散速度增快，而氧的溶解度下降，实验表明大约水温为 80℃时，耗氧腐蚀速度最快。

4. 水中离子成分

水中不同离子对腐蚀速度的影响很大，有的离子能减缓腐蚀，有的会加剧腐蚀。一般水中 H^+、SO_4^{2-}、Cl^- 对钢的腐蚀起加速作用，因它们能破坏钢铁表面的氧化物保护层。水中 H^+、SO_4^{2-}、Cl^- 的浓度不是很大时，能促进金属表面保护膜的形成，因而能减轻腐蚀；浓度过大时，则能破坏表面保护膜，使腐蚀加剧。

5. 水的流速

一般情况下，水的流速增大，氧达到金属表面的扩散速度增加，金属表面的滞流液层也变薄，钢铁耗氧腐蚀速度加快；当水流速度增大到一定程度，且溶解氧量足够时，金属表面可生成氧化保护层；水速再增大时，水流可因冲刷而破坏保护层，促使耗氧腐蚀。

6. 水中溶解 CO_2

二氧化碳溶于水后，能与水结合成为碳酸（H_2CO_3），使水的 pH 值降低。当 CO_2 溶解到纯净的给水中，尽管数量很微小也能使水的 pH 值明显下降。在常温下纯水的 pH 为 7.0，当水中 CO_2 的浓度为 1mg/L 时，其 pH 值由 7.0 降至 5.5。这样的酸性水能引起金属的腐蚀。水中二氧化碳对设备腐蚀的状况是金属表面均匀变薄，腐蚀产物带入锅内。

7. 水中同时含有 O_2 和 CO_2

当水中同时含有 O_2 和 CO_2 时，金属腐蚀更加严重。因为氧和铁产生电化学腐蚀形成铁的氧化物或铁的氢氧化物，它们能被含有 CO_2 的酸性水所溶解。因此，CO_2 促进了氧对铁的腐蚀。

这种腐蚀状况是金属表面没有腐蚀产物，腐蚀呈溃疡状。

二、给水系统腐蚀的防止方法

防止给水系统腐蚀的主要措施是给水除氧和给水加氨处理。

1. 给水除氧

去除水中氧气的方法有热力除氧法和化学除氧化，其中以热力除氧为主，化学除氧为辅。

（1）热力除氧法。氧气和二氧化碳气在水中的溶解度与水的温度、氧气或二氧化碳气的压力有关。若将水温升高或使水面上氧气或二氧化碳气的压力降低，则氧气或二氧化碳气在水中的溶解度就会减小而逸掉。当给水进入除氧器时，水被加热而沸腾，水中溶解的氧气和二氧化碳气，就会从水中逸出并随蒸汽一起排掉。

为了保证能比较好地把给水中的氧除去，除氧器在运行时，应做到以下几点：

1）水应加热到与设备内的压力相当的沸点，因此，需要仔细调节蒸汽供给量和水量，以保证除氧水一直处于沸腾状态。在运行中，必须经常监督除氧器的压力、温度、补给水量、水位和排气门的开度等。

2）补给水应均匀分配给每个除氧器，在改变补给水流量时，应不使其波动太大。

对运行中的除氧器，必须有计划地进行定期检查和检修，防止喷嘴或淋水盘脱落、盘孔变大或堵塞。必要时，对除氧器要进行调整试验，使之运行正常。

（2）化学除氧法。电厂中用作化学除氧药剂的有：亚硫酸钠（Na_2SO_4）和联氨（N_2H_4）。亚硫酸钠只用作中压锅炉的给水化学除氧剂，联氨可作为高压和高压以上锅炉的给水化学除氧剂。联氨能与给水中的溶解氧发生化学反应，生成氮气和水，使水中的氧气得到消除：

$$N_2H_4 + O_2 \longrightarrow N_2 + 2H_2O$$

上面反应生成的氮气是一种很稳定的气体，对热力设备没有任何害处。此外，联氨在高温水中能减缓铁垢或铜垢的形成。因此，联氨是一种较好的防腐防垢剂。

联氨与水中溶解氧发生反应的速度，与水的 pH 值有关。当水的 pH 为 9~11 时，反应速度最大。为了使联氨与水中溶解氧反应迅速和完全，在运行时应使给水为碱性。

当给水中残余的联氨受热分解后，就会生成氮气和氨：

$$3N_2H_4 \longrightarrow N_2 + 4NH_3$$

产生的氨能提高凝结水的 pH 值，有益于凝结水系统的防腐。但是，过多的 NH_3 会引起凝结水中铜部件的腐蚀。在实际生产中，给水联氨过剩量应控制在 $20\sim50\mu g/L$。

联氨的加入方法：将联氨配成 $0.1\%\sim0.2\%$ 的稀溶液，用加药泵连续地把联氨溶液送到除氧器出口管，由此加入给水系统。

2. 给水加氨处理

这种方法是向给水中加入氨气或氨水。氨易溶于水，并与水发生下列反应使水呈碱性：

$$NH_3 + H_2O \longrightarrow NH_4OH$$

$$NH_4OH \Longrightarrow NH_4^+ + OH^-$$

如果水中含有 CO_2 时，则会和 NH_4OH 发生下列反应：

$$NH_4OH + CO_2 \longrightarrow NH_4HCO_3$$

当 NH_3 过量时，生成的 NH_4HCO_3 继续与 NH_4OH 反应，得到碳酸铵：

$$NH_4OH + NH_4HCO_3 \longrightarrow (NH_4)_2CO_3 + H_2O$$

由于氨水为碱性，能中和水中的 CO_2 或其他酸性物质，所以能提高水的 pH 值。一般给水的 pH 值应调整在 $9.2\sim9.6$ 的范围内。

氨有挥发性，用氨处理后的给水在锅内蒸发时，氨又能随蒸汽带出，使凝结水系统的 pH 值提高，从而保护了金属设备。但是使用这种方法时，凝结水中的氨含量应小于 $2\sim3mg/L$；氧含量应小于 $0.05mg/L$。加到给水中的氨量，应控制在 $1.0\sim2.0mg/L$ 的范围内。

此外，某些胺类物质，如莫福林和环己胺，它们溶于水显碱性，也能和碳酸发生中和反应，并且胺类对铜、锌没有腐蚀作用。因此，可以用其来提高给水的 pH 值。由于这种药品价格贵，又不易得到，所以目前没有广泛使用。

第三节　锅炉水汽系统腐蚀与防护

一、炉内腐蚀的种类

当给水除氧不良或给水中含有杂质时，可能引起锅炉管壁的腐蚀。炉内常见的腐蚀有氧腐蚀、沉积物下的腐蚀、苛性脆化、亚硝酸盐腐蚀。

1. 氧腐蚀

金属设备在一定条件下与氧气作用引起的腐蚀，称为氧腐蚀。

当除氧器运行不正常，给水含氧量超过标准时，首先会使省煤器的进口端发生腐蚀；含氧量大时，腐蚀可能延伸到省煤器的中部和尾部，直至锅炉下降管。

锅炉在安装和停用期间，如果保护不当，潮湿空气就会侵入锅内，使锅炉发生氧腐蚀。这种氧腐蚀的部位很广，凡是与潮湿空气接触的任何地方，都能产生氧腐蚀，特别是积水放不掉的部位更容易发生氧腐蚀。

2. 沉积物下的腐蚀

金属设备表面沉积物下面的金属所产生的腐蚀，称为沉积物下的腐蚀。造成锅炉沉积物下面的金属发生腐蚀的条件是炉口含有金属氧化物、盐类等杂质，在锅炉运行条件下发生下列过程：

首先，炉水中的金属氧化物，在锅炉管壁的向火侧形成沉积物。

然后，在沉积物形成的部位，管壁的局部温度升高，使这些部位炉水高度浓缩。

由于这些浓缩的锅炉水中含有的盐类不同，可能发生酸性腐蚀，也可能发生碱性腐蚀。

（1）酸性腐蚀。当锅炉水中含有 $MgCl_2$ 或 $CaCl_2$ 等酸性盐时，浓缩液中的盐类发生下列反应：

$$MgCl_2 + 2H_2O \longrightarrow Mg(OH)_2 \downarrow + 2HCl$$

$$CaCl_2 + 2H_2O \longrightarrow Ca(OH)_2 \downarrow + 2HCl$$

产生的 HCl，增强了浓缩液的酸性，使金属发生酸性腐蚀。这种腐蚀的特征是沉积物下面有腐蚀坑。坑下金属的金相组织有明显的脱碳现象，金属的机械性能变脆。

（2）碱性腐蚀。当炉水中含有 NaOH 时，在高度浓缩液中的 NaOH 能与管壁的 Fe_3O_4 氧化膜以及铁发生反应：

$$Fe_3O_4 + 4NaOH \longrightarrow 2NaFeO_2 + Na_2FeO_2 + 2H_2O$$

$$Fe + 2NaOH \longrightarrow Na_2FeO_2 + H_2 \uparrow$$

反应结果使金属发生碱性腐蚀。碱性腐蚀的特征，是在疏松的沉积物下面有凸凹不平的腐蚀坑，坑下面金属的金相组织没有变化，金属仍保持原有的机械性能。

沉积物下腐蚀，主要发生在锅炉热负荷较高的水冷壁管向火侧。

3. 苛性脆化

苛性脆化是一种局部腐蚀，当金属不能承受炉水所给予的压力时，就会产生极危险的炉管爆破事故。

金属苛性脆化是在下面因素共同作用下发生的：

（1）炉水中含有一定量的游离碱（如苛性钠等）。

（2）锅炉铆缝处和胀口处有不严密的地方，炉水从该处漏出并蒸发、浓缩。

（3）金属内部有应力（接近于金属的屈服点）。

4. 亚硝酸盐腐蚀

高参数的锅炉应注意亚硝酸盐引起的腐蚀。亚硝酸盐在高温情况下，分解产生氧，使金属发生氧腐蚀。腐蚀的特征呈溃疡状。这种腐蚀在上升管的向火侧比较严重。

二、防止炉内腐蚀的措施

（1）保证除氧器的正常运行，降低给水含氧量。

（2）做好补给水的处理工作，减少给水杂质。

（3）做好给水系统的防腐工作，减少给水中的腐蚀产物。

（4）防止凝汽器泄漏，保证凝结水的水质良好。

（5）做好停炉的保护工作和机组启动前汽水系统的冲洗工作，防止腐蚀产物带入锅内。

（6）运行锅炉应定期进行化学清洗，清除炉内的沉积物。

第四节　热力设备监督检查

一、检查的目的和要求

(1) 化学监督检查的目的是掌握热力设备的腐蚀、结垢或积盐等状况，建立有关档案；评价机组在运行期间所采用的给水、炉水处理方法是否合理，监控是否有效；评价机组在基建和停（备）用期间所采取的各种保护方法是否合适。对检查发现的问题或预计可能要出现的问题进行分析，提出改进方案和建议。

(2) 机组在检修时，生产管理部门和机、炉、电专业的有关人员应根据化学检查项目，配合化学专业进行检查。

(3) 机、炉专业应按检修期间化学监督检查的具体要求进行割管或抽管，及时通知化学人员进行相关检查和分析。汽包、下联箱、汽轮机、凝汽器等重要设备打开后，化学专业先做检查，然后再进行检修，检修完毕后及时通知化学专业有关人员参与验收。

(4) 机组检修结束后一个月内应完成化学监督检查报告。

(5) 主要设备的垢样或管样应干燥保存，时间不少于一个大修周期。机组检修化学检查监督报告应长期保存。

二、检查准备工作

1. 制订检查计划

化学专业依据 DL/T 1115—2009《火力发电厂机组大修化学检查导则》的规定，结合机组运行状况制定化学检查计划，并列入机组检修计划中。

2. 检查准备

机组检修前应做好有关设备的取样、现场照相和检查记录表等的准备工作。

三、锅炉设备检查

1. 汽包

(1) 汽水分界线是否明显：正常水位线应在汽包中心线以下 150～250mm，汽水分界线是否明显、平整等，有无局部"高峰"。

(2) 汽包底部：检查积水情况，包括积水量、颜色和透明度；检查沉积物情况，包括沉积部位、状态、颜色和沉积量。沉积量多时应取出沉积物晾干、称重。

(3) 汽包内壁：检查汽侧有无锈蚀和盐垢，记录其分布、密度、腐蚀状态和尺寸（面积、深度）；如果有很少量盐垢，可用 pH 试纸测量 pH 值；如果附着量较大，应进行化学成分分析。水侧有无沉积物和锈蚀，沉积物厚度若超过 0.5mm，应刮取一定面积（不小于 100mm×100mm）的垢量，干燥后称其重量，计算单位面积的沉积率。

(4) 检查汽水分离装置是否完好、旋风筒是否倾斜或脱落，其表面有无腐蚀或沉积物。如果运行中发现过热器明显超温或汽轮机汽耗明显增加，或大修过程中发现过热器、汽轮机有明显积盐，要检查汽包内衬的焊接完整性。

(5) 检查加药管"短路"现象。检查排污管、给水分配槽有无结垢、污堵和腐蚀等缺陷。

（6）检查汽侧管口有无积盐和腐蚀，炉水下降管、上升管管口有无沉积物，记录其状态。

（7）锅炉联箱手孔封头割开后检查联箱内有无沉积物和焊渣等杂物。

（8）汽包检修后验收标准：内部表面和内部装置及连接管清洁，无杂物遗留。

2. 水冷壁

（1）割管要求。

1）机组大修时水冷壁至少割管两根，其中一根为监视管段，一般在热负荷最高的部位或认为水循环不良处割取，如特殊部位的弯管、冷灰斗处的弯（斜）管。

2）如发生爆管，应对爆管及邻近管进行割管检查。如果发现炉管外观变色、胀粗、鼓包或有局部火焰冲刷减薄等情况时，要增加对异常管段的割管检查。

3）管样割取长度，锯割时至少 0.5m，火焰切割时至少 1m。火焰切割带鳍片的水冷壁时，为了防止切割热量影响管内壁垢的组分，鳍片的长度应保留 3mm 以上。

（2）水冷壁割管的标识、加工及管样制取与分析。

1）割取的管样应避免强烈振动和碰撞，割下的管样不可溅上水，要及时标明管样的详细位置和割管时间。

2）火焰切割的管段，要先去除热影响区，然后进行外观描述和测量记录，包括内外壁结垢、腐蚀状况和内外径测量。如有爆破口、鼓包等情况要测量其长度、宽度、爆口或鼓包处的壁厚。对异常管段的外形应照相后再截取管样，需要做金相检查的管段由金属专业先行选取，另行截取一段原始管样放入干燥器保存。

3）测量垢量的管段要先去除热影响区，然后将外壁车薄至 $2\sim3$mm，再依据管径大小截割长约 $40\sim50$mm 的管段（适于分析天平称量）。车床加工时不能用冷却液，车速不应过快，进刀量要小，并要做好方位、流向标志（外壁车光后，按夹管一端的标志在车光的外壁补做标志并画出分段切割线）。截取后的管段要修去毛刺（注意不要使管内垢层损坏），按背火侧、向火侧剖成两半，进行垢量测量。如发现清洗后内表面有明显的腐蚀坑，还需进行腐蚀坑面积、深度的测量。

4）取水冷壁管垢样，进行化学成分分析。

5）更换监视管时，应选择内表面无锈蚀的管材，并测量其垢量。垢量超过 $30g/m^2$ 时要进行处理。

3. 省煤器

省煤器割管要求如下：

（1）机组大修时省煤器管至少割管两根，其中一根应是监视管段，应割取易发生腐蚀的部位管段，如入口段的水平管或易被飞灰磨蚀的管。

（2）管样割取长度，锯割时至少 0.5m，火焰切割时至少 1m。

4. 过热器

（1）割管要求。

1）根据需要割取 2 根过热器管，其中一根应是监视管段，并按以下顺序选择割管部位：首先选择曾经发生爆管及附近部位，其次选择管径发生胀粗或管壁颜色有明显变化的部位，最后选择烟温高的部位。

2）管样割取长度，锯割时至少 0.5m，火焰切割时至少 1m。

（2）检查过热器管内有无积盐，立式弯头处有无积水、腐蚀。对微量积盐用 pH 试纸测 pH 值。积盐较多时应进行化学成分分析。

（3）检查高温段过热器、烟流温度最高处氧化皮的生成状况，测量氧化皮厚度，记录脱落情况。

（4）按要求对过热器管管样进行加工，并进行表面的状态描述。根据需要分析化学成分。

5. 再热器

（1）割管要求。

1）根据需要割取 2 根再热器管，其中一根应是监视管段，并按以下顺序选择割管部位：首先选择曾经发生爆管及附近部位，其次选择管径发生胀粗或管壁颜色有明显变化的部位，最后选择烟温高的部位。

2）管样割取长度，锯割时至少 0.5m，火焰切割时至少 1m。

（2）检查再热器管内有无积盐，立式弯头处有无积水、腐蚀。对微量积盐用 pH 试纸测 pH 值。积盐较多时应进行成分分析。

（3）检查高温段再热器、烟流温度最高处氧化皮的生成状况，测量氧化皮厚度，记录脱落情况。

（4）按要求对再热器管管样进行加工，并进行表面的状态描述。根据需要分析化学成分。

四、汽轮机检查

1. 高压缸

（1）检查调速级以及随后数级叶片有无机械损伤或坑点。对于机械损伤严重或坑点较深的叶片进行详细记录，包括损伤部位、坑点深度、单位面积的坑点数量（个/cm²）等，并与历次检查情况进行对比。

（2）检查记录各级叶片及隔板的积盐情况，对沉积量较大的叶片，用硬质工具刮取结垢量最大部位的沉积物，进行化学成分分析，计算单位面积的沉积量。

（3）用除盐水润湿 pH 试纸，粘贴在各级叶片结垢较多的部位，测量 pH 值。

（4）定性检测各级叶片有无铜垢。

2. 中压缸

（1）检查前数级叶片有无机械损伤或坑点。对于机械损伤严重或坑点较深的叶片进行详细记录，包括损伤部位、坑点深度、单位面积的坑点数量（个/cm²）等，并与历次检查情况进行对比。

（2）检查记录各级叶片及隔板的积盐情况，对沉积量较大的叶片，用硬质工具刮取结垢量最大部位的沉积物，进行沉积物化学成分分析。计算单位面积的沉积量。

（3）用除盐水润湿 pH 试纸，粘贴在各级叶片结垢较多的部位，测量 pH 值。

（4）定性检测各级叶片有无铜垢。

3. 低压缸

(1) 检查记录各级叶片及隔板积盐情况，对沉积量较大的叶片，用硬质工具刮取结垢量最大部位的沉积物，进行沉积物化学成分分析，计算单位面积的沉积量。

(2) 用除盐水润湿 pH 试纸，粘贴在各级叶片结垢较多的部位，测量 pH 值。

(3) 检查并记录末级叶片的水蚀情况。

五、凝汽器检查

1. 水侧

(1) 检查水室淤泥、杂物的沉积及微生物生长、附着情况。

(2) 检查凝汽器管管口冲刷、污堵、结垢和腐蚀情况。检查管板防腐层是否完整。

(3) 检查水室内壁、内部支撑构件的腐蚀情况。

(4) 检查凝汽器水室及其管道的阴极（牺牲阳极）保护情况。

(5) 记录凝汽器灌水查漏情况。

2. 汽侧

(1) 检查顶部最外层凝汽器管有无砸伤、吹损情况，重点检查受汽轮机启动旁路排汽、高压疏水等影响的凝汽器管。

(2) 检查最外层管隔板处的磨损和隔板间因振动引起的裂纹情况。

(3) 检查凝汽器管外壁腐蚀产物的沉积情况。

(4) 检查凝汽器壳体内壁锈蚀情况。

(5) 检查凝汽器底部沉积物的堆积情况。

3. 抽管

(1) 机组大修时凝汽器铜管应抽管检查。凝汽器钛管和不锈钢管，一般不抽管。

(2) 根据需要抽 1～2 根管，并按以下顺序选择抽管部位：首先选择曾经发生泄漏附近部位，其次选择靠近空抽区部位或迎汽侧的部位，最后选择一般部位。

(3) 对于抽出的管按一定长度（通常 100mm）上、下半侧剖开。如果管中有浮泥，应用水冲洗干净。烘干后通常采用化学方法测量单位面积的结垢量。

(4) 检查管内外表面的腐蚀情况。若凝汽器管腐蚀减薄严重或存在严重泄漏情况，则应进行全面涡流探伤检查。

(5) 管内沉积物的沉积量在评价标准二类及以上时，应进行化学成分分析。

六、其他设备检查

1. 除氧器

(1) 检查除氧头内壁颜色及腐蚀情况，内部多孔板装置是否完好，喷头有无脱落。

(2) 检查除氧水箱内壁颜色及腐蚀情况、水位线是否明显、底部沉积物的堆积情况。

2. 高、低压加热器

检查水室换热管端的冲刷腐蚀和管口腐蚀产物的附着情况，水室底部沉积物的堆积情况；若换热管腐蚀严重或存在泄漏情况，应进行汽侧上水查漏，必要时进行涡流探伤检查。

3. 油系统

（1）汽轮机油系统。

1）检查汽轮机主油箱、密封油箱内壁的腐蚀和底部油泥沉积情况。

2）检查冷油器管水侧的腐蚀泄漏情况。

3）检查冷油器油侧和油管道油泥附着情况。

（2）抗燃油系统。

1）检查抗燃油主油箱，高、低压旁路抗燃油箱内壁的腐蚀和底部油泥沉积情况。

2）检查冷油器管水侧的腐蚀泄漏情况。

3）检查冷油器油侧和油管道油泥附着情况。

4. 发电机冷却水系统

（1）检查发电机冷却水水箱和冷却器的腐蚀情况。内冷水加药处理的机组，重点检查药剂是否有不溶解现象以及微生物附着生长情况。

（2）检查冷却水系统有无异物。

（3）检查冷却水管有无氧化铜沉积。

（4）检查冷却水系统冷却器的腐蚀和微生物的附着生长情况。

5. 循环水冷却系统

（1）检查塔内填料沉积物附着、支撑柱上藻类附着、水泥构件腐蚀、池底沉积物及杂物情况。

（2）检查冷却水管道的腐蚀、生物附着、黏泥附着等情况。

（3）检查冷却系统防腐（外加电流保护、牺牲阳极保护或防腐涂层保护）情况。

6. 凝结水精处理系统

（1）检查过滤器进出水装置和内部防腐层的完整性。

（2）检查精处理混床进出水装置和内部防腐层的完整性。

（3）检查树脂捕捉器缝隙的均匀性和变化情况，采用附加标尺数码照片进行分析。

（4）检查体外再生设备内部装置及防腐层的完整性。

7. 炉内加药、取样系统

（1）检查加药设备、容器有无污堵物、腐蚀、泄漏等缺陷。

（2）检查水汽取样装置（过滤器、阀门等）是否污堵。

8. 水箱

检查除盐水箱和凝结水补水箱防腐层及顶部密封装置的完整性，有无杂物。

第五节　停炉腐蚀和保护方法

在锅炉、汽轮机、凝汽器、加热器等热力设备停运期间，如果不采取有效的保护措施，设备金属表面会发生强烈的腐蚀，这种腐蚀就称为热力设备的停用腐蚀。火力发电厂常因停运后的防腐措施不足或方法不当，造成锈蚀、腐蚀和损坏（尤其是水汽侧的腐蚀），对电厂的安全经济运行造成严重影响。

一、热力设备的停用腐蚀

1. 停用腐蚀产生的原因

（1）水汽系统内部有氧气：热力设备停用时，水汽系统内部的温度和压力逐渐下降，蒸汽凝结。停运后，空气从设备不严密处或检修处大量渗入设备内部，带入的氧溶解在水中。

（2）金属表面有水膜或金属浸于水中，由于停运放水时，不可能彻底放空，因此有的部位仍有积水，使金属浸于水中。积水的蒸发或潮湿空气的影响，使水汽系统内部湿度很大，在潮湿的金属表面形成耗氧腐蚀原电池作用，使金属迅速生锈。

2. 停用腐蚀的特征

（1）锅炉停用时的耗氧腐蚀，与运行时的耗氧腐蚀相比，在腐蚀部位、腐蚀严重程度、腐蚀形态、腐蚀产物颜色、组成等方面都有明显不同。因为停炉时，氧可以扩散到各个部位，因此几乎锅炉的所有部位均会发生停炉耗氧腐蚀。

1）过热器。运行时不发生耗氧腐蚀，停炉时，立式过热器的下弯头常有严重的耗氧腐蚀。

2）再热器。运行中不会有耗氧腐蚀，停用时在积水部位有严重腐蚀。

3）省煤器。运行中出口腐蚀较轻，入口段腐蚀较重。停炉时，整个省煤器均有腐蚀，且出口段腐蚀更严重。

4）水冷壁管、下降管和汽包。锅炉运行时，只有当除氧器运行不正常时，汽包和下降管中才会有耗氧腐蚀，水冷管是不会有耗氧腐蚀的。停炉时，汽包、下降管、水冷壁中均会遭受耗氧腐蚀，汽包的水侧腐蚀严重。

（2）汽轮机的停用腐蚀，通常在喷嘴和叶片上出现，有时也在转子叶片和转子本体上发生。停机腐蚀在有氯化物污染的机组上更严重。

停用时耗氧腐蚀的主要形态是点蚀，形成的腐蚀产物表层常为黄褐色，其附着能力低、疏松，易被水带走。

3. 停用腐蚀的影响因素

影响热力设备停用腐蚀的因素，对放水停用的设备，其停用腐蚀类似大气腐蚀中的情况，影响因素有温度、湿度、金属表面水膜成分和金属表面的清洁程度等。对充水停用的，金属浸于水中，影响因素有水温、水中溶解氧含量、水的成分以及金属表面的清洁程度等。

（1）湿度。对放水停用的设备，金属表面的潮气对腐蚀速度影响大。因为在有湿分的大气中，金属腐蚀都是表面有水膜时的电化学腐蚀。大气中湿度大，易在金属表面结露，形成水膜，造成腐蚀增加。在大气中，各种金属都有一个腐蚀速度呈现迅速增大的湿度范围，湿度超过这一临界值时，金属腐蚀速度急剧增加，而低于此值，金属腐蚀很轻或几乎不腐蚀。

钢、铜等金属，此"临界相对湿度"值在$50\%\sim70\%$之间。当热力设备内部相对湿度小于35%时，铁可完全停止生锈。实际上如果金属表面无强烈的吸湿剂玷污，相对湿度低于60%时，铁的锈蚀即停止。

（2）含盐量。水中或金属表面水膜中盐分浓度增加，腐蚀速度增加。特别是氯化物和硫酸盐含量增加使腐蚀速度上升很明显。汽轮机停用时，若叶片等部件上有氯化物沉积，就会引起腐蚀。

（3）金属表面清洁程度。当金属表面有沉积物或水渣时，妨碍氧扩散进去，所以沉积物或水渣下面的金属电位较负，成为阳极；沉积物或水渣周围，氧容易扩散到的金属表面，电位较正，成为阴极。由于这种氧浓度差异原电池的存在，使腐蚀增加。

4. 停用腐蚀的危害

（1）即使在短期内停用设备也会遭到大面积破坏，甚至腐蚀穿孔。

（2）加剧热力设备运行时的腐蚀。停用腐蚀的腐蚀产物在锅炉再启动时，进入锅炉，促使锅炉炉水浓缩腐蚀速度增加，以及造成炉管内摩擦阻力增大，水质恶化等。停机时，汽轮机中的停用腐蚀部位，可能成为汽轮机应力腐蚀破裂或腐蚀疲劳裂纹的起源。

二、热力设备的停用保护

1. 停用保护分类

为保证热力设备的安全运行，热力设备在停用或备用期间，必须采用有效的防锈蚀措施，以避免或减轻停用腐蚀。按照保护方法或措施的作用原理，停用保护方法可分为三类：

一是阻止空气进入热力设备水汽系统内部。其实质是减少起金属腐蚀剂作用的氧的浓度。这类方法有充氮法、保持蒸汽压力法等。

二是降低热力设备水汽系统内部的湿度。其实质是防止金属表面凝结水膜，形成电化学腐蚀电池。这类方法有烘干法、干燥法等。

三是使用缓蚀剂，减缓金属表面的腐蚀；或加碱化剂，调整保护溶液的 pH 值，使腐蚀减轻。所用药剂有氨、联氨、气相缓蚀剂、新型除氧-钝化剂等。这类方法的实质是使电化学腐蚀中的阳极或阴极反应阻滞。

2. 停用保护方法的选用

（1）机组的参数和类型。首先要考虑锅炉的类别。直流炉对水质要求高，只能用挥发性药品保护，如联氨和氨或充氮保护；汽包炉则既可以用挥发性药品，也可以用非挥发性药品。其次是考虑机组的参数。对高参数机组，因对水质要求高，因而汽包炉机组也使用联氨和氨做缓蚀剂。同时，高参数机组的水汽系统结构复杂，机组停用放水后，有些部位不易放干，所以不宜采用干燥法。

（2）停用时间的长短。停用时间不同，所选用的方法也不同。对热备用状态的锅炉，必须考虑能随时投入运行，因此所采用的方法不能排掉炉水，也不能改变炉水成分，所以一般采用保持蒸汽压力法。对于短期停用机组，要求短期保护以后能投入运行，锅炉一般采用湿式保护，其他热力设备可以采用湿式保护，也可采用干式保护。对于长期停用的机组，要求所用保护方法防锈蚀作用持久，一般可用湿式保护，如加联氨和氨，或用于干式保护，如充氮法。只有在充分考虑到需要保护的时间的长短，才能选择出既有满意的防锈蚀效果，又方便机组启动的保护方法。

（3）选择保护方法时，要考虑现场条件。现场条件包括设计条件、给水的水质、环境温度和药品来源等。如采用湿式保护时，在寒冷地区需考虑药液的防冻。还必须充分考虑机组的特点，才能选择合适的药品或恰当的保护方法。

3. 锅炉停用保护方法

锅炉停用保护方法分的干式保护法、湿式保护法以及联合保护法。其中，干式保护法有热炉放水余热烘干法、负压余热烘干法、邻炉热风烘干法、充氮法、气相缓蚀剂法等。湿式保护法有氨水法、氨-联氨法、蒸汽压力法、给水压力法等。联合保护法有充氮或充蒸汽的湿式保护法。

（1）热炉放水余热烘干法。热炉放水是指锅炉停运后，压力降到 0.5～0.8MPa 时，迅速放尽炉内存水，利用炉膛余热烘干受热面。若炉膛温度降到 105℃，锅内空气湿度仍高于 70%，则锅炉点火继续烘干。此法适用于临时检修或小修时，停用期限一周以内。

（2）负压余热烘干法。锅炉停运后，压力降到 0.5～－0.8MPa 时，迅速放尽锅内存水，然后立即抽真空，加速锅内排出湿气的过程，并提高烘干效果。此保护法适用于锅炉大、小修时，停运期限可长至 3 个月。

（3）邻炉热风干燥法。热炉放水后，将正在运行的邻炉的热风引入炉膛，继续烘干水汽系统表面，直到锅内空气湿度低于 70%。此法适用于锅炉冷态备用，大、小修期间，停用期限一月以内。

（4）充氮法。当锅炉压力降到 0.3～0.5MPa 时，接好充氮管，待压力降到 0.05MPa 时，充入氮气并保持压力 0.03MPa 以上。氮气本身无腐蚀性，它的作用是阻止空气漏入锅内。此法适用于长期冷态备用的锅炉的保护。停用期限可达 3 个月以上。

（5）气相缓蚀剂法。锅炉烘干，锅内空气湿度小于 90% 时，向锅内充入气化了的气相缓蚀剂。待锅内气相缓蚀剂含量达 $30g/m^2$ 时，停止充气，封闭锅炉。此法适用于冷态备用锅炉。一般使用期限为一个月，但实际经验报道，有的机组用此法保护长达一年以上。

（6）氨水法。锅炉停用后放尽锅内存水，用氨溶液作防锈蚀介质充满锅炉，防止空气进入。使用的氨液浓度为 500～700mg/L。氨液呈碱性，加入氨，使水碱化到一定程度，有利于钢铁表面形成保护层，可减轻腐蚀。因为浓度较大的氨液对铜合金有腐蚀，因此使用此法保护前应隔离可能与氨液接触的铜合金部件。解除设备停用保护准备再启动的锅炉，在点火前应加强锅炉本体到过热器的反冲洗。点火后，必须待蒸汽中氨含量小于 2mg/kg 时，方可并汽。此法可适用于停用期为一个月以内的锅炉。

（7）氨-联氨法。锅炉停用后，把锅内存水放尽，充入加了联氨并用氨调 pH 值的给水。保持水中联氨过剩量 200mg/L 以上，水的 pH 值为 10～10.5。此法保护锅炉，其停用期可达 3 个月以上。所以适用于长期停用、冷备用或封存的锅炉的保护。当然也适用于 3 个月以内的停用保护。在保护期，应定期检查联氨的浓度和 pH 值。

氨-联氨法在汽包炉和直流炉上都采用，锅炉本体、过热器均可采用此法保护。中间再热系统不能用此法保护，因为再热器与汽轮机系统连接，用湿式保护法，汽轮机有进水的危险。再热器系统可用干燥热风保护。此法是高参数大容量机组普遍采用的保护方法。

应用氨-联氨法保护的机组再启动时，应先将氨-联氨水排放干净，并彻底冲洗。锅炉点火后，应对空排汽，直至蒸汽中氨含量小于 2mg/kg 时才可送汽，以免氨浓度过大而腐蚀凝汽器铜管。对排放的氨-联氨保护液要进行处理后才可排入河道，以防污染。

由于氨-联氨液保护时，温度为常温条件，所以联氨的主要作用不是直接与氧反应而除去氧，而是起阳极缓蚀剂或牺牲阳极的作用。因而联氨的用量必须足够。

（8）蒸汽压力法。有时锅炉因临时小故障或外部电负荷需求情况而处于热备用态状态，需采取保护措施，但锅炉必须随时再投入运行，所以锅炉不能放水，也不能改变炉水成分。在这种情况下，可采用蒸汽压力法。其方法是：锅炉停用后，用间歇点火方法，保持蒸汽压力大于 0.5MPa，一般使蒸汽压力达 0.98MPa，以防止外部空气漏入。此法适用于一周以内的短期停用保护，耗费较大。

（9）给水压力法。锅炉停运后，用除氧合格的给水充满锅内，保持给水压力 0.5～1.0MPa，并保证一定量的溢流量，以防空气漏入。此法适用于停用期一周以内的短期停用锅炉的保护。保护期间定期检查炉内水压力和水中溶解氧的含量，如压力不合格或溶解氧大于 $7\mu g/L$，应立即采取补救措施。

（10）联合保护法。联合保护法是最主要的保护法，因单靠一种保护法是很难卓有成效地防止锅炉的停用腐蚀。联合保护法中最常用的是充氮或充蒸汽的湿式保护法。其方法是：

在锅炉停运后，未完成炉内换水，充入氮气，并加入联氨和氨，使联氨量达 200mg/L以上，水 pH 值达 10 以上，氮压保持 0.03MPa 以上。若保护期较长，则联氨量还需增加。锅炉从锅筒至高压过热器、高压再热器出口设置了 7 条放气充氮管路，以便为停用较长时间而采用充氮或其他方法保养。

4. 启动锅炉停用保护

在锅炉的炉墙及锅炉内部经处理干燥后，可用以下两种方式进行保护：

（1）氮保护：将氮气从下炉筒排污处和给水管道中的氮气进口处不断地输入，将各部件顶上的放氮口的阀门打开，让炉体中的空气排出，直至内部均充满氮气后再将各放氮口关闭。最后将进氮口阀门关闭。炉子本体在保养期间，各个炉门、入孔门、手孔均应密封关闭，防止氮气泄漏，并定期进行检查，及时补充氮气，保证氮气的充满度。

（2）干法保养：在上下炉筒内，距离均匀地放置 14 个铁罐，罐内盛有 1.5kg 左右的氧化钙，以便防潮吸水，罐内药品厚度不超过罐边高度的 1/3 为宜，药品纯度在 50% 以上，粒径为 10～30mm 左右，铁罐放妥后关闭入孔盖。

在保养期间，炉内应紧闭，管道应隔绝，并每三个月打开人孔盖进行一次检查，如药品已消耗成粉状，应进行调换。

5. 汽轮机和凝汽器的停用保护方法

汽轮机和凝汽器在停用期间，采用干法保护。首先必须使汽轮机和凝汽器停运后内部保持干燥。为此，凝汽器在停用以后，先排水，使其自然干燥，如底部积水可以采用吹干的办法除去，凝汽器内部可以放入干燥剂。

6. 加热器的停用保护方法

（1）低压加热器的管材一般是铜管，所以可以采用干法保养或充氮气保养。

（2）高压加热器所用管材一般为钢管，停用保护方法为充氮保养或加联氨保养。加联氨保养时，联氨溶液的浓度视保养时间长短不同，pH 值用氨水调至大于 10。

7. 除氧器的停用保护方法

除氧器若停用时间在一周以内，通热蒸汽进行热循环，维持水温大于 106℃。若停用时间在一周以上至三个月以内，采用把水放空、充氮气保养的方法；或采用加联氨溶液，上部充氮气的保养方法。若停用时间在三个月以上，采用干式保养，水全部放掉，水箱充氮气保养。

 思考题

1. 何谓腐蚀，举例说明金属腐蚀的重要意义。
2. 引起给水系统腐蚀的是什么气体？腐蚀部位和特征是什么？
3. 金属腐蚀的分类是根据什么？可分为几大类？
4. 简述热力设备的腐蚀特点。
5. 热力设备的氧腐蚀机理是什么？
6. 联氨除氧钝化的原理是什么？如何确定联氨的加药量？应考虑哪些因素？
7. 为何同时有氧和游离的二氧化碳时腐蚀会加剧？

第十章

制 氢 设 备

第一节 水电解制氢原理

一、水的电解与分解电压

1. 电解

电解是将电流通过电解质溶液，阴、阳离子在水溶液中迁移，在阴极和阳极上引起氧化还原反应而形成其他物质的过程，利用电能使电解质溶液分解的单元装置称为电解池。

电解池是由含有正、负离子的溶液和阴、阳电极构成。电流流进负电极（阴极），溶液中带正电荷的正离子迁移到阴极，并与电子结合，变成中性的元素或分子；带负电荷的负离子迁移到另一电极（阳极），给出电子，变成中性元素或分子。

电解时，在电极上析出物质的数量，与通过溶液的电流强度和通电时间成正比，也就是与通过溶液的电量成正比。在不同的电解质溶液中，通过相同的电量时，各电极上发生化学变化的物质具有相同的当量数。

电解质是指溶于水中或在熔融状态下解离成自由移动的阳离子与阴离子能够导电并产生化学变化的化合物。电解质有强弱之分，所谓的强弱电解质和物质在水中溶解部分的电离程度有关，强电解质的电离的程度较完全，弱电解质只有部分电离。在25℃时，纯水的pH值为7，氢离子和氢氧根离子的浓度只有10^{-7}mol/L，转化为质量：1L水（1kg）中只有1个水分子发生电离。因此，水是极弱电解质。

2. 分解电压

在进行水电解时，阴阳极之间加以直流电压，能使电解质顺利进行电解过程所需要的最低外加电压，称为分解电压。分解电压分为理论分解电压和实际分解电压，实际分解电压大于理论分解电压。

（1）水的理论分解电压。

根据电化学的理论，水的理论分解电压等于氢、氧原电池的电动势，在标准大气压及25℃状态（标准状态）下，该值为 1.23V。计算方法为原电池所做的最大电功等于反应自由能变的减少，即水分解为氢气和氧气需外界供给的电能为自由能的变化。

$$-\Delta G_m^o = nFE^0 \tag{10-1}$$

式中　　ΔG_m^o——标准状态下电池反应的吉布斯自由能变，J/mol；

　　　　n——反应的电子转移数；

　　　　F——法拉第常数，96500C/mol；

　　　　E^0——标准状态下反应的标准电动势。

在 $2H_2(g) + O_2(g) = 2H_2O$ 反应中，$\Delta G_m^\circ = 474.4 kJ/mol$。

因此，由式（10-1）可得

$$-474.4 \times 10^3 = -4 \times 96\ 500 E^0$$

$$E^0 = \frac{474.4 \times 10^3}{4 \times 96\ 500} = 1.23(V)$$

即在标准状态下，水的理论分解电压也是 1.23V。它是电解制氢时必须提供的最小电压，它随温度升高而降低，随压力升高而增大。压力每升高 10 倍，电压大约增大 43mV。水电解制氢实际运行的电解槽小室的电压通常为 2.10~2.22V。

（2）水的实际分解电压与超电压。

实际分解电压与理论分解电压之差叫超电压或过电位。水的理论分解电压是氢氧电极在平衡可逆的条件下进行计算的；此时，氢氧电极反应的电流为零，但电解槽在运行时氢氧电极的电流不可能为零，此时的电极电位要偏离可逆条件下的平衡电位，这就是电极反应的极化现象，偏的大小称为阴阳极的极化电位或超电位。此外，电流在通过电解液时，电解液有一定的电阻。因此，阴阳电极间的电压，即电极间的电位差应等于理论分解电压与电解槽中各种电阻电压降及电极极化电动势之和，即

$$E = E^0 + IR + \phi_{H_2} + \phi_{O_2}$$

式中　E——水的实际分解电压，V；

　　　E^0——水的理论分解电压，V；

　　　I——电解电流，A；

　　　R——电解槽的总电阻，Ω；

　　　ϕ_{H_2}——阴极上氢的超电位，V；

　　　ϕ_{O_2}——阳极上氧的超电位，V。

1）电阻电压降。电解槽的电阻电压降包括电解液的电压降、电极电阻降、隔膜电压降和接触点电压降等，其中以前两项为主。

电解液的电压降可用欧姆定律表示：

$$RI = \rho \frac{L}{S} I$$

式中　ρ——电解液的电阻率；

　　　I——电流强度；

　　　L——电极间的距离；

　　　S——电极间溶液的截面积。

电解液的导电率越高，电解液中的电压降就越小。因此电解水时，电解质的选择是很重要的。除要求其电阻值小以外，应考虑其水溶液的电导率、稳定性、腐蚀性及经济性等综合因素。一般要求：①离子传导性能高；②在电解电压下不分解；③在操作条件下不因挥发因而与氢、氧一并逸出；④对组成电解池的材料无强的腐蚀性；⑤溶液 pH 值变化时，具有阻止其变化的缓冲性。

强酸（如 H_2SO_4）、强碱（如 NaOH、KOH）能满足以上要求。其他大多数盐类在电

解时常被分解不能采用。其中，硫酸水溶液的电导率较高、稳定性好、价格便宜，气体析出分离比较容易，但是硫酸在阳极形成过硫酸和臭氧，腐蚀性强，因此不宜采用。碱液的电导率较好，对镀镍电极的稳定性好，目前工业上一般采用碱性水溶液作为水电解的电解质。KOH 的导电性能比 NaOH 好，但价格较贵，KOH 在温度较高时，对电解池的腐蚀性比 NaOH 强。过去常采用 NaOH 做电解液，目前电解池结构及材料已经能抗 KOH 的腐蚀，为节约电能，已普遍趋向采用 KOH 溶液作为电解液。

在电解水的过程中，电解液中会含有连续析出的氢、氧气泡，使电解液的电阻增大。电解液中的气泡容积与包括气泡的电解液容积的百分比称作电解液的含气度。含气度与电解时的电流密度，电解液黏度、气泡大小、工作压力和电解池结构等因素有关。增加电解液的循环速度和工作压力都会减少含气度；增加电流密度或工作温度升高都会使含气度增加。在实际情况下，电解液中的气泡是不可避免的，所以电解液的电阻会比无气泡时大得多。

提高工作温度同样可以使电解液电阻降低，但电解液对电解槽的腐蚀也会随之加剧，如温度大于 $100℃$ 时，电解液就会对石棉隔膜造成严重损害，在石棉隔膜上形成可溶性硅酸盐。为此，已经研制出了多种抗高温腐蚀的隔膜材料，如镍的粉末冶金薄片和钛酸钾纤维与聚四氟乙烯粘结成的隔膜材料，它们可以在 $150℃$ 的碱液中使用。

NaOH 和 KOH 水溶液的电阻率见表 10-1 和表 10-2。

表 10-1 　　　　　　　　　　　NaOH 水溶液的电阻率 　　　　　　　　　　　$(\Omega \cdot cm)$

温度（℃）	NaOH（%）								
	20	22.5	25	27.5	30	32.5	35	37.5	40
50	1.508	1.520	1.583	1.692	1.780	1.923	1.950	2.105	2.232
55	1.381	1.383	1.428	1.566	1.567	1.650	1.695	1.800	1.905
60	1.272	1.266	1.290	1.346	1.392	1.450	1.506	1.562	1.640
65	1.170	1.164	1.180	1.220	1.256	1.300	1.342	1.385	1.443
70	1.088	1.081	1.088	1.117	1.166	1.176	1.200	1.242	1.287
75	1.018	1.007	1.010	1.030	1.050	1.075	1.103	1.127	1.164
80	0.956	0.943	0.941	0.955	0.969	0.990	1.011	1.031	1.058

表 10-2 　　　　　　　　　　　KOH 水溶液的电阻率 　　　　　　　　　　　$(\Omega \cdot cm)$

温度（℃）	KOH（%）								
	20	22.5	25	27.5	30	32.5	35	37.5	40
50	1.250	1.158	1.104	1.061	1.042	1.692	1.075	1.100	1.153
55	1.174	1.096	1.036	0.999	0.988	1.566	1.000	1.020	1.064
60	1.099	1.207	0.970	0.933	0.922	1.346	0.929	0.945	0.980
65	1.046	0.968	0.923	0.901	0.867	1.220	0.870	0.883	0.913
70	0.988	0.909	0.886	0.833	0.827	1.117	0.818	0.828	0.825
75	0.928	0.863	0.820	0.788	0.775	0.775	0.772	0.779	0.800
80	0.882	0.833	0.790	0.751	0.737	0.737	0.731	0.736	0.754

电阻率随温度的升高而降低；温度升高会受到电解槽的其他材料的温度限制，在实际应用时常选取 80℃ 为运行温度。

另外，电解液的压降与电阻率成正比，因此，应尽量选用电阻率最小的碱溶液作为电解液。所以，在 80℃ 左右工作的电解槽，通常选用 30％ 左右的 KOH 作为电解液。

2）电极超电压。

氢氧电极超电压引起的原因包括两类：活化极化和浓差极化。

活化极化引起的电极超电压（过电压）也称活化过电位，主要与电极的材料和电极的表面状态有关，如 Fe、Ni 的氢超电压就比 Pb、Hg 的低，Fe、Ni 的氧超电压也比 Pb 低。另外，电极表面越粗糙、与电解液接触的面积越大，氢和氧的超电压就越小。电解时电流密度越大，超电压越大，温度越高，超电压越大。为了减少电能消耗，应采取降低氢、氧超电压和电阻电压降的措施。

浓差极化引起的电极超电压称为浓差过电压。所谓浓差过电位是指电解液在电解过程中，由于离子在电极上放电，并产生气泡逸出，使电极附近的离子浓度较溶液其他部分的离子浓度低，这就形成了浓度差。这个浓差电池的电动势与外加电压相对抗，所以叫浓差过电位。由于电解液是由纯水和 KOH 配制的，而且反应产物是 H_2 和 O_2，因此电阻电压降和接触点电压降，以及浓差过电位都很小。

降低实际分解电压可以降低水电解制氢时的能源消耗。降低实际分解电压的主要因素有：

a. 提高运行温度可以降低实际分解电压、电解液电阻和活化过电位，但提高温度受到隔膜石棉布的耐受限制。

b. 提高运行压力可以降低含气率，从而降低电解液电阻，最终降低电阻压降。目前实际运行的压力为 3.2MPa。

c. 加大电解液的循环速度一方面可以加快气泡排除，降低含气率；另一方面还可以增加扰动，有助于降低浓差极化。两者都可以降低分解电压。

d. 加入少量的添加剂。

二、水电解制氢工作原理

在电解液中浸没一对电极，电极中间隔以防止气体渗透的隔膜构成水电解池，当电极通过一定电压的直流电时，水就发生分解，在阴极析出氢气，阳极析出氧气。其反应式如下：

阴极反应　　　　　　　　$4H_3O^+ + 4e \longrightarrow 2H_2 + 4H_2O$

阳极反应　　　　　　　　$4OH^- - 4e \longrightarrow O_2 + 2H_2O$

总反应　　　　　　　　　$2H_2O \Longrightarrow 2H_2\uparrow + O_2\uparrow$

上述反应说明，阳离子（H^+）H_3O^+ 到达阴极后，得到由阴极提供的电子，发生还原反应；阴离子 OH^- 到达阳极后，失去电子，发生氧化反应。所以，电解过程实际上是一种氧化还原过程，而且所得氢气和氧气的比例总是 2∶1。

在水的电解过程中，需注意阴阳极的材料、电解质溶液成分。

（1）阴阳极的材料。

在进行水电解时，电极材料的选择非常重要。这是因为当阴阳电极通直流电后，阴阳电极的电位偏离平衡电位。阳极材料偏离其平衡电位后有溶解腐蚀的趋势，即阳极材料容易由单质状态变为其相应的离子状态。这种趋势同材料本身的特性和通电后的偏离程度有关。因此，选择的电极材料在电解过程中必须保持稳定。在实际应用中，阴阳电极材料常采用的是镀镍的钢板。

（2）电解质溶液成分。

在进行水电解时，水溶液中的离子分别向阴阳极移动，到达阴阳极表面的离子是否发生反应取决于该离子的平衡电位值的偏离程度。这一点同阳极材料的溶解腐蚀机理相同。由于不同的离子的平衡电位各不相同，因此，不同的离子在电解时反应顺序不同。阴阳离子在电极发生反应有时又称为放电。一般的电解条件下，水溶液中含有多种阳离子时，它们在阴极上放电的先后顺序是：$Ag^+ > Fe^{3+} > Hg^{2+} > Cu^{2+} > H^+ > Pb^{2+} > Sn^{2+} > Fe^{2+} > Zn^{2+} > Al^{3+} > Mg^{2+} > Na^+ > Ca^{2+} > K^+$；水溶液中含有多种阴离子时，它们在阳极上放电的先后顺序是：$S^{2-} > I^- > Br^- > Cl^- > OH^- >$含氧酸根$> F^-$。水电解制氢时，水溶液的成分的选择不是任意的。在实际生产中，常采用氢氧化钠或氢氧化钾的水溶液作为电解液，以保证只有氢离子和氢氧根离子放电，分别得到氢气和氧气，其他的离子成分需保持稳定。当有其他杂质离子时，氢离子和氢氧根离子之前的杂质离子都会发生反应，例如有氯离子时，在产生氧气的同时会有氯气产生。

水电解制氢时氢氧的产品纯度和阴阳极的材料、电解质溶液成分有关。

三、能量消耗

1. 电能消耗

依据法拉第定律，在各种不同的电解质溶液中，每通过 96 485.309C 的电量，在任一电极上将发生得失 1mol 电子的电极反应，同时与得失 1mol 电子相对应的任一电极反应的物质量亦为 1mol。

$F = 96\ 485.309C/mol$ 称为法拉第常数，它表示得失 1mol 电子的电量。在一般计算中，可以近似取 $F = 96\ 500C/mol$。为便于计算进行下述转化：

$$1C/mol = 96\ 500/3600 = 26.8A \cdot h$$

电能消耗 W 与电压 U 和电荷量 Q 成正比，即

$$W = QU \tag{10-2}$$

根据法拉第定律，在标准状态下，每产生 $1m^3$ 的氢气的理论电荷量 Q_0 为

$$Q_0 = 26.8 \times 1000/11.2 = 2393(A \cdot h)$$

因此，理论电能消耗 W_0 为

$$W_0 = Q_0 U_0 = 2393 \times 1.23 = 2943W \cdot h = 2.94kW \cdot h$$

式中 U_0——水的理论分解电压，$U_0 = 1.23V$。

在电解槽的实际运行中，其工作电压为理论分解电压的 $1.5 \sim 2$ 倍，即 $2.10 \sim 2.22V$，而且电流效率也达不到 100%，所以实际电能消耗要远大于理论值。目前，由电解 KOH 的水溶液的装置制取 $1m^3$ 氢气的实际电能消耗大约为 $4.5 \sim 5.5kW \cdot h$。

水电解制氢的过程从能量转化的角度实际为电能转化为氢气和氧气燃烧的化学能，由

于实际的分解电压要高于理论分解电压，因此，电能转化效率不可能是100%。实际运行的化学能转化效率约为83%，其余能量都转化为热量而散失到环境当中。在制氢设备的运行中，这部分散失的热量基本被冷却水带走。

2. 电解用水消耗

电解用水的理论用量可用水的电化学反应方程计算

$$2H_2O \xrightarrow[\text{KOH}]{\text{通电}} 2H_2 \uparrow + O_2 \uparrow$$

$$2\times18g \qquad 2\times22.4L$$

$$x\,g \qquad\qquad 1000L$$

式中　x——标准状况下，生产1m³（1000L）氢气时的理论耗水量，g；

　　22.4L——1mol氢气在标准状况下的体积。

$$x/18 = 1000/22.4$$

$$x = 804g$$

在实际工作过程中，由于氢气和氧气总是会携带走少量的水分，所以实际耗水量稍高于理论耗水量。目前，生产1m³氢气的实际耗水量大约为845～880g。

第二节　制氢设备结构与作用

水电解制氢装置通常有电解槽、氢（氧）气分离器、氢气洗涤器、电解液循环泵、电解液过滤器、补水泵及相关的管路、控制、电气系统组成。

一、电解槽

电解槽是电解装置的主要设备，由若干个电解小室组成。整个电解槽从中间分成左右对称的两截，中间接正极，两头接负极，左半端的小电解室之间、右半端的小电解室之间均为串联连接，左右两半端整体为并联连接。每个电解小室由正极、负极、石棉布、电解液组成。在通入直流电后，电解液在极板放电，正极和负极分别放出氧气和氢气；中间的石棉布把氢气和氧气隔断开。正负极板有碱液通道和氢（碱液）、氧气（碱液）的排出通道。电解槽外形如图10-1所示。

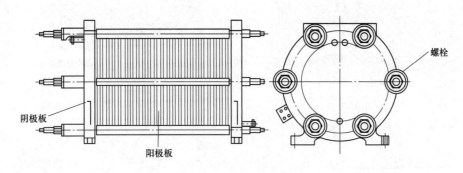

图10-1　电解槽外形图

由图10-1可知，电解槽由极板框和极板组成放电的主体，氟塑和石棉布组成氟塑石棉隔膜垫，活化镍丝网和镍丝网组成正负副极板。中间极板，一个电解槽只有一块，只显正极；端极板左右各一块都显负极，整体电解槽由两块端极板用螺栓固定。

1. 极板

极板是电解槽的主要部件，有中间极板、左极板、右极板、左端极板和右端极板五种，但左右间的区别在于对称而方向相反，结构形式完全相同，所以实际只需介绍三种。

中压水电解槽的小电解室是占有了相邻两个极板框的各半个空间，小室中间的石棉隔膜与框和框之间的垫片组合成一体，所以极板是和极板框组成一体的，因此中间大的放电面积叫极板，而外围固定极板的叫极板框。

（1）中间极板。其结构如图10-2所示。极板框中间焊有左右两块主极板，中间夹有支撑体，电解液由两侧进入中间极板的夹层内通道，再分配通往各电解小室。

中间极板用厚2mm、直径为560mm的钢板冲压而成，压有均匀分布的凹凸点，以固定副极板，焊接在极板框上组成中间极板。中间极板外下方有接线板，供连接电源母线。中间极板是正极的起点，电流由此送往电解槽两侧各小室，所以极板两侧均为正极，都是接受氢氧根离子而出氧气，气孔通道只通氧气道。

镀镍是所有极板的最后一道工序，为防止氧对铁的氧化腐蚀，中间极板的向外两侧都要镀镍。

（2）左（右）极板。左极板是指中间极板左侧的所有极板，右极板是指中间极板右侧的所有极板，左右两侧除上部排出氢气与氧气的气孔方向相反外，其他结构完全一样。左（右）极板只有中间一块主极板，主极板完全与中间极板相同。

同一块主极板，两侧表现的电性不同，一侧正电，另一侧负电，如图10-3所示。正负两侧全部经镀镍处理。

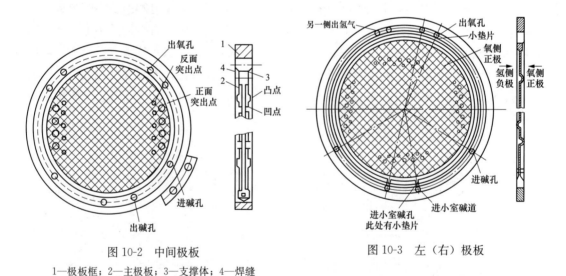

图 10-2　中间极板
1—极板框；2—主极板；3—支撑体；4—焊缝

图 10-3　左（右）极板

左（右）极板下半截有四个孔，较靠上的左右两个为进电解液孔，电解槽组合后此两个孔直通中间极板，最下面的两个孔为电解液进小室的孔，也是排放孔。中心线两侧上部有四个孔，一侧两个出氢气，另一侧两个出氧气。

2. 端极板

端极板分左右各一块，结构相同方向相反。如图 10-4 所示。

端极板的主极板与其他极板相同，左右端极板均为负极，都按阴极活化处理。端极板的半个小室都是排出氢气，排氧气的孔不与小室相通，进碱通道只是直通中间极板。

3. 副极板

为了提高电解效率，必须增大电流密度，但主极板的面积是有限的，电流密度过大会造成发热等不利因素，所以在主极板两侧各增加阴极副极板和

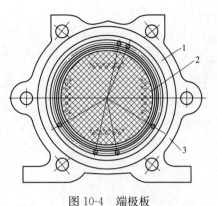

图 10-4　端极板
1—端极板；2—主机板；3—紧固体图

阳极副极板。CNDQ 型增加的是立体型镍丝网，比平面型扩大很多倍，这对增加电流有利。副极板镍丝网紧靠石棉隔膜，对保护石棉隔膜起很大作用，隔膜不易变形，被电解的离子又能顺利通过网状的副极板。

4. 石棉隔膜垫

每个电解小室分阴、阳两极，阴极产氢，阳极产氧，而氢与氧又绝对不能混合。被电解的氢离子、氢氧根离子必须在小室内自由游向阴极与阳极，因此必须有一种既能隔离开两极产生的氢气与氧气，又不能阻止离子游动的东西，石棉隔膜垫片就是起这种作用的。

可以做隔膜的材料有聚丙烯、多孔镍板、钛酸钾纤维等，用的较多的是石棉布。石棉布的缺点是当温度高于 100℃ 时在碱液中有腐蚀现象。

二、气体分离器

电解槽产生的氢气与氧气携带了部分呈雾状的电解液。分离器的作用之一就是借助于重力使水电解产生的氢气和氧气与电解液分离，交换电解产生的多余的热量。分离器的第二个作用就是保证电解槽在满负荷或空载时，始终充满电解液。另外，由于电流通过电解液时有一部分电能变为热能而使电解液温度升高，分离器还有冷却电解液的作用，使温度保持在 80℃ 以下。

分离器的外形为圆筒形立式或卧式容器，内部设有冷却用蛇形管，系统中氢、氧分离器常见的是卧式容器，其结构如图 10-5。

三、气体洗涤器

从分离器送出的氢、氧气体的温度较高，其中仍然含有水蒸气和少量电解液，所以必须再经过气体洗涤器进一步冷却、洗涤。在洗涤器中将气体温度降至常温，减少气体中的含水量，洗去电解液，以满足用氢设备的要求，同时也减少了纯水和电解液的消耗。气体洗涤器中部通入由补给水箱送来的纯水，氢气由中上部进入，通过下部喇叭口，在穿过洗涤水时将残留的电解液溶于水中，再由上部排出，成为较纯净的氢气。洗涤器的下部由于溶解了气体中的微量碱液而排至电解槽，并入碱液循环系统。气体洗涤器结构如图 10-6。

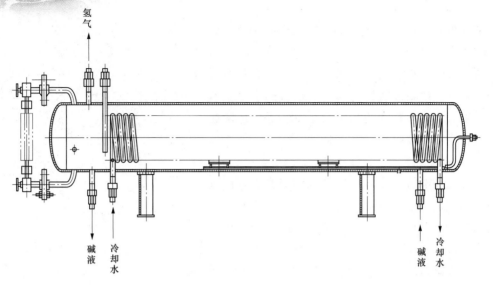

氢气

碱液　冷却水　　　　　　　　　　　碱液　冷却水

图 10-5　气体分离器

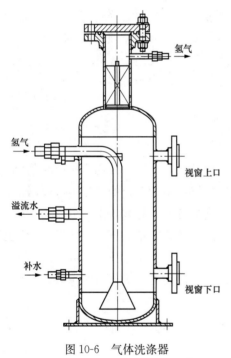

氢气

氢气

溢流水

补水

视窗上口

视窗下口

图 10-6　气体洗涤器

四、气水分离器

气水分离器的作用是将氢气洗涤器出来的氢气中携带的少量水分分离和除去，水分通过排污定期排出。

五、碱液过滤器

电解液在循环过程中，由于侵蚀作用会产生一些铁的氧化物，电解槽内的石棉布也会脱落一些石棉纤维，如果不将这些杂质去除，就会堵塞氢气和氧气的出口通道，附在石棉布上的杂质也会影响离子的自由通过。碱液过滤器的目的就是除去这些杂质。

碱液过滤器外观呈圆筒状，底部有排污管。滤筒四周有许多小孔，外圈包一层镍丝滤网。电解液由外圈向内通过镍丝滤网进入筒内，由上部侧面引出，杂质被截留在滤网上。

六、氢气干燥器

氢气经除盐水洗涤后，都带有一定的水分，必须把水分从其中除掉。在以运行的水电解制氢装之中都配有氢气除湿装置以除掉氢气的水分，这种除湿装置通俗称为干燥器。干燥器内一般装填 5A 的球形分子筛，其再生温度为 $180\sim250℃$。干燥器基本构造见图10-7。干燥器都有两个干燥塔和一个冷却器，含水的氢气进入干燥塔中，水分被其中的干燥剂吸收；当干燥塔吸收的水分饱和后，进入再生状态；再生时，干燥塔被加热，其中的水分被氢气带出，含有水分的氢气进入冷却器中，氢气中的水气被冷凝成水而被排出。

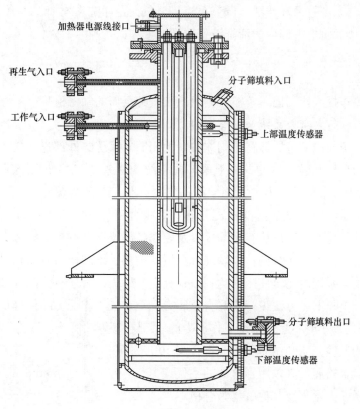

图 10-7　干燥器

第三节　制氢设备运行管理

一、开车前准备

1. 清洗系统

水电解制氢设备在正式投入运行前应对系统进行清洗，以去除加工中存留在各部件内部的机械杂质。

（1）补水箱、碱液箱的清洗。

补水箱和碱液箱清洗直至排出的水清亮为止。注意：为避免影响电解槽的性能，补水箱和碱液箱应采用原料水（纯水）进行清洗，如现场暂时无法提供原料水也可先用自来水进行清洗，待有原料水后再使用原料水清洗 2～3 次。

（2）原料水补入系统及设备清洗。

1）碱液箱内注满原料水。

2) 向电解槽和氢、氧分离器注水，先倒通阀门，碱箱内的原料水依靠势能会自行流入系统，此时打开循环泵出口排气阀，待排气阀流出水后关闭该阀，然后打开循环泵本体的排气阀，待流出水后关闭该阀，启动循环泵，慢慢打开流量调节阀，将碱箱中原料水打入系统，当液位升至氢、氧分离器液位计中部时，停泵、关闭相对应的阀门。

3) 碱液循环系统打循环清洗。调节泵流量至最大，冲洗系统 1h。

4) 清洗完毕后将电解槽内的清洗液打回到碱液箱内排掉。

5) 按上述方法反复进行 2～4 次，直至排出液清澈为止。

2. 气密检验

设备安装完毕投入使用前后，需对制氢系统进行全面的气密检验。

(1) 将原料水打入制氢系统至分离器液位计中部。

(2) 将氮气源与碱液过滤器充氮阀连接，关闭制氢系统与外部连接的所有阀门，打开系统内所有阀门，打开碱液过滤器充氮阀，向系统内送入氮气并使系统压力经 0.5MPa、1.0MPa、1.5MPa、2.0MPa 及 2.5MPa 等几个检查点直至升至系统工作压力，在系统压力到达各检查点后，关闭碱液过滤器充氮阀，用检漏液依次检查系统气路所有阀门、接头、法兰连接处及管路焊口部位有无漏气以及液路各部位有无漏液。如未发现泄漏则可继续升压至下一个检查点再次检漏；如发现有泄漏，则将系统卸压后对漏点进行处理，待处理完毕后，继续向系统内充氮使压力达到原检查点，检查是否还有泄漏，如无泄漏升压至下一个检查点，重复上述方法进行检漏直至压力升至系统工作压力，待确认不漏后，保压 24h，泄漏量平均每小时不超过系统工作压力的 $0.5\%p$ 为合格。

氢气管道的试验介质和试验压力应符合表 10-3 的规定。

泄漏量试验合格后，必须用不含油的空气或氮气，以不小于 20m/s 的流速进行吹扫，直至出口无铁锈、无尘土及其他脏物为合格。

表 10-3　　　　　　　　氢气管道的试验介质和试验压力

管道设计压力 (MPa)	强度试验		气密性试验		泄漏量试验	
	试验介质	试验压力 (MPa)	试验介质	试验压力 (MPa)	试验介质	试验压力 (MPa)
<0.1	空气或氮气	0.1	空气或氮气	1.05P	空气或氮气	1.0P
0.1～3.0		1.15P		1.05P		1.0P
>3.0	水	1.5P		1.05P		1.0P

注　表中 P 指氢气管道设计压力。

氢气管道试验注意事项：

1) 试验介质不应含油。

2) 以空气或氮气做强度试验时，应制订安全措施。

3) 以空气或氮气做强度试验时，应在达到试验压力后保压 5min，以无变形、无泄漏为合格；以水做强度试验时，应在试验压力下保持 10min，以无变形、无泄漏为合格。

4）气密性试验达到规定试验压力后，保压 10min，然后降至设计压力，对焊缝及连接部位进行泄漏检查，以无泄漏为合格。

5）泄漏量试验时间为 24h，泄漏率以平均每小时小于 0.5％为合格。

6）为保证操作人员的人身安全，处理泄漏点时，必须将系统卸压至常压后方可处理。

7）系统达到工作压力后要求保压 24h，主要是考虑消除环境温度的变化对压力读数的影响，如现场温差变化不大时，保压 12h 即可。

8）由于干燥塔内装有分子筛会吸附一定量的氮气从而导致压力下降较快，故在干燥部分进行气密试验时，开始时应重复补充 1～2 次，待分子筛吸附饱和后再进行检漏。

3. 电解液的配制

（1）碱液（电解液）浓度要求。

在 25～30℃时，配制 KOH 溶液，浓度在 26～30％之间，比重在 1.250～1.290 之间。在 25～30℃时，配制 NaOH 溶液，浓度在 22～26％之间，比重在 1.241～1.285 之间。

（2）碱液配制方法。

1）新碱液配制。

配制新碱液，根据百分比浓度查得一定温度下的比重，再用比重乘以已知配制碱液的体积，求得碱液总重量，再把碱液总重量乘以百分比浓度，得出所需配碱液用固体碱的总重量。碱液总重量减去需用固体碱总重量，所得的差即为所需蒸馏水的总重量。具体步骤如下：

a. 已知配碱液的体积 $V_总$，浓度 $A\%$。

b. 由百分浓度 $A\%$查碱液比重表，查得一定温度下的比重为 B。

c. 计算碱液总重量 $W_总 = B \times V_总$。

d. 计算加五氧化二钒（V_2O_5）重量，按碱液总重量的千分之二。

e. 计算配碱时所需固体碱总重量 $W_碱$，即 $P_碱 = B \times V_总 \times A\%$。

若固体碱纯度不是 100％，而是低于此值，则用低于 100％数值除以固体纯碱的总重量，得出纯度低于 100％固体碱所需用的总重量。

f. 计算配碱时所需蒸馏水总重量 $W_水$

$$W_水 = W_总 - W_碱 - W_{V_2O_5}$$

2）补充加碱。

电解槽经过较长时间运行，电解液中的碱液由于气体携带，排污和其他损耗，溶液浓度会变稀，为确保溶液浓度在规定范围，必须及时补碱，否则将使溶液电导下降，小室电压上升。

补充加碱的步骤如下：

a. 测定碱溶液在一定温度下的比重：从循环泵排气阀放出碱液，收集至干燥清洁的量筒中，用比重计测出一定温度下的比重 B_1。

b. 由比重 B_1，查比重表，找出该温度下的对应浓度 A_1，若表中没有合适数据正好是 B_1，则在两个接近 B_1 数据之间用插入法求出 B_1，进而根据这两个比重变化之间的浓度变化求出 $A_1\%$，如 $A_1\%$低于碱液规定值，则要补碱。

c. 求现在槽体中碱液含碱的总量 $W_{碱1}$

$$W_{\text{碱}1} = B_1 V_{\text{总}} A_1\%$$

d. 求规定浓度下碱液需要纯碱的总重量:

仍然按由百分比浓度 $A\%$ 查比重表,查得在②温度下的比重 B。

$$P_{\text{碱}} = BV_{\text{总}} A\%$$

e. 计算需补充碱的总重量:

$$P_{\text{补}} = P_{\text{碱}} - P_{\text{碱}1} = B \times V_{\text{总}} \times A\% - B_1 V_{\text{总}} \times A_1\%$$

$$= V_{\text{总}}(B \times A\% - B_1 \times A_1\%)$$

f. 补充加碱的方法:将蒸馏水或合格离子水放入碱箱,把固体碱慢慢加入,搅拌至完全溶解,静置。待需加蒸馏水时,用柱塞泵补水的方法加入槽体。

3)电解液配制的注意事项:

a. 配制碱液时,应缓慢将固态碱放入原料水中,并搅拌以防止结块。固体碱溶解是个放热过程,随着碱液的溶解,溶液温度升高,再加入的碱易于溶解。

b. 新槽配碱一般要比规定浓度略高,因电解槽在使用之前用蒸馏水,稀碱清洗过,石棉布已全部湿透成饱和状态,相当于把一部分水先加入槽体,所以新碱液加入之后,经循环泵打循环,再测定碱液的浓度一定低于原配碱液的浓度。

c. 碱液配制好后,要用比重计再测定一下,查相应表求出浓度,看是否合乎要求。若浓度低再加碱,直至符合要求浓度为止。

d. 碱液具有强腐蚀性,会对人身造成伤害,故在整个配碱过程中,操作人员应配备护目镜、胶皮手套及口罩等个人防护用品并应穿戴长裤及长袖的上衣。配碱的现场应有自来水及配置好的硼酸(弱酸)溶液,当皮肤溅上碱液后应及时用自来水或硼酸水清洗。当眼睛等人体敏感部位不慎溅入碱液后,应在现场及时用自来水清洗后赴最近的医疗单位进行检查诊治。

4. 氮气吹扫

(1)将氮气源与制氢设备充氮口阀门连接,关闭与外部连接的所有阀门,通过取样口检查系统内含氧量,当系统内含氧量与氮气源含氧量值相差不超过 0.5% 时,此段置换合格。

(2)逐段管路吹扫(调试再定),取样化验至合格为止。

(3)框架一在运行前置换,其他系统可事先置换好。

设备检修置换,系统停运后应用盲板或其他有效隔离措施隔断与运行设备的联系,应使用符合安全要求的惰性气体(其氧气体积分数不得超过 3%)进行置换吹扫。

二、设备启动

1. 稀碱试车

稀碱试车一般运行 24h,目的是为了进一步清洗电解槽,通过过滤器去掉系统内残存的机械杂质,操作条件控制在额定工作压力,电流为额定电流的 60% 左右。

试车前准备:

（1）新装置的碱液在未进分离器之前，调整各仪表的零位。

（2）检查氢氧分离器液位是否在适当的位置，即分离器的液位要比正常运行时液位要低。

（3）联锁的压力开关、氢阀后压力开关、冷却水压力开关的参数整定值整定到规定数值。

（4）把氧槽温联锁整定在85℃。

（5）检查氢中氧分析仪一次表中的干燥剂、硼酸片是否加好，开机后如发现干燥剂变成粉红色，则需更换，硼酸片变潮变黏也要更换。

（6）氢中氧分析仪、氧中氢分析仪调试。

（7）整流装置的检查与调试。

（8）仔细检查整流变压器各接头及整流柜各回路，严防短路。

2. 浓碱运行

（1）开机前检查：检查水电解制氢装置必需的冷却水、气源、纯水等是否正常；检查碱液循环系统管路上阀门状态是否正确，并通过排气阀排出过滤器和泵出口处积聚的气体；检查补水系统管路上阀门位置是否正确；检查各调节阀的旁路阀和取样阀门是否关闭；检查液位是否符合要求。

（2）将制氢控制柜上的电源开关打开，电源指示灯亮；将"循环泵"转换开关置"自动"位置；将"加水泵"转换开关置自动位置。

（3）将整流柜电源接通，"主电源"指示灯亮，将"自动/手动"开关置"自动"位置，将"电压/电源"转换开关置"电流"位置。

（4）微机主控屏上按下"启动"钮，微机自动启动循环泵；微机联锁控制触点接通整流柜触发电源接通，整流柜上"触发电源"指示灯亮；5~10s后将整流柜给定电流值从0缓慢升高，直至设定值；制氢系统完成开机过程。

（5）将压力调节值给定为3.2MPa（或分步给定，直至给定压力）；将温度调节给定值定在85℃±5℃；微机系统自动检测控制制氢系统工作压力，工作温度和氢、氧液位平衡。

（6）当压力升高到一定数值后，视氧气分离器液位高低，微机系统自动控制加水泵开停（注意补水时H_2侧、O_2侧球阀只能开一关一，不能全开）。当H_2纯度达到99.5%后，视情况确定是否对氢气进行干燥，若氢气露点达到要求，即可进行充罐。

（7）新安装的或长期停车的干燥器首次运行时，必须进行预再生。再生气进口温度为220~300℃，再生加热终止温度为180℃，自然冷却至常温。正常情况下被再生一次的干燥器可认为再生好，能够投入干燥工作。用露点仪检验氢气湿度，是判断干燥器是否再生充分最可靠的办法。

三、干燥器运行

干燥部分由气水分离器、干燥塔A、干燥塔B、冷却器、过滤器和集水器构成。干燥器工作状态可细分为四种：A再生B工作、B工作、A工作B再生、A工作，整个干燥部分的工作状态按一定周期循环往复执行，其工作周期为48h，其中：A再生B工作及B工作的时间为24h，A工作B再生及A工作的时间为24h，下面分别对各工作状态进行介绍。

1. A 再生 B 工作

制氢部分产生的氢气是含有饱和水的氢气，该部分氢气进入干燥部分后首先经过气水分离器，氢气中所含的液态水在此与氢气分离沉降于分离器的底部，分离后的氢气进入干燥塔 A。氢气经干燥塔内部的电加热器加热后通过分子筛，并利用所携带的热量对分子筛进行再生，再生后的气体通过干燥塔 A 再生气出口，流经冷却器，在冷却器中氢气中所携带的大部分水经冷却与气体分离沉降于冷却器的底部，分离后的氢气从工作气进口进入干燥塔 B，经分子筛吸附水分后从工作气出口流出干燥塔 B，本工作状态的持续时间为 4h。

2. B 工作

干燥塔 A 再生结束后干燥部分自动切换至"B 工作"状态，此时经气水分离器分离后的氢气经冷却器从工作气进口进入干燥塔 B，经分子筛吸附水分后从工作气出口流出干燥塔 B。本工作状态加上 A 工作 B 再生的总共持续时间为 12h。时间到后自动转入"A 工作 B 再生"状态。

3. A 工作 B 再生

在干燥塔 B 吸附 24h 后塔内的分子筛已处于饱和状态，这时干燥部分自动转入"A 工作 B 再生"状态，经气水分离器分离后的氢气从上部进入干燥塔 B，氢气经干燥塔内部的电加热器加热后通过分子筛，并利用所携带的热量对分子筛进行再生，再生后的气体通过干燥塔 B 再生气出口，流经冷却器，在冷却器中氢气中所携带的大部分水经冷却与气体分离沉降于冷却器的底部，分离后的氢气从工作气进口进入干燥塔 A，经分子筛吸附水分后从工作气出口流出干燥塔 A。本工作状态的持续时间为 4h，干燥塔 B 再生完毕后，自动转入"A 工作"状态。

4. A 工作

经气水分离器分离后的氢气从工作气进口进入干燥塔 A，经分子筛吸附水分后从工作气出口流出干燥塔 A。本工作状态加上 A 工作 B 再生的总共持续时间为 24h。该状态结束后系统自动返回"A 再生 B 工作"状态，并按上述顺序周期往复运行。

5. 干燥部分的排水

干燥部分在上述四种工作状态的运行过程中，在气水分离器和冷却器的底部存留部分液态水，此部分液态水如不排放，日积月累必会影响干燥部分的运行效果，故装置可通过程序设置定期开启排水阀将水排至集水器，然后通过水封将水排出系统。

四、停机（或联锁）

当需停机时，按下微机系统"STOP"命令，或制氢间"紧急停车"按钮，当出现联锁点时，微机系统自动发出联锁命令，输出联锁触点（断开）。按下制氢间"紧急停机"按钮，则导致整流柜断电，电解槽停止工作，其后需操作人员自动处理。

五、制氢设备异常及处理方法

氢气异常现象、产生原因与排除方法见表 10-4。

表 10-4 氢气异常现象产生原因与排除方法

序号	异常现象	产生原因	排除方法
1	突然停车	(1) 供电系统停电。 (2) 整流电源发生故障： 1) 冷却水中断或流量过小，压力不足引起跳闸； 2) 电流突然升高引起过流或出现短路，导致跳闸； 3) 快速熔断器烧坏而跳闸； 4) 由控制柜联锁使整流柜停止。 (3) 槽压过高联锁使整流柜跳闸。 (4) 碱液循环量下限联锁使整流柜跳闸。 (5) 槽温过高联锁使整流柜跳闸	(1) 检修供电系统。 (2) 检修电器设备： 1) 解决冷却水存在的故障； 2) 将整流柜输出电位器调至零位，再按复位，重新调电流如再出故障，则仔细检查并排除短路故障； 3) 更换新的快速熔断器，并检查可控硅是否击穿； 4) 等控制柜调整结束后再开整流柜。 (3) 降低槽压。 (4) 增加循环量或清洗过滤器。 (5) 改变槽温设定值
2	槽总电压过高	(1) 槽内电解液脏致使电解小室进液孔或出气孔堵塞电阻增大； (2) 槽温控制过低； (3) 碱液浓度过高、过低； (4) 添加剂量不足	(1) 采用搅动负荷（升降电流和升降电解液循环量）的方法把堵物冲开，或停车冲洗电解槽； (2) 改变槽温设定值在 85~90℃； (3) 测量碱液浓度，调整碱液浓度至规定值； (4) 可通过碱液过滤器向槽内加入适量 V_2O_5
3	原料水供水不足或液位报警	(1) 加水泵停止加水； (2) 水箱无水； (3) 加水泵进出口阀未打开； (4) 液位测量系统故障	(1) 停泵修复； (2) 向水箱注入原料水； (3) 打开进出口阀； (4) 检查液位测量系统
4	系统压力或分离器液位波动较大	(1) 液位与压力变送器零点漂移； (2) 液位与压力变送器内有碱液； (3) 压力调节系统故障； (4) 氧液位调节系统故障	(1) 调整零位； (2) 清除液位与压力变送器内的碱液； (3) 排除压力调节系统故障； (4) 排除氧液位调节系统故障
5	气体纯度下降或纯度报警	(1) 隔膜损坏； (2) 氢氧分离器液位太低； (3) 分析仪不准； (4) 碱液循环量过大； (5) 碱液浓度过低； (6) 原料水水质不符合要求； (7) 氢、氧分离器差压过大	(1) 停车进行电解槽大修； (2) 补充除盐水； (3) 检查分析仪，重校零位； (4) 调整循环量在合适的范围内； (5) 调整碱液浓度在规定范围内； (6) 提高原料水水质，冲洗电解槽，严重的需拆槽清洗； (7) 调整控制系统减小差压

序号	异常现象	产生原因	排除方法
6	槽温升高,波动较大或温度报警	(1) 冷却碱液的蛇管内冷却水量不足; (2) 碱液循环量不足; (3) 电流不稳定; (4) 槽温自控失灵; (5) 蛇管水通道结垢	(1) 增加冷却水量; (2) 清洗过滤器; (3) 调节电流稳流部分; (4) 检查槽温调节阀检修温度二次仪表; (5) 清洗除垢
7	电解液停止循环或循环报警	(1) 碱液过滤网堵塞; (2) 碱液循环量调节阀开度太小; (3) 循环泵内有气体; (4) 循环泵损坏; (5) 流量计及指示报警仪误差过大或指示失灵	(1) 清洗过滤器滤网; (2) 调整开度、保持循环量适度; (3) 用排气阀排放循环泵内的气体; (4) 更换备用泵,对泵进行检修; (5) 校准流量计,检修指示报警仪
8	氢氧碱温接近槽温	(1) 蛇管内冷却水不足或冷却水温度过高; (2) 槽温自控失灵; (3) 碱液循环量超过规定范围; (4) 蛇管结垢严重	(1) 调节冷却水量,降低冷却水温度; (2) 检查槽温自控系统并排除故障; (3) 调节循环泵出口门,使循环量在规定的范围内; (4) 清洗冷却水管道内的结垢
9	循环泵声音不正常	(1) 泵内有脏物; (2) 泵内叶轮防松螺母松动; (3) 轴承磨损; (4) 电源缺相	(1) 停泵拆开清洗检修,更换备用泵; (2) 打开泵头拧紧防松螺母; (3) 更换轴承; (4) 检查电源排除故障
10	槽压达不到额定值	(1) 控制槽压的氧气薄膜调节阀阀芯磨损; (2) 旁通阀内漏; (3) 气相部位有严重漏泄处; (4) 压力调节不正常	(1) 调节阀芯位置或更换气动薄膜调节阀; (2) 更换旁通阀; (3) 堵漏; (4) 检查压力调节系统
11	电解槽槽体漏碱	(1) 隔膜垫片压缩变薄密封性能下降; (2) 碟形弹簧弹性下降; (3) 密封垫片老化	(1) 用专用扳手上紧槽体的拉紧螺母至槽体密封; (2) 换碟形弹簧; (3) 更换垫片大修电解槽
12	电解槽小室电压严重不均(相差1V以上)	电解槽故障	大修电解槽
13	压力上限报警	氧侧调节阀不开启	(1) 检修调节阀; (2) 检修压力变送器; (3) 检查计算机系统
14	氢液位越来越低,氧液位越来越高	氢阀调节阀不开启	(1) 检修调节阀; (2) 检修液位变送器; (3) 检查计算机系统

序号	异常现象	产生原因	排除方法
15	产品氢气含湿量较高	(1) 阀门未关紧或者内漏; (2) 干燥剂再生不彻底; (3) 分析取样管道吹扫不彻底; (4) 系统工作压力太低; (5) 干燥剂性能下降	(1) 关紧阀门或更换阀门; (2) 彻底再生干燥剂; (3) 彻底吹扫分析取样管道; (4) 提高系统工作压力; (5) 更换新的干燥剂
16	加热温度达不到要求	(1) 电加热元件损坏; (2) 测温元件或控制仪表失灵; (3) 气量偏差较大	(1) 更换新的电加热元件; (2) 修复测温元件或控制仪表; (3) 调整气量

第四节 制氢安全管理

一、运行监督

1. 氢气监督

(1) 氢气监督指标及仪器。

在氢冷发电机组的运行与检修中,分析氢气系统的有关参数与指标是十分重要的;这些参数包括氢气的纯度、湿度、温度、压力等数据,其中同化学运行相关的是纯度和湿度,化学氢气测量仪表有氢中微量氧分析仪、氢气分析仪、便携式气体露点测定仪、氢气检漏报警仪、在线氢气湿度分析仪、便携式氢气检漏报警仪。

(2) 氢气纯度的监督。

氢气作为一种可燃、可爆气体,控制其纯度是非常必要的。

1) 发电机内氢气纯度标准。

在机组运行时,GB 26164.1—2010《电业安全工作规程》规定:发电机氢冷系统中的氢气纯度不应低于 96.0%,含氧量不应超过 1.2%。另外,在机组停机检修时,必须在动火检修前,对氢气有可能聚集停留的地方检测氢气含量,以消除燃烧和爆炸隐患。当运行机组内的氢气纯度下降时,还会造成发电机的通风摩擦损耗加大。因此,对氢气纯度进行检测是十分重要的。

2) 制氢站氢气纯度标准。

GB 26164.1—2010《电业安全工作规程》规定:制氢设备的氢气纯度不应低于 99.5%,含氧量不应超过 0.5%。

(3) 氢气湿度的监督。

氢气的湿度参数也是非常重要的。氢气的湿度过高,会导致电气绝缘强度下降,发电机护环强度下降,氢气纯度下降。但是,氢气湿度过低时,会导致发电机内绝缘材料产生裂纹。因此,氢气的湿度应控制在一定范围内。在现行电力行业标准中,湿度只采用露点温度来表示。露点温度是指在一定条件下(温度、压力),所含湿气为水饱和时的温度。

1) 发电机内氢气湿度标准。

GB 26164.1—2010《电业安全工作规程》规定：露点温度（湿度）在发电机内最低温度为 5℃时不高于−5℃，在发电机内最低温度不小于 10℃时，不高于 0℃，应均不低于−25℃。如果达不到标准，应立即进行处理，直到合格为止。发电机内最低温度值与允许氢气湿度高限值的关系可由 DL/T 651—2017《氢冷发电机氢气湿度的技术要求》中查得。

2）供氢站氢气湿度标准。

供发电机充氢、补氢用的新鲜氢气在常压下的允许湿度：新建、扩建电厂（站）露点温度 t_d＝−50℃；已建电厂（站）露点温度 t_d＝−25℃。

2. 化学药品控制要求

电解液是碱性水电解制氢过程中不可缺少的，电解液的质量可直接影响到水电解制氢的性能、气体的质量、电解槽的寿命以及水电解制氢（氧）设备的安全运行。因此，在 GB/T 19774—2005《水电解制氢技术要求》中，分别对补充水、化学品和电解液做出了明确的规定，对于电解液在配制和运行监督中，国标中规定了表 10-5 的要求。

表 10-5 电解液的质量标准

项目	单位	含量
KOH	g/L	300～400
KOH 密度	g/mL	1.25～1.30
$Fe^{2+}＋Fe^{3+}$	mg/L	≤3
Cl^-	mg/L	≤800
Na_2CO_3	mg/L	≤100

电解液中杂质在电解过程中直接影响氢气、氧气的纯度，所以在水电解过程中提高电解液的质量很重要。途径有：一是选用优质的固体碱；二是选用合理的原料水制备方法，要严格控制水中的 Cl^- 和固体悬浮杂质含量；三是提高碱液过滤效果，选择合理的过滤网；四是选用毛绒脱落较少或不脱落的高质量的隔膜布。

目前市面上出售的碱的质量相差甚大，要选用质量等级较高的（分析纯、优级纯）KOH 或 NaOH。其外观应色泽洁白，无杂质，呈颗粒状或片状，大小基本均匀一致；必要时进行分析化验，确认内在质量。原料水（蒸馏水、离子交换水）的制备方法影响水的质量，尤其用盐酸（HCl）再生的离子交换水，再生后盐酸（HCl）必须置换彻底。因此，固体碱、补充水和电解液具体标准如下：

（1）氢氧化钾质量标准。电解质 KOH 的纯度，直接影响电解后产生气体的品质和对设备的腐蚀。当电解液含有碳酸盐和氯化物时，阳极上会发生下列有害反应：

$$2CO_3^{2-} - 4e = 2CO_2 \uparrow + O_2 \uparrow$$
$$2Cl^- - 2e = Cl_2 \uparrow$$

这些反应不但消耗电能，而且因氧气中混入氯气等而降低其纯度，同时生成的二氧化碳立刻被碱液吸收，复原成碳酸盐，致使 CO_3^{2-} 的放电反应反复进行下去，耗费掉大量电能。另外，反应生成的氯气也可被碱液吸收生成次氯酸盐和氯酸盐，它们又有被阴极还原的可能，这也要消耗电能。

为了提高气体纯度，降低电能消耗，要求氢氧化钾的纯度达到表 10-6 的要求。

表 10-6　　　　　　　　　　　氢氧化钾的纯度

名　称	含　量（%）
KOH	＞95
NaCl	＜0.5
Na$_2$CO$_3$	＜0.2

（2）补充水质量标准。电解液中的杂质除来源于药品之外，还可能来自不纯净的补充水，常用的补充水是除盐水，其质量要求见表 10-7。

表 10-7　　　　　　　　　　　补充水的质量标准

名　称	性质与含量要求
外状	透明清洁
铁离子含量	＜1mg/L
氯离子含量	＜2mg/L
悬浮物	＜1mg/L
电阻率	≥1×10^{5}Ω·cm

3. 电解槽的运行控制要求

（1）电解槽氢气和氧气侧导气管内的温度不得超过 80℃±5℃。

（2）电解槽的电流只允许在厂家规定范围内变化。

（3）电解槽的电压范围应控制在厂家规定的范围内，不得超过其最高值，相邻两极电压应控制在 1.8～2.4V，其差值不得超过 0.2V。

（4）两个压力调节器的水位差不得超过 50mm。

（5）电解系统的压力和贮氢罐的压力是相等的，其压力允许在 1～10kg/cm^2 的范围内变化。

4. 氢气置换要求

氢气系统被置换的设备、管道等应与系统进行可靠隔绝。

（1）采用惰性气体置换法应符合下列要求：

1）惰性气体中氧的体积分数不得超过 3%。

2）置换应彻底，防止死角末端残留余氢。

3）氢气系统内氧或氢的含量应至少连续 2 次分析合格，如氢气系统内氧的体积分数小于或等于 0.5%，氢的体积分数小于或等于 0.4% 时置换结束。

（2）采用注水排气法应符合下列要求：

1）应保证设备、管道内被水注满，所有氢气被全部排出。

2）水注满在设备顶部最高处溢流口应有水溢出，并持续一段时间。

5. 运行监控

（1）设备运行中，巡检人员定期检查装置的运转情况、所有附属设备、各检测仪表与各调节系统、各种报警等，并按规定的参数条件进行观察与操作，每两小时记录一次。

（2）当有报警出现时，应及时判断报警位置，找出原因并进行处理。必须停车处理的缺陷，应先停止设备运行，待压力、温度降到安全值后再隔绝处理，以防扩大事故隐患。

（3）经常检查分离器与洗涤器的液位，保持氢、氧两侧的压力平衡，观察自动加水是否正常。正常情况下，氢、氧侧压力调节器的水位差不得超过 50mm。若超过设定值后，就会造成某一电解小室或多个电解小室的"干槽"现象，从而使氢气、氧气互相掺混，降低氢气或氧气的纯度，严重时形成爆炸混合气，极易引起事故的发生。

（4）检查氢、氧分离器就地液位是否平衡，如窜液位，多数是由于氢、氧调节阀故障引起的，所以要重点检查氢、氧调节阀是否动作灵活，开关能否到位，阀体内是否有碱液结晶存在。

（5）定期检查碱液循环量是否在规定范围内，循环量不能过大或过小，过大会导致氢气纯度下降，过小会使电解槽温度过高而降低隔膜的使用寿命。如果碱液循环量非常小甚至等于 0 时。

（6）整流柜在正常运行中选择开关不可任意变换位置，否则会损坏快速熔断器或可控硅元件，如需改变整流柜运行状态，则必须把输出电位器置于零位，才能转换选择开关的位置。

（7）当运行中出现紧急情况，如电气设备短路、爆鸣、气体纯度急剧降低、电解槽严重漏泄、槽温过高等，应立即停车。通常使用事故按钮切断电源，再打开气体放空阀，用氮气吹扫系统，并及时进行处理。

（8）禁止氧气、氢气由压力设备及管道内急剧放出。当氢气急剧放出时，由于静电原因可能引起自动燃烧和爆炸，当氧气急剧放出时，管路的氧化层可能引起火花。

（9）不允许碱液掉到电解槽极板之间或极板与拉紧螺栓之间，更不允许任何金属杂物落到电解槽上，以防引起极板间短路。

（10）不准用手碰触电解槽，禁止用两只手分别接触到两个不同的电极上。

（11）氢气系统运行时，不准敲打，不准带压修理，严禁负压。

（12）定期进行设备漏泄情况检查，发现异常及时处理、汇报。

（13）定期检查分析仪一次仪表的气体流量是否处于规定的刻度上，干燥剂是否变色，及时调节流量或更换干燥剂及硼酸片，观察氢、氧分析仪所显示的氢、氧气体纯度指示，发现氢气、氧气纯度发生明显波动时及时进行检查，必要时可停车检查或返厂校验。

（14）定期进行电解液浓度分析测量，使碱液浓度保持在所规定的范围内，当碱液浓度低于标准时，应由送水泵从氧分离器补水入口门将碱液打入系统内。

（15）观察原料水箱水位以及循环冷却水温度是否正常，定期分析原料水的电导率，应符合水质要求。

（16）定期检查电解槽的极间电压，与规定值的偏差不得超过 0.2V。

（17）氢气储罐底部排污时，必须接入水封中排污。

（18）正常情况下，一般每年清洗电解槽一次，运行正常可不清洗。

（19）检查氢、氧分离器温差大于 10℃，或槽温与分离器温差大于 30℃以上时，应清理碱液过滤器。

（20）定期检查氢气过滤器，因尘粒堵塞造成阻力增加，应更换滤芯，一般周期 2 年以上。

（21）配碱室中应备有橡胶手套和防护眼镜，以供进行与碱液有关的工作时使用。

二、安全监督

（1）发电机氢冷系统中的氢气纯度、湿度和含氧量，在运行中必须实现在线检测并进行定期化验。氢纯度、湿度和含氧量必须符合标准规定，其中氢气纯度不应低于 96.0%，含氧量不应超过 1.2%。露点温度（湿度）在发电机内最低温度为 5℃时不高于−5℃，在发电机内最低温度不小于 10℃时，不高于 0℃，应均不低于−25℃。如果达不到标准，应立即进行处理，直到合格为止。

（2）氢冷发电机的轴封必须严密，当机内充满氢气时，轴封油不准中断，油压应大于氢压，以防空气进入发电机外壳内或氢气充满汽轮机的油系统中而引起爆炸，主油箱上的排烟机，应保持经常运行。如排烟机故障时，应采取措施使油箱内不积存氢气。

（3）氢冷发电机密封油系统应运行可靠，并设自动投入双电源或交直流密封油泵联动装置，备用泵（直流泵）必须经常处于良好备用状态，并应定期校验。两泵电源线应用埋线管或外露部分用耐燃材料外包。

（4）为了防止因阀门不严密发生漏氢气引起爆炸，当发电机为氢气冷却运行时，置换空气的管路必须隔断，并加严密的堵板。当发电机为空气冷却运行时，补充氢气的管路也应隔断，并加装严密的堵板。

（5）禁止与工作无关的人员进入制氢室和氢罐区。因工作需要进入制氢站的人员应实行登记准入制度，所有进入制氢站的人员应关闭移动通信工具、严禁携带火种、禁止穿带铁钉的鞋。进入制氢站前应先消除静电。

（6）禁止在制氢室、储氢罐、氢冷发电机以及氢气管路近旁进行明火作业或做能产生火花的工作。如必须在上述地点进行焊接或点火的工作，应事先经过氢气含量测定，证实工作区域内空气中含氢量小于 3%，并经厂主管生产的领导批准，办理动火工作票后方可工作，工作中应至少每 4h 测定空气中的含氢量并符合标准。

（7）制氢和供氢的管道、阀门或其他设备发生冻结时，应用蒸汽或热水解冻，禁止用火烤。为了检查各连接处有无漏氢的情况，可用仪器或肥皂水进行检查，禁止用火检查。

（8）在发电机内充有氢气时或在电解装置上进行检修工作，应使用铜制的工具，以防发生火花；必须使用钢制工具时，应涂上黄油。

（9）油脂和油类不应和氧气接触，以防油剧烈氧化而燃烧。进行制氢设备的维护工作时，手和衣服不应沾有油脂。

（10）排出带有压力的氢气、氧气或向储氢罐、发电机输送氢气时，应均匀缓慢地打开设备上的阀门，使气体缓慢地放出或输送。禁止剧烈地排送，以防因摩擦引起自燃或爆炸。

（11）制氢站、发电机氢系统和其他装有氢气的设备附近，必须严禁烟火，严禁放置易爆易燃物品，并应设"严禁烟火"的警示牌。在制氢站、发电机的附近，应备有必要的消防设备。制氢站应设有不低于 2m 的围墙。

（12）氢气使用区域应通风良好。保证空气中氢气最高含量不超过 1%（体积）。采用机械通风的建筑物，进风口应设在建筑物下方，排风口设在上方。

（13）氢气有可能积聚处或氢气浓度可能增加处宜设置固定式可燃气体检测报警仪，可燃气体检测报警仪应设在监测点（释放源）上方或厂房顶端，其安装高度宜高出释放源 $0.5 \sim 2m$ 且周围留有不小于 $0.3m$ 的净空，以便对氢气浓度进行监测。可燃气体检测报警仪的有效覆盖平面半径，室内宜为 $7.5m$，室外宜为 $15m$。

（14）氢气站、供氢站严禁使用明火取暖。

（15）氢气站内应将有爆炸危险的房间集中布置。有爆炸危险房间不应与无爆炸危险房间直接相通。必须相通时，应以走廊相连或设置双门斗。有爆炸危险房间内，应设氢气检漏报警装置，并应与相应的事故排风机联锁。当空气中氢气浓度达到 0.4%（体积比）时，事故排风机应能自动开启。自然通风换气次数，每小时不得少于 3 次；事故排风装置换气次数每小时不得少于 12 次，并与氢气检漏装置联锁。

（16）室外架空敷设氢气管道应与防雷电感应的接地装置相连。距建筑 $100m$ 内管道，每隔 $25m$ 左右接地一次，其冲击接地电阻不应大于 20Ω。

（17）氢气站、供氢站内的设备、管道、构架、电缆金属外皮、钢屋架和突出屋面的放空管、风管等应接到防雷电感应接地装置上。管道法兰、阀门等连接处，应采用金属线跨接。

（18）氢气管道。

1）氢气管道宜架空敷设，其支架应为非燃烧体，架空管道不应与电缆、电线敷设在同一支架上。

2）氢气管道与燃气管道、氧气管道平行敷设时，中间宜有非燃物体将管道隔开，或净距不少于 $250mm$。分层敷设时，氢气管道应位于上方。

3）氢气管道与建筑物、构筑物或其他管线的最小净距应符合现行的 GB 4962—2008《氢气使用安全技术规程》的规定。

4）室外地沟敷设的管道，应有防止氢气泄漏、积聚或窜入其他沟道的措施，埋地敷设的管道埋深不宜小于 $0.7m$，含氢气的管道应敷设在冰冻层以下。室内管道不应敷设在地沟中或直接埋地。

5）管道穿过墙壁或楼板时应设套管，套管内的管段不应有焊缝，管道和套管之间应用非燃材料填塞。

6）管道应避免穿过地沟、下水道、铁路及汽车道路等，必须穿过时应设套管。

7）管道不得穿过生活间、办公室、配电室、控制室、仪表室、楼梯间和其他不使用氢气的房间，不宜穿过吊顶、技术（夹）层。当必须穿过吊顶或技术（夹）层时，应采取安全措施。

（19）氢气放空管。

1）氢气排放管应采用金属材料，不得使用塑料管或橡皮管。

2）氢气排放管应设阻火器，阻火器应设在管口处。

3）氢气排放口垂直设置。当排放含饱和水蒸气的氢气时，在排放管内应引入一定量的惰性气体或设置静电消除装置，保证排放安全。

4）室内放空管的出口应高出屋顶 $2m$ 以上。室外设备的排放管应高于附近有人员作业的最高设备 $2m$ 以上。

5）放空管应设静电接地，并在避雷保护范围之内。

6）放空管应有防止空气回流的措施。

7）放空管应有防止雨雪侵入、水气凝集、冻结和外来异物堵塞的措施。

（20）氢气瓶。因生产需要在室内（现场）使用氢气瓶，其数量不得超过5瓶，室内（现场）的通风条件符合GB 4962—2008《氢气使用安全技术规程》中4.1.5要求，且布置符合如下要求：

1）氢气瓶与盛有易燃易爆、可燃物质及氧化性气体的容器和气瓶的间距不应小于8m；

2）与明火或普通电气设备的间距不应小于10m；

3）与空调装置、空气压缩机和通风设备（非防爆）等吸风口的间距不应小于20m；

4）与其他可燃性气体储存地点的间距不应小于20m。

（21）储气罐。

1）储氢罐上应涂以白色。氢气罐应安装放空阀、压力表、安全阀，压力表每半年校验一次，安全阀一般应每年至少校验一次，确保可靠。立式或卧式变压定容积氢气罐安全阀宜设置在容器便于操作位置，且宜安装两台相同泄放量、可并联或切换的安全阀，以确保安全阀检验时不影响罐内的氢气使用。

2）氢气罐放空阀、安全阀和置换排放管道均应装有阻火器或有蒸汽稀释、氮气密封、末端设置火炬燃烧的总排放管。惰性气体吹扫置换接口应参照GB 4962—2008《氢气使用安全技术规程》中6.2.4要求执行。

3）氢气罐应采用承载力强的钢筋混凝土基础，其载荷应考虑做水压实验的水容积质量。氢气罐的地面应不低于相邻散发可燃气体、可燃蒸气的甲、乙类生产单元的地面，或设高度不低于1m的实体围墙予以隔离。

4）氢气罐新安装（出厂已超过一年时间）或大修后应进行压强和气密试验，试验合格后方能使用。压强试验应按最高工作压力1.5倍进行水压试验；气密试验应按最高工作压力试验，以无任何泄漏为合格。

5）罐区应设有防撞围墙或围栏，并设置明显的禁火标识。

6）氢气罐应安装防雷装置。防雷装置应每年检测一次，并建立设备档案。

7）氢气罐检修或检验作业应参照GB 4962—2008《氢气使用安全技术规程》中4.3.2、4.3.6要求执行。进入罐内作业应佩戴氧含量报警仪，同时应有人监护和其他有效的安全防护措施。

8）氢气罐应有静电接地设施。所有防静电设施应定期检查、维修，并建立设备档案。

（22）消防与紧急情况处理。

1）氢气发生大量泄漏或积聚时，应采取以下措施：

a. 应及时切断气源，并迅速撤离泄漏污染区人员至上风处。

b. 对泄漏污染区进行通风，对已泄漏的氢气进行稀释，若不能及时切断时，应采用蒸汽进行稀释，防止氢气积聚形成爆炸性气体混合物。

c. 若泄漏发生在室内，宜使用吸风系统或将泄漏的气瓶移至室外，以免泄漏的氢气四处扩散。

2）氢气发生泄漏并着火时应采取以下措施：

a. 应及时切断气源。若不能立即切断气源，不得熄灭正在燃烧的气体，并用水强制冷却着火设备。此时，氢气系统应保持正压状态，防止氢气系统回火发生爆炸。

b. 为防止火灾扩大，如采用大量消防水雾喷射引燃物质和相邻设备；如有可能，可将燃烧设备从火场移至空旷处。

c. 氢火焰肉眼不易察觉，消防人员应佩戴自给式呼吸器，穿防静电服进入现场，注意防止外露皮肤烧伤。

3）消防安全措施：供氢站应按 GB 50016—2014《建筑设计防火规范》规定，在保护范围内设置消火栓，配备水带和水枪，并应根据需要配备干粉、二氧化碳等轻便灭火器材或氮气、蒸汽灭火系统。

4）高浓度氢气会使人窒息，应及时将窒息人员移至良好通风处，进行人工呼吸，并迅速就医。

 思考题

1. 制氢装置氢气或氧气纯度不合格的原因有哪些？
2. 制氢装置槽温过高或波动较大的原因有哪些？
3. 电解槽总电压过高的原因有哪些？
4. 制氢装置突然停运的常见原因有哪些？
5. 为什么在水电解制氢装置运行中，必须确保氢、氧侧（阴极、阳极侧）的压力差小于 0.5kPa？

第十一章
电 厂 用 煤

第一节 煤的形成、组成、性质及分类

一、煤的形成

我国火电厂的电力生产主要依靠燃烧煤取得热能后转化为电能。煤是主要的一次能源，它是由古代植物形成的。植物分低等植物和高等植物两大类。在地球上储量最多的煤由高等植物形成，统称为腐植煤，即现代被广泛使用的褐煤、烟煤和无烟煤等。高等植物的有机化学组成主要为纤维素和木质素，此外还有少量蛋白质和脂类化合物等；无机化学组成主要为矿物质。古代丰茂的植物随地壳变动而被埋入地下，经过长期的细菌生物化学作用以及地热高温和岩层高压的成岩、变质作用，使植物中的纤维素、木质素发生脱水、脱一氧化碳、脱甲烷等反应，而后逐渐成为含碳丰富的可燃性岩石，这就是煤。该过程称为煤化作用，它是一个增碳的碳化过程。根据煤化程度的深浅、地质年代长短以及含碳量多少可将煤划分为泥炭、褐煤、烟煤和无烟煤四大类，其演化过程见图 11-1。

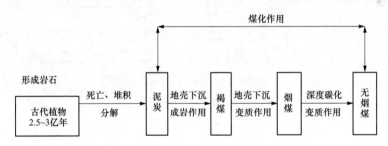

图 11-1 煤的划分及其演化过程

组成植物的有机物质元素主要为碳、氢、氧和少量氮、硫和磷。随着地质年代的增长，成煤过程中变质程度加深，含碳量逐步增加，氢和氧逐步减少、硫和氮则不变化。在各类煤中，碳、氢、氧三元素相对含量的变化可表示为

$$\underset{\substack{\text{植物}\\C_{16}H_{18}O_5}}{}\xrightarrow{-3H_2O、-CO_2}\underset{\substack{\text{泥炭}\\C_{16}H_{14}O_3}}{}\xrightarrow{-2H_2O}\underset{\substack{\text{褐煤}\\C_{15}H_{14}O}}{}\xrightarrow{-CO_2}\underset{\substack{\text{烟煤}\\C_{12}H_4}}{}\xrightarrow{-2CH_4、-H_2O}\underset{\text{无烟煤}}{}$$

二、煤的组成

植物在漫长的成煤地质年代中，其原始的组成和结构发生了变化，形成一种新物质。据现代研究表明：煤中有机物的基本结构单元，主要是带有侧链和官能团的缩合芳香核体系，随着变质程度的加深，基本结构单元中六碳环的数目不断增加，而侧链和官能团则不

断减少。由于成煤条件各异，变质因素复杂，导致组成煤基本结构单元的六碳环数目，侧链、官能团的多少和性质以及各基本结构单元间的空间排列都不可能一致，因此也就出现组成和性质各异的多种煤。对于煤的分子可视为一种不确定的非均一、分子量很高的缩聚物。

煤中无机物的组成也极为复杂、所含元素多达数十种，常以硫酸盐、碳酸盐（主要是钙、镁、铁等盐）、硅酸盐（铝、钙、镁、钠、钾）、黄铁矿（硫）等矿物质的形态存在。此外还有一些伴生的稀有元素，如锗（Ge）、硼（B）、铍（Be）、钴（Co）、钼（Mo）等。

煤仅作为能源使用时，就没有必要对其化学结构作详尽的了解，只从热能利用（即燃料的燃烧）方面去分析和研究煤的组成，基本上就能够满足电力生产的要求。

在工业上常将煤的组成划分为工业分析组成和元素分析组成两种，了解这两种组成就可以为煤的燃烧提供基本数据。工业分析组成是用工业分析法测出的煤的不可燃成分和可燃成分，前者为水分和灰分；后者为挥发分和固定碳。这种分析方法带有规范性，所测得的组成与煤固有的组成是浑然不同的，但它给煤的工艺利用带来很大方便。工业分析法简单易行，它采用了常规重量分析法，以重量百分比计量各组成，可得到可靠的煤质百分组成。这有利于统一煤质计量、煤种划分、煤质评估、用途选择、商品计价等。元素分析组成是用元素分析法测出煤中的化学元素组成，该组成可示出煤中某些有机元素的含量。元素分析结果对煤质研究、工业利用、燃烧炉设计、环境质量评价都是极为有用的资料。

工业分析组成和元素分析组成如图 11-2。

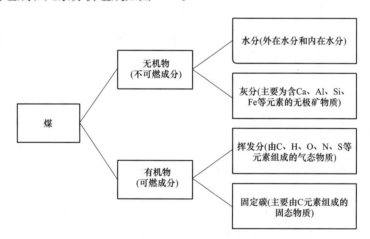

图 11-2　工业分析组成和元素分析组成

由此可以看出：工业分析组成包括水分、灰分、挥发分和固定碳四种成分，这四种成分的总量为100。元素分析组成包括碳、氢、氧、氮和硫五种元素，这五种元素加上水分和灰分，其总量为100。

三、煤的性质

1. 发热量

发热量为单位质量的煤完全燃烧时释放出的热量，符号为 Q，计量单位为 kJ/kg。

它是动力用煤最重要的特性，它决定煤的价值，同时也是进行热效率计算不可缺少的参数。

2. 可磨性

煤的可磨性是表示煤在研磨机械内磨成粉状时，其表面积的改变（即粒度大小的改变）与消耗机械能之间的关系的一种性质，用可磨性指数表示，符号为 HGI（哈氏指数）。它具有规范性，无量纲。其规范为规定粒度下的煤样，经哈氏可磨仪，用规定的能量研磨后，在规定的标准筛上筛分，称量筛上煤样质量，并由用已知哈氏指数标准煤样绘制的标准曲线上查得该煤的哈氏指数。它是设计和选用磨煤机的重要依据。

3. 煤粉细度

煤粉细度是表示煤粉中各种大小尺寸颗粒煤的质量百分含量。它可用筛分法确定，即让煤粉通过一定孔径的标准筛，计量筛上煤粉质量占试样重量的百分数。煤粉细度符号为 Rx，下标为标准筛的孔径。在一定的燃烧条件下，它对磨煤能量耗损和燃烧过程中的热损失有较大的影响。

4. 煤灰熔融性

煤灰是煤中可燃物质燃尽后的残留物，它由多种矿物质转化而成，没有确定的熔点。当煤灰受热时，它由固态逐渐向液态转化而呈塑性状态，其黏塑性随温度而异。熔融性就是一表征煤灰在高温下转化为塑性状态时，其黏塑性变化的一种性质。煤灰在塑性状态时，易粘在金属受热面或炉墙上，阻碍热传导，破坏炉膛的正常燃烧工况。所以，煤灰的熔融性是关系锅炉设计、安全经济运行等问题的重要性质。表示熔融性的方法具有较强的规范性，它是将煤灰制成三角锥体的试块，在规定条件下加热，根据其形态变化而规定的三个特征温度：即变形温度、软化温度和流动温度，符号各为 DT、ST、和 FT，单位为℃。

5. 真（相对）密度、视（相对）密度和堆积密度

煤的真密度为 20℃时煤的质量与同温度、同体积（不包括煤的所有孔隙）水的质量之比，符号为 TRD，无量纲。

煤的视密度为 20℃时煤的质量与同温度、同体积（包括煤的所有孔隙）水的质量比，符号为 ARD，无量纲。

煤的堆积密度是指单位容积所容纳的散装煤（包括煤粒的体积和煤粒间的空隙）的重量，单位为 t/m^3，目前尚未有法定符号。

在设计煤的体积和重量关系的各种工作中，都需要知道密度这一参数。真密度用于煤质研究、煤的分类、选煤或制样等工作。视密度用于煤层储量的估算。堆积密度在火电厂中，主要用于进厂商品煤装车量以及煤场盘煤。

6. 着火点

煤的着火点是在一定条件下，将煤加热到不需外界火源，即开始燃烧时的初始温度，单位为℃，无法定符号。它的测定具有规范性，使用不同的测试方法，对同一煤样，着火点的值会不同。着火点与煤的风化、自燃、燃烧、爆炸等有关，所以它是一项涉及安全的指标。

四、煤的分类

1. 概述

煤的分类是综合考虑了煤的形成、变质、各种特性以及用途等确定的。煤的分类方法很多，不同的国家或不同的利用途径，有各自的分类要求，GB 5751—1986《中国煤炭分类》中包括了全部褐煤、烟煤和无烟煤的工业技术分类标准，其各类煤的划分比较合理，分类指标简单明了，同一类煤的性质基本接近，便于各工业部门选择利用。此外，对商品煤另有煤炭产品的分类方法，这种分类方法便于商品统配煤的计价，在电力工业中为便于选用动力煤种又有发电用煤的分类。煤的分类见表 11-1。

中国煤炭分类法是采用表征煤化程度的参数，即干燥无灰基挥发分 V_{daf} 作为分类指标将煤划分为三大类：褐煤、烟煤、和无烟煤。凡 $V_{daf} \leqslant 10\%$ 的为无烟煤，$V_{daf} > 10\%$ 的煤为烟煤，$V_{daf} > 37\%$ 的煤为褐煤。

无烟煤再用干燥无灰基挥发分 V_{daf} 和干燥无灰基氢含量 H_{daf} 划分为三小类：无烟煤 1 号、无烟煤 2 号和无烟煤 3 号。当 V_{daf} 和 H_{daf} 有矛盾时，以 H_{daf} 为准，见表 11-2。

表 11-1　　　　　　　　　　　　　　　　煤的分类

类别	符号	包括数码	分类指标					
			V_{daf}（%）	黏结指数 G	胶质层最大厚度 Y（mm）	奥亚膨胀度 b（%）	透光率 P_M（%）	$Q_{gr-A,MHC}^{①}$（MJ/kg）
无烟煤	WY	01，02，03	$\leqslant 10.0$					
贫煤	PM	11	$>10.0\sim20.0$	$\leqslant 5$				
贫瘦煤	PS	12	$>10.0\sim20.0$	$>5\sim20$				
瘦煤	SM	13，14	$>10.0\sim20.0$	$>20\sim65$				
焦煤	JM	24 15，25	$>20.0\sim28.0$ $>10.0\sim20.0$	$>50\sim65$ >65	$\leqslant 25.0$	（$\leqslant 150$）		
肥煤	FM	16，26，36	$>10.0\sim37.0$	（>85）	>25.0			
1/3 焦煤	1/3JM	35	$>28.0\sim37.0$	>65	$\leqslant 25.0$	（$\leqslant 220$）		
气肥煤	QF	46	>37.0	（>85）	$>25,0$	（$\leqslant 220$）		
气煤	QM	34 43，44，45	$>28.0\sim37.0$ >37.0	$>50\sim65$ >35	$\leqslant 25.0$	（$\leqslant 220$）		
1/2 中黏煤	1/2ZN	23，33	$>20.0\sim37.0$	$>30\sim50$				
弱黏煤	RN	22，32	$>20.0\sim37.0$	$>5\sim30$				
不黏煤	BN	21，31	$>20.0\sim37.0$	$\leqslant 5$				
长焰煤	CY	41，42	>37.0	$\leqslant 35$			>50	
褐煤	HM	51 52	>37.0 >37.0				$\leqslant 30$ $>30\sim50$	$\leqslant 24$

① Qgr-A, MHC 为含最高内在水分的无灰基高位发热量。

表 11-2   无烟煤的分类

类别	符号	数码	分 类 指 标	
			V_{daf}（%）	H_{daf}（%）
无烟煤 1 号	WY$_1$	01	0～3.5	0～2.0
无烟煤 2 号	WY$_2$	02	>3.5～6.5	>2.0～3.0
无烟煤 3 号	WY$_3$	03	>6.5～10.0	>3.0

褐煤除采用 H_{daf} 分类外，还用透光率 P_M 和含高内在水分的无灰基高位发热量（$Q_{gr-A,MHC}$）作为指标区分褐煤和烟煤，并将褐煤划分为两类：褐煤 1 号和褐煤 2 号，见表 11-3。

表 11-3   褐煤的分类

类别	符号	数码	分 类 指 标	
			P_M（%）	$Q_{gr-A,MHC}$（MJ/kg）
褐煤 1 号	FM1	51	0～30	—
褐煤 2 号	HM2	52	>30～50	≤24

烟煤采用表征工艺性能的参数，即黏结指数 G、胶质层最大厚度 Y 和奥亚膨胀度 b 等作为指标，将烟煤再分为贫煤、贫瘦煤、瘦煤、焦煤、肥煤、1/3 焦煤、气肥煤、气煤、1/2 中黏煤、弱黏煤、不黏煤、长焰煤等 12 种。

为了便于现代化管理，分类中采取了煤类名称、代号与数字编码相结合的方式，表 11-1 中各类煤用两位阿拉伯数码表示：十位数系按煤的挥发分划分的大类，即无烟煤为 0，烟煤为 1～4，褐煤为 5；个位数：无烟煤为 1～3，表示煤化程度；烟煤类为 1～6，表示黏结性；褐煤类为 1～2，表示煤化程度。

2. 统配商品煤的分类

国家统配煤矿煤炭产品的分类是按用途（冶炼或其他用途）、加工方法（洗选或筛选）和质量规格（粒度、灰分）划分为 5 大类 27 个品种，见表 11-4。

表 11-4   商品煤炭产品类别和品种

产品类别	品种名称	质 量 规 格	
		粒度（mm）	灰分（%）
精煤	冶炼用炼焦精煤	<50，<80 或<100	≤12.50
	其他用炼焦精煤	<50，<80 或<100	12.51～16.0
粒级煤	洗中块	25～50，20～60	≤40
	中块	25～50	≤40
	洗混中块	13～50，13～80	≤40
	混中块	13～50，13～80	≤40
	洗混块	>13，>25	≤40
	混块	>13，>25	≤40
	洗大块	50～100，>50	≤40
	大块	50～100，>50	≤40

产品类别	品种名称	质 量 规 格	
		粒度（mm）	灰分（%）
粒级煤	洗特大块	>100	≤40
	特大块	>100	≤40
	洗小块	13~25，13~20	≤40
	小块	13~25	≤40
	洗粒煤	6~13	≤40
	粒煤	6~13	≤40
洗选煤	洗原煤	≤300	≤40
	洗混煤	0~50	≤32
	混煤	0~50	≤40
	洗末煤	0~13，0~20，0~25	≤40
	末煤	0~13，0~25	≤40
	洗粉煤	0~6	≤40
	粉煤	0~6	≤40
原煤	原煤、水采原煤		≤40
低质煤	原煤		≤40
	中煤	0~50	≥40~49
	煤泥（水采煤泥）	0~1	≥1.01~49

（1）精煤。

经选煤厂加工供炼焦用的精选煤炭产品分为两种：

1）冶炼用炼焦精煤灰分。$A_d \leqslant 12.50\%$（简称冶炼精煤）。

2）其他用炼焦精煤灰分。A_d 在 $12.51\% \sim 16.0\%$ 之间（简称其他精煤）。

（2）粒级煤。

经洗选或筛选加工，清除大部或部分杂质与矸石，其粒度分级下限在 6mm 以上的煤炭产品，分为 14 个品种。

（3）洗选煤。

经洗选或筛选加工，清除大部或部分杂质与矸石的原煤，其粒度分级上限在 50、25、20、13 或 6mm 以下的煤炭产品，分为 7 个品种。

（4）原煤。

指煤矿生产出来未经洗选或筛选加工而只经人工拣矸的煤炭产品。

（5）低质煤。

指灰分 $A_d > 40\%$ 的各种煤炭产品（包括 A_d 在 $16\% \sim 40\%$ 之间的煤泥、水采煤泥和 $A_d > 32\%$ 的中煤），分为 3 个品种。

统配商品煤的分类主要用于计价，各类商品煤炭产品的比价率如表 11-5 所示。表中以水采原煤、原煤的价格为基准，其比价率为 100%。经加工过的精煤、粒级煤和洗选煤比价率皆高于 100%，加工深度越高，比价也越高。低质煤的比价率则低于 100%。

表 11-5 我国各品种商品煤的比价率

品种名称	比价率（%）	品种名称	比价率（%）
精煤（$A_d \leqslant 12.5\%$）	165	粒煤	125
精煤（$A_d > 12.5\%$）	152	洗原煤	108
洗中块	150	洗混煤	107
洗混中块	143	混中块	137
中块	140	洗末煤	109
洗大块、洗混块	139	洗粉煤	107
洗特大块	132	水采原煤、原煤	100
特大块、大块	129	混煤	105
混块	134	末煤、粉煤	103
洗小块	136	中煤	60
洗粒煤	132	煤泥	60
小块	130	水采煤泥	60

3. 发电用煤的分类

为适应火电厂动力用煤的特点，提高煤的使用效率，发电用煤的分类是根据对锅炉设计、煤种选配、燃烧运行等方面影响较大的煤质项目制订的。这些项目为无灰干燥基挥发分 V_{daf}、干燥基灰分 A_d、全水分 M_t 干燥基全硫 $S_{t,d}$ 和煤灰的软化温度 ST 等五项。因发热量 $Q_{net,ar}$ 与煤的挥发分密切相关，并能影响锅炉燃烧的温度水平，所以用它作为 V_{daf} 和 T_2（软化温度）的一项辅助指标，两者相互配合使用。这种分类如表 11-6 所列，各项分级界限值是根据试验室和现场的大量数据，经数理统计最优分割法得出的，它对锅炉设计、选用煤种及安全经济燃烧都有指导意义。

表 11-6 发电用煤的分类（VAMST）

分类指标	煤种名称	代号	分级界限	辅助指标界限
挥发分 V_{daf}[①]	低挥发分无烟煤	V_1	>6.5%~10%	$Q_{net,ar} > 20.91MJ/kg$
	低中挥发分贫瘦煤	V_2	>10%~19%	$Q_{net,ar} > 18.40MJ/kg$
	中挥发分烟煤	V_3	>19%~20%	$Q_{net,ar} > 16.31MJ/kg$
	中高挥发分煤	V_4	>27%~40%	$Q_{net,ar} > 15.47MJ/kg$
	高挥发分烟褐煤	V_5	>40%	$Q_{net,ar} > 11.70MJ/kg$
灰分 A_d	低灰分煤	A_1	≤24%	
	常灰分煤	A_2	>24%~34%	
	高灰分煤	A_3	>34%~46%	
外在水分 M_f	常水分煤	M_1	≤8%	$V_{daf} \leqslant 40\%$
	高水分煤	M_2	>8%~12%	
全水分 M_t	常水分煤	M_1	≤22%	$V_{daf} > 40\%$
	高水分煤	M_2	22%~40%	

分类指标	煤种名称	代号	分级界限	辅助指标界限
硫分 $S_{t,d}$	低硫煤 中硫煤	S_1 S_2	$\leqslant 1\%$ $>1\%\sim 3\%$	
煤灰熔融性 ST	不结渣煤 结渣煤	T_{2-1} T_{2-2}	$>1350℃$ 不限②	$Q_{net,ar}>12.54MJ/kg$ $Q_{net,ar}\leqslant 12.54MJ/kg$

① $Q_{net,ar}$低于临界值时，应划归V_{daf}数值较低的一级。

② 不限是指当$Q_{net,ar}\leqslant 12.54MJ/kg$时，ST值不限。

V_{daf}分为5级，各级间两个参数的界限值是相互适应的，按照分级选用煤种时，可以保证燃烧的稳定性和最小的不完全燃烧热损失。若煤的$V_{daf}<6.5\%$，则煤粉的着火特性很差，燃烧不稳定，运行经济性差。

A_d分为3级，它可用以判断煤燃烧的经济性。A_d值超过第三级的煤，不仅经济性差，而且还会造成燃烧辅助系统和对流受热面的严重磨损以及维修费用的增加。

M_f、M_t各分为2级，M_f会影响煤的流动性，M_f过大会造成输煤管路的黏结堵塞，中断供煤。当$M_f\leqslant 8\%$时（第一级），输煤运行正常，超过第一级则会出现原煤斗、落煤管堵塞现象；对直吹式供煤系统，则会直接威胁安全运行。超过第二级（$M_f>12\%$）时，则无法运行。M_t决定制粉系统的干燥出力和干燥介质的选择，M_t第一级（$\leqslant 22\%$）可选用热风干燥，超过此值应考虑采用汽、热风和炉烟混合干燥系统。

$S_{t,d}$分为2级，其界限值是按煤燃烧后形成SO_2（少量SO_2）与烟气露点温度的关系分档次的。当$S_{t,d}\leqslant 1\%$（第一级）时，露点温度较低；$S_{t,d}>3\%$（超过第二级）时，露点温度急剧上升，会使含硫酸的蒸汽凝结在低温受热面上造成腐蚀。

ST与$Q_{net,ar}$配合分为2级，第一级的煤种不易结焦，第二级的煤种易结焦。

第二节 煤 的 基 准

一、煤的基准概述

煤由可燃成分和不可燃成分组成。不可燃成分为水分和灰分；可燃成分如按工业分析计算应为挥发分和固定碳，按元素分析计算则为碳、氢、氧、氮和一部分硫。可燃成分和不可燃成分都是以重量百分含量计算的，其总和应为100%。

由于煤中不可燃成分的含量，易受外部条件如温度和湿度的影响而发生变化，故可燃成分的百分含量也要随外部条件的变化而改变。例如：当水分含量增加时，其他成分的百分含量相对地减少；水分含量减少，其他成分的百分含量就相对增加。有时为了某种使用目的或研究的需要，在计算煤的成分的百分含量时，可将某种成分（如水分或灰分）不计算在内，这样，按不同的"成分组合"计算出来的成分百分含量就有较大的差别。这种根据煤存在的条件或根据需要而规定的"成分组合"称为基准。

如所取的基准不同，同一成分的含量计算结果也不同。表11-7所列为同一种煤的成分按不同基准计算的百分含量。

表 11-7　　　　　　　　　　　　同一种煤的成分按不同基准计算的百分含量

成分	原煤 (收到基)	因风干或50℃下失去外部 水分的煤（空气干燥基）	失去全部水分的煤 （干燥基）	不计算水分和灰分的煤 （干燥无灰基）
水分	3.50	1.13	—	—
灰分	15.61	15.99	16.18	—
挥发分	26.06	26.70	27.02	32.20
固定碳	54.83	56.18	56.80	67.80
总计	100.00	100.00	100.00	100.00

从表 11-7 可以看出：虽为同一种煤的成分，但由于计算时所取的基准不同，其百分量的差别甚大。因此，为了准确地表达煤的组成并能使不同煤的组成相互比较，就必须按一定基准表示煤中成分的含量，以求统一。

二、基准表示法

在工业上通常使用收到基、空气干燥基、干燥基、干燥无灰基四种基准。

1. 收到基（旧称应用基）

计算煤中全部成分的组合称收到基。对进厂煤或炉前煤都应按收到基计算其各项成分。

2. 空气干燥基（旧称分析基）

不计算外在水分的煤，其余的成分组合（内在水分、灰分、挥发分和固定碳）称空气干燥基。供分析化验用的煤样在实验室温度（50℃）条件下，由自然干燥而失去外在水分的，其分析化验的结果应按空气干燥基计算。

3. 干燥基

不计算水分的煤，其余的成分组合（灰分、挥发分和固定碳）称为干燥基。

4. 干燥无灰基（旧称可燃基）

不计算不可燃成分（水分和灰分）的煤，其余成分的组合（挥发分和固定碳）称为干燥无灰基。

上面所述四种基准所包括的工业分析成分或元素分析成分可由图 11-3 表示。

在煤质研究工作中，有时还有有机基表示煤的成分组合。有机基仅包括煤中的有机元素如碳、氢、氧、氮和有机硫，这五项成分的组合合计为 100%。

必须指出：收到基是包括煤中全水分的成分组合。全水分中的外在水分变易性较大，由煤矿发出的煤到火电厂收到的煤或进锅炉燃烧的煤都是用收到基表示其成分组合，但由于时间、空间等条件的差异，水分会有较大的变化，因此，同一种煤虽是按同一收到基计算出来的成分百分含量，也会有差异。此时应根据实际情况对分析结果给予合理的处理。

煤的成分和特性（即煤质分析项目）通常都是用一定符号表示的，对于某些成分，由于它在煤中有多种形态或分析化验时的条件、方法不同，使用单一的符号还不能完全表明其含义，例如：水分有内在水分和外在水分两种；固定碳和碳元素两者虽然都是碳，但也

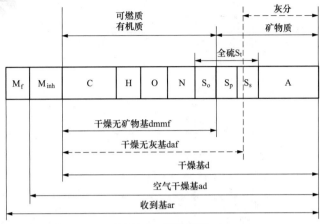

图 11-3 煤的基准

有差异。为了区分诸如此类的差异，通常在主符号的右下角另外附加符号注明。GB 483—2007《煤质分析实验方法一般规定》中对煤质分析项目的符号作了统一规定，即采用国际标准化组织规定的符号。表 11-8 和表 11-9 为常用煤质新旧符号对照。

表 11-8   煤 质 符 号

项目	工业分析成分				元素分析成分					各项性质						
	水分	灰分	挥发分	固定碳	碳	氢	氧	氮	硫	发热量	真密度	视密度	哈氏指数	灰熔融性		
新符号	M	A	V	FC	C	H	O	N	S	Q	TRD	ARD	HGI	DT	ST	FT
旧符号	W			C_{GD}	C	H	O	N	S	Q	d	d_{sh}	K_{HG}	t_1	t_2	t_3

表 11-9   煤质项目存在状态和条件符号

项目	外在水分	内在水分	固定碳	有机硫	硫酸盐硫	硫化铁硫	全硫	弹筒硫	高位发热量	低位发热量	弹筒发热量	碳酸盐二氧化硫
新符号	M_f	M_{inf}	FC	S_o	S_s	S_p	S_t	S_b	Q_{gr}	Q_{net}	Q_b	CO_2
旧符号	W_{WZ}	W_{NZ}	C_{GD}	S_{YJ}	S_{LY}	S_{LT}	S_Q	S_{DT}	Q_{gw}	Q_{dw}	Q_{DT}	$(CO_2)_{TS}$

用不同基准表示煤质项目时，采用表 11-10 中规定的基准符号。基准符号也标在项目符号的右下角，例如干燥基灰分的符号为"A_d"。若项目的符号有附加符号时，则基准符号用逗点"，"与附加符号分开，例如：干燥基全硫的符号为"$S_{t,d}$"。

表 11-10   煤质基准符号

名称（旧名称）	收到基（应用基）	空气干燥基（分析基）	干燥基（干燥基）	干燥无灰基（可燃基）
符号	ar(y)	ad(f)	d(g)	daf(r)

不论使用何种基准，煤中以重量百分比表示的各种成分之和都应为 100%，所以各种基准也可以用下列方程式表示：

收到基 $\qquad\qquad M_{ar} + A_{ar} + V_{ar} + FC_{ar} = 100$

空气干燥基 $\qquad\qquad M_{ad} + A_{ad} + V_{ad} + FC_{ad} = 100$

干燥基 $$A_d + V_d + FC_d = 100$$

干燥无灰基 $$V_{daf} + FC_{daf} = 100$$

式中　M_{ar}——收到基水分；

　　A_{ar}——收到基灰分；

　　V_{Ar}——收到基挥发分；

　　FC_{ar}——收到基固定碳。

煤的分析结果标明基准是十分重要的，只有这样，分析结果才有可比性，并才能正确地反映煤的质量。例如：为确定煤中矿物质的数量，计算成干燥基灰分（A_d）比计算成收到基灰分（A_{ar}）更合适，因为这样可以避免因水分变化引起灰分值的误差。同样道理，对于煤中的可燃成分，例如对于挥发分按干燥无灰基计算更能反映煤质好坏，因为煤的水分和灰分的改变，不会影响干燥无灰基挥发分的百分含量。所以在实际工作中凡涉及的可燃成分，多使用干燥无灰基，例如：在煤的分类中，多用 V_{daf} 这一指标作为区分各类煤依据。在元素分析中对各元素含量的计算也采用干燥无灰基合理。对热效率计算所设计的项目应以收到基为基准较符合实际。

三、基准的换算

了解并掌握基准的含义及不同基准之间的差异，则基准间的换算就会变得十分简单，而且有规律可循。下面将以多个实例来说明基准间的换算方法。

例 1：已知煤的收到基灰分 A_{ar} 为 30.00%，全水分 $M_t = 10.0\%$，求干基灰分 A_d 为多少？

解：所谓干基灰分，就是指灰分在干煤中所占的百分比。

$$A_{ar} = 灰分／原煤 = 灰分／（干煤＋全分析）= 30.00\%$$

本例中，全水分为 10.0%，则干煤为 (100−10.0)% = 90.0%，故干基灰分要比收到基灰分值要大。

$$A_d(\%) = A_{ar} \times 100／(100 - M_t)$$
$$= 30.00 \times 100／90.0$$
$$= 33.33$$

由此可知，由收到基换算到干基，要乘上一个大于 1 的系数 $100／(100 - M_t)$；反之，由干燥基换算成收到基，则要乘上一个小于 1 的系数 $(100 - M_t)／100$。

例 2：已知干基全硫 $S_{t,d}$ 为 1.22%，空干基水分 M_{ad} 为 1.02%，求空干基全硫 $S_{t,ad}$ 为多少？

解：所谓空干基全硫，就是指全硫在空干基煤样中所占百分比。

由于空干基煤样中包含干煤和空干基水分，故全硫在空干基煤样中所占比例较在干基煤样中所占比例降低了。

$$S_{t,ad}(\%) = 全硫／空干基煤样$$
$$= 全硫／（空干基水分＋干煤）$$
$$= 1.22 \times (100 - 1.02)／100$$
$$= 1.21$$

由此可知，由干基换算到空干基，要乘上一个小于 1 的系数 $(100 - M_{ad})／100$；反之，由空干基换算到干基，要乘上一个大于 1 的系数 $100／(100 - M_{ad})$。

例 3：试证明收到基与空干基之间的换算式为

$$A_{ar} = A_{ad} \times (100 - M_t)/(100 - M_{ad})$$

解：根据例 1 及例 2，干燥基与收到基之间的关系为

$$A_d = A_{ar} \times 100/(100 - M_t) \tag{11-1}$$

干燥基与空气干燥基之间的关系为

$$A_d = A_{ad} \times 100/(100 - M_{ad}) \tag{11-2}$$

式（11-1）及式（11-2）等号左侧均为 A_d，故等号右侧也相等，即：

$$A_{ar} \times 100(100 - M_t) = A_{ad} \times 100/(100 - M_{ad})$$

通过移项，即可求得收到基与空气干燥基之间的关系式：

$A_{ar} = A_{ad} \times (100 - M_t)/(100 - M_{ad})$ 或 $A_{ad} = A_{ar} \times (100 - M_{ad})/(100 - M_t)$

由此可知，由空干基换算成收到基，要乘上一个小于的系数 $(100 - M_t)/(100 - M_{ad})$；反之，由收到基换算成空干基，要乘上一个大于 1 的系数 $(100 - M_{ad})/(100 - M_t)$。

例 4：已知干燥无灰基挥发分 V_{daf} 为 38.92%，$M_{ad} = 1.88\%$，$A_{ad} = 29.65\%$，求空干基挥发分 V_{ad} 为多少？

解：干燥无灰基挥发分 38.92% 的含义，就是在煤的可燃组分 $(100 - M_{ad} - A_{ad})$ 中，挥发分占 38.92%。

求 V_{ad}，也就是求包括空干基水分 M_{ad} 及 A_{ad} 的煤样中，挥发分所占百分比。显然煤样中由于增加了上述空干基水分及灰分，故其百分比降低了。

$$V_{ad}(\%) = V_{daf} \times (100 - M_{ad} - A_{ad})/100$$
$$= 38.92 \times (100 - 1.88 - 29.65)/100$$
$$= 26.65$$

由此可知，由干燥无灰基换算到空干基，要乘上一个小于 1 的系数 $(100 - M_{ad} - A_{ad})/100$；反之，由空干基换算到干燥无灰基，要乘上一个大于 1 的系数 $100/(100 - M_{ad} - A_{ad})$。

根据上述各例的换算，可以看出基准间的换算有一定的规律性，即煤质特性指标值按收到基→空干基→干燥基→干燥无灰基的顺序依次增大，如依上述顺序变换，则所乘系数均大于 1；反之，如依相反方向变换，则所乘系数小于 1。大于 1 或小于 1 的系数，在分子、分母上所减去的数值就是二者所相差的组分，无非是全水分、空干基水分及灰分 3 项，如掌握上述规律，基准换算时就不易出错。

现再举例加以说明如何应用上述规律：

例 5：设 V_{ad} 为 12.02%，$M_{ad} = 1.04\%$，A_{ad} 为 25.72%，求干燥无灰基固定碳 FC_{daf}（%）为多少？

解：已知 V_{ad}，求 V_{daf}。首先判断出 V_{daf} 值要大于 V_{ad} 值，故 V_{ad} 应乘上一个大于 1 的系数，空干基与干燥无灰基间相差 M_{ad} 及 A_{ad}，故此系数为 $100/(100 - M_{ad} - A_{ad})$，则

$$V_{daf}(\%) = V_{ad} \times 100/(100 - M_{ad} - A_{ad})$$
$$= 12.02 \times 100/(100 - 1.04 - 25.72)$$
$$= 16.41$$

$$FC_{daf} = 100 - V_{daf}$$
$$= 100 - 16.41$$
$$= 83.59$$

例 6： 已知 A_{ad} 为 27.55%，M_{ad} 为 1.44%，M_t 为 8.9%，求 A_{ar} 为多少？

解： 已知 A_{ad} 求 A_{ar}，首先判断 A_{ad} 值要大于 A_{ar} 值，故应对 A_{ad} 值乘上一个小于 1 的系数。

已对收到基与空干基之间的关系作了推导与说明，即：

$$A_{ar} = A_{ad} \times (100 - M_t)/(100 - M_{ad}) \tag{11-3}$$
$$A_{ad} = A_{ar} \times (100 - M_{ad})/(100 - M_t) \tag{11-4}$$

将本例中相关参数代入式（11-3），则

$$A_{ar}(\%) = 27.55 \times (100 - 8.9)/(100 - 1.44)$$
$$= 25.46$$

注意：在各种基准换算中，唯有收到基与空干基换算时的系数，其分子、分母上均应减去一个数，即 M_{ad} 及 M_t。

由收到基求空干基，因要乘上一个大于 1 的系数，故此系数值为 $(100 - M_{ad})/(100 - M_t)$ [M_t 值总是大于 M_{ad} 值，故 $(100 - M_{ad})/(100 - M_t)$ 值大于 1]；反之，由空干基求收到基要乘上一个小于 1 的系数，故此系数为 $(100 - M_t)/(100 - M_{ad})$。只要能正确判断不同基准表示同一特性指标的大小及二者的差异，这样基准换算时应乘什么样的系数就不会搞错。

由于煤质分析所使用的样品为空气干燥后的煤样，分析结果的计算是以空气干燥基为基准得出。而实际使用和研究时，往往要求知道符合原来状态的分析结果，例如出矿、进厂、入炉、计价、分类时的计算，为此，为使用基准时，必须按符合实际的"成分组合"进行换算。换算公式为

$$Y = KX_。$$

式中　$X_。$——按原基准计算的某一成分的百分含量；

　　　　Y——按新基准计算的同一成分的百分含量；

　　　　K——比例系数，见表 11-11。

表 11-11　　　　　　　　　　　**基准换算比例系数**

已知基	所求基			
	空气干燥基 ad	收到基 ar	干燥基 d	干燥无灰基 daf
空气干燥基 ad		$\dfrac{100 - M_{ar}}{100 - M_{ad}}$	$\dfrac{100}{100 - M_{ad}}$	$\dfrac{100}{100 - (M_{ad} + A_{ad})}$
收到基 ar	$\dfrac{100 - M_{ad}}{100 - M_{ar}}$		$\dfrac{100 -}{100 - M_{ar}}$	$\dfrac{100}{100 - (M_{ar} + A_{ar}}$
干燥基 d	$\dfrac{100 - M_{ad}}{100}$	$\dfrac{100 - M_{ar}}{100}$		$\dfrac{100}{100 - A_d}$
干燥无灰基 daf	$\dfrac{100 - (M_{ad} + A_{ad})}{100}$	$\dfrac{100 - (M_{ar} + A_{ar})}{100}$	$\dfrac{100 - A_d}{100}$	

比例系数 K 随换算前后基准分的"成分组合"而变，可大于 1 或小于 1。若将"成分组合"项目少的基准，换算成项目多的基准时，$K<1$；反之，$K>1$。例如：将按空气干燥基计算的灰分 A_{ad} 换算成干燥基灰分 A_d 时，因空气干燥基多一项内在水分 Mad，故 $K>1$，$K=\dfrac{100}{100-M_{ad}}$ 反之，$K<1$，$K=\dfrac{100-M_{ad}}{100}$，其他基准换算以此类推。

比例系数 K 很容易推出。例如由空气干燥基的挥发分 V_{ad} 换算成干燥无灰基的挥发分 V_{daf} 时，由于干燥无灰基不计算煤中的水分和灰分，因此，V_{daf} 就由下式决定：

$$V_{daf}=\frac{V_{ad}}{V_{ad}+FC_{ad}}$$

因为

$$V_{ad}+FC_{ad}=100-M_{ad}-A_{ad}$$

$$V_{daf}=\frac{100}{100-M_{ad}-A_{ad}}$$

式中 $\dfrac{100}{100-M_{ad}-A_{ad}}$ 就是由空气干燥基换算成干燥无灰基时应乘以的比例系数 K，$K>1$。

如果煤中的矿物质含有碳酸盐，则在测定挥发分时，碳酸盐受热分解，析出 CO_2 气体。挥发分不包含无机成分，其"成分组合"为

$$M_{ad}+A_{ad}+V_{ad}+FC_{ad}+w(CO_2)_{ad}=100$$

当碳酸盐二氧化碳含量 $w(CO_2)_{ad}>2\%$ 时，比例系数 K 应为

$$K=\frac{100}{100-M_{ad}-A_{ad}-w(CO_2)_{ad}}$$

如果收到基的煤中水分（或灰分）发生改变，或两者同时改变时，其他成分的含量也将相应的改变。例如：已知原收到基的煤水分含量为 M_{ar}，当水分变为 M'_{ar} 后，则其他各级成分的含量都将随比例系数 $K=\dfrac{100-M'_{ar}}{100-M_{ar}}$ 而变，如

$$A'_{ar}=A_{ar}\cdot\frac{100-M'_{ar}}{100-M_{ar}}$$

$$V'_{ar}=V_{ar}\cdot\frac{100-M'_{ar}}{100-M_{ar}}$$

同理，当灰分改变时，其他各种成分的含量也将随比例系数 $K=\dfrac{100-A'_{ar}}{100-A_{ar}}$ 而变；当水分和灰分同时改变时，其他各种成分的含量随比例系数 $K=\dfrac{100-M'_{ar}-A'_{ar}}{100-M_{ar}-A_{ar}}$ 而变。

四、基准在电力生产中的应用

煤质基准在电力生产中的应用极为广泛，电厂中从事燃料专业的人员随时随地都要碰到煤的基准问题，其应用实例举不胜举，本节在此择其主要的应用方面作以说明。

1. 收到基准

（1）实验室所测煤的全水分是以收到基表示的，以收到基表示的煤质特性指标，直接反映了原煤各项成分的含量与性能，这对电厂煤场储煤、输煤系统设计是最为方便的。

（2）锅炉设计煤质与校核煤质数据，除挥发分采取干燥无灰基表示外，其他各项特性

指标均采用收到基表示。

（3）对于入厂商品煤的验收包括数量及质量验收两部分，其中数量验收必须根据煤中全水分的测定值来验收。

（4）由于收到基低位发热量可以表示原煤实际用来发电的热量，故它是计算发、供电标准煤耗的基本参数。虽然各电厂燃用的煤种、煤质不同，其发热量可能相差很大，但采用标准煤耗来度量各电厂发电情况，不同电厂之间的经济指标就具有了可比性。

（5）煤种全水分高低，对电厂卸煤、输煤、磨煤、燃烧各个环节均有重要影响。因此，全水分也是电厂安全经济运行必须严格加以控制的一项特性指标。

2. 空气干燥基准

（1）空气干燥基准，也就是分析基准，原煤样经制样后送往试验室用来测定煤质各项特性指标，其测定值均用空气干燥基表示，如 A_{ad}、V_{ad}、$S_{t,ad}$、C_{ad}、H_{ad} 等。

（2）空干基测定值是换算到其他基准的基础与前提，故其煤样应真正处于空气干燥状态。现在有不少电厂在制备煤样时，一律将实际上已达到或接近空气干燥基的煤样在 50℃ 下再干燥 1～3h，这样煤样中空干基水分已部分或大部分失去，对这种煤样立即进行各项特性指标的测定，就必然造成 M_{ad} 值严重偏低，而其他所有煤质特性指标的测值均明显偏高（因为干燥基要比空干基值大）。

（3）在试验室中对某一特性指标重复测定时，两次测定的差值均应以空干基表示，只有两者的差值符合标准规定的重复精密度要求，即符合室内允许差的规定，才算合格。例如同一实验室内对同一煤样进行 2 次重复测定高位发热量，只有二者之差 $\Delta Q_{gr,ad} < 120J/g$ 时才判断为重复精密度合格。

3. 干燥基准

由于干燥基准不考虑水分，因而不仅在煤质检验，而且在采制中均有很多应用。

（1）由于煤的采样精密度，干基灰分 $A_d > 20\%$ 的原煤，国家标准规定为 +2%。这就是说，干基灰分大于 20% 的原煤，所采样品的 A_d 落在 (25+2)% 范围内，即 23%～27% 范围内方为合格，否则，则认为采样精密度不合格。

（2）现在普遍采用标准煤样来检验煤质测定结果的准确性。标准煤样的标准值（名义值）一律用于干燥基表示。例如某一标准样含硫量的标准值为 (0.76+0.05)%。如果试验室对此标准煤样重复测定 2 次，精密度合格，其平均值为 0.74%，它处于 0.71%～0.81% 范围内，故测定结果判为合格。由于标准煤样的标准值采用干基表示，这样不论各地区及气候的差异，所测结果均具有可比性。

（3）GB/T 18666—2014《商品煤质量抽查和验收方法》中，规定商品煤煤质验收，应以干基高位发热量 $Q_{gr,ad}$ 及干基全硫 $S_{t,d}$ 作为煤质验收的评判指标，它较过去长期使用的收到基低位发热量 $Q_{net,ar}$ 能更好地反映商品煤的热量情况，因为 $Q_{net,ar}$ 受煤中全水分及氢含量影响很大，很容易造成煤炭供需双方的争议与纠纷。

4. 干燥无灰基

干燥无灰基最突出的应用是干燥无灰基挥发分 V_{daf}。根据它的含义，是指煤中挥发分占可燃组分 $(100-M-A)$ 的百分比。

（1）干燥无灰基挥发分 V_{daf} 是我国煤炭分类的主要技术参数，如无烟煤的 $V_{daf} <$

10.00%，而褐煤的 $V_{daf}>37.00\%$，各种煤具有不同的性质，首先就在于它们在 V_{daf} 上的差异，而 V_{daf} 恰恰反映了煤的不同变质程度。

（2） V_{daf} 是决定煤的燃烧性能的首要指标。在锅炉设计煤质中、唯独挥发分要采用干燥无灰基表示，而其他所有特性指标均采用收到基表示。应该指出：干燥无灰基是一种假想状态，它不计水分及灰分，只计可燃组分，因而 V_{daf} 值不仅在锅炉设计中，而且在锅炉运行调整中应用颇多。

（3） V_{daf} 值的控制对电厂锅炉安全运行关系很大，我国一些电厂锅炉运行事故中，常与 V_{daf} 值控制不当有关。

 思 考 题

1. 我国动力用煤通常使用哪些类别的煤？

2. 对于动力用燃料通常使用哪几种基准？请写出它们的符号和名称，并任选其中一种基准来表达工业分析组成含量的百分比。

3. 某分析煤样 1.000 0g，做挥发分产率测定，试样减少了 0.353 9g。同一种煤样做水分测定时，质量减少了 0.058 4g，做灰分测定，质量减少了 0.754 5g，求 FC_{daf}。

4. 重复测定煤中水分时，第一个试样测得 $M_{ad}=1.16\%$，第二个试样 M_{ad} 为 1.38%，补测第三个试样测得 M_{ad} 为 1.22%，问该煤样的 M_{ad} 是多少。若该煤样 A_{ad} 为 27.56%，V_{ad} 为 24.63%，问 V_{daf} 为多少？

第十二章

电 力 用 油

第一节 石油的成分及元素组成

一、石油的化学成分

石油是由古代植物遗体经过复杂的变化而形成的一种黏稠状液体，它主要是由各种烷烃、环烷烃和芳香烃所组成的混合物，石油的化学成分随产地不同而不同，大部分是液态烃，同时在液态烃里也溶有少量的气态烃和固态烃。它的基本元素组成是 CH_4，原油中有四种主要的烃类：正构烷烃、异构烷烃、环烷烃和芳香烃。烃的类别不同，其沸点也不相同，但除了最轻的以外，随着分子量的增大，相邻化合物的沸点相差很小，使用一般蒸馏方法很难将它们分离开。因此，绝大多数常用的石油产品是由沸点在一定范围内的化合物组成。

二、石油的元素组成

石油所含的基本元素是碳（C）和（H），同时还含有少量的氧（O）、氮（N）、硫（S）等元素，它是由上述元素以及灰分（A）和水分（M）所组成的，用质量百分数来表示。

在石油中碳和氢是以碳氢化合物的形式存在的。两种元素的总含量平均为 97%～98%，最高可达 99%，其中碳的含量约为 84%～87%，氢为 11%～14%，由于石油含碳、氢量很高，因此石油的发热量也高，其收到基低位发热量约为 37.36～43.9MJ/kg，并且容易点燃着火。

氧（O），氮（N）、硫（硫）三种元素的平均含量一般都不超过 1%～5%，国外有些油田的石油含硫量较高，最高可达 2.5%～5.5%。所有石油中都含有硫，但它对储油容器和管路基本上没有腐蚀作用，仅仅在一定条件下，铜管中能生成油溶性的铜化物，导致滤网堵塞。硫在石油中大部分以有机硫化物的形态存在（如硫醇、硫醚等），可以燃烧，燃烧时，其中的硫和氧化物生成二氧化硫，其中一小部分在燃烧过程中继续氧化变成三氧化硫。三氧化硫与烟气中所含的水蒸气在所谓酸露点以下结成 H_2SO_4 蒸气，并接触尾部受热面，造成低温腐蚀，因此燃烧产物除对锅炉设备有腐蚀作用外，还对环境和人的身体有害。此外油中硫化物大部分具有毒性和腐蚀性，在贮存、输送和炼制过程中影响设备使用寿命，危害人身健康。因此，硫是一种有害成分，含量越少越好。硫和其他矿物质少于 1% 的称为无酸油，大于 1% 的为酸油。含硫量低于 0.5% 的油为低硫油；含硫量在 0.5%～1.0% 的油为中硫油；含硫量大于 2% 的油为高硫油。我国大部分油田的原油含硫量都很小，多数属低硫油，胜利原油含硫 0.8%；大庆原油含硫 0.12%；大港原油含硫

0.12%；任丘原油含硫 0.3%。一般原油含硫不超过 1%。

氧不能燃烧，大部分存在于胶状物质中，胶质愈多，氧的含量就愈高，氧的含量约为 0.1%~1%，只有某些高胶质石油，氧含量才达到 2%。石油含氮量甚少，我国原油含氮量一般在 0.3%左右。含氮化合物大部分属碱性有机物，氮不能燃烧，也是油中有害的物质。

燃油在规定的温度下完全燃烧后遗留下来的残余物质称为灰分，灰分是油中的矿物质在高温作用下形成的。油中含有微量的灰分，一般不超过 0.05%。石油的质量指标规定 $A_{ar} \leqslant 0.3\%$。灰分的颜色随着灰分组成的不同而有较大的差异，多数呈白色，有时呈赤红色。灰分是石油中的杂质，它是各种矿物质的混合物，它们以化合物状态结合，不能用过滤的方法除去油中灰。

第二节　电力用油的分类、质量标准和作用

一、电力用油的分类

电力用油主要有电器用油、润滑油（主要是涡轮机油）、磷酸酯抗燃油。电器用油包括变压器油、断路器油和电缆油等，电力用油分类见表 12-1。

表 12-1　　　　　　　　　　　　　　电力用油的分类和名称

类别	组成		牌号	代号
	名称	符号		
电器用油（D）	变压器油	B	−10 号变压器油	DB-10
			−20 号变压器油	DB-10
			−40 号变压器油	DB-10
	断路器油	U	−40 号断路器油	DU-45
	电缆油	L	38kV 电缆油	DL-38
			66kV 电缆油	DL-66
			110kV 电缆油	DL-110
润滑油（H）	涡轮机油	U	32 号汽轮机油	HU-32
			46 号汽轮机油	HU-46
			68 号汽轮机油	HU-68
			100 号汽轮机油	HU-100
磷酸酯抗燃油	重油	RO		HF-D

二、变压器油及其质量标准和作用

1. 变压器油及其质量标准

变压器油的牌号在 GB 2536—2011《变压器油》是根据凝点划分的，如 10 号、25 号、45 号，最低冷态投运温度分别为 −10℃、−20℃和−40℃。使用变压器油应根据不同地区的温度，选用不同凝点的油，气温不低于−10℃的地区，选用最低冷态投运温度不高于

−10℃的变压器油；气温低于−10℃，选用最低冷态投运温度不高于−25℃的变压器油；高寒地区，可选用最低冷态投运温度−40℃的变压器油。

根据用油设备的要求和油品应具有的主要理化性质和使用性质，制定了各种类别的电力用油质量标准及检验周期，运行中变压器油质量标准见表12-2，运行中变压器油的检验项目及周期见表12-3。

表 12-2　　　　　　　　　　　　　　　运行中变压器油质量标准

序号	检测项目	设备电压等级（kV）	质量标准		检验方法
			投入运行前的油	运行油	
1	外观		透明、无杂质或悬浮物		外观目视
2	色度/号		≤2.0		GB/T 6540
3	水溶性酸 pH 值		>5.4	≥4.2	GB/T 7598
4	酸值（mgKOH/g）		≤0.03	≤0.10	GB/T 264
5	闪点（闭口）（℃）		≥135		GB/T 261
6	水分（mg/L）	330～1000	≤10	≤15	GB 7600
		220	≤15	≤25	
		≤110 及以下	≤20	≤35	
7	击穿电压（kV）	750～100	≥70	≥65	GB/T 507
		500	≥65	≥55	
		330	≥55	≥50	
		66～220	≥45	≥40	
		35 及以下	≥40	≥35	
8	界面张力（25℃）（mN/m）		≥35	≥25	GB/T 6541
9	介质损耗因数（90℃）（%）	500～1000	≤0.005	≤0.020	GB/T 5654
		≤330	≤0.010	≤0.040	
10	电阻率（90℃）（Ω·m）	500～1000	≥6×10^{10}	≥1×10^{10}	DL/T 421
		≤330		≥5×10^0	
11	油中含气量（体积分数）（%）	750～1000		≤2	DL/T 703
		330～500	≤1	≤3	
		电抗器		≤5	
12	油泥与沉淀物（质量分数）（%）			≤0.02	GB/T 8926—2012
13	析气性	≥500	报告		NB/SH/T 0810
14	带电倾向（pC/mL）			报告	DL/T 385
15	腐蚀性硫[①]		非腐蚀性		DL/T 285
16	颗粒污染度（粒）[②]	1000	≤1000	≤3000	DL/T 432
		750	≤2000	≤3000	
		500	≤3000		
17	抗氧化添加剂含量（质量分数）（含抗氧化添加剂油）（%）			大于新油原始值的60%	SH/T 0802

序号	检测项目	设备电压等级/KV	质量标准		检验方法
			投入运行前的油	运行油	
18	糠醛含量（质量分数）(mg/kg)		报告	NB/SH/T 0812 DL/T 1355	
19	二苄基二硫醚（DBDS）含量（质量分数）(mg/kg)		检测不出③		IEC 62697-1

① 按照 GB/T 8926—2012《车用的润滑油不溶物测定法》（方法 A）对"正戊烷不溶物"进行检测。

② 100ml 油中大于 $5\mu m$ 的颗粒数。

③ 指 DBDS 含量小于 5mg/kg。

表 12-3 运行中变压器油检验项目及周期

设备类型	设备电压等级	检测周期	检 测 项 目
变压器、电抗器	330～1000kV	投运前或大修后	外观、色度、水溶性酸、酸值、闪点、水分、界面张力、介质损耗因素、击穿电压、体积电阻率、油中含气量、颗粒污染度①、糠醛含量
		每年至少一次	外观、色度、水分、介质损耗因数、击穿电压、油中含气量
		必要时	水溶性酸、酸值、闪点、界面张力、体积电阻率、油泥与沉淀物、析气性、带电倾向、腐蚀性硫、颗粒污染度、抗氧化添加剂含量、糠醛含量、二苄基二硫醚含量、金属钝化剂②
	66～220kV	投运前或大修后	外观、色度、水溶性酸、闪点、水分、界面张力、介质损耗因数、击穿电压、体积电阻率、糠醛含量
		每年至少一次	外观、色度、水分、介质损耗因数、击穿电压
		必要时	水溶性酸、酸值、界面张力、体积电阻率、油泥与沉淀物、带电倾向、腐蚀性硫、抗氧化添加剂含量、糠醛含量、二苄基二硫醚含量、金属钝化剂
	≤35kV	3 年至少一次	水分、介质损耗因数、击穿电压
断路器	>110kV	投运前或大修后	外观、水溶性酸、击穿电压
		每年一次	击穿电压
	≤110kV	投运前或大修后	外观、水溶性酸、击穿电压
		3 年至少一次	击穿电压

注 1. 互感器和套管用油的检测项目及检测周期按照 DL/T 596 的规定执行。

　　2. 油量少于 60kg 的断路器油 3 年检测一次击穿电压或以换油代替预试。

① 500kV 及以上变压器油颗粒度的检测周期参考 DL/T 1096 的规定执行。

② 特指含金属钝化剂的油。油中金属钝化剂含量应大于新油原始值的 70%。

2. 变压器油作用

变压器油（俗称绝缘油）是重要的液体绝缘介质，用于油浸变压器、电流和电压互感器及断路器等电气设备中，起绝缘、冷却散热作用。

（1）绝缘作用。

空气的绝缘性能比变压器油小得多，在距离为 1cm 的两级间，介质是空气时，击穿电压是 3～5kV；介质是变压器油时，击穿电压是 120kV。因此，在变压器内注入变压器油可使线圈之间、线圈与接地的铁芯和外壳间都有良好的绝缘，这对大功率的高压变压器是极为重要的。

（2）冷却散热作用。

变压器带负荷运行时，线圈和铁芯之间涡流损失和滞磁损失都会转化为热量，若不及时散发，变压器的出力将会降低，使用寿命会缩短，严重时还会造成过热事故。变压器的运行温度每升高 8℃，变压器的使用寿命就将减少一半。因此，变压器运行时规定了有关部位的温升值。变压器油一般在 70～80℃以下运行，运行变压器内所产生的热量，主要利用油的热传导和热对流，使油在变压器的散热装置内不断循环流动将热量散发。

（3）消弧作用。

熄灭断路器中的电弧，除采用各种附加的灭弧装置外，主要靠断路器内的油进行灭弧，当断路器开关跳闸的瞬间，开关的间隙中形成电弧，导致油分子的大量分解、蒸发、产生的分解气体和油蒸汽形成气泡将电弧包围。气泡中的分解气体占整个气泡体积的60%，而分解气体中，氢气体积约占 70%～80%。一方面由于氢气具有很高的导热能力，是十分优良的冷却散热介质，有利于灭弧。气泡体积受热膨胀，内部压力增大，又能提高氢气的导热能力，同时也增加了气体介质的绝缘强度。另一方面油和气体通过灭弧腔喷射出来，将电弧劈成细弧，有利于灭弧。

三、涡轮机油及其质量标准和作用

1. 涡轮机油及其质量标准

涡轮机油又称透平油，是电厂用油量最大的润滑油。涡轮机油按质量分为优级品、一级品和合格品三个等级。涡轮机油的牌号按 40℃运动黏度中心值分为 32、46、68 和 100四个牌号，如 32 号和 46 号涡轮机油的运动黏度分别为 28.8～35.2mm²/s 和 41.4～50.6mm²/s。火力发电厂涡轮机通常使用 32 号和 46 号油。

由深度精制基础油加抗氧化剂和防锈剂等调制成 L-TSA 涡轮机油。它适用于汽轮机组的润滑和密封，其质量标准及检验周期见表 12-4、表 12-5。

表 12-4　　　　　　　　　　　32 号运行涡轮机油质量标准

序号	试验项目	质量标准	试验方法
1	外状	透明，无杂质	DL/T 429.1
2	色度	≤5.5	GB/T 6540
3	酸值（mgKOH/g）	≤0.3	GB/T T264
4	运动黏度（40℃）[①]（mm²/s）	不超过新油原始测值的±5%	GB/T 265
5	闪点（开口杯）（℃）	≥180℃，且比前次测定值不低 10℃	GB/T 3536
6	水分（mg/L）	≤100	GB/T 7600
7	颗粒度污染等级[②]（SAE AS4059，级）	≤8	DL/T 432
8	抗乳化性（54℃）（min）	≤30	GB/T 7605
9	液相锈蚀[③]	无锈	GB/T 11143（A 法）
10	空气释放值（50℃）（min）	≤10	SH/T 0308
11	旋转氧弹（150℃）（min）	不低于新油原始测值的 25%，且汽轮机用油大于或等于 100℃，燃气轮机用油大于或等于 200℃	

序号	试验项目		质量标准	试验方法
12	抗氧化剂含量（%）	T501 抗氧化剂	不低于新油原始测定值的 25%	GB/T 7602
		受阻酚类或芳香胺类抗氧化剂		ASTM D6971
13	泡沫性（泡沫倾向/泡沫稳定性）（mL/mL）	24℃	500/10	GB/T 12579
		93.5℃	100/10	
		后 24℃	500/10	

① 32/46/68 为 GB/T3141 中规定的 ISO 黏度等级。

② 对于 100MW 及以上机组检测颗粒度，对于 100MW 以下机组目视检查机械杂质。

　对于调速系统或润滑系统和调速系统共用油箱使用矿物涡轮机油的设备，油中颗粒度污染等级指标应参考设备制造厂提出的指标执行，SAE AS4059F 颗粒度分级标准参见 GB 14541 附录 A。

③ 对于单一燃气轮机用矿物涡轮机油，该项指标可不用检测。

表 12-5　　　　　　　　　　　　试验室试验周期和项目

序号	试验项目	投运一年内			投运一年后		
		蒸汽轮机	燃气轮机	水轮机	蒸汽轮机	燃气轮机	水轮机
1	外观	1 周		2 周	1 周		2 周
2	色度	1 周		2 周	1 周		2 周
3	运动黏度	3 个月		6 个月	6 个月		1 年
4	酸值	3 个月	1 个月	6 个月	3 个月	2 个月	1 年
5	闪点	必要时			必要时		
6	颗粒污染等级	1 个月			3 个月		
7	泡沫性	6 个月		1 年	1 年		2 年
8	空气释放值	必要时			必要时		
9	水分	1 个月			3 个月		
10	抗乳化性	6 个月			6 个月		
11	液相锈蚀	6 个月			6 个月		
12	旋转氧弹	1 年	6 个月	1 年	1 年	6 个月	1 年
13	抗氧剂含量	1 年	6 个月	1 年	1 年	6 个月	1 年

注　1. 如发现外观不透明，则应检测水分和破乳化度。

　　2. 如怀疑有污染时，则应测定闪点、抗乳化性能、泡沫性和空气释放值。

　　由于涡轮机发电机组容量和参数的不断提高，使动力蒸汽温度已高达 600℃ 左右，压力一般在 13.72MPa 以上，在这样高温、高压情况下，液压系统一旦泄漏，就有着火的危险。因此汽轮机调速系统仍采用自燃点在 500℃ 左右的矿物涡轮机油，就满足不了生产上的要求。

　　2. 涡轮机油的作用

　　涡轮机油主要用于涡轮机电机组成的润滑、冷却散热、调速和密封作用。

　　汽轮机简单的单机组供油如图 12-1 所示，油的循环路径如图中箭头所示。

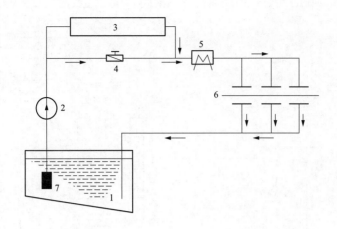

图 12-1　涡轮机（汽轮机）机组供油系统示意图
1—油箱；2—主油泵；3—调速系统；4—减压阀；5—冷油器；
6—机组轴承；7—滤油网

涡轮机油循环过程是：储于油箱中的涡轮机油经过主油泵形成压力油，该压力油的一部分作为传递压力的液体工质进入调速系统和保护系统，另一部分经减压阀降压和经冷油器冷却后送入各轴承内，轴承的回油直接流入油箱，调速系统的油经冷油器冷却后进入轴承，经过轴承后再流入油箱，从而构成油的循环系统。

（1）润滑作用。

机组中的径向轴承和推力轴承，主要起支撑和稳定作用。它们均为润滑轴承，在轴承和轴瓦之间以汽轮机油的液体摩擦代替金属间的固体摩擦，从而起到润滑作用。

当机组的大轴在加有汽轮机油的轴承中转动时，油在轴表面牢固地形成一层油分子薄膜，而且还吸引邻近的油分子一起转动，在轴径与轴瓦间形成了镰刀形间隙，随大轴一起转动的油分子将从间隙较宽的部位被挤到较窄的部位，形成了有一定压力的楔形油层（称油楔）。油楔压力随转速的增大而增大，轴在轴承内将逐步被油楔压力所托起。这样，在轴颈与轴瓦之间就形成了具有一定厚度的油膜，即以液体摩擦代替了金属间的固体摩擦，油在其间起着良好的润滑作用。

（2）冷却散热和调速作用。

汽轮机组处于高速运转，轴承内因摩擦会产生大量的热；轴颈还会被汽轮机转子传来的热量所加热，还有部分蒸汽的辐射热。这些热量若不及时散发掉，会严重影响机组的安全运行。汽轮机油的不断循环流动将这些热量带走，油中热量在油箱中散失一部分，油中大部分热量主要是通过冷油器冷却。冷却后的油再送入轴承内将热量带走，如此反复循环，实现油对机组轴承起到冷却散热作用。

功率稍大的机组一般采用间接调速系统，如图 12-2 所示，机组处于稳定工况，调速系统也处于某一平衡工况状态，滑阀在中间位置，控制油动机的压力油中断，机组保持稳定的转速。外界负荷变化，机组的转速也改变，这种变化由离心调速器所感应，通过反馈杠杆改变滑阀的位置，系统中油进入油动机的上（或下）油室，使活塞向下（或向上）移动，关小（或开大）调速汽阀门的开度，改变进气量，以适应新的负荷，汽轮机的转速又保持稳定。油动机动作的同时带动反馈杠杆、滑阀动作后又及时复回到平衡位置，完成调速过程。

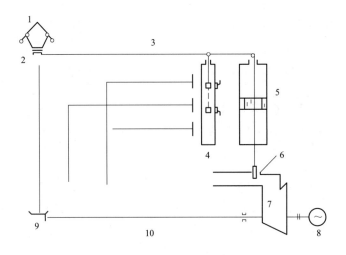

图 12-2　机组间接调速系统示意

1—离心调速器；2—套环；3—反馈杠杆；4—滑阀；5—油系统；6—调速汽阀；
7—汽轮机；8—发电机；9—蜗母轮；10—主轴

四、抗燃油及其质量标准和作用

抗燃油顾名思义就是难以自然燃烧的油。它是合成的非矿物油，属于液压油的范畴。抗燃是一个相对概念，从某种意义上说，自燃点高于石油基矿物油的液体都可以称为抗燃油。

抗燃油的突出特点是比石油基液压油的蒸气压低，没有易燃和维持燃烧的分解产物，而且不沿油流传递火焰，甚至由分解产物构成的蒸汽燃烧后也不会引起整个液体着火。

抗燃油目前有磷酸酯抗燃油、脂肪酸酯抗燃油、卤化物抗燃油等。

目前在汽轮机发电机组高压调节系统中，广泛采用的是合成磷酸酯型抗燃油，其自燃点可达 800℃左右。磷酸酯抗燃油的作用主要是传递能量、减少机械摩擦和磨损、防止机械生锈和腐蚀、密封液压设备内的一些间隙。新磷酸酯抗燃油质量标准见表 12-6，运行中磷酸酯抗燃油质量标准见表 12-7。

表 12-6　　　　　　　　　　　　新磷酸酯抗燃油质量标准

序号	项目	指标	试验方法
1	外观	无色或淡黄，透明	DL/T 429.1
2	密度（20℃）（g/cm³）	1.13～1.17	GB/T 1884
3	运动黏度（40℃）（mm²/s）	41.4～50.6	GB/T 265
4	倾点（℃）	≤−18	GB/T 3535

序号	项目		指标	试验方法
5	闪点（℃）		≥240	GB/T 3536
6	自燃点（℃）		≥530	DL/T 706
7	颗粒污染度（SAE AS4059F）（级）		≤6	DL/T 432
8	水分（mg/L）		≤600	GB/T 7600
9	酸值（mgKOH/g）		≤0.05	GB/T 264
10	氯含量（mg/kg）		≤50	DL/T 433
11	泡沫特性（mL/mL）	24℃	≤50/0	GB/T 12579
		93.5℃	≤10/0	
12	电阻率（20℃）（Ω·cm）		≥1×10^{10}	DL/T 421
13	空气释放值（50℃）（min）		≤3	SH/T 0308
14	水解安定性	油层酸值增加（mgKOH/g）	≤0.02	SH/T 0301
		水层酸度（mgKOH/g）	≤0.05	
		铜试片失重（mg/cm^2）	≤0.008	

注　按 ISO 3448—1992 规定，磷酸酯抗燃油属于 VG46 级。

表 12-7　　　　　　　　　　　运行中磷酸酯抗燃油质量标准

序号	项目		指标	试验方法
1	外观		透明	DL/T 429.1
2	密度（20℃）（g/cm^3）		1.13～1.17	GB/T 1884
3	运动黏度（40℃）（mm^2/s）		39.1～52.9	GB/T 265
4	倾点（℃）		≤−18	GB/T 3535
5	闪点（℃）		≥235	GB/T 3536
6	自燃点（℃）		≥530	DL/T 706
7	颗粒污染度（NAS 1638）级		≤6	DL/T 432
8	水分（mg/L）		≤1000	GB/T 7600
9	酸值（mgKOH/g）		≤0.15	GB/T 264
10	氯含量（mg/kg）		≤100	DL/T 433
11	泡沫特性（mL/mL）	24℃	≤200/0	GB/T 12579
		93.5℃	≤40/0	
12	电阻率（20℃）（Ω·cm）		≥6×109	DL/T 421
13	矿物油含量（%）		≤4	DL/T 571—2014 附录 C
14	空气释放值（50℃）（min）		≤10	SH/T 0308

第三节　电力用油的理化性质及使用性能

变压器油、涡轮机油、抗燃油理化性质和使用性能，不仅取决于石油的化学组成和加工方法，而且也受储油、使用时外界因素的影响。要正确使用、监督、维护和管理好油品，就要对变压器油、涡轮机油抗燃油的性质有深入的、系统地了解。

一、变压器油中的气体

在充油的电气设备中，因故障导致油和固定绝缘材料的分解而产生气体。在潜伏性故障的情况下，产生的气体溶解在油中，并随故障的发展和其他原因会在设备内部产生自由气体并聚集在气体继电器中。

气体继电器中的游离气体不可能轻易排掉。当气体继电器动作时，应对其内气体作气相色谱分析，检测气体组成和含量。

二、击穿电压

在一定容器内，对变压器油按一定速度均匀升压直至油被击穿，此时的电压称为击穿电压。

干燥、纯净的新变压器油，击穿电压均在 $45\sim50kV$ 以上，如果含有微量水分（特别是乳状水）和固体杂质，击穿电压急剧下降，导致变压器油易击穿，因此，变压器油在储运、保管和运行中应防止水、汽侵入。运行中油如有水时应及时除去，对新变压器油和运行中变压器油应做击穿电压试验，达标方可使用，否则应进行处理或换油。

三、倾点和凝点

油试样在规定的条件下冷却时，能够流动的最低温度称为倾点。

油试样在试验条件下，冷却到液面不移动时的最高温度称为凝点。

倾点和凝点是评价油品低温流动性的条件指标，是保证油品具有良好流动性和冷却散热性的质量指标，对变压器油尤其重要。

四、闪点

在规定的条件下加热油品，产生的油蒸气与空气混合形成的混合油气接触火焰发生瞬时闪火时的最低温度称为闪点。按测闪点仪器的不同，闪点分为开口闪点和闭口闪点。涡轮机油在运行时是敞口的，涡轮机油就应测定它的开口闪点；抗燃油和变压器油采用闭合运行方式，用闭口闪点仪器测定闪点。

闪点是油品储运和使用的安全指标，保证了在某一温度下，不至于发生火灾或爆炸。

闪点是油品的质量指标之一，规定运行中涡轮机油的闪点不应低于新油闪点 $8℃$ 以上；运行中的变压器油的闪点不应低于新油闪点 $5℃$ 以上，否则应查明原因，对油进行处理或换油。

五、水分

涡轮机油有水分，易乳化。乳化的油不能形成良好的油膜，失去了油的润滑作用，威胁设备的安全运行。乳化油还可能沉积于调速系统中，起不到良好的调速作用。涡轮机油中水分来源于机组的漏水和漏汽。

六、破乳化时间

在规定试验条件下，同体积的试油与蒸馏水通过搅拌形成乳浊液，测定其达到分离（即油、水界面乳浊液层的体积小于或等于 3mL 时）所需要的时间（min），叫破乳化时间。

在运行中，涡轮机油不可避免地要混入水分或水蒸气形成乳浊液，从而降低了油的润滑性能，增大设备的磨损。为保证涡轮机油的润滑作用，要求乳化油在油箱内能迅速地自动破乳，使油水完全分离，然后定期从油箱中将水排掉。新油破乳化时间不得超过 15min（常用的 32 号油）。破乳化时间越短，油的抗乳化性能越强。

七、酸值

中和 1g 油试样中含有的酸性组分所需氢氧化钾毫克数称为油的酸值。

油品酸值的测定，一般在非水溶剂中进行。油中酸性组分包括能溶于水和非水溶剂的酸性组分，如无机酸、石油酸及部分酸性添加剂等。

油品氧化产生酸性物质，这些酸性物质直接或间接地腐蚀设备的金属部件，加速油品自身氧化，酸性物质增加，同时还会导致油泥的生成，增加机械磨损和降低油品的抗氧化能力。因此，油品的酸值是判断油品氧化程度的指标之一。酸值超过一定标准时，应对油品及时处理或更换。

八、氧化安定性

油品抵抗氧化作用而保持油品性质不发生永久变化的能力，称为油品的氧化安定性。氧化安定性是在特定条件下，用油被氧化生成的沉积物的量和酸值的大小来表示。它是涡轮机油使用寿命的一项重要指标。如果油品被氧化后的酸值不是很高，所生成的沉积物也很少，说明油品很安定，不易氧化变质，可长期使用。

目前，使用的涡轮机油和变压器油中都加入一定量的抗氧化剂，目的是提高油品的抗氧化安定性，延长油的使用寿命。

九、水溶性酸

水溶性酸是指油中能溶于水的无机酸和低分子有机酸，它来自油的氧化和外界的污染，新油炼制和废油的再生不当而残存于油中的酸，油中残存的皂化物水解也可产生酸。

运行中涡轮机油和变压器油通常不存有水溶性碱，多存有水溶性酸。运行中油超过一定标准（pH≤4.2）时，应及时处理或换油。

十、机械杂质

一定量油品在规定的溶剂（汽油、笨）中的不溶物的含量为油品的机械杂质，用质量百分数表示。在运行中，涡轮机油内杂质主要来源于系统外污染物，如灰尘等，其次是系统内产生的，如金属磨损物和腐蚀产物。

机械杂质会加速油品的劣化变质，在机组的油系统中将破坏油膜、磨损设备部件，并有可能导致调速器部件卡涩、失灵。在电气设备中，特别是有水分存在时，机械杂质急剧地降低油和设备的电气性能，直接威胁设备的安全运行，因此，运行中的电力用油，规定不能含有机械杂质，如有，则应及时过滤除去。

十一、腐蚀

腐蚀表示绝缘油和涡轮机油对铜的腐蚀程度，它是将油试样在一定温度下与铜片相接触，经过一定时间作用后取出，目视观察铜片表面发生的颜色变化，以确定油试样对金属的腐蚀状况。如果铜片表面颜色仅稍有改变，油试样合格。如果铜片表面覆有绿色、黑色、深褐色和钢灰色的薄层或斑点时，则认为试油不合格。如果在两次平行试验的一块铜片上有腐蚀的痕迹，应重做试验，第二次试验如在一块铜片上仍有腐蚀痕迹，则油试样不合格。

十二、液相锈蚀

液相锈蚀是表征油品使用中抗腐蚀的重要指标。液相锈蚀试验是将特质的钢棒放在油水混合液中，维持一定温度和规定时间后取出，目视观察试样锈蚀程度，用于评价润滑油防止金属锈蚀的能力，同时也是评定防锈蚀剂抗锈性能。

锈蚀程度的分级：轻微锈蚀为锈点不超过 6 个，每个锈点直径不大于 1mm；中等锈蚀为锈点超过 6 个，但小于试验钢棒表面积的 5%；严重锈蚀为锈蚀面积超过试验钢棒表面积的 5%。

运行中的涡轮机油不可避免地含有一定量水分，长期与油接触的金属部件会被腐蚀，危害极大。为了防止金属表面的腐蚀，在运行的油中加入了防锈剂。

十三、泡沫性和空气释放性

泡沫特性是指在规定条件下测定润滑油的泡沫倾向性和泡沫稳定性。空气释放性是测定润滑油分离雾沫空气的能力。

泡沫性和空气释放性是汽轮机油的重要质量指标，泡沫会破坏润滑油的油膜，使摩擦面发生烧结或增大磨损，并促进油品氧化变质，还会使润滑系统产生"空穴"现象和润滑剂的溢流损失导致机械故障。更严重的是造成液压不稳，影响自动控制和操作的准确性。

十四、黏度

油在外力作用下，作相对层流运动时，油分子间就存在内摩擦阻力，油的黏度就是这种内摩擦力的量度。内摩擦阻力越大，油的流动越困难，黏度也就越大。

1. 运动黏度

运动黏度是在某一恒定的温度下，测定一定体积的油在重力下流过一个标定好的玻璃毛细管黏度计的时间。黏度计的毛细管常数与流动时间的乘积，即为该温度 t 时运动黏度，用符号 ν_t 表示。计算公式如下：

$$\nu_t = c\tau$$

式中　　c——黏度计常数，mm^2/s^2；

　　　　τ——式样的平均流动时间，s。

2. 动力黏度

动力黏度是该温度下运动黏度和同温度下液体密度的乘积即为该温度下液体的动力黏度。在温度 t 时的动力黏度用符号 η_t 表示。

3. 恩氏黏度

恩氏黏度是在某温度下，试验油样从恩氏黏度计流出 200ml 所需时间与蒸馏水在 20℃流出相同体积所需时间（s）（即黏度计的水值）之比。试样流出应成连续线状。温度 t 时的恩氏黏度用符号 E_t 表示，它的单位用符号°E 表示。

以上三种黏度中，运动黏度在国际上（包括我国）常用作进行油品的仲裁、校核试验。

油品的黏度受温度影响较大。油温升高、黏度减少，油温降低、黏度增大。各种油在相同温度条件下黏度随温度的程度各不相同。油品随温度变化的程度称为油品的黏温性。

黏度是油品的重要指标之一。黏度对于涡轮机油更为重要，是涡轮机油划分牌号的依据。为保证润滑油有良好的润滑作用，应根据使用条件来选择油品的黏度。使用温度高应选用黏度较大的油品；反之，则选用黏度较小的油品。较低转速的轴颈，在间歇、往复、振动等运动状态下，以及润滑部件表面粗糙时，应选用黏度较大的油品；反之，则选用黏度较小的油品。如果润滑部件运行中温差变化范围较大，就应选用黏温性较好、黏度适当的油品。

总之，选用黏度要适当，黏度过大，虽保证了润滑作用，但功率损失大，散热也慢；黏度过小，不能保证形成足够的油膜，易造成轴颈与轴瓦的干摩擦，导致基件损伤。变压器油和断路器油，应选用黏温性较好、凝点适合的变压器油，以适应室外多变的气候。

第四节　电力用油取样

1. 油桶中取样

试油应从污染最严重的底部取样，必要时可抽查上部油样。

开启桶盖前需用干净甲级棉纱或布将桶盖外部擦净，然后用清洁、干燥的取样管取样。

从整批油桶内取样时，取样的桶数应能足够代表该批油的质量，具体规定见表 12-8。

表 12-8　　　　　　　　　　　　　取　样　个　数

序号	总油桶数	取样桶数
1	1	1
2	2～5	2
3	6～20	3
4	21～50	4
5	51～100	7

序号	总油桶数	取样桶数
6	101~200	10
7	201~400	15
8	>401	20

注 1. 每次试验应按上表规定取样个数取单一油样，并再用它们均匀混合成一个混合油样。

2. 单一油样就是从某一个容器底部取的油样。

3. 混合油样就是取有代表性的数个容器底部的油样再混合均匀的油样。

2. 油罐或槽车中取样

(1) 油样应从污染最严重的油罐底部取样，必要时可抽查上部油样。

(2) 从油罐或槽车中取样前，应排去取样工具内存油，然后取样。

3. 电气设备中取样

(1) 对于变压器、油开关或其他充油电气设备，应从下部阀门处取样。取样前油阀门需先用干净甲级棉纱或布擦净，再放油冲洗干净。

(2) 对需要取样的套管，在停电检修时，从取样孔取样。

(3) 没有放油管或取样阀门的充油电气设备，可在停电或检修时设法取样。进口全密封无取样阀的设备，按制造厂规定取样。

4. 涡轮机（或水轮机、调相机、大型汽动给水泵）油系统中取样

(1) 正常监督试验由冷油器取样。

(2) 检查油的脏污及水分时，自油箱底部取样。

另外，还应遵守如下规定：

a. 在取样时应严格遵守用油设备的现场安全规程。

b. 基建或进口设备的油样除一部分进行试验外，另一部分尚应保存适当时间，以备考查。

c. 对有特殊要求的项目，应按试验方法进行取样。

5. 变压器油中水分和油中溶解气体分析取样

(1) 取样要求。

1) 油样应能代表设备本体油，应避免在油循环不够充分的死角处取样。一般应从设备底部的取样阀取样，在特殊情况下可在不同取样部位取样。

2) 取样要求全密封，即取样连接方式可靠，即不能让油中溶解水分及气体逸散，也不能混入空气（必须排净取样头内残存的空气），操作时油中不得产生气泡。

3) 取样应在晴天进行。取样后要求注射器芯子能自由活动，以避免形成负压空腔。

4) 油样应避光保存。

(2) 取样操作。

1) 取下设备放油阀处的防尘罩，旋开螺丝让油徐徐流出。

2) 将放油接头安装于放油阀上，并使放油胶管（耐油）置于放油接头的上部，排除接头内的空气，待油流出。

3) 将导管、三通、注射器依次接好后，装于放油接头处，按箭头方向排除放油阀门

的死角，并冲洗连接导管。

4）旋转三通，利用油本身压力使油注入注射器，以便润湿和冲洗注射器（注射器要冲洗 2～3 次）。

5）旋转三通与设备本体隔绝，推注射器芯子使其排空。

6）旋转三通与大气隔绝，借设备油的自然压力使油缓缓进入注射器中。

7）当注射器中油样达到所需毫升数时，立即旋转三通与本体隔绝，从注射器上拨下三通，在小胶头内的空气泡被油置换之后，盖在注射器的头部，将注射器置于专用油样盒内，填好样品标签。

（3）取样量。

1）进行油中水分含量测定用的油样，可同时用于油中溶解气体分析，不必单独取样。

2）常规分析根据设备油量情况采取样品，以够试验用为限。

3）做溶解气体分析时，取样量为 50～100mL。

4）专用于测定油中水分含量的油样，可取 20mL。

（4）样品标签。

标签的内容有：单位、设备名称、型号、取样日期、取样部位、取样天气、取样温度、运行负荷、油牌号及油量。

（5）油样的运输和保存。

油样应尽快进行分析，做油中溶解气体分析的油样不得超过四天；做油中水分含量的油样不得超过十天。油样在运输中应尽量避免剧烈震动，防止容器破碎，尽可能避免空运。油样运输和保存期间，必须避光，并保证注射器芯能自由滑动。

 思考题

1. 用毛细管测定油品运动黏度的原理什么？写出各符号含义。

2. 何为油品的黏度？通常有几种表示方法？

3. 什么是油的闪点？

4. 酸值的定义是什么？

5. 简述新油验收注意事项。

6. 某一油样，在 40℃测定其运动黏度为 82.35mm²/s，此油样在 40℃与 20℃的密度分别为 0.843 2g/cm³、0.885 6g/cm³，计算此油样 40℃的动力黏度是多少？

7. 画出涡轮机油的供油系统图。

附录 I   A级检修化学监督检查项目及验收标准

检查项目	检查内容	要求	验收标准	备注
汽包	底部：积水情况，沉积物情况，金属表面颜色 内壁：汽侧金属表面颜色、锈蚀和盐垢。 水侧金属表面颜色、锈蚀和盐垢。 水汽分界线是否明显、平整 汽水分离装置：旋风筒倾斜、脱落情况，筒帽、百叶窗波形板、是否有脱落和积盐 管路：加药管是否有短路现象，排污管、给水分配槽等装置有无结垢、污堵等缺陷 汽包内衬：是否有沙眼、裂纹 腐蚀指示片：表面状态、沉积速率和腐蚀速率 锅炉下联箱：沉积物和焊渣等杂物情况 汽包和联箱验收标准：内部表面和内部装置及连接管清洁，无杂物遗留	1. 搭建好安全平台，人孔门平面应平整光洁，装上通风机，进行冷却，使汽包内温度降至40℃以下，立即通知化学人员检查，在化学人员检查前，不能做任何处理。 2. 清除旋风筒内、外壁附着物。 3. 清除汽包内部沉积物，并称重。 4. 内部设备回装，无错位，无脱落。 5. 汽包内衬裂纹补焊。 6. 清理完毕后要通知化学人员验收，合格后关人孔门	内部表面和内部装置及连接管清洁，无杂物遗留	
水冷壁	割管位置：叙述水冷壁墙名称、水平位置、标高 表面状态：割取管样内壁颜色、腐蚀和结垢情况 垢量：割取管样向火侧和背火侧的结垢量 监视管：更换监视管的原始垢量和表面状态	1. 至少割取2根管样，其中1根为监视管段。 2. 割取的管样应避免强烈振动和碰撞。 3. 割下的管样不可溅上水，要及时标明管样的标高、位置。 4. 及时送到化验班	割下管段气割大于1m，锯割大于0.5m	要及时告知所割管样的位置、标高
省煤器	割管位置：叙述管排、水平位置和标高 表面状态：割取管样内壁颜色和腐蚀、结垢情况 垢量：割取管样的结垢量	1. 至少割取2根管样，其中1根为监视管段。 2. 割取的管样应避免强烈振动和碰撞。 3. 割下的管样不可溅上水，要及时标明管样的标高、位置。 4. 及时送到化验班	割下管段气割大于1m，锯割大于0.5m	要及时告知所割管样的位置、标高

检查项目	检查内容	要求	验收标准	备注
过热器	割管位置：叙述管排、水平位置和标高	1. 至少割取2根管样，其中1根为监视管段。	割下管段气割大于1m，锯割大于0.5m	要及时告知所割管样的位置、标高
	表面状态：代表性管样内壁颜色和腐蚀、结垢情况和氧化皮生成情况	2. 割取的管样应避免强烈振动和碰撞。		
	垢量及氧化皮量：可溶性垢量及氧化皮量	3. 割下的管样不可溅上水，要及时标明管样的标高、位置。 4. 及时送到化验班		
再热器	割管位置：叙述管排、水平位置和标高	1. 至少割取2根管样，其中1根为监视管段。	割下管段气割大于1m，锯割大于0.5m	要及时告知所割管样的位置、标高
	表面状态：代表性管样内壁颜色和腐蚀、结垢情况和氧化皮生成情况	2. 割取的管样应避免强烈振动和碰撞。		
	垢量及氧化皮量：可溶性垢量及氧化皮量	3. 割下的管样不可溅上水，要及时标明管样的标高、位置。 4. 及时送到化验班		
高压缸	调速级以及随后数级叶片有无机械损伤或坑点情况	1. 在高压缸转子吊出后，立即通知化学人员检查，在化学人员检查前，不能做任何处理。	叶片及隔板无积盐、无铁锈、无缺损、无坑点	
	各级叶片及隔板积盐情况。沉积量较大的叶片的沉积量	2. 清除叶片积盐，消除设备缺陷。		
	沉积量最大部位的沉积物的化学成分	3. 喷沙完成以后，立即通知化学人员检查		
	各级叶片垢的pH值			
	各级叶片有无铜垢附着			
	验收情况			
中压缸	前数级叶片有无机械损伤或坑点情况	1. 在中压缸转子吊出后，立即通知化学人员检查，在化学人员检查前，不能做任何处理。	叶片及隔板无积盐、无铁锈、无缺损	
	各级叶片及隔板积盐情况。沉积量较大的叶片的沉积量	2. 清除叶片积盐，消除设备缺陷。		
	沉积量最大部位的沉积物的化学成分	3. 喷丸完成以后，立即通知化学人员检查		
	各级叶片垢的pH值			
	各级叶片有无铜垢附着			
	验收情况			
低压缸	各级叶片及隔板积盐情况。沉积量较大的叶片的沉积量	1. 在低压缸转子吊出后，立即通知化学人员检查，在化学人员检查前，不能做任何处理。	叶片及隔板无积盐、无铁锈、无缺损	
	末级叶片的水蚀情况	2. 清除叶片积盐，消除设备缺陷。		
	结垢量最大部位的沉积物的化学成分	3. 喷丸完成以后，立即通知化学人员检查		
	各级叶片垢的pH值			
	验收情况			

检查项目	检查内容	要求	验收标准	备注
小机	调速级以及随后数级叶片有无机械损伤或坑点情况	1. 在小机转子吊出后，立即通知化学人员检查，在化学人员检查前，不能做任何处理。 2. 清除叶片积盐，消除设备缺陷。 3. 喷丸完成以后，立即通知化学人员检查	叶片及隔板无积盐、无铁锈、无缺损	
	各级叶片及隔板积盐情况。沉积量较大的叶片的沉积量			
	沉积量最大部位的沉积物的化学成分			
	各级叶片垢的 pH 值			
	各级叶片有无铜垢附着			
	验收情况			
凝汽器水侧	水室淤泥、杂物的沉积及微生物生长、附着情况	1. 1 号、2 号、12 号必须放水至人孔门以下，3 号、4 号机组水室内必须放水至人孔门以下，水室内搭好安全平台，5～8 号及 11 号机搭好检查平台，通知化学人员检查，在化学人员检查前，不能做任何处理。 2. 冲洗管道，并清理内部杂物。 3. 对凝汽器管道查漏、堵漏。 4. 清理完毕后要通知化学人员验收，合格后关人孔门	1. 水室无淤泥、无杂物的沉积及微生物生长、附着。 2. 管口无杂物堵塞，管内壁无附着物。 3. 水侧查漏、堵漏完成	
	管口冲刷、污堵、结垢和腐蚀情况。管板防腐层情况			
	水室内壁、内部支撑构件的腐蚀情况			
	阴极（牺牲阳极）保护情况			
	灌水查漏情况			
	验收情况			
凝汽器汽侧	最外层凝汽器管受损情况	1. 清除管道外壁附着物。 2. 清除底部沉积物。 3. 清除磁力棒铁屑。 4. 5～8 号机组空冷岛进汽装置，排汽装置人孔门打开后需密封	1. 管外壁无附着物，无裂纹 2. 底部无沉积物。 3. 磁力棒清除干净	
	最外层管隔板处的磨损或隔板间因振动引起的裂纹情况			
	凝汽器管外壁腐蚀产物的沉积情况			
	凝汽器壳体内壁锈蚀情况			
	凝汽器底部沉积物的堆积情况			
	验收情况			
凝汽器抽管	抽管位置	1. 机组大修时凝汽器钛管和不锈钢管，一般不抽管，发生严重泄漏时需抽管，抽选 3～5 段。 2. 割取的管样应避免强烈振动和碰撞。 3. 标明割管的位置	每段长约 100mm	
	管样内外表面的腐蚀情况			
	单位面积的结垢量			
	垢样化学成分分析（沉积量在二类及以上）			

检查项目	检查内容	要求	验收标准	备注
汽轮机油系统	汽轮机主油箱、密封油箱内壁腐蚀和底部油泥情况	1. 油箱内油排净后，打开人孔门，立即通知化学人员检查，在化学人员检查前，不能做任何处理。 2. 清除内部油泥。 3. 清除冷油器管道杂物。 4. 清理完毕后要通知化学人员验收，合格后关人孔门	1. 油箱底部及内壁清洁，无油泥、无杂质。 2. 冷油器管道无杂物、无堵塞。 3. 冷油器油侧无油泥附着	
	冷油器管道水侧的腐蚀泄漏情况			
	冷油器油侧油泥附着和油管道油泥附着情况			
抗燃油系统	抗燃油主油箱、高、低压旁路抗燃油箱内壁腐蚀和底部油泥情况	1. 油箱内油排净后，打开人孔门，立即通知化学人员检查，在化学人员检查前，不能做任何处理。 2. 清除内部油泥。 3. 清除冷油器管道杂物。 4. 清理完毕后要通知化学人员验收，合格后关人孔门	1. 油箱底部及内壁清洁，无油泥、无杂质。 2. 冷油器管道无杂物、无堵塞。 3. 冷油器油侧无油泥附着	
	冷油器管水侧的腐蚀泄漏情况			
	冷油器油侧和油管道油泥附着情况			
除氧器	除氧头内壁颜色及腐蚀情况，各部件牢固情况	1. 搭建好安全平台，通风进行冷却，使除氧头及水箱内部温度降至 40℃ 以下，立即通知化学人员检查，在化学人员检查前，不能做任何处理。 2. 清除喷头堵塞杂物，清除除氧头内部杂物。 3. 清除水箱底部杂物。 4. 清理完毕后要通知化学人员验收，合格后关人孔门	1. 除氧头内部各部件牢固，内部无杂物。 2. 水箱底部无积水、无杂物	
	除氧水箱内壁颜色及腐蚀情况，水位线是否明显，底部沉积物堆积情况			
	验收情况			
高、低压加热器	水室换热管端的冲刷腐蚀和管口腐蚀产物的附着情况	1. 搭建好安全平台，通风进行冷却，使内部温度降至 40℃ 以下，立即通知化学人员检查，在化学人员检查前，不能做任何处理。 2. 清除水室内部杂物。 3. 管道查漏、堵漏。 4. 清理完毕后要通知化学人员验收，合格后关人孔门	1. 管口无杂物附着，完成查漏、堵漏工作。 2. 水室无杂物沉积	
	水室的沉积物堆积情况			
	汽侧上水查漏情况			
	验收情况			
发电机冷却水系统	内冷却水水箱和冷却器的腐蚀、污堵情况	1. 打开人孔门立即通知化学人员检查，在化学人员检查前，不能做任何处理。 2. 清除水箱杂物。 3. 清除冷却器管道杂物。 4. 对冷却器查漏、堵漏。 5. 清理完毕后要通知化学人员验收，合格后关人孔门	1. 水箱内壁无附着物，底部无沉积物，内部清洁无杂物。 2. 冷却器无泄漏，无堵塞	
	内冷却水系统异物情况			
	冷却水管氧化铜沉积情况			
	外冷却水系统冷却器的腐蚀和微生物的附着生长情况			
	验收情况			

检查项目	检查内容	要求	验收标准	备注
循环水冷却系统	塔内填料沉积物附着、支撑柱上藻类附着、水泥构件腐蚀、池底沉积物及杂物情况 冷却水管道生物附着、黏泥附着等情况 冷却系统的腐蚀与防腐情况	1. 冷却水管道打开后，立即通知化学人员检查，在化学人员检查前，不能做任何处理。 2. 更换破损填料。 3. 对水塔支柱防腐层损坏的补做防腐。 4. 清除水塔底部杂物	水塔填料无破损，无错位，支柱防腐完好，池底无沉积物及杂物	
凝结水精处理系统	过滤器出水装置和内部防腐层情况 精处理混床进出水装置和内部防腐层情况 树脂捕捉器的缝隙均匀性和变化情况 体外再生设备内部装置及防腐层情况	1. 清除设备底部杂物。 2. 防腐层破损的地方补做防腐	1. 过滤器进出水装置无堵塞，内部防腐层完好。 2. 树脂捕捉器缝隙均匀，无堵塞，无变形。 3. 体外再生设备内部装置及防腐层完好	
炉内加药、取样系统	加药设备、容器有无污堵物、腐蚀、泄漏等缺陷 水汽取样装置及取样管道的污堵情况	1. 加药设备、容器无污堵物、腐蚀、泄漏等缺陷； 2. 水汽取样装置及取样管道无污堵情况		
水箱	除盐水箱和凝结水补水箱防腐层顶部密封装置和底部杂物情况	1. 水箱人孔门打开后，立即通知化学人员检查，在化学人员检查前，不能做任何处理。 2. 防腐层破损，补做防腐。 3. 清除水箱内部杂物。 4. 清理完毕后要通知化学人员验收，合格后关人孔门	除盐水箱和凝结水补水箱防腐层完好，除盐水箱顶部密封装置完好，底部无杂物	
给水泵润滑油及工作冷却器	热交换管有无污堵、结垢及腐蚀 管板及水室腐蚀、管口冲蚀等情况	热交换管无污堵、结垢及腐蚀		
给水泵工作油冷却器	铜管有无污堵、结垢及腐蚀。 管板及水室腐蚀、管口冲蚀等情况	管道无污堵、结垢及腐蚀。 管板及水室腐蚀、管口冲蚀等情况		
低压加热器进汽门	有无损伤和高温氧化铁层	无损伤		
主蒸汽管道	有无积盐和高温氧化铁层	清除积盐	无积盐	
炉循环泵冷却器	热交换管有无结垢及腐蚀	清除杂物	无杂物	只有一期
热网加热器	管板及水室腐蚀、管口冲蚀等情况	清除杂物		

检查项目	检查内容	要求	验收标准	备注
凝结水泵	叶轮腐蚀情况	目视检查并照相		
给水前置泵	叶轮腐蚀情况	清除杂物，如滤网破损应更换		
	检查滤网有无杂物、沉积物			
给水泵	叶轮腐蚀情况	清除杂物，如滤网破损应更换		
	检查滤网有无杂物、沉积物			

附录Ⅱ B级检修化学监督检查项目及验收标准

检查项目	检查内容	要求	检查要求	备注
汽包	底部：积水情况，沉积物情况，金属表面颜色 内壁：汽侧金属表面颜色、锈蚀和盐垢。 水侧金属表面颜色、锈蚀和盐垢。 水汽分界线是否明显、平整 汽水分离装置：旋风筒倾斜、脱落情况，筒帽、百叶窗波形板、是否有脱落和积盐 管路：加药管是否有短路现象，排污管、给水分配槽等装置有无结垢、污堵等缺陷 汽包内衬：是否有沙眼、裂纹 腐蚀指示片：表面状态、沉积速率和腐蚀速率 锅炉下联箱：沉积物和焊渣等杂物情况 汽包和联箱验收标准：内部表面和内部装置及连接管清洁，无杂物遗留	1. 搭建好安全平台，人孔门平面应平整光洁，装上通风机，进行冷却，使汽包内温度降至40℃以下，立即通知化学人员检查，在化学人员检查前，不能做任何处理。 2. 清除旋风筒内、外壁附着物。 3. 清除汽包内部沉积物，并称重。 4. 内部设备回装，无错位，无脱落。 5. 汽包内衬裂纹补焊。 6. 清理完毕后要通知化学人员验收，合格后关人孔门	内部表面和内部装置及连接管清洁，无杂物遗留	1. 根据机组运行时汽水指标情况决定是否打开。 2. 若有检修计划，则列为检查项目
水冷壁	割管位置：叙述水冷壁墙名称、水平位置、标高 表面状态：割取管样内壁颜色、腐蚀和结垢情况 垢量：割取管样向火侧和背火侧的结垢量 监视管：更换监视管的原始垢量和表面状态	1. 至少割取2根管样，其中1根为监视管段。 2. 割取的管样应避免强烈振动和碰撞。 3. 割下的管样不可溅上水，要及时标明管样的标高、位置。 4. 及时送到化验班	割下管段气割大于1m，锯割大于0.5m	要及时告知所割管样的位置、标高
省煤器	割管位置：叙述管排、水平位置和标高 表面状态：割取管样内壁颜色和腐蚀、结垢情况 垢量：割取管样的结垢量	1. 至少割取2根管样，其中1根为监视管段。 2. 割取的管样应避免强烈振动和碰撞。 3. 割下的管样不可溅上水，要及时标明管样的标高、位置。 4. 及时送到化验班	割下管段气割大于1m，锯割大于0.5m	要及时告知所割管样的位置、标高

检查项目	检查内容	要求	检查要求	备注
过热器	割管位置：叙述管排、水平位置和标高	1. 至少割取2根管样，其中1根为监视管段。	割下管段气割大于1m，锯割大于0.5m	要及时告知所割管样的位置、标高
	表面状态：代表性管样内壁颜色和腐蚀、结垢情况和氧化皮生成情况	2. 割取的管样应避免强烈振动和碰撞。		
	垢量及氧化皮量：可溶性垢量及氧化皮量	3. 割下的管样不可溅上水，要及时标明管样的标高、位置。 4. 及时送到化验班		
再热器	割管位置：叙述管排、水平位置和标高	1. 至少割取2根管样，其中1根为监视管段。	割下管段气割大于1m，锯割大于0.5m	要及时告知所割管样的位置、标高
	表面状态：代表性管样内壁颜色和腐蚀、结垢情况和氧化皮生成情况	2. 割取的管样应避免强烈振动和碰撞。		
	垢量及氧化皮量：可溶性垢量及氧化皮量	3. 割下的管样不可溅上水，要及时标明管样的标高、位置。 4. 及时送到化验班		
低压缸	各级叶片及隔板积盐情况。沉积量较大的叶片的沉积量	1. 在低压缸转子吊出后，立即通知化学人员检查，在化学人员检查前，不能做任何处理。	叶片及隔板无积盐、无铁锈、无缺损	1. 根据机组运行时汽水指标情况决定是否打开。 2. 若有检修计划，则列为检查项目
	末级叶片的水蚀情况	2. 清除叶片积盐，消除设备缺陷。		
	结垢量最大部位的沉积物的化学成分	3. 喷沙完成以后，立即通知化学人员检查		
	各级叶片垢的pH值			
	验收情况			
凝汽器水侧	水室淤泥、杂物的沉积及微生物生长、附着情况	1. 1号、2号、12号必须放水至人孔门以下，3号、4号机组水室内必须放水至人孔门以下，水室内搭设安全平台，5～8号及11号机搭好检查平台，通知化学人员检查，在化学人员检查前，不能做任何处理。	1. 水室无淤泥、无杂物的沉积及微生物生长、附着。 2. 管口无杂物堵塞，管内壁无附着物。 3. 水侧查漏、堵漏完成	循环水系统停运则为必查项目
	管口冲刷、污堵、结垢和腐蚀情况。管板防腐层情况			
	水室内壁、内部支撑构件的腐蚀情况	2. 冲洗管道，并清理内部杂物。		
	阴极（牺牲阳极）保护情况	3. 对凝汽器管道查漏、堵漏。		
	灌水查漏情况	4. 清理完毕后要通知化学人员验收，合格后关人孔门		
	验收情况			
凝汽器汽侧	最外层凝汽器管受损情况	1. 清除管道外壁附着物。	1. 管外壁无附着物，无裂纹 2. 底部无沉积物	循环水系统停运则为必查项目
	最外层管隔板处的磨损或隔板间因振动引起的裂纹情况	2. 清除底部沉积物。		
	凝汽器管外壁腐蚀产物的沉积情况	3. 清除磁力棒铁屑。		
	凝汽器壳体内壁锈蚀情况	4. 5～8号机组空冷岛进汽装置，排汽装置人孔门打开后需密封		
	凝汽器底部沉积物的堆积情况			
	验收情况			

检查项目	检查内容	要求	检查要求	备注
凝汽器抽管	抽管位置	1. 机组大修时凝汽器钛管和不锈钢管，一般不抽管，发生严重泄漏时需抽管，抽选3～5段。 2. 割取的管样应避免强烈振动和碰撞。 3. 标明割管的位置	每段长约100mm	发生严重泄漏时需抽管
	管样内外表面的腐蚀情况			
	单位面积的结垢量			
	垢样化学成分分析（沉积量在二类及以上）			
汽轮机油系统	汽轮机主油箱、密封油箱内壁腐蚀和底部油泥情况	1. 油箱内油排净后，打开人孔门，立即通知化学人员检查，在化学人员检查前，不能做任何处理。 2. 清除内部油泥。 3. 清除冷油器管道杂物。 4. 清理完毕后要通知化学人员验收，合格后关人孔门	1. 油箱底部及内壁清洁，无油泥、无杂质。 2. 冷油器管道无杂物、无堵塞。 3. 冷油器油侧无油泥附着	1. 若油质异常，则主油箱需打开检查。 2. 若有检修计划需检查
	冷油器管水侧的腐蚀泄漏情况			
	冷油器油侧油泥附着和油管道油泥附着情况			
凝结水精处理系统	过滤器出水装置和内部防腐层情况	1. 清除设备底部杂物。 2. 防腐层破损的地方补做防腐	1. 过滤器进出水装置无堵塞，内部防腐层完好。 2. 树脂捕捉器缝隙均匀，无堵塞，无变形。 3. 体外再生设备内部装置及防腐层完好	1. 根据机组运行时汽水指标情况决定是否打开。 2. 若有检修计划，则列为检查项目
	精处理混床进出水装置和内部防腐层情况			
	树脂捕捉器的缝隙均匀性和变化情况			
	体外再生设备内部装置及防腐层情况			

附录Ⅲ C级检修化学监督检查项目及验收标准

检查项目	检查内容	要求	验收标准	备注
汽包	底部：积水情况，沉积物情况，金属表面颜色 内壁：汽侧金属表面颜色、锈蚀和盐垢。 水侧金属表面颜色、锈蚀和盐垢。 水汽分界线是否明显、平整 汽水分离装置：旋风筒倾斜、脱落情况，筒帽、百叶窗波形板、是否有脱落和积盐 管路：加药管是否有短路现象，排污管、给水分配槽等装置有无结垢、污堵等缺陷 汽包内衬：是否有沙眼、裂纹 腐蚀指示片：表面状态、沉积速率和腐蚀速率 锅炉下联箱：沉积物和焊渣等杂物情况 汽包和联箱验收标准：内部表面和内部装置及连接管清洁，无杂物遗留	1. 搭建好安全平台，人孔门平面应平整光洁，装上通风机，进行冷却，使汽包内温度降至40℃以下，立即通知化学人员检查，在化学人员检查前，不能做任何处理。 2. 清除旋风筒内、外壁附着物。 3. 清除汽包内部沉积物，并称重。 4. 内部设备回装，无错位，无脱落。 5. 汽包内衬裂纹补焊。 6. 清理完毕后要通知化学人员验收，合格后关人孔门	内部表面和内部装置及连接管清洁，无杂物遗留	1. 根据机组运行时汽水指标情况决定是否打开。 2. 若有检修计划，则列为检查项目
凝汽器水侧	水室淤泥、杂物的沉积及微生物生长、附着情况 管口冲刷、污堵、结垢和腐蚀情况。管板防腐层情况 水室内壁、内部支撑构件的腐蚀情况 阴极（牺牲阳极）保护情况 灌水查漏情况 验收情况	1. 1号、2号、12号必须放水至人孔门以下，3号、4号机组水室内必须放水至人孔门以下，水室内搭好安全平台，5～8号及11号机搭好检查平台，通知化学人员检查，在化学人员检查前，不能做任何处理。 2. 冲洗管道，并清理内部杂物。 3. 对凝汽器管道查漏、堵漏。 4. 清理完毕后要通知化学人员验收，合格后关人孔门	1. 水室无淤泥、无杂物的沉积及微生物生长、附着。 2. 管口无杂物堵塞，管内壁无附着物。 3. 水侧查漏、堵漏完成	循环水系统停运则为必查项目

311

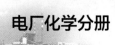

电厂化学分册

续表

检查项目	检查内容	要求	验收标准	备注
汽轮机油系统	汽轮机主油箱、密封油箱内壁腐蚀和底部油泥情况	1. 油箱内油排净后，打开人孔门，立即通知化学人员检查，在化学人员检查前，不能做任何处理。 2. 清除内部油泥。 3. 清除冷油器管道杂物。 4. 清理完毕后要通知化学人员验收，合格后关人孔门	1. 油箱底部及内壁清洁，无油泥、无杂质。 2. 冷油器管道无杂物、无堵塞。 3. 冷油器油侧无油泥附着	1. 若油质异常，则主油箱需打开检查。 2. 若有检修计划需检查
	冷油器管水侧的腐蚀泄漏情况			
	冷油器油侧油泥附着和油管道油泥附着情况			
凝结水精处理系统	过滤器出水装置和内部防腐层情况	1. 清除设备底部杂物。 2. 防腐层破损的地方补做防腐	1. 过滤器进出水装置无堵塞，内部防腐层完好。 2. 树脂捕捉器缝隙均匀，无堵塞，无变形。 3. 体外再生设备内部装置及防腐层完好	1. 根据机组运行时汽水指标情况决定是否打开。 2. 若有检修计划，则列为检查项目
	精处理混床进出水装置和内部防腐层情况			
	树脂捕捉器的缝隙均匀性和变化情况			
	体外再生设备内部装置及防腐层情况			

附录Ⅳ　D级检修化学监督检查项目及验收标准

检查项目	检查内容	要求	验收标准	备注
汽包	底部：积水情况，沉积物情况，金属表面颜色 内壁：汽侧金属表面颜色、锈蚀和盐垢。 水侧金属表面颜色、锈蚀和盐垢。 水汽分界线是否明显、平整 汽水分离装置：旋风筒倾斜、脱落情况，筒帽、百叶窗波形板、是否有脱落和积盐 管路：加药管是否有短路现象，排污管、给水分配槽等装置有无结垢、污堵等缺陷 汽包内衬：是否有沙眼、裂纹 腐蚀指示片：表面状态、沉积速率和腐蚀速率 锅炉下联箱：沉积物和焊渣等杂物情况 汽包和联箱验收标准：内部表面和内部装置及连接管清洁，无杂物遗留	1. 搭建好安全平台，人孔门平面应平整光洁，装上通风机，进行冷却，使汽包内温度降至40℃以下，立即通知化学人员检查，在化学人员检查前，不能做任何处理。 2. 清除旋风筒内、外壁附着物。 3. 清除汽包内部沉积物，并称重。 4. 内部设备回装，无错位，无脱落。 5. 汽包内衬裂纹补焊。 6. 清理完毕后要通知化学人员验收，合格后关人孔门	内部表面和内部装置及连接管清洁，无杂物遗留	1. 根据机组运行时汽水指标情况决定是否打开。 2. 若有检修计划，则列为检查项目
凝汽器水侧	水室淤泥、杂物的沉积及微生物生长、附着情况 管口冲刷、污堵、结垢和腐蚀情况。管板防腐层情况 水室内壁、内部支撑构件的腐蚀情况 阴极（牺牲阳极）保护情况 灌水查漏情况 验收情况	1. 1号、2号、12号必须放水至人孔门以下，3号、号4机组水室内必须放水至人孔门以下，水室内搭好安全平台，5～号8及11号机搭好检查平台，通知化学人员检查，在化学人员检查前，不能做任何处理。 2. 冲洗管道，并清理内部杂物。 3. 对凝汽器管道查漏、堵漏。 4. 清理完毕后要通知化学人员验收，合格后关人孔门	1. 水室无淤泥、无杂物的沉积及微生物生长、附着。 2. 管口无杂物堵塞，管内壁无附着物。 3. 水侧查漏、堵漏完成	循环水系统停运则为必查项目

检查项目	检查内容	要求	验收标准	备注
汽轮机油系统	汽轮机主油箱、密封油箱内壁腐蚀和底部油泥情况	1. 油箱内油排净后，打开人孔门，立即通知化学人员检查，在化学人员检查前，不能做任何处理。 2. 清除内部油泥。 3. 清除冷油器管道杂物。 4. 清理完毕后要通知化学人员验收，合格后关人孔门	1. 油箱底部及内壁清洁，无油泥、无杂质。 2. 冷油器管道无杂物、无堵塞。 3. 冷油器油侧无油泥附着	1. 若油质异常，则主油箱需打开检查。 2. 若有检修计划需检查
	冷油器铜管水侧的腐蚀泄漏情况			
	冷油器油侧油泥附着和油管道油泥附着情况			
凝结水精处理系统	过滤器出水装置和内部防腐层情况	1. 清除设备底部杂物。 2. 防腐层破损的地方补做防腐	1. 过滤器进出水装置无堵塞，内部防腐层完好。 2. 树脂捕捉器缝隙均匀，无堵塞，无变形。 3. 体外再生设备内部装置及防腐层完好	1. 根据机组运行时汽水指标情况决定是否打开。 2. 若有检修计划，则列为检查项目
	精处理混床进出水装置和内部防腐层情况			
	树脂捕捉器的缝隙均匀性和变化情况			
	体外再生设备内部装置及防腐层情况			

参 考 文 献

[1] 张敬东，高顺明，刘炎伟，等．内外压式超滤组件在反渗透预处理中的应用比较 [J]．工业用水与废水，2005，36 (4)：55-58.

[2] 王丽丽，刘国荣．常用滤料材料的分类总结及性能测试 [J]．过滤与分离，2008，18 (1)：43.

[3] 郭包生，杨立君，宋莲杰，等．4×100t/h 循环水排污水膜处理系统运行实践及优化分析 [J]．华北电力技术，2005，12 (4)：15-18.

[4] 赵亮，李红兵，刘忠洲．膜分离技术在电厂给水和循环水处理中的作用 [J]．山东电力技术，2000，3 (113)：38-41.

[5] 刘寅，罗彦波，熊新荣．浅谈火电厂废水种类及废水处理措施 [J]．建筑工程技术与设计，2017.

[6] 柳瑞君．浅论火力发电厂水务管理 [J]．电力环境保护，1996，3 (12)：34-37.

[7] 刘波．火电厂水务管理 [D]．华北电力大学，2005.

[8] 张学勤．火力发电厂水平衡及水务管理 [C]．中国化学会第八届水处理化学大会暨学术研讨会论文集．

[9] 周本省．工业水处理技术 [M]．北京：化学工业出版社，2010.

[10] 韩隶传，汪德良．热力发电厂凝结水处理 [M]．北京：中国电力出版社，2010.

[11] 吴春华，龚云峰，赵晓丹，等．超超临界火电机组培训系列教材　电厂化学分册 [M]．北京：中国电力出版社，2013.

[12] 周柏青，陈志和．热力发电厂水处理 [M]．北京：中国电力出版社，2009.

[13] 大唐国际发电有限责任公司．火力发电厂辅控运行 [M]．北京：中国电力出版社，2009.

[14] 广东电网公司电力科学研究院．1000MW 超超临界火电机组技术丛书　电厂化学 [M]．北京：中国电力出版社，2011.

[15] 肖作善．热力设备水汽理化过程 [M]．北京：中国电力出版社，1986.

[16] 曹长武．火力发电厂化学监督技术 [M]．北京：中国电力出版社，2005.

[17] 汪德良，李志刚，柯于进，等．超超临界参数机组的水汽品质控制 [J]．中国电力，2005.

[18] 龚润洁．设备的腐蚀与防护 [M]．北京：中国电力出版社，1998.

[19] 葛红花，廖强强，张大全．火力发电工程材料失效与控制 [M]．北京：化学工业出版社，2015.

[20] 屈朝霞，王军昌．ZDQ3.2-5 型水电解制氢装置技术特点及总结 [J]．山西电力，2005，1 (124)：58-61.

[21] 吴乔威．水电解制氢装置运行及维护 [J]．聚酯工业，2014，27 (4)：44-47.

[22] 彭兰，周连．水电解中电解液杂质的影响 [J]．舰船科学技术，2001，3：55-57.

[23] 秦金国，张云华．水电解制氢工艺的节能分析 [J]．江西能源，2001，3：23-25.

[24] 张汉林，张清双，胡远银．阀门手册——使用与维修 [M]．北京：化学工业出版社，2012.

[25] 王洪旗．泵与风机 [M]．北京：中国电力出版社，2012.

[26] 罗竹杰，吉殿平．火力发电厂用油技术 [M]．北京：中国电力出版社，2010.